荒勝文策と原子核物理学の黎明

政池 明

核物理の現代史とは何だったか？
「秘話」でない史書の発刊に寄せて

佐藤文隆

　第二次大戦敗戦秘話の一つとして，日本の原爆研究，ヒロシマ・ナガサキ原爆被災調査，占領軍によるサイクロトロンの廃棄，講和条約による独立までの原子核研究の禁止などの史実については，これまでも報道関係者や科学史家の手によって少なくない記録が出版されている．原爆の登場は単に日本の敗戦を確実にしたという歴史の上からだけでなく，戦争と科学技術という視点からも世界史的な出来事であり，さまざま記録を後世に伝えていくことはきわめて重要な作業である．

　米国での原爆製造を指導したロバート・オッペンハイマーに私は関心を持ち，彼の伝記が出版されるたびに蒐集してきたが，もう 10 冊以上になる．これらの伝記本の翻訳が日本で企画されない理由は，ヒロシマ・ナガサキの被爆記録や文学が英語では翻訳されてこなかったことと表裏をなすことである．この問題の考察は措くとして，米国におけるオッペンハイマーの生きざまに関する時代を越えた関心の持続には驚くものがある．拙著『科学と幸福』(岩波現代文庫)で記したように，オッペンハイマーは私自身も専門としたブラックホール研究の先鞭をつけた物理学者であり，1939 年のその論文の後まもなく，原爆開発の指導者になっていくのである．基礎物理学の最近の状況からは想像するのも難しい激動の時代だったことを悟らされる．歴史家エリック・ボブズホームズは "短い 20 世紀 (1914–91 年)" を「極端な時代 (Age of Extremes)」と評しているが，科学技術はまさにこの時期に急拡大した歴史を我々は思い起こすべきである．

　本書は京都大学の物理学教室で私と同僚であった政池明氏が膨大な新史料と関係者の証言を蒐集し，それらを基礎にして執筆した歴史書である．冒頭に記

i

した「日本の原爆研究，ヒロシマ・ナガサキ原爆被災調査，占領軍によるサイクロトロンの廃棄，講和条約による独立までの原子核研究の禁止」と同じ時代の歴史を記したものではあるが，その視点は，これまでの類書に見られる「秘話」という事件簿的興味からする視点とは大きく異なるものである．

　本書「通史」編は3つの部から成るが，努めて当時の関係者自身の視点で描かれている．つまり，学究の徒としての平常な研究生活の精神性と，勃興する原子核物理学に身を投じた研究者たちが時代の激動に遭遇して困惑する交錯の様子が，日本軍や占領軍側の動きと合わせて描かれている．戦中戦後にこの激動の歴史を体験した関係者による貴重な証言や手記はいくつか出版されているが，事柄の性質上全体像が秘匿されていたこともあり，それらはいずれも，全体的な視点が十分でない面があった．いわば「秘話」に止まっていたと言って良いだろう．

＊　　　　＊　　　　＊

　本書の最大の特徴は，ワシントンDCの公文書館に保存されている，この課題に関係する占領軍の行政文書と敗戦時に占領軍が当時の京都大学荒勝研究室から押収した文書を丹念に読み解いたことにある．政池氏がこの課題に傾倒することになる発端については本書序文「一通の手紙」に記されているが，その後，同氏が日本学術振興会ワシントン事務所の所長として在任中にこれらの資料を閲覧・蒐集したことが，本書の出発点となっている．占領軍に押収されたことで，「秘話」以上の実態を追えなかった資料に出会ったこと，それらの資料と関係者遺族からの丹念な聴取を合わせたことで，政池氏は荒勝文策というキーパーソンの「キツネの足跡」（本書「第3編　補論」久保田明子論文）の全体像を初めて明らかにしたといえる．

　荒勝は京都大学の原子核実験物理学研究室の創始者であり，また京大教授就任の直前には台北帝国大学において原子核実験物理学をアジアで初めて行ったとされ，近年，台湾大学でその顕彰がなされているという．しかし，この快挙を当時の国際的な研究水準の中で見る視点や，彼の研究室の仕事の全容はほとんど知られていない．本書の功績の一つは，その後の実験原子核物理学の視点からみた専門的評価が詳細に述べられていることである．

　ワシントンDCに保存されていた米政府・占領軍によって作成された行政記

録文書は，これまで知られていなかった多くの事実を明らかにしている．例え
ば，日本の当時の原子核物理学について，同じような調査が何度も繰り返され
ているのは，占領軍，極東委員会，米政府間の思惑の違いによるものだが，同
時に，これは原子核物理学という学問が最新の学問であり，まだ行政や軍や工
業界に専門家がいない領域であったことを本書は示唆している．この「最新の
基礎学問」が戦争に直結したという特異性こそが，原爆開発史の核心であった
といえる．ブラックホールに取り組んでいたオッペンハイマーが原爆開発の指
導者となり，また日本でも，仁科芳雄らによる理研での宇宙線研究や湯川秀樹
の中間子論はすでに国際的に高い評価を得ていたが，いずれも基礎物理学の課
題であり，そうした兵器開発などは想像もできない基礎物理学の研究者が日本
軍による調査に係わらざるを得なかった．また敗戦後，占領軍によって意味の
ない原子核物理学の研究禁止令が施行されたのも，「最新の学問」の内容が政
治・軍事のリーダーたちに理解されていなかったからである．そして，一旦戦
争という異常事態になると「最新の学問」までもが戦争に動員されるというこ
とが，米国だけでなく日本でもその動きの芽があったということを，私たちは
胸に刻むべきである．

　原爆投下直後に日本の研究者と接触した専門家であるコンプトンやモリソン
は，日本は原爆開発には未着手であると正しい判断をくだした．しかし，占領
軍の行政レベルになると「最新の学問」に関する専門家の不在による行政の混
乱が生じ，サイクロトロン破壊や研究禁止令に至ったと見られる．米国の原爆
開発実施に計画者として関わったコンプトンや，オッペンハイマーの助手とし
て現場をつぶさに見てきたモリソンからすれば，原爆開発とは，米国のように
砂漠の台地の秘密の研究所に自由な生活を離れた多数の研究者を集めて初めて
達成し得るものなのである．それに対して日本では開発のために多くの研究者
を一箇所に集めた大規模な施設を立ち上げる国力も資材も人材もなかったので
ある．だから当時の日本の研究者には，普段の大学や研究所での生活や意識の
変更があったわけでもない．だからサイクロトロン破壊や「禁止令」，さらに
は「荒勝研文書の押収」などは，当局側の滑稽なくらいの過剰反応であったと
いえる．当然，米国のアカデミアからは「失策」との批判があったが，占領軍，
極東委員会，米政府の三つ巴の行政の混乱の中で，どこの責任かも曖昧にされ

核物理の現代史とは何だったか？　　iii

たようである.

しかしながら，こうした「荒勝研資料」を原子核実験物理学の専門家である政池氏が手にしたことは，我々にとって幸いだった．いささか皮肉なことであるが，原爆の嫌疑で不当に押収されたことで，時代を越えて資料が残り，当時の荒勝研究室での平常な研究活動が明らかにされたのである．今日の大学の状況を自省すれば分かるが，「最新の学問」の現場では歴史的な関心は急速に薄れ，過去のものは失われて行く．「秘話」以上のものが残らないわけである．本書「通史」編の特に第1部は，きちんと理解するには物理学の専門知識も必要になる．しかし，荒勝をはじめとした研究者が，非常時の中にあっても科学研究に立ち向かう姿勢を維持していたことは物理学の専門家でなくても窺えるであろう．特に，戦中になされた大学院生花谷暉一の活躍には目を見張るものがあった．

さらにこれらの米側文書には，荒勝の同僚だった湯川秀樹なども含め，当時の京大物理教室の動向を生々しく示す記述がある．日本が敗戦を迎えた時，原子核研究実験のグループは京大の荒勝研究室のほかに理化学研究所の仁科芳雄研究室と大阪大学の菊池正士研究室があったが，理研の研究室は空襲で破壊され，また阪大では進駐軍の調査の前に資料を全部焼却したといわれている．そのため，唯一京大の荒勝研究室だけが平常な状態にあり，そこに突拍子もない嫌疑をもって占領軍の一隊が侵入したのである．そこで交わされる奇妙な対話は，どこか演劇の一場面をも彷彿させる．そうした生々しい資料が，ワシントンDCで保管されていたことになるのである．

本書にはまた，京大医学部の医師たちと一緒に荒勝研の研究者がヒロシマ原爆被災の救援・調査活動に携わり，その際，参加者を襲った土石流被災の全貌を明らかにしている．私が理学部長だった折，京大では恒例の行事となっていた医学部と合同の大野浦での慰霊祭に出席したことがあった．事件からちょうど半世紀を経て，医学部と広島地域の京大医学部出身者で支えられていた慰霊祭も，それまでの毎年開催から，少し間をおいて開催しようかという話が出ていた頃であった．科学技術と戦争に関わる歴史のなかで未曾有の惨事である原爆被災が語られ続けていることが，核兵器使用への最大の抑止になっていることを忘れてはならない．2017年度のノーベル平和賞は核兵器禁止条約の国

連での採決を主導した ICAN という団体に授与された．「ヒロシマ・ナガサキ原爆被災」はまだ過去にしてはならないのである．本書はこの大事な記憶に科学研究の面から一段と厚みを加えるものといえる．

＊　　　　　＊　　　　　＊

ここで，この数十年の原子核物理学の動向，特に日本での動きを整理しておくことは，現代に活かす〈史書〉としての本書の意味を理解する上で有用である．

第二次大戦前の世界の原子核の実験研究の状況を俯瞰すると，日本は先進地であった．それも放射性元素からの放射線を用いた実験をスキップして，一気に人工放射線を得る装置にすすんだ感がある．電気的に荷電粒子を加速する実験装置の開発は英国で発祥し，次いで米国でサイクロトロンが発明され，加速器の大型化の歴史は米国に移ったといえるが，終戦時には日本が二番手を走っていたといっても過言ではない．サイクロトロン発祥の地である UC バークレーのローレンスのグループとは嵯峨根遼吉が密接な関係にあり，理研では共同研究も予定されていたという．

荒勝の世代が研究者のキャリアをスタートした時代は，原子分光・X 線といった量子力学を創造した実験物理学の最盛期を過ぎた頃であり，1932 年のチャドウィックによる中性子の発見で新たな原子核物理学が勃興した時期であった．湯川の中間子論も中性子発見に続く新潮流をつくったものであったが，意欲的な荒勝もそうした息吹を感じてこの新分野に参入したといえる．

その後，米国では原爆開発のなかで燃料調達の方式として当初は濃縮機，原子炉，加速器が位置づけられたので加速器も規模拡大のきっかけをつかみ，戦後の原子核・素粒子の実験物理学をリードすることになる．

米軍占領下の日本では核物理研究は禁止されたが，1951 年の独立後すぐに破壊されたサイクロトロンの再建が理研，京大，阪大で始まった．そこでの経験をもとに大型化の必要性が認識され，当時の経済力に鑑み日本全体で協力して一つの共同利用の加速器をもつ構想がうまれ，東京大学附置の原子核研究所が発足した．「巨費」と「窮乏」を調和する新しい研究機関の制度が生み出され，この方式は他の学問分野にも広がった．

しかし「大型化」のフロントは米国がまず先陣を切り，西欧とソ連圏はいく

核物理の現代史とは何だったか？　v

つかの国家連合の研究組織をつくって対抗した．こうした中，日本一国で建設可能な規模は限られており，1970年代からは，国際協力という形で日本から外にでて海外の装置を使用する国際共同研究の動きが加速され，多くの人材を輩出した．こうした人材と復興した経済力をもとに，1971年，つくば学研都市に現在の高エネルギー加速器研究機構の設立につながる動きが発足し，トリスタン，B‒ファクトリー，J‒パークなどの施設として拡大し，それらは小林―益川理論やニュートリノ振動の検証で活躍した．理研でも，大型放射光のSPring-8，新元素ニホニュームで注目された重イオン加速器の建設が続いた．

1974年のいわゆるJ/Ψ発見によるクオーク革命をスタートとして，ゲージ原理とクオーク・レプトンによる標準理論が1980年頃に完成し，素粒子物理学は大きな一段階を画した．ある意味，湯川が提起した素粒子相互作用プロジェクトの完成であり，一旦完成して以後の方向について，ユニークでない新たな状態に放り出された．大きな未知の大平原に出て来て，どの方向に進めば良いのか見当がつかない状態に，我々は困惑した．特に素粒子の実験物理学にとっては，大きな転換点であった．加速器のエネルギーが小刻みに高まるたびに次々と新発見を手にした時代は終わり，標準理論を確認していく消化試合の様相になった．アンビシャスな方向は，重力や時空の物理学への挑戦として宇宙物理学との一体化の動きの中で起こったが，こうした事柄に関わる実験研究は，大規模かつ実験実施のタイムスケールも長くなり，かつての加速器拡大期に見られた躍動感は失われている．

こうした標準理論後の素粒子実験の方向感が失われた中で，日本のカミオカンデは世界的にも確実な方向を打ち出すのに成功した．しかしこれが非加速器実験と呼ばれる手法であったのは皮肉であった．その後のニュートリノ振動実験における，加速器と遠隔地の検出装置とを連動させる手法は，いわば加速器が敷地を飛び出して地球規模で素粒子実験をする段階になったことを意味する．

＊   ＊   ＊

現在，加速器は原子核や素粒子の物理学の枠を飛び出して，材料科学や生命科学での物質構造解析，癌治療などの医療分野，環境科学や考古学など，多くの分野でその応用領域を広げるとともに，大型化だけでなく用途に応じたコンパクト化などの多様なニーズに応える装置に進化している．こうした動きは遙

か先の時代であった，たぶん1977年ごろの記憶だと思う．当時，建設予算の縮小が危惧される中，大型加速器トリスタンの計画を縮少して進めるか否か論議になっていた頃である．ある委員会の席で「中途半端な規模では素粒子物理には意味がないのでないか」という私の発言に対し，同席していた朝永振一郎が「大きな成果も大事だが，学問というのは，いま出来る範囲で実際にやってみることも大事なのだと」という趣旨のことを説き伏すように話されたのである．加速器という新しい科学装置にいち早く身を投じた先人たちの，こうした心意気を大切に記憶していくべきであろう．

　そして政治に目を移せば，ミサイルや軍靴の響きが大学構内からもふたたび聞こえる昨今である．オッペンハイマーの米国と違って，ある意味で原爆は未遂に終わった日本ではあったが，戦時体制での科学研究と戦争の間におこった歴史を正しく認識しておくことの必要性が，いま改めて高まっていることは間違いない．

一通の手紙　はじめに

　1997 年初め米国のバークレーから一通の手紙が友人を通して筆者の元に転送されて来た．開いて見ると，差出人はカリフォルニア大学の名誉教授トーマス・スミスと記されており，第 2 次大戦終結直後米国海軍の通訳として京都に駐留し，占領軍が京大サイクロトロン破壊を実行した際に通訳をした時の状況が回想記として詳しく書かれていた．この時，スミスは京大の荒勝文策が「大戦中に書いた実験ノートだけは没収しないでくれ」と涙ながらに懇願するのを振り切って占領軍がノートを押収したことを自分の責任だったと思い，海軍を辞して帰国する．スミスはその後ハーバード大学院に入学して日本史の勉強を始め，日本の近世・近代社会経済史の研究者となってスタンフォード大学やカリフォルニア大学の教授として活躍することになる．大戦中の通訳の経験や京都での出来事がスミスの心を動かし，その後のスミスの生き方に大きな影響を与えることになったと言えよう．

　筆者はスミスの回想記に接して以来，荒勝文策の研究室で大戦中にどのような研究が行われていたのかに興味を持ち，当時の資料を調べ始めた．筆者がワシントンに滞在していた 2005 年に米国の議会図書館で大戦中に荒勝研究室の若い研究者が書いた 2 冊の研究ノートが発見された．そこには研究の内容が詳しく記されており，更にそのノートの出どころを調べたところ，それは紛れもなくサイクロトロン破壊の際，占領軍に持ち去られたものであることが明らかになった．

　さらに米国公文書館に残された資料の調査を進めるにつれて，大戦前後に京大で研究に携わっていた多くの人々の生きざまを知ることになる．医学部の大学院生の一人が，サイクロトロン破壊に抗議して連合国軍最高司令官のマッカーサー元帥あてに送った書簡が見出され，若い研究者の学問に対する純粋な情熱に心を打たれた．

ix

帰国後，さらに調査を進めていくと，当時の荒勝研究室の研究者の実像が次々と明らかになった．荒勝研究室の大学院生だった一人は，大戦中，ウランが核分裂する際に発生する中性子の数を現在でも見劣りのしないほど高い精度で測定していた．彼は，広島に原爆が投下されると直ちに現地に調査に赴き，爆心地付近の土壌の中の放射性物質を検出して，投下された爆弾が原爆であることを証明することに大きく貢献する．しかし3回目の広島原爆調査の際，宿舎を襲った枕崎台風による山津波（大規模土石流）に巻き込まれ24歳の若さでこの世を去る．

　筆者は第2次大戦終結前後のこうした若い学徒の行動を知って，荒勝グループの歴史を是非記録にとどめておきたいと思うようになった．

＊　　　　　　＊　　　　　　＊

　大戦以前の日本の原子核物理学の歴史としては仁科芳雄を中心とする理研グループの活動が知られている．一方，理研とほぼ同時期に原子核の実験的研究を始めた京大の荒勝文策グループに関する資料は極めて少なく，その全体像を知る人はほとんどいない．

　ところが上記のように，21世紀初頭米国の国立公文書館と議会図書館で荒勝グループの大戦中の活動や占領軍が京大の原子核研究グループを捜索したときの資料が多数見出され，さらに荒勝文策と荒勝研究室の清水栄が自宅に保管していた資料が遺族によって明らかにされて，荒勝グループの活動の軌跡を追うことが出来るようになった．

　あまり知られていないことであるが，荒勝と彼のグループは京大に着任する以前に台北帝大で加速器を建設し，それを用いてアジアで最初に加速器を用いた原子核反応の実験的研究を始めた．その後，荒勝らは京大に原子核の研究室を創設する．

　1938年末にウランの核分裂が発見されると，荒勝グループでは核分裂のメカニズムを探るべく，γ線と中性子線を用いて核分裂現象を詳しく調べる．またγ線による種々の核反応を研究し，後の原子核の巨大共鳴研究に先鞭をつけることになる．

大戦末期には核分裂エネルギー利用の可能性を探るべく遠心分離法によるウラン 235 の分離を試みようとするが，敗戦によって計画は頓挫する．

　広島に原子爆弾が投下されると，荒勝を団長とする調査団が直ちに広島に赴き，定量的な測定によってそれが原子爆弾であることを初めて証明した．そして敗戦．その後，日本中のサイクロトロンが占領軍によって破壊され，研究が禁止されたことは原子核研究にとって深刻な出来事であった．

　本書では荒勝グループが第 2 次大戦前，大戦中及び大戦直後に行った原子核の実験的研究についての資料を掘り起こして，出来る限り正確に記録に留めるとともに，その研究手法，学問的成果及び科学史的な意義を探る．また激動の時代に生きた当時の研究者たちの歩みと生きざまにも光を当てる．現代では「役に立つ科学」が重要視されがちであるが，荒勝が信条としていた純粋な学問的立場をとるアカデミズムを現代的な観点から考察して見ることは有意義であろう．

　荒勝は大戦以前の台湾時代にも，また第 2 次大戦中も，孤立した環境の中で独自の研究の道を拓いて来た．また荒勝たちの研究は僅かな資金と少人数の研究者によって始められたものであった．そのような状況でユニークで独創的な発想と研究手法が育まれたことを見逃してはならない．現代では原子核・素粒子物理学の研究は巨大化され組織化されており，また世界中の情報が容易に得られる状況にあるが，そのような環境の中で如何にして個性を発揮して独自の研究を進めるかは大きな課題である．現代の科学者が忘れかけている古典的ともいえる荒勝の研究手法を再評価することも重要であろう．

　現在では好むと好まざるにかかわらず科学と社会との結びつきが強くなり，特に原子核物理学者が社会とどのように向き合うかが厳しく問われる時代となっている．荒勝らの原子兵器との関わりについても，正確な資料を掘り起こして記録しておくことが必要である．荒勝は原子核物理学の兵器への応用に積極的でなかった．とはいえ大戦末期には戦時研究に携わった．この事実を検証し，それを現代的な観点からどのように考えるかが問われていると言えよう．

　「通史」編第 1 部では第 2 次大戦以前および大戦中の研究の動向について述べ，第 2 部では原爆調査について記した．第 3 部では大戦直後の連合国軍による捜査，サイクロトロンの破壊，および研究禁止政策の経緯について記した．

一通の手紙——はじめに　xi

資料編には新しく発見された資料も含めて正確に研究の記録を収録するよう努めた．さらに当時の状況を理解する上で特に興味深いと思われる話題はコラム欄に掲載した．

＊　　　　　＊　　　　　＊

本書を執筆しようと思い立ったのは，2015年初めに畏友京大名誉教授佐藤文隆氏から京大における原子核の実験的研究の軌跡を記録に残しておくことを勧められたのがきっかけでした．佐藤文隆氏のご尽力で京都大学術出版会から本書を出版する運びとなりました．さらに氏は本書の意義とその背景について解説を書いて下さいました．本書の産みの親である佐藤氏に心より感謝申し上げます．

また木村磐根，久保田明子，中尾麻伊香の諸氏が「補論」に寄稿して下さいましたことに感謝申し上げます．

荒勝豊氏，木村磐根氏及び清水勝氏はご尊父らが残された日記や多くの遺品を閲覧する機会を与えて下さり，それらの資料を本書で引用することをお許し下さいました．厚く感謝致します．

米国議会図書館の専門官トモコ・ステーン氏は，米国の議会図書館と公文書館に保管されている荒勝グループに関する資料を閲覧する便宜を図って下さり，本書を執筆するきっかけを作って下さいました．東工大名誉教授山崎正勝氏および共同通信客員論説委員小川明氏は草稿を通読して，貴重な忠告とコメントを下さいました．また広島大学の久保田明子氏は荒勝文策に関する多くの資料を収集し，提供して下さいました．さらに大阪市大名誉教授大島眞理夫氏はトーマス・スミス氏の回想の訳文の転載を許可して下さいました．これらの方々に御礼申し上げます．

以下に本書の執筆のために資料を提供して下さった方々，および，ご助言下さった方々の氏名を記し，感謝の意を表したいと思います（敬称略）．

会川晴之，荒勝百合子，荒勝五十鈴，池上栄胤，五十棲泰人，井上信，今崎正子，梅山猛，遠藤満子，加藤利三，北川不二夫，木村一枝，久保田啓介，小寺孝太郎，五島敏芳，小林英央，小沼通二，坂田通徳，塩瀬隆之，竹腰秀邦，

xii　一通の手紙──はじめに

棚橋誠司，多幡達夫，鄭伯昆，千葉紀和，津田直子，内藤酬，中尾麻衣香，中島達也，永平幸雄，西谷正，二村一夫，アンドリュー・バーシェイ（Andrew E. Barshay），花谷幸比古，原康夫，エリック・バンスランダー（Eric S. Van Slander），不動尚史，堀田進，増満浩志，峰政博，向山毅．

　また下記の機関から貴重な文献を提供して頂きました．あわせてお礼申し上げます．

　核融合科学研究所核融合アーカイブ室，京大総合博物館，京大附属図書館，京大附属図書館宇治分館，京大基礎物理学研究所図書室，京大理学研究科，京大理学研究科数学教室図書室，京大理学研究科物理学教室図書室，呉市海事歴史科学館，国立国会図書館，名古屋大学理学研究科坂田記念史料室，日本学術振興会，広島県立文書館，米国議会図書館，米国国立公文書館，防衛省防衛研究所史料閲覧室．

　京都大学学術出版会のご協力により本書を完成出来たことに深く御礼申し上げます．

　なお，本書の刊行は公益財団法人湯川記念財団のご援助によって実現できました．末筆ながら，九後太一理事長はじめ，財団関係者の先生方に，心よりの感謝を申し上げます．

　最後に，米国における資料の収集と編集を妻政池三千代が担当したことを付記します．

目　次

核物理の現代史とは何だったか？（佐藤文隆）
　　　　──「秘話」でない史書の発刊に寄せて　　　　　　　　i
一通の手紙──はじめに　　　　　　　　　　　　　　　　　ix

第1編　通史

第1部　戦前戦中の原子核研究

第1章　アジア最初の人工原子核変換
　　　　──原子核研究の幕開け（台湾時代まで）　　　　　5
　1　荒勝文策の生い立ちと学生時代　　　　　　　　　　　6
　2　留学時代の思い出　　　　　　　　　　　　　　　　　9
　　2-1　シベリア周り　　9
　　2-2　ベルリン大学　　10
　　2-3　チューリッヒ工科大学　　11
　　2-4　ケンブリッジ大学　　12
　3　台北帝大における原子核の研究　　　　　　　　　　14
　　3-1　台北帝大の物理学教室開設と原子核研究の始動　　14
　　3-2　高電圧加速器の建設　　16
　　3-3　原子核研究の開始　　20
　　3-4　軽い核に陽子及び重陽子を当てた時の元素変換の実験的研究　　22
　　3-5　北投石の放射能の研究　　25

　■コラム1　加速器の進歩──高電圧加速器とサイクロトロン　　29
　■コラム2　台湾大学原子･核陳列館　　　　　　　　　　31

第2章　高精度の実験原子核物理学──京大における大戦以前の研究　　35
　1　京大への転任と京都での研究開始　　　　　　　　　36
　　1-1　比例増幅器を用いた計測装置　　37
　　1-2　γ線照射により重水素から放出される中性子エネルギーの決定　　39
　2　核分裂の発見と荒勝講演　　　　　　　　　　　　　42
　　2-1　核分裂現象の発見　　42

xv

2-2　荒勝講演「中性子よる重元素の分裂」　42

　　3　萩原によるウラン核分裂時に発生する中性子数の測定　45

　　4　萩原の海軍における講演　47

■コラム3　水爆のアイディアについての誤解　53

第3章　ガンマ線と中性子による原子核反応の高精度測定の実現
　　　　――大戦下の原子核研究　57

　1　γ線による原子核反応の研究　58

　　1-1　γ線によるウランおよびトリウムの核分裂　59

　　1-2　γ線によるウラン分裂生成物の飛程　60

　　1-3　高エネルギーγ線を原子核に当てた際の荷電粒子の発生　60

　　1-4　植村吉明の「研究ノート」と清水栄の「覚書」の発見　62

　2　中性子による核分裂の研究　66

　　2-1　中性子計数箱の開発　67

　　2-2　熱中性子のウラニウムによる捕獲断面積の測定　68

　　2-3　核分裂の際放出される中性子数　70

　　2-4　「連鎖反応の可能性について」のメモ　72

　　2-5　核分裂する際に放出される中性子数の再測定　73

　3　サイクロトロンの建設　76

■コラム4　核分裂の際放出される中性子数　83

第4章　原子核エネルギーの利用と「原爆」の基礎研究　87

　1　陸軍から理研への核エネルギー研究の要請と開発の開始　88

　2　海軍から京大への要請　93

　3　研究組織と研究内容　95

　4　水交社における海軍と大学の連絡会議及び坂田昌一のメモ　97

　5　原子エネルギーと「原爆」の基礎研究の進展　101

　6　遠心分離器の設計　106

　7　戦時研究の決定と戦時研究員会合　114

　8　琵琶湖ホテルにおける戦時研究員と海軍の合同会議の資料　116

xvi

第 2 部　原爆の調査

第 5 章　第 1 次広島原爆調査　　129
1　被爆直後の広島現地調査　　130
2　「特殊爆弾研究会」と原爆の検証　　132
3　荒勝グループの帰洛と放射能の測定　　138
4　大阪大学と理研の調査　　141
　　4-1　大阪大グループの測定　　142
　　4-2　理研グループの測定　　144

■コラム 5　原爆投下直後の土壌のベータ線測定　　147

第 6 章　第 2 次広島原爆調査　　149
1　第 2 次調査団による放射能測定　　149
2　「原子核爆弾と判定す」——北川徹三中佐宛の電報と書簡　　155
　　2-1　北川徹三宛の書簡　　156
3　原爆調査結果の新聞発表　　161
　　3-1　原子爆弾報告書 1（抜粋）　　161
　　3-2　原子爆弾報告書 2（抜粋）　　162
　　3-3　原子爆弾報告書 3（抜粋）　　163
　　3-4　原子爆弾報告書 4（抜粋）　　164
4　医学部の調査　　167
　　4-1　原子爆弾報告書5(抜粋)広島市における医学的調査　杉山繁輝　　168

第 7 章　大野浦の悲劇（第 3 次広島原爆調査）と長崎原爆調査　　171
1　京大原爆調査団の遭難　　171
　　1-1　西川喜良の回想　　176
　　1-2　京都での衝撃　　180
2　長崎原爆の残存放射能調査　　183

■コラム 6　大野浦の記念碑と花谷会館　　188

目 次　xvii

第3部　占領下の原子核物理学

第8章　占領軍による捜索　　193

1　捜索の準備　　194

2　東大と理研の捜索　　200

 2-1　東大嵯峨根遼吉の取り調べ　200

 2-2　理研における木村一治と仁科芳雄の取り調べ　203

3　京大と大阪大の捜索　　209

 3-1　湯川秀樹の取り調べ　210

 3-2　荒勝文策の取り調べと研究室の捜索　214

 3-3　京大理学部地質学鉱物学教室の捜査　217

 3-4　大阪大の捜査　218

4　ワシントンへの報告と提言　　220

 4-1　コンプトンらの報告とコンプトン・ファーマン会談　220

 4-2　ファーマンの「日本の原子力開発に関する調査報告」　222

 4-3　モリソンの覚書　225

5　石渡海軍中佐の聴取　　226

■コラム7　米国国立公文書館（NARA）　　230

第9章　サイクロトロンの破壊　　233

1　サイクロトロン破壊命令　　234

2　サイクロトロン破壊の実行　　236

3　京大サイクロトロンの破壊　　237

4　通訳トーマス・スミスの回想　　243

5　サイクロトロン破壊に対する抗議　　249

 5-1　ニューヨーク・タイムズ紙の報道と米国内の抗議　249

6　堀田進の抗議書簡　　250

7　米国政府の対応　　255

 7-1　マッカーサーの弁明　255

 7-2　パターソン陸軍長官の謝罪　257

8　京大サイクロトロンの行方　　258

■コラム8　ウランの捜索　　263

■コラム9　Top Secret とサイクロトロンの破壊命令　　265

第10章　占領軍による原子核研究の禁止　　267

1　米国の政策転換　　268
2　フィッシャーの調査と報告　　270
　2-1　フィッシャーによる京大と海軍の査察　271
　2-2　大阪大，東大の査察　275
　2-3　「海軍の原子エネルギー計画とウラニウム資源」についてのフィッシャー報告　277
3　研究発表と研究予算の監視　　278
4　エントウィッスル，フォン・コルニッツらの捜査　　280
　4-1　エントウィッスルとヤマシロの1946年4月24, 25日の京大査察　280
　4-2　フォン・コルニッツとエントウィッスルによる1946年10月の京大査察　285
　4-3　嵯峨根遼吉の質問　286
5　興南沖における原爆実験の報道　　288
6　国外活動の調査　　291
　6-1　速水頌一郎の取り調べ　291
　6-2　太田頼常の取り調べ　292
　6-3　湯浅年子の取り調べ　294
7　原子核研究管理の行方　　295
　7-1　フィッシャーからエントウィッスル宛の非公式書簡　295
　7-2　原子核研究再開許可の是非をめぐる論争　296

終章　荒勝の実験原子核物理学の遺産と占領期原子核政策が残した課題　　303

1　荒勝の「学問優先」主義　　303
2　荒勝の経験主義　　306
3　サイクロトロン破壊から考える科学と社会の関係　　308
4　原子核研究の規制政策のもたらしたもの　　312

第2編　資料

資料1　「重水素イオンの衝撃に依る重水素原子核の変転現象」（『科学』5巻4号（1935））: 12-14　　317
資料2　「ニウトロンの吸収による重元素原子の分裂」（『物理化学の進歩』13n

目次　xix

（3）（1939）：108–116）　　321

資料3　'Photo-Fission of Uranium and Thorium Produced by the γ-Rays of Lithium and Fluorine Bombarded with High Speed Protons'（*Proc. Phys.-Math. Soc. Japan* 23（8）（1941）：440–445）　　331

資料4　'The Range of Photo-fission-fragments of Uranium Produced by the γ-ray of Lithium Bonbarded with Protons'（*Proc. Phys.-Math. Soc. Japan*, 23（8）（1941）：633–637）　　337

資料5　'A Type of Nuclear Photo-Disintegration : The Expulsion of α-Particles from Various Substances Irradiated by the γ-Rays of Lithium and Fluorine Bombarded with High Speed Protons'（*Proc. Phys.-Math. Soc. Japan* 25（3）（1943）：173–178）　　342

資料6　「熱中性子ノ重元素原子核ニ対スル作用断面積ニ就イテ　其ノ一　ウラニウム原子核ノ捕獲断面積並ニ総衝突断面積ノ測定」（花谷暉一　学位申請主論文）　　348

資料7　「荒勝先生のメモ」U核分裂の連鎖反応（July, 1945）　　356

資料8　荒勝文策「原子爆弾報告」1〜4（『朝日新聞』（大阪）1945年9月14日〜17日連載記事）　　359

資料9　サイクロトロン破壊時の荒勝日誌　　363

資料10　トーマス・スミスの回想記：'Kyoto Cyclotron'（Nov. 27, 1996）　　366

第3編　補論

1　「キツネの足跡」を追いかける——京都大学所蔵荒勝文策関連資料について（久保田明子）　　379

2　木村毅一に関する証言と回想（木村磐根）　　399

3　京大サイクロトロンの歴史を辿って（中尾麻伊香）　　417

年表　　429

第1編　通史

第1部　戦前戦中の原子核研究

　　第1章　アジア最初の人工原子核変換

　　第2章　高精度の実験原子核物理学

　　第3章　ガンマ線と中性子による原子核反応の高精度測定の実現

　　第4章　原子核エネルギーの利用と「原爆」の基礎研究

第2部　原爆の調査

　　第5章　第1次広島原爆調査

　　第6章　第2次広島原爆調査

　　第7章　大野浦の悲劇（第3次広島原爆調査）と長崎原爆調査

第3部　占領下の原子核物理学

　　第8章　占領軍による捜索

　　第9章　サイクロトロンの破壊

　　第10章　占領軍による原子核研究の禁止

　　終章　荒勝の実験原子核物理学の遺産と占領期原子核政策が残した
　　　　　課題

第 1 部

戦前戦中の原子核研究

第1章

アジア最初の人工原子核変換
―― 原子核研究の幕開け（台湾時代まで）

　現代では荒勝文策の名前を知る人は少ないが，日本における原子核物理学の幕開けに際して荒勝が残した大きな足跡は科学史を語る上で決して無視することができない．

　荒勝は加速器を用いた原子核の研究を日本で最初に始めた人物であり，第2次世界大戦終結までの間，荒勝グループが原子核の実験的研究の重要な一翼を担ってきたことは記録に留めておく必要があろう．本章ではまず荒勝の幼少の時代から，物理学の研究を始め，欧州留学を経て，台北帝大に着任するまでの歩みを記し，さらに台北帝大で高電圧加速器を建設して，それを用いて行った原子核研究について説明する．

　荒勝文策が物理学を志した時代は所謂前期量子論[1]の全盛時代で，荒勝は京大を卒業するとすぐX線を用いた原子構造の研究を始めた．その後ヨーロッパに留学すべく日本を出発した1926年前半にシュレディンガーが量子力学の

1）前期量子論：1900年プランクによってエネルギー量子が発見されてから1925年にハイゼンベルグが行列力学を，1926年にシュレディンガーが波動方程式を発表して量子力学が確立されるまでの間に展開された過渡的な量子論．この間アインシュタインの光量子説による光電効果の説明，ボーアの原子構造論やスペクトルの理論などが発表された．

基本方程式となる波動方程式を発表した.

荒勝はドイツに着くとベルリン大学に籍を置き，早速マックス・フォン・ラウエから波動方程式の講義を聴くことになる．またアルベルト・アインシュタインからも身近に薫陶を受ける．その後，チューリッヒに移るとすぐポール・シェラーと共に波動方程式を原子の構造に適用する研究を始める．誕生したばかりの量子力学の検証にいちはやく取り組んだのである．続いて英国のケンブリッジ大学でラザフォードらに学び，1928 年に帰国する.

1928 年台北帝大の初代の物理学教授として着任し，まず水素原子の連続スペクトルの研究を始めるが，1932 年の初め，英国のコッククロフトとウォルトンの書いた「原子を人工的に破壊する実験」についての論文を読んで加速器を用いた原子核物理学の幕開けを知り，直ちに高電圧加速器を建設して，原子核反応の研究を開始する．これがアジアにおける最初の人工原子核変換の研究となった．台北帝大は新設の大学だったため自由な発想で研究を始めることができたのであろう.

当時このような最先端の研究が日本内地から遠く離れた台湾で始められたことは驚きであった.

1 荒勝文策の生い立ちと学生時代

荒勝文策は自身の過去についてあまり語らなかったので，その評伝はほとんど残されていない．とりわけ荒勝の前半生はあまり知られていない．そこで荒勝が晩年甲南大学校友会機関紙「甲友」に書いた記事などを基に荒勝の生い立ちと台北帝大着任までの軌跡を探ってみよう（甲南大学校友会 1963/1964；甲南大学 1973）．以下，本章 1，2 節での特に断りのない引用は，甲南大学校友会(1963/1964) からのものである.

荒勝文策は 1890 年，長田重の子として兵庫県印南郡塩田村（現在の姫路市）の漁村で生まれ，幼少期に赤穂の荒勝得次の養子となった．荒勝家は赤穂特産の塩を大阪に運ぶ回船業を営んでいた.

文策の生まれた年に大日本帝国憲法が施行され，幼少時は明治維新後の文明

6　第 1 部　戦前戦中の原子核研究

開化の雰囲気が世に行き渡り，国勢が発展しつつあった．荒勝自身が述べているところによると，荒勝家の両親は寺子屋式教育しか受けていなかったが，子に対する理解は非常にあり，子供を維新の精神で生きていくべき重責ある人間として期待し，尊敬し，信頼してくれていた．文策少年は山では，もず，目白，鷽を狩り，海ではたこ，魚，貝と遊んでいた．ガキ大将でいたずらをして叱られもしたが，親とはお互いに尊敬しあっていたという．

　尋常小学校，高等小学校各4年の教育を経て，1906年母の勧めで兵庫県御影師範学校（現在の神戸大学教育学部の前身）に進む．初等・中等学校の教員養成のための師範学校の校風は，自由に育った荒勝の性に合わなかったようであるが，教師には優れた人物が多く，荒勝の人生に大きな影響を与えた．

　師範学校卒業後，中等学校教員の養成機関であり大学に準じる位置にあった東京高等師範学校（東京教育大学の前身，現在の筑波大学に連なる）に進み，そこで学問の厳しさを知る．また当時の数学，物理学の学生が好んで読んだ夏目漱石などの文学作品を愛読していたという．

　高等師範卒業後，一旦佐賀県で教職に就いた荒勝は，1915年京都帝国大学理科大学に入学した．同期の物理学専攻は7人だった．

　その頃，京大は自由主義アカデミズムの中心的な存在だった．入学式の式辞で総長荒木寅三郎が述べた「諸氏は将来国家の柱石となり，学会の統領となるべき責務を有する」という言葉に荒勝は感銘を受ける．社会全体が学生を重んじていたので，学生は誇り高く，向上心の強い若者であったと荒勝は回想する．充実した生活から湧き出る喜びにあふれ，2年目からは自分の学問は自分でやるという気構えだった．学問のプロとしての力を卒業と同時に身につけるよう日夜努力を重ねた．

　当時の思い出を荒勝は次のように語っている．

　　理科系の学生は夏休みも実験室に閉じこもっていた．私は古典電磁気学を完成
　　させたマクスウェル（J. Maxwell）の全集，J. J. トムソン（J. J. Thomson）の論
　　文や著書，あるいは20世紀の物理学を開いたプランク（M. Planck）やアインシュ
　　タイン（A. Einstein）の論文，著作等をよく読んだ．卒業後の進路を決めるにあ
　　たり，生きていける程度の収入があれば学問の研究が出来るところに居たいと

いう気持ちを持っていた．

　私は生涯生々しい学問をしてこられたことを幸せだったと思っている．大学在学当時はめまぐるしく発展してゆく電子，原子の物理学，スペクトル学，量子論［筆者注：前期量子論］，相対性理論等の吸収に忙しく，自分の研究というところまではいかなかった．しかし，これらの刺戟から自分達も何とかして学問の世界に記録に残る研究をやってみたいと云う気持ちを持っていた．（甲南大学校友会 1963/1964）

　荒勝は物理学科の学生として輻射学・放射学講座の木村正路教授の下で実験的研究を始める（荒勝 1970）．
　木村正路が米国から帰国して京大の物理学教室の教授に着任したのは荒勝が大学2年生を終わる頃であった．荒勝は木村研究室の最初の学生として，木村の京都での最初の仕事となったプロミンのヨウ素スペクトル線の超微細構造の研究を手伝った．実験装置を自分で作り，自分で組み立てるという京大物理学教室の学風を創設したのは木村正路だった．
　荒勝は当時を回顧して，

　私は若い時から英国流の経験学派の流れを高く評価しており，徹底的な実験派だと云う事を木村教授に理解してもらうにはかなりの年月がかかった．最初に頂いた研究テーマは『カーディオイドコンデンサーを備えた限外顕微鏡を使ってブラウン運動を観測する事』で，福田光治氏[2]との共同研究だった．実験研究では他の人がしない技術，苦労を乗り越え，他の人の見たことがない現象を観察すること，新しい装置を自ら創ってそれを用いて物を観ることが重要である．物理学は天才のみの学問ではなく，血の廻りの遅い凡人鈍才に至るあらゆる種類の人間に適応する広い範囲の多くの面を備えた多次元的な世界であって，その中で最も多くの人間が働き得る領域は天才でなくても行える実験的な面と見ねばならない．

2）後の東京文理大教授，分光学．

と語っている．その後 1918 年京大を卒業して，同大学の講師となる．

講師になって最初に従事した研究は，石野又吉教授の研究室で J. J. トムソンの陽極線分析法によって塩素が 2 種類の同位元素から成っていることを明らかにした実験であった．その頃ケンブリッジ大学でもアストン（F. W. Aston）が質量分析器によって塩素など種々の元素の同位体を発見し，1922 年ノーベル化学賞を受賞した．

当時の状況について荒勝はこう回想する．

> 私たちが日本で最初にこの実験を行ったわけだが，ケンブリッジの畑でやっていたのと同じ仕事を同じ頃日本の菜園でも試みていたと言う事です．その後阪大で奥田さんが更に精密な機械を作られて優れた測定をやられ，この問題に終止符をうたれた形になった．

> その後 X 線の研究を行なっていたころ，逓信省の電気試験所で X 線の工業的応用方面のブランチを作ると云う話が有り，そこに行くことを勧誘されたが，官僚的な研究所では長くは続かないだろうと考え，役人になるよりも純粋な学問をしようと決心した．

研究と教育とは不可分と言う当時の京大の理念が荒勝の強い信念となって，その後の人生を左右することになった．1921 年京大助教授として大学に残ることになったが，その後も職業を教育・研究の分野から変えることはなかった．

2 留学時代の思い出

2-1 シベリア周り

1926 年，荒勝は台湾総督府より台北帝大を創設するに当たり物理学の講座を担当する教授となることを依頼され，それに先立ち文部省在外研究員としてヨーロッパに留学することとなった．荒勝は 36 才の時シベリア横断コースを

とってヨーロッパに渡り，ドイツ，スイス，イギリスで学ぶ決意をする．

1926年6月まず関釜連絡船で釜山に着き，京城（現在のソウル）で朝鮮半島南部の田舎の貧困さを目の当たりにした，と荒勝は回想する．その後，長春，奉天に宿泊．奉天は果てしない原野の中にある城郭都市であった．奉天までは満鉄．その先ハルビンまでは中国人，ドイツ人，日本人が多数乗り合わせている国際列車に乗った．ハルビンは平和な国際都市であった．

ソ連に入国したのはレーニンの死後2年半経過した時であった．バイカル湖畔を汽車で走り，ハルビンからモスクワまで8日かかった．

モスクワでは学校，研究所，青年クラブ，スポーツセンターなどの施設を見学する．日本で学んだ知識によれば，ソ連では国家権力が強すぎると云うことであったが，荒勝には必ずしも強制重圧ばかりではなく，いくぶんの自由はあるように感じられたという．しかし国家は不要なことには力を入れないし，国が力を入れなければ何一つ生育しない．レーニンの崇拝ぶりは想像に絶するものがあった．当時スターリンが既に権力を掌握しつつあったはずであるが，そのことはまだ巷ではあまり知られていなかったのか，スターリンという名前はほとんど聞かなかったらしい．一週間の滞在であったが，人から聞いていたほど緊張した国情でもなさそうで，むしろ建設途上の国として，ある意味で理解がもてるような気がしたという．

2–2　ベルリン大学

ミュンヘンやゲッチンゲンを廻ってベルリンに着いたのが7月の終わり，夏休み中はドイツ語と生活に慣れる準備期間として過ごす．

ベルリン大学にはプランク，アインシュタイン，ラウエ，ネルンスト（W. H. Nernst）など20世紀前半を代表する理論物理学者が集まっており，実験はあまり重視されていなかった．そこで荒勝はゼミナールなどに力を入れることにした．荒勝によると，彼がシベリアを汽車で走っている間に発表された波動力学の特別講義をラウエ教授から聴いたのが特に印象的であったという[3]．実際，シュレディンガーが最初に波動方程式を提唱したのは1926年前半であった[4]．

アインシュタインの謦咳に接し，その人格の高さ，人類愛に感銘を受ける．荒勝はその前年に一般相対性理論に関する論文を英文で発表していたので，その論文についてアインシュタインに意見を求めたとのことである（Arakatsu 1925；清水・金子 1996）．後年「先生のお宅にもしばしば伺い，物理学のうえで，また思想的にも大きな薫陶を受けた」とも語っている（読売新聞社編 1988, p.254）．荒勝の回想録には，当時のゼミナールでアインシュタインとラウエの激論の応酬を味わったことがつづられている．アインシュタインが現象についての実験的知識，詳細な技術，測定機器の構造や材料の事でも正確な知識の持ち主であることに驚いたという．ディスカッションの結論を出す段になるとほとんどアインシュタイン一人から言葉が出る．それに異論を唱えるのはラウエだけで，両博士の一騎打ちとなる．

　このような刺激を受けつつも，当時のドイツの学問状況について荒勝は「当時のベルリンの学風は理論を中心に発展していこうということの様だった．ただ，若い人がそれを勘違いして，「俺はこう思う」「俺の見解に従うと xx である」と言うのは不愉快だった．まるで自然界の「真実」を自分の考えにごり押しに従わせることができるように考え，それを真理だというようにしてしまえると考えているようであった．自分の考えに従っていないから間違いだと決めつけるふうが強かった．ドイツの学問が理論か工学かということになって，真実の探求，真実を基本としたフィロソフィーを欠くようにならないか危惧するほどだった．」とも回想している（甲南大学校友会 1963/1964）．

2-3　チューリッヒ工科大学

　荒勝はその後チューリッヒに移り，チューリッヒ工科大学（ETH）に滞在したが，その当時 ETH にはシュレディンガー，デバイ（Peter J. W. Debye），シェ

3）マックス・フォン・ラウエ（Max von Laue）：ドイツの物理学者．X 線の結晶による回折現象を発見し，X 線が電磁波であることを示した．1914 年ノーベル物理学賞を受賞．

4）エルヴィン・シュレディンガー（Erwin Schrödinger）：オーストリア出身の理論物理学者．ドブロイ（Lous V. de Broglie）による物質波の考えを受けて 1926 年量子力学の基本方程式となる波動方程式を発表し，1935 年には「シュレディンガーの猫」などを提唱して，量子力学を築き上げた．1933 年にポール・ディラック（P. Dirac）と共にノーベル物理学賞を受賞．

ラー（Paul Scherrer）など現代物理学を拓いた巨人達が在籍しており，激動する物理学のうねりの中に身を置くことになった．

ここで荒勝はシェラーと共にリチウム原子の荷電分布についての研究を行う[5]．ちょうど荒勝がETHに滞在していた頃ハートリー（D. R. Hartree）が量子力学を原子の構造計算に適用するための近似法[6]を発表したのをうけて，荒勝らは早速それを用いてX線散乱のリチウム結晶による散乱能力（F値）の計算を行い，自らが求めた測定値と比べることにより量子力学の正しさを証明した．この研究結果はシェラーとの共著で「リチウム原子の荷電分布の決定」と題する2編（独語）の論文として*Helv. Phys. Acta*に発表された（Arakatsu and Scherrer 1929, 1930；荒勝 1932）．これらの論文はシュレディンガーの波動方程式との関係で当時ヨーロッパの研究者に関心を持たれた（木村 1982, p.166；読売新聞社編 1988, p.254）．

論文執筆に際しシェラーがケンブリッジ滞在中の荒勝に宛てて書き送った手紙（独文）が荒勝家に保存されている（Scherrer 1928）．その中でシェラーは論文に挿入すべき写真，数値表，投稿雑誌について荒勝の意見を求め，さらにモリブデンやクロームの輻射線についての新しい実験結果についても触れている．

荒勝自身はスイスでの研究生活について以後あまり語らなかったため，詳細は明らかでない．

2-4　ケンブリッジ大学

その後荒勝は英国に渡り，ケンブリッジに滞在するが，ここでの学問的なディスカッションはドイツと違って物静かであった．「私の観測によれば（according

---

5）これより先，シェラーはゲッチンゲン大学でX線の研究を始め，結晶によるX線回折のデバイ・シェラー・リング（Debye-Scherrer Ring）やX線回折のピークの幅と結晶のサイズの関係を表すシェラーの式で知られていた．その後，1930年代になるとシェラーは原子核物理学の研究を始め，大戦中荒勝とほぼ同時期にETHでサイクロトロンの建設を始めた．1988年チューリッヒ近郊に創設されたスイスの国立ポール・シェラー研究所（Paul Scherrer Institute）は彼の実験物理学者としての業績を記念して創立されたものである．

6）ハートリー近似：原子内の多電子の状態を量子力学的に解くために，ハートリーが考案した近似法で，波動関数を一電子波動関数の単純な積で近似する．その後，1932年に電子交換効果をとりいれたハートリー・フォック近似が発表され，現代ではその近似法がよく用いられている．

12　第1部　戦前戦中の原子核研究

to my observation)」と言って実験結果について論じ合い，「それは悪い」とか「自分の考えはこうだ」とか言わないのはイギリス人風である，と荒勝は評している．

　ケンブリッジの学会ではラザフォード（E. Rutherford）が座長，J. J. トムソン，アストン，ウイルソン（C. T. R. Wilson），チャドウィック（J. Chadwick）などが聴衆として並んでいた．英国の学者の大半は経験学派のタイプと言えるから，自分がやったこと以外のことは嘘とは言わないが，正しいと即断もしない．自分の経験と調和することだけに一応うなずく．荒勝は，次第にこのようなケンブリッジの雰囲気に心を動かされるようになる．

　　私は基本的にはアングロサクソンが自然を率直に見つめ，実験によって理論の基礎的対象になるような，新しい理論を惹き起こすような，発見，開拓，測定をしていく方法に心を惹かれるようになっていった．マクスウェルの電磁感応の研究装置とかラザフォードのα線[7]がヘリウムであることを実証した装置など，何れも人類最初の発見に用いられた素材でないものはない．ラザフォード教授の特別講義は一見平凡で無造作なもののように見える．しかし実際ラザフォード自身が開拓した学術，放射線と原子核に関する物理発展経過の平易な解説で，そこには開拓者の血と汗がにじんでいた．

　　キャベンディッシュ研究所の実験室の建物はお粗末だ．古い煉瓦造りだが，化粧されていない．煉瓦はでこぼこである．何時建てられたものであるか知らないが，内壁の塗り替えも修理も試みられた形跡はない．実験室には石造りの実験台が床に据え付けられており，その実験台の横に真鍮板がはりつけてある．それには「西暦何年から何年までの間誰が何々の研究をした」という風に刻まれている．

　荒勝の生涯を通しての研究態度の根底にはケンブリッジ時代に培われた経験主義的な方法があると考えられる．後の台北帝大時代のアジアで最初の加速器

7）α線：ヘリウム4の原子核の流れで，陽子2個と中性子2個からなる原子核である．透過力は小さく，電離作用は強い．

第1章　アジア最初の人工原子核変換　　13

による核反応の研究，京大における γ 線による原子核反応の研究や中性子によるウラン核分裂の研究はもとより，広島に投下された爆弾が原子爆弾であると断定する過程にも，ケンブリッジ時代の経験主義に基づく実験物理学者としてのスタンスが示されていると言えよう．

その後，帰路は北米大陸を経てサンフランシスコから太平洋を渡り，1928年10月神戸港に帰国する．

欧州から帰国直後の 1928 年 10 月に「鉛の爆発スペクトルに於ける線の反転」"Self Reversal Lines in Lead in Explosion Spectrum"の研究により京大から理学博士の学位を授与される．この研究は木村正路の指導で行われ，荒勝の欧州留学の前年 (1925 年) に出版された爆発スペクトルの吸収線に関する論文で，量子力学が発展途上にあった時代を反映している．

3 台北帝大における原子核の研究

3-1 台北帝大の物理学教室開設と原子核研究の始動 (政池 2010)

1928 年台北帝大が創設され，理農学部と文政学部の 2 学部体制で発足した．理農学部に物理学講座がつくられ，荒勝はその初代の教授として着任する【図1-A】．台北帝大の初代教授には哲学者の務台理作，柳田謙十郎，中国文学の久保天隨 (物理学者久保亮五の父)，化学の野副鉄男らの気鋭の学者が集まっていた．また京大の木村正路研究室で塩素と臭素の発光スペクトルの研究をしていた太田頼常 (1926 年京大卒) がその直後に助教授として着任した (荒勝 1970)．さらに，1930 年に京大を卒業して間もない木村毅一を助手として迎え，また台北工業学校卒業の植村吉明を技官に採用して，太田を含めた 4 人で物理学の研究室が発足した．

荒勝は台北帝大着任の 2 年後に，めまいや耳鳴りを伴うメニエール病となり体調を崩したが，1931 年頃から健康を回復し，水素原子のスペクトルの研究を始めた．

木村毅一は当時を回想して次のように記している (木村 1982, p.167)【図 1-B】．

14　第 1 部　戦前戦中の原子核研究

私（木村）は昭和5年（1930年）10月，荒勝先生に招かれて台北帝大助手となった．先生のお宅へ挨拶に伺った時が始めての対面で，アインシュタインに似た風貌を拝見して驚いた．しかし，先生は病気療養中でこの状態が一年ほど続いた．私は張り切って台湾まで来たのに頼みとする先生の病気で，今後どうなるかと心配したが，一年後には元気を回復して，研究に復帰して研究室に戻られ，旧に倍するファイトで研究の指導に当たられた．

1-A 荒勝文策（1950年頃）

その最初の研究は，水素原子のバルマー系列とそれに付随する連続スペクトルとの関係を調べることであった．この実験には無電極の水素放電管にコイルを巻き，コンデンサーにためた電気を一気に放電する方法（いわゆる無電極環状放電）が用いられた（Arakatsu et al. 1932）．放電するとコイルの中心部は目がくらむばかりの光彩を放ち，中心部の両端に約10cmのプラズマが延び，

1-B 荒勝文策（左）と木村毅一（右）

その先端付近は綺麗なピンク色を呈し，その光を分光器で撮影するとシャープなバルマースペクトルが見え，高次項まで現れて最後の項には連続スペクトルの尾が見えた．また同じ方法で空気の放電を起こすと，真空度に応じた色と持

第1章 アジア最初の人工原子核変換　15

続時間を示すアフターグローが現れることが見出された．しかし，この研究は
それ以上継続しなかった．

　ケンブリッジ大のラザフォード門下で荒勝の同僚でもあった，ジョン・コッ
ククロフト（John Cockcroft）とアーネスト・ウォルトン（Ernest Walton）の二人の
物理学者が英国のネイチャー誌に 1932 年の初めに書いた『リチウム原子を人
工的に破壊する実験に成功した』という報告を読んで，荒勝は，これは科学の
新しい時代を拓く大革命であると確信し，研究方針の一大転換を決意した．助
手の木村毅一に相談したところ木村も大賛成だということで，早速原子核研究
のための加速器の建設にとりかかることになる．

3-2　高電圧加速器の建設

　1932 年ケンブリッジでコッククロフトとウォルトンは，高電圧で加速した
陽子をリチウムに衝突させて，世界ではじめて原子核の変換に成功した．人工
的に元素を別の元素に変換させた最初の実験である．この年には同じくケンブ
リッジでジェームズ・チャドウィックが中性子を発見した．一方，米国のカリ
フォルニア大学バークレー校では磁場内で荷電粒子を繰り返し加速するサイク
ロトロンの開発が進んでいた年でもあり，「原子核物理学の幕開けとなった驚
異の年」ともよばれている．

　粒子加速のための高電圧を得るには変圧器と整流器とコンデンサーを用いれ
ばよいが，1 個の整流器で整流できる限度はせいぜい 200KV で，それ以上の
電圧を整流することは難しかった．コンデンサーにも同様な問題がある．そこ
でコッククロフトらは比較的低い耐電圧の整流器とコンデンサーを複数組み合
わせて電圧をステップ・アップすることによって数 10 万ボルトの高電圧を作
り出し，陽子を加速することに成功した．

　その頃日本では，加速器を用いた原子核物理学はまだ始められていなかった．
荒勝はコッククロフトらの論文を読んで，自分たちが X 線回折のために用い
ている変圧器，整流器及びコンデンサーを用いれば同様の実験が可能であろう
と考えた．木村毅一の書いた随筆集『アトムのひとりごと』には次のような木
村の思い出が綴られている（木村 1982, p.168）．

16　　第 1 部　戦前戦中の原子核研究

高電圧加速器を建設するために，既存の設備を総動員し，加速電源にはX線の変圧器を使い，加速器の電極は台北工業学校の工場に依頼して作り，他の部品は日本内地から購入することにした．2年の準備期間中，北投石からポロニウムを抽出したり（25ページ参照），カウンターやウイルソン霧箱[8]を作ったりしたほか，水の電気分解によって重水素の濃縮作業もして，一日も休むことはなかった．1934年7月25日夜，日本で初めて，陽子・リシウムの反応の実験を成し遂げたのだった．それに続いて，準備期間に製作した重水素を用いて重水素核同士の衝突による中性子の放出，重水素とリシウムの核反応，陽子とホウ素との核反応，陽子とホウ素との反応などの実験に次々と成功した．

この研究について荒勝文策らは『応用物理』誌上で次のように述べている（荒勝他 1935a）．

この研究は将来単に純正原子物理学の範囲に於いてのみならず，必ずや広き範囲の科学の分野に亘りてその応用が致され，新しき応用物理の領域が展開せられ，世界いづれの種類の研究室に於いてもこの種の研究を必要とし，その技術に習熟しその知識に確実なる人士を要するに至るべしと思い，何とかしてこの熱帯圏に存在する孤島に於いてもこれが研究に従事し，これが技術に習熟し，遠き将来に対しても備えたいと思ったのであります．しかしながら何分にもこの研究の為に必要なる設備はこれを欧米のそれを其の儘習って行えば莫大な費用を要しますので出来るだけ小型で費用がかさまず，且つ操作もあまり面倒でなく普通の研究室の持つ設備と費用との範囲で組み立てたいと思いまして色々工夫しました結果，日本学術振興会の援助を得るに至りまして大要下記の如き高圧電源を得る様になったのであります．

日本学術振興会が設立されたのは1932年なので，その設立直後にこの研究援助がなされたことになる[9]．日本学術振興会創立当初の研究費配分の資料が焼失してしまったため，荒勝の研究に配分された補助金額は明らかではないが，

8）荷電粒子が気体中を通過すると電離によってイオン対が生じるが，気体を過冷却にしておくと粒子の飛跡に沿ってイオン対による霧が発生するため，放射線の飛跡を観測することが出来る．

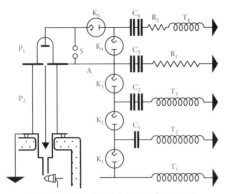

1-C　高電圧加速器（200KV）の回路
T_1, T_2, T_3, T_4；高電圧変圧器，K_1, K_2, K_3, K_4, K_5；ケノトロン（高電圧整流器），C_1, C_2, C_3, C_4；高耐圧コンデンサー，S；スパークギャップ，P_1；イオン源，P_2；絶縁碍子，加速管

研究援助費は全体で1933年度約44万9000円，1934年度約45万8000円であった．企業物価指数（企業間で取引される際の商品価格）で比較すると，現在の金額で約3億円強である．荒勝に支給された研究補助金もその中に含まれていたことになる．また日本学術振興会の総合研究の一つとして「宇宙線及び原子核の研究」の経費として1933年度〜1938年度に20万5000円（同じく1億3000万円ほど）が交付されたという記録も残されている（日本学術振興会編集 1939）．

　荒勝らの建設した加速器の高電圧発生部はコッククロフトらが開発した装置と同様のアイデアに基づいたものであったが，小型で操作が容易なものを目指して，コッククロフトらの設計に変更が加えられた．特にイオン発生管の変圧器を地絡端（アース）側より運転し得るように設計されたので，操作が比較的安全で容易であった．図1-Cにその回路図を示す【図1-C】．

　荒勝研究室には以前から6万ボルトのX線用変圧器（島津製作所製）が3台あった．これらは全く同様に作られていて，それぞれ一次側電圧を任意に変えることができるので，それらと整流管並びにコンデンサーを連結して使用した．整流管は東京電気会社製の耐電圧22万ボルトのものが用いられ，コンデンサーには住友社製で使用電圧15万ボルト，容量 0.016μF のものが用いられた（竹腰 2006）【図1-D】．

　まずテスト実験では，この高電圧加速器によって240keV（キロ電子ボルト：後出注10で解説）まで加速された陽子をリチウム標的にぶつけた時にリチウム7

9）日本学術振興会は1932年末に発足し，1933年より自然科学全般及び人文科学の研究費の補助を開始した．申請の資格は特に設けず，適当な推薦者があれば誰でも申請できることになっていて，専門別の常置委員会の厳密な審査を経て採否が決定されていた（桜井1936；日本学術振興会編 1939）．

(^{7}Li：質量数7のリチウム）に陽子（p）が当たってα粒子（ヘリウム原子核）が2個発生する反応（^{7}Li+p→2α）によって発生する2つのα粒子を観測した．この観測には，発生したα粒子を硫化亜鉛（ZnS）の蛍光板に照射してシンチレーション光を発生させ，その光を肉眼で確認する方法が用いられた【図1-E】．

1-D　台北帝大に建設されたコッククロフト型高電圧加速器

これはコッククロフトとウォルトンによる人工核変換に遅れること2年，アジアにおける最初の人工核反応の実験であった．この48年後に，当時の思い出を木村毅一は次のように語っている（木村 1982, p.23）．

> 忘れもしない昭和9年（1934年）7月25日夜11時加速器は好調，真空度10のマイナス5乗ミリ水銀柱，試運転の準備は全て終わった．いざ運転だ．大きな期待に胸をときめかせつつ，かつ祈るような気持でアルファ線の放出を今や遅しと待った．加速管の下部には深紅の糸を引いたように陽子が流れている．ルーペで覗くと硫化亜鉛の閃光膜はチカチカと星の如く瞬いているではないか．これぞまさしく，リチウム核が壊れて放出されたα線，ラザフォード一家以外，未だかって世界中の誰もが見たことのないα線による閃光である．

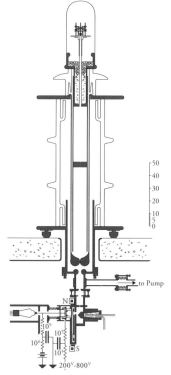

1-E　高電圧加速管と粒子検出器の断面図

第1章　アジア最初の人工原子核変換　19

まさにこれこそ原子力時代の黎明を告げる星の使いをこの目で見たのだ．「見たぞ！」「成功したぞ！」私は大声で絶叫した．研究者は荒勝教授と私と，もう一人の助手の3人．互いに手を取り合って喜んだ．さあ明日から本実験だ，今夜はこれで帰ろうと，一応作業を終わり，溢れる感激を胸にだきつつ夜更けの家路についた．仰げば澄み切った空には，白鳥が翼を拡げる天の川が音もなく流れ，それを隔てて相対する牽牛，織女，南の果てには赤い目をしたさそり座，その他満天の星が輝き，下界を観れば小川の辺の眞菰の葉先に露がきらりきらり光っていて，今や天と地が相近づき，星一つ一つ天より降り，露一つ一つ天に昇ると詠んだ国木田独歩の感慨にわれもひたったのであった．

3-3 原子核研究の開始

荒勝グループはコッククロフト型高電圧加速器を完成させると直ちに軽い核による原子核反応の実験にとりかかった（政池 2010）．最初の実験では核反応で発生した粒子を硫化亜鉛の蛍光板に照射して発生する光を肉眼で確認する方法が用いられたが，その後電離箱（2章38ページ参照）を用いて荷電粒子を検出する方法が考案された．これは標的で発生したα粒子や陽子を電離箱に導入し，そこで発生する荷電粒子の電荷を比例増幅器で増幅して，そのパルス波形をオシログラムで記録する方法である．1931年に陽子と中性子で構成される重水素（${}^2_1$H）が米国の化学者ハロルド・ユーリー（Harold C. Urey）によって発見されたが，荒勝研究室では太田頼常が日本で初めて重水素と酸素が結合して出来る重水の濃縮に成功し，約50％迄濃縮された重水を用いた実験ができる条件が整っていた．

当時，重水素の原子核つまり重陽子同士の衝突反応は最も基本的な核反応であると考えられていたが，その観測を試みた例は極めて少なく，この反応の精密測定の重要性が指摘されていたため，荒勝研究室ではこの反応に着目して，その測定を試みることになった．その研究結果は「重水素イオンの衝撃に依る重水素原子核の変転現象」と題した論文にまとめられて『科学』誌に投稿された（荒勝他 1935b）．

荒勝グループでは完成したばかりのコッククロフト型高電圧加速器によって

加速された 220–250keV[10]の重陽子（${}_1^2$d）ビームを重陽子標的に当てた時，三重水素の原子核つまりトリチウム（${}_1^3$t）と陽子（${}_1^1$p）が発生する反応

$$
{}_1^2\text{d} + {}_1^2\text{d} \quad \rightarrow \quad \text{ヘリウム 4}({}_2^4\text{He}) \quad \rightarrow \quad \text{トリチウム}({}_1^3\text{t}) + \text{陽子}({}_1^1\text{p})
$$

及びヘリウム 3（${}_2^3$He）と中性子（${}_0^1$n）が発生する反応

$$
{}_1^2\text{d} + {}_1^2\text{d} \quad \rightarrow \quad \text{ヘリウム 4}({}_2^4\text{He}) \quad \rightarrow \quad \text{ヘリウム 3}({}_2^3\text{He}) + \text{中性子}({}_0^1\text{n})
$$

を広いエネルギー領域で測定することを試みた．この反応は荒勝らの実験に先立ってケンブリッジ大学でも確認されていた．

　荒勝らの測定では硫化亜鉛によるシンチレーション法を用い，2側面より同時観測を行った．これにより「飛散粒子」(散乱粒子) の数を測り，「到程」(飛程) を知り，種々の発生粒子の数の比を測定した．「衝極」(標的) には重水素を含む硫酸アンモニウムが用いられた．重陽子・重陽子反応の「実現率」(断面積) は非常に大きく，100keV，1 マイクロアンペアの重陽子イオン流が仮に重陽子のみの集団に衝たった場合を考えると，「到程」13.5〜14.5cm の粒子が1 分間に 100 万個放出することが明らかになった．荒勝グループではこれらの粒子は重陽子と重陽子の反応で発生するヘリウム 3 粒子（${}_2^3$He）またはトリチウム（${}_1^3$t）であると考えた．

　荒勝らは，「陽子や α 粒子を照射してもこのような破壊作用を呈さないのに重陽子の場合にのみこのような現象が起こるのは一種の共鳴現象のためと見るべきものではないか，即ち重陽子核内にはある種の交換変化があって，これと同調する他の振動系原子核である重陽子が近接する時，共振して新しい原子核を形成すためであろう」と論じ，「${}_3^7\text{Li} + {}_3^7\text{Li}$，${}_3^6\text{Li} + {}_3^6\text{Li}$ 等の研究が出来るとすれば誠に興味深い結果が得られるだろう」と記している．

---

10) 粒子のエネルギーの単位：原子核，素粒子などのエネルギーを表す単位として電子ボルト（エレクトロンボルト：eV）が用いられる．1eV は電気素量 e の電荷を持つ粒子が真空中で 1V の電位差を持つ 2 点間で加速されるときに得られるエネルギーである．$1\text{eV}=1.6021765 \times 10^{-19}\text{J}$（ジュール）．なお $10^3\text{eV}=1\text{keV}$，$10^6\text{eV}=1\text{MeV}$，$10^9\text{eV}=1\text{GeV}$，$10^{12}\text{eV}=1\text{TeV}$，$10^{15}\text{eV}=1\text{PeV}$．

この論文中で「原子核の変転」，「実現率」，「到程」，「衝極」，「飛散粒子」と書かれた単語は今日ではそれぞれ「原子核反応」，「反応断面積」，「飛程」，「標的」，「散乱粒子」という用語に置きかえられているが，日本における原子核反応研究の黎明期に原子核物理に関する用語が未だ確定していなかったことを示している[11]．

3-4　軽い核に陽子及び重陽子を当てた時の元素変換の実験的研究

1936年，荒勝らは台北帝大で加速器を用いて行った実験の結果を23ページの論文にまとめ，表記の英文の論文として発表した（Arakatsu et al. 1936）．この論文では，高電圧加速器（16ページ参照）とその測定系，標的系について記し，それに続いて，それらの装置を用いて得られた核反応の実験結果について論じている．特に重陽子をリチウム6（${}^6_3$Li）に当てた時にリチウム7（${}^7_3$Li）と陽子が発生する確率と2つのヘリウム（2${}^4_2$He）が発生する確率の比を測定し，さらに陽子をホウ素に当てた場合に3つのα粒子（ヘリウム）が発生する過程とベリリウム8（${}^8_4$Be）及び1個のα粒子が発生する過程を測定し，それらの反応機構について論じている．

この研究では，荷電粒子の飛跡に沿って生じる電離電子を捕捉する電離箱，電離電子の数に比例する電気的なパルスを増幅させる比例増幅器及びそのパルスの数と大きさを記録する記録装置を自ら作成して定量的な実験を行った．電離箱と比例増幅器に混入するノイズを注意深く取り除き，比例増幅器の増幅の比例性が保たれるように装置の感度を注意深く調整している．また電離箱の深さ，気圧，粒子吸収箔の厚さなどを変えることにより，反応粒子の飛程を測定し，粒子の種類とエネルギーを特定した．粒子測定のために電離箱と比例増幅器を組み合わせた検出器を用いるこの手法については第2章で解説するが，その後この方法は荒勝グループのお家芸となり，大戦終結後まで数々の原子核反

11）反応断面積，断面積：粒子が原子核と衝突する際，ある特定の反応が起きる確率を表す量で面積の次元を持つ．粒子が原子核と衝突すると散乱，吸収，核分裂などの反応が起こるが，それらの反応が起こる確率を夫々散乱断面積，吸収断面積，核分裂断面積という．断面積を表す記号として σ が用いられる．単位はバーン（barn，1b＝10^{-24}cm^2）．

応の研究に役立てられた.

(i) 重陽子ビームをリチウム 6 ($^9_3$Li) に当てた時の崩壊比の測定

荒勝らは先ず重陽子ビームをリチウム 6 ($^9_3$Li) の標的に当てた時に起こる 2 種類の反応

$$リチウム 6(^6_3Li) + 重陽子(^2_1d) \quad \rightarrow \quad リチウム 7(^7_3Li) + 陽子(^1_1p) \quad (1)$$
$$リチウム 6(^6_3Li) + 重陽子(^2_1d) \quad \rightarrow \quad 2\alpha(2^4_2He) \qquad\qquad (2)$$

を重陽子のエネルギーが 100keV から 220keV の範囲で測定し,重陽子の運動エネルギーが小さければ,陽子と $^7_3$Li になるよりも 2 個の α 粒子になりやすいことを明らかにした.この現象を説明するために原子核反応についての種々の模型を提案しているが,原子核反応の一般的な法則を見出すにはさらに種々の異った原子核を用いてこの反応を実験的に調べることが必要であると結論付けている.

(ii) 陽子ビームをホウ素 11 ($^{11}_5$B) に当てたときの二つ崩壊の相対確率

当時,陽子をホウ素標的に当てると,多数の α 粒子が放出され,それらが 0 ～5.6MeV の連続分布をしていることが観測されていた.この反応は

$$ホウ素 11(^{11}_5B) + 陽子(^1_1p) \quad \rightarrow \quad 3\alpha(3^4_2He)$$

と考えられていた.

一方,陽子をホウ素に当てると,飛程が約 5.4cm の α 粒子が,全粒子の約 $1/200$ 放出されることも観測され,これは

$$ホウ素 11(^{11}_5B) + 陽子(p) \quad \rightarrow \quad ベリリウム 8(^8_4Be) + \alpha(^4_2He)$$
$$ベリリウム 8(^8_4Be) \quad \rightarrow \quad 2\alpha(^4_2He)$$

で示される反応に起因すると解釈されていた.

荒勝らはこれら二つの反応の相対強度の入射陽子エネルギーによる変化を観測したが，これらの反応の相対強度に顕著な変化は見られなかった．この事実はこの二つのタイプの反応が粒子の捕獲の仕方には依らず，原子核からの α 粒子の脱出機構にのみ依存することを示している．そこで荒勝らは $^8_4$Be と α に崩壊する反応は 3α に崩壊する反応の特別のケースと見なし，2 個の α 粒子が 3 番目の α 粒子と反対方向に小角度で放出される場合，それら 2 個の α 粒子の間の速度が小さいので，原子核の内部でお互いのポテンシャル障壁を乗り越えて離れることができず，α 粒子 2 個が $^8_4$Be として一時的に結合したままになる現象であると理解した．この論文が書かれた当時は，核反応を量子力学的に体系づける方法が確立していなかったため，核反応のメカニズムは明確でなかったが，荒勝らの研究は定量的な原子核物理学の実験に先鞭をつけることになった．

日本の内地から遠く離れた台湾では加速器建設や実験用の資材の調達が困難であったが，幸運にも荒勝グループでは原子スペクトルの研究のために用意していた変圧器，及びケノトロン整流器などを転用することができたこと，濃縮された重水が太田によって多量に提供されたこと，コンデンサーの製作に日本碍子，住友（現住友電工）などが協力したこと，日本学術振興会の設立によって大型研究費を得る事が可能になったことなどが研究を成功に導いた大きな要因になったと考えられる．

ただ，それだけでは研究費は充分でなかったと考えられる．日本学術振興会以外の研究費調達の経緯については明らかでないが，台湾の経済界からかなりの援助があったようである．当時台湾の基幹産業は米，砂糖，樟脳，木材などの生産で，特に製糖業が盛んで大規模な甘藷畑の開発が行われていた．理農学部に所属していた荒勝は製糖会社からの依頼で放射線照射によるサトウキビの品種改良に向けた研究も行っていた．また湿潤地改良のコンサルタントを依頼され，排水溝を設ける事による土地改良に成功したこともあって，企業から資金援助を受けることができたようである．この加速器の建設に必要な主な費用は X 線発生装置（150KV/250mA）5,000 円，ケノトロン（250KV 耐圧）250 円などであったが，物価の上昇率から試算すると現在の数千万円に相当すると思われ

る．この資金を獲得するために荒勝は大層苦労したようである（竹腰 2006）．特に荒勝と親しかった台湾製糖の黒田秀博がかなりの資金援助を行ったと言われている．

この実験が成功した直後，1935 年 12 月自然科学の総合的な学会であった日本学術協会の大会が台北帝大で開かれ，長岡半太郎，仁科

1-F　台北における日本学術協会の大会（木村磐根氏提供）
荒勝文策（右端），長岡半太郎（前列右端），仁科芳雄（同 7 人目），木村毅一（2 列目左から 3 人目），太田頼常（2 列目左から 9 人目）

芳雄をはじめ当時の主だった科学者が台北を訪れたが，そこでの荒勝の研究報告は大きな話題を呼ぶこととなった（読売新聞社編 1988, p.250）【図 1-F】．

なお，荒勝グループが台北帝大で加速器を建設していた 1933 年頃大阪大でも同型の加速器の建設が始められ，1935 年にそれを用いた研究が始められた．当時大阪大で加速器建設に従事していた熊谷寛夫[12]が日記に「荒勝，木村，植村が台湾で日本最初の加速器による核反応の実験に成功した」と記し，その直後台湾を訪れて荒勝グループの装置を見学したことを 1973 年の植村吉明の葬儀の際に披露し，その功績をたたえた．

3-5　北投石の放射能の研究（Kimura 1940；木村 1972）

大正時代（1910 年代）のことであるが，台北市近郊の温泉地北投渓の河床で強い放射能を持つ北投石が発見された．台北帝大で原子核の研究を始めようとしていた木村毅一は 1932 年頃北投石に関心を持ってその収集をしていた．北投石に含まれるポロニウム（$^{210}_{84}$Po：半減期 138.4 日）からの α 線を原子核反応の計測装置の標準化のために用いることができるかもしれないと考えていたから

---

[12] 後の東大原子核研究所教授

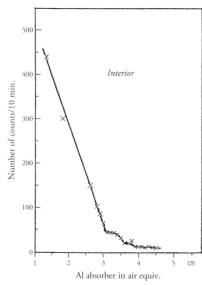

1-G　北投石からの放射線の飛跡分布
直線の終端（end points）はα粒子の飛跡を表している．終端が空気に換算して 3.3mm と 3.8mm の 2 つあることから，前者はポロニウムからのα線，後者はラジウムからのα線であることが分る．表面からはこれらよりも飛程がやや長い粒子も検出されたが，これはトリウム系列の放射能ではないかと思われる．

である．ポロニウムは 1898 年ピエール・キュリー（P. Curie）とマリー・キュリー（M. Curie）がウラン鉱石の中から発見し，マリー・キュリーが自分の祖国ポーランドに因んで名付けた元素である．

　当時，荒勝グループでは前述の比例増幅器付の電離箱を用いて，強いβ線やγ線のバックグラウンドが存在している中で微弱なα線を識別して検出することが重要な研究テーマであった．木村はまず北投石の白色の結晶，とくに明瞭な結晶の集合体が他の試料よりも強い放射線を放出することを見出した．北投石の表面からの放射線の強度は毎分 180〜50 カウントであったのに対し，鉱石内部からの放射線の数は毎分ほぼ 13 カウントであった．試料の表面には比較的短寿命の放射性物質が堆積しているが，内部では半減期の長い放射性物質と崩壊生成物が平衡状態にある．ある試料では表面から 1.3mm の深さまで削り取って測定するとカウント数が平衡に達し，それ以上深いところではカウント数が変わらない．これは北投石の成長が非常にゆっくりであったか断続的であったためと考えられる．むしろ後者の解釈の方が考えやすい．なぜなら温泉の温度や化学的組成は季節による変化や気象条件の不規則な変化の影響を受けやすいからである．木村は，電離箱の前に置かれたアルミニウム箔の厚みを変えながら放出するα粒子の数を測定し，試料の表面からの放射線が試料を削り取った内部からの放射線よりもずっと強いことを見出した．また放射線の飛程から放射性物質の種類を特定した【図 1-G】．

　この研究によって次のことが明らかになった．
　北投石は重晶石（$BaSO_4$）と硫酸鉛（$PbSO_4$）の固溶体で，ラジウムとポロ

ニウムが含まれている．北投石の中のポロニウムの直接の親元素は温泉に含まれているラドンの生成物であるラジウム D（RaD）[13]である．一方温泉の中にある $RaSO_4$ は $BaSO_4$，$RaDSO_4$ あるいは $RaBSO_4$[14]と共に堆積したもので，ラドンから直接作られ，$PbSO_4$ と一緒に結晶化したものである．若い鉱石の自然のままの表面の放射能は主としてポロニウムによるもので，内部の放射能はラジウム（Ra：半減期 1600 年）とその生成物が平衡状態にあるものである．ポロニウムはラジウム D，ラジウム E[15]の崩壊を経て生じるから，その減衰はおおよそラジウム D の減衰に依存する．従って表面の α 放射能は内部に比べて早く減衰し，内部には半減期の長いラジウムが残っていることが分かる．

　木村がこの研究を英文で発表したのは京大に転任してからであったが，研究は主として台北時代に行われた．当時木村が進めていた原子核物理学の本筋とは若干異なる研究であるが，台北時代に興味を持って取り組んだ台湾固有の課題に決着をつける意味もあったのであろう．

文　献

Arakatsu, B. (1925) The theory of general relativity in a physically flat space, *Mem. Coll. Sci.* Kyoto Imp. Univ. A 8 263.

Arakatsu, B. and Scherrer, P. (1929) Röntgenographische Bestimmung der frei Elektronen im Lithium-metall, *Helv. Phys. Acta* 2：153.

Arakatsu, B. and Scherrer, P. (1930) Bestimmung der Elektrizitätsverteilung im Lithium-Atom, *Helv. Phys. Acta* 3：428.

Arakatsu, B., Ota, Y. and Kimura, K. (1932) The continuous spectrum of hydrogen associated with each of the lines in the Balmer Series, *Memoirs of Faculty of Science and Agriculture*, Taihoku Imperial University, Vol.5, 1.

Arakatsu, B., Kimura K., and Uemura, Y. (1936) Experimental Studies on the Artificial Transmutation of Certain Light Elements Bombarded by Ions of Hydrogen and Heavy Hydrogen I. *Memoirs of the Faculty of Science and Agriculture*, Taihoku Imperial University XVIII, No. 3：75.

荒勝文策（1932）「諸物質の X 線散乱能力に就いて III」『応用物理』Vol. 1, 6：240–245.

荒勝文策（1970）「木村正路先生――思い出すまま思うまま」『木村正路先生』木村正路先生謝恩記念会（編集），20 頁.

13）ラジウム D（RaD）：ラジウム系列の放射性物質 $^{210}_{82}Pb$ の歴史的名称．α 崩壊または β 崩壊する．半減期 22.3 年

14）ラジウム B（RaB）：ラジウム系列の放射性物質 $^{214}_{82}Pb$ の歴史的名称．β 崩壊する．半減期 26.8 分

15）ラジウム E（RaE）：ラジウム系列の放射性物質 $^{210}_{83}Bi$ の歴史的名称．α 崩壊または β 崩壊する．β 半減期 5 日

荒勝文策・木村毅一・植村吉明（1935a）「高速度イオン発生に用うる小型にして操作容易なる高圧電源の作成」『応用物理』第4巻 第6号：222.

荒勝文策・木村毅一・植村吉明（1935b）「重イオンの衝撃に依る重水素原子核の変転現象」『科学』第5巻第4号：144.

Kimura, K.（1940）Study on Radioactivity of Hokutolite in Taiwan by Means of a Counter with Linear Amplifier. *Memoir of Collage of Science*, Kyoto Imp. Univ., 23-1： 7.

木村毅一（1972）「北投石とわが国原子力研究の創生期」『技術と企業』1972年1月号：30.

木村毅一（1982）『アトムのひとりごと』丸善.

甲南大学（1973）『「眞」――荒勝文策先生の追憶のために』.

甲南大学校友会（1963/1964）『甲友』第9号, 第10号.

政池明（2010）「第2次大戦下の京都帝大における原子核研究とその占領軍による捜査（1）原子核の実験的研究の軌跡」『原子核研究』Vol.55 No.1： 76-90.

日本学術振興会（編集）（1939）『学術振興』14号, 42, 岩波書店.

桜井錠二（1936）「日本学術振興会の設立事業及使命」『学術振興』創刊号： 8, 岩波書店.

Scherrer, P.（1928）荒勝文策宛私信（独文）（Juno 25, 1928）, 荒勝家文書.

清水栄・金子務（1996）「証言・原子物理学創草期」『現代思想』1996年5月, 192頁.

竹腰秀邦（2006）「台北帝国大学と京都大学における初期の加速器開発と原子核物理学研究（前編）」『加速器』Vol.3 No.4： 384-390.

読売新聞社編（1988）『昭和史の天皇 原爆投下』角川文庫.

コラム 1

加速器の進歩——高電圧加速器とサイクロトロン

　1932年ケンブリッジ大学のキャベンディシュ研究所でジョン・コッククロフトとアーネスト・ウォルトンが高電圧によって加速された陽子をリチウムに衝突させて，世界ではじめて原子核の変換に成功した．これは元素を異なる元素に人工的に変換させた最初の実験である．粒子を加速するための高電圧を得るには変圧器と整流器とコンデンサーを用いればよいが，1個の整流器で整流できる限度はせいぜい20万ボルトで，それ以上の電圧を整流することは難しい．そこでコッククロフトらは比較的低い耐電圧の整流器とコンデンサーを梯子状に積み重ねて，変圧器で得られる低い入力電圧をステップ・アップすることによって数10万ボルトの高電圧を作り出して，陽子を加速することに成功した．

　荒勝らは自分達がX線回折のために用いていた変圧器，整流器およびコンデンサーを用いれば同じような実験が可能であろうと考え，既存の設備を総動員して高電圧加速器を完成し，コッククロフトらより2年遅れて1934年にアジアで初めて人工的な原子核変換に成功した．

　コッククロフト型高電圧加速器で加速できる粒子の最高エネルギーは約2MeVなので，原子核反応の研究には限界がある．一方，荷電粒子を繰り返し加速することができれば，高電圧加速器では達成できないような高いエネルギーまで粒子を加速することが可能となり，原子核研究の可能性が広がる．サイクロトロンでは大型電磁石によってつくられた均一高磁場の中で円運動をする陽子や重陽子に繰り返し一定の高周波を加えることに

よって，10 数 MeV まで加速出来る．サイクロトロンは 1932 年に米国の
バークレーでローレンスらによって発明され，大戦勃発までに米国では 20
基以上建設され，原子核研究に用いられた．日本では理研，阪大で 1 台ず
つ完成し，大戦中に理研ではさらに大型のものが建設された．京大でも大
戦以前からサイクロトロンの建設が計画されていたが，実際には大戦が始
まってから建設が開始された．日米以外の国では，英で 2 台，仏，独では
それぞれ 1 台ずつ完成または建設中であった．大戦終結の時点で日本は米
国に次いで多くのサイクロトロンを保有しており，その点ではヨーロッパ
各国に比べ一歩先んじていたとも言えよう．

　大戦後，原子核を構成している素粒子の研究を行うためにさらに高いエ
ネルギーまで加速出来る加速器が求められるようになり，シンクロトロン
が開発された．この加速器では粒子の加速にあわせて，磁場の強さと加速
電場の周波数を変化させることによって，加速粒子の軌道半径を一定に保
ちながら加速を行う．

　現在世界最大の加速器はジュネーブの欧州素粒子研究機構（CERN）に
ある大型ハドロン衝突型シンクロトロン（LHC）で，円周 27km のドーナッ
ツ型のパイプの中で陽子を時計周りと反時計まわりに回転させながらそれ
ぞれ 6.5TeV まで加速した後，正面衝突させて，重心系で 13TeV のエネル
ギーの素粒子反応を研究する装置である．

コラム2

台湾大学原子核陳列館

　2005年11月，台湾大学（台北大学の後身）に物理系原子核陳列館が開設され，張慶瑞中華民国物理学会理事長，小沼通二日本物理学会理事，木村磐根京大名誉教授（木村毅一の長男）らの列席の下で，その開設式典が行われた．この式典では東洋で初めて台北帝国大学において加速器による原子核反応の研究を始めた，荒勝文策，太田頼常，木村毅一，植村吉明らの遺族に花束が贈呈された（竹腰 2006）．

　この記念式典で配布された英文のパンフレットには次のような文が掲載されている．

　　71年前の1933年，現台湾大学の第二建屋にあった原子核研究室において科学者たちは困難を乗り越えて原子核の実験を実施し，真理の探究に心血を注いだ．

　　1934年7月25日，台北帝大において荒勝文策に率いられたチームが東洋ではじめて人工的に加速された粒子による原子核変換の研究を行ない，J. D. コッククロフトとE. T. ウォルトンによる研究結果を再現することに成功した．当時台湾では台湾電力会社も未だ設立されておらず，荒勝文策教授は電力の準備から始めなければならなかった．しかし太田頼常助教授，木村毅一，植村吉明両助手らを含むこのグループは，日本の他のグループに先駆けてこの実験を成し遂げ，世界的な学術センターと肩を並べる実力を示した．

31

Article

図1　台湾大学物理学教室旧館

　この成功の後，荒勝教授は京都帝大に原子核研究室を創設して，さらに大規模な加速器を建設した．大戦中彼はウラン235と238を分離することにも成功した[1]．原爆投下と敗戦の後，米軍によって京都帝大に建設中のサイクロトロンが海に投棄された．米国と日本の科学者の努力にもかかわらず，日本で原子核物理学の研究が再開されたのはそれから数年経った後であった．

　原子爆弾が世界の政治的な地図を塗り替えたが，蒋介石総統は原子核物理学の重要性を認識し，彼の友人である戴運軌教授に指示して台北帝大の物理学教室を台湾大学の物理学教室として引き継がせた．戴は人材と資金の確保に力を注ぎ，戦後まで台北に留まっていた太田頼常を登用して，原子核物理学研究室を創設した．太田の指導で助手の許雲基および3人の技官，周木春，林松雲，許玉釧は高電圧と放射線の危険を顧みず，台湾電力と中国放送協会から集めた資金によってコッククロフト・ウォルトン型の加速器を再建した．政治的に不安定な時代に物質的にも恵まれない中で

---

1) 実際にはウランの同位元素分離のために遠心分離器の設計図を描き，その装置の建設を目指したが，大戦終結までに完成しなかった．第3章参照．

コラム2 台湾大学原子核陳列館

図2 台湾大学物理系原子核陳列館に設置されている復元されたコッククロフト型高電圧加速器（写真提供：久保田明子氏）

1948年5月13日人工的に加速された粒子による原子核反応の実験をやり遂げた．太田が日本に帰国した後，許雲基の指導によって台湾チームは実験を遂行し，イオン源，加速管，電磁石装置，観測装置の改良を行った．

このパンフレットの最後に「この開所式典には荒勝教授のチームメンバーだった方々の子孫もお招きし，アジアにおける物理学の歴史的な記念日を共に祝うことになった．このコッククロフト・ウォルトン型の加速器が台湾と日本の人々が努力して築きあげた成果の歴史的な記念碑となり，真理への道をたどる科学者の勇気と理想を示すことになる事を期待する．」と記されている．

文 献

竹腰秀邦（2006）「台北帝国大学と京都大学のおける初期の加速器開発と原子核物理学研究（前篇）」『加速器』Vol.3 No.4： 384.

第2章

高精度の実験原子核物理学
―― 京大における大戦以前の研究

　1936年荒勝文策は木村毅一，植村吉明と共に京大に転任する．

　京都では台湾時代に引き続いて原子核の実験的研究に取り組む．台湾で建設した加速器よりもエネルギーの高い高電圧加速器を建設して，陽子をリチウムに当てた時に発生する17.6MeVのγ線[1]や重陽子を重陽子に当てた時に発生する中性子を用いた原子核反応の研究を進めると共に，放射性同位元素を用いたγ線源と中性子源による原子核反応の研究や比例増幅器などの粒子測定装置の開発にも力を入れる．木村毅一がラジウムからのγ線を重陽子に照射して重陽子が崩壊する時に放出する中性子のエネルギーを測定して，重陽子の質量を求めた実験が知られている．

　1939年初頭中性子によるウランの核分裂の発見が報じられると，荒勝グループでは核分裂機構を探るために中性子及びγ線によるウラン核分裂の研究を始める．この年の6月荒勝が行った講演会の記録は核分裂が発見されてから5カ月経った時点で核分裂についてどれだけ研究が進み，それが京都に伝わって，荒勝がそれをどの様に理解し，何をしようとしていたかを知る上で貴重な資料

1）γ線：原子核内で発生する波長の極めて短い電磁波．

である.

　京大の化学教室から荒勝研究室に出向していた萩原篤太郎は核分裂が発見されて僅か 10 カ月後に「核分裂が起こる際に放出する中性子の数は平均 2.6 である」という測定結果を英文で発表したが，この値は大戦終結前に発表された最も精度の高い測定として欧米で注目された．萩原は 1941 年に海軍で核分裂についての講演を行うが，その中で核分裂の連鎖反応によって膨大なエネルギーが発生する可能性を示し，陸海軍の関係者の間で話題となった.

1　京大への転任と京都での研究開始

　荒勝は，台北帝大における本邦最初の加速器による原子核反応研究の業績を認められて，京大物理学科教授石野又吉の定年退官で空席となっていた物理学第 4 講座の教授として 1936 年に京都に戻る．これは京大側の要請によるものであったが，長岡半太郎の助言が有ったためとも言われている．これより先，荒勝は 1921 年頃京大助教授時代に石野の下で陽極線分析の研究を行い，塩素の同位元素の分析を行った経験があった.

　荒勝の京大への転任に従い，木村毅一，植村吉明も同じ頃京大に移る．一方，太田頼常は台北帝大に留まり，荒勝転出後に教授として着任した河田末吉（1925 年京大卒）と研究を続けたが，大戦中は台湾電力や日本鉱物工業などの民間会社で天然ガスの研究などに従事した．大戦後台湾大学で高電圧加速器を再建し，1949 年に日本に帰国する．この時期の太田の業績については，10 章で詳しく述べることにしよう.

　さて荒勝らは京大に着任すると台北で建設した高電圧加速器よりもさらに高いエネルギーまで荷電粒子を加速出来るコッククロフト型加速器の建設にとりかかる．この加速器の建設には台北帝大で作られた加速器の部品の一部が用いられたが，荒勝自身が私財を投じ，更に塩水港製糖の役員となった黒田秀博の経済的援助もあったとのことである．荒勝が台北帝大で高電圧加速器を建設した時にも黒田が資金援助をして荒勝を助けたことは第 1 章で述べた.

　この加速器は陽子を 800keV まで加速することができたので，500keV の陽子

36　第 1 部　戦前戦中の原子核研究

をリチウム 7 に当てた時に発生する 17.6MeV の γ 線（Li-γ 線），および 350keV の陽子をフッ素に当てた時に発生する 6.3MeV の γ 線（F-γ 線）を用いて様々な原子核反応の研究を行うことができた．特に 17.6MeV の γ 線は後に明らかになる中重核の巨大共鳴（62 ページ参照）に相当するエネルギーを持っていたため，原子核反応の研究を行う重要な手段を提供することになった．実際 1938 年頃から大戦後の 1960 年までこの Li-γ 線を用いて数多くの研究が行われた．太平洋戦争勃発直前の 1941 年に荒勝らによって発表された γ 線によるウランやトリウムの核分裂の研究や放射性同位元素からの γ 線による原子核反応の測定が知られている．これらは世界的に見てもユニークな研究で，多くの成果が報告されている．しかし当時急速に発展しつつあったサイクロトロンによる原子核の研究に比べて反応の種類が限定され，荒勝グループ[2]の研究の幅を狭める結果になったことも否めない．荒勝はサイクロトロンの建設を決意し，1941 年に建設に取り掛かるが，未完成の状態で敗戦後占領軍によって破壊されることになる．この経緯については，3 章と 9 章で詳しく述べることにしよう．

　加速器建設と並行して測定器の開発，放射性同位元素による原子核反応の研究も行なわれた．以下では，それらの研究の例を紹介しよう．

1-1　比例増幅器を用いた計測装置（Kimura and Uemura 1940）

荷電粒子が気体や液体の中を通過すると気体や液体中の分子が電離して電子とイオンの対が発生する．この電子を電気信号として取り出して荷電粒子を検出する装置が電離箱である．電離箱はキュリー夫妻によるウラン原子核の崩壊で発生する放射線の測定以来長い間放射線検出器として用いられてきたが，電離によって発生する 2 次電子の数が少ないため，入射する放射線の一個一個を区別して電気的なパルスとして検出し，放射線の数やエネルギー，種類を特定することは困難であった．そこで荒勝研究室では電離箱の中で発生した電子の数を増幅して，発生電子数に比例した大きさの電気的パルスを観測するために

2）京大の理学部と化学研究所に荒勝研究室があり，理学部の他の教室にも原子核研究の共同研究者がいたので，それらの人々を総称して「荒勝グループ」と呼ぶことにする．「荒勝研究室」と記した場合は理学部と化学研究所の荒勝研究室のことである．

第 2 章　高精度の実験核物理学　　37

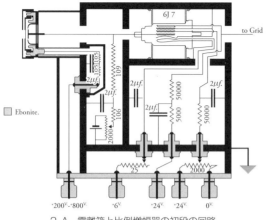

2-A 電離箱と比例増幅器の初段の回路

パルス増幅器が考案され，それによって放射線の数，種類，およびエネルギーを特定できるようになった．

比例増幅器を備えた計測器はグラインナッハー（Greinacher）によって最初に製作されたことが知られている．前章（22 ページ）でも触れたように，荒勝グループでは台北帝大時代に電離箱と比例増幅器を組み合わせた計測装置を用いて先駆的な原子核反応の研究を行っていた．木村らは京大に移ってからもそれに改良を加え，核反応の研究に最も適した比例増幅器付の計数装置を作成した．この装置の自然放射能によるバックグラウンドは小型の電離箱の場合に通常 1 時間に 1〜2 カウント以下であった．そのためこのカウンターを用いると微弱な陽子や α 線も測定できるようになった．

■電離箱【図 2-A】

電離箱は平行板コンデンサーの形状をしており，電荷収集用電極を内蔵している．内部電極は円形のガードリングに囲まれており，アルミニウムと雲母の薄膜で覆われている．電離箱の深さは可変である．

■比例増幅器

比例増幅器は R-C 結合型であるが，多くの実験に使用され，改良が重ねられて，雑音の多い実験室でも使用できるようになった．増幅器の初段が一番クリティカルなので，入力の低容量，高増幅度，低マイクロフォニックな特性を持つ真空管が用いられた．第一，第二真空管のグリッド電圧を調整することによって増幅器の入力と出力の比例性を保つことができた．また外からの影響を取り除き，ノイズを減らすために各段階の増幅器が独立の鉄の箱に収められて

いる．

■記録装置【図 2-B】

記録装置としては拡声器用のバランス型電機子を改造したオシログラフを用いた．全部品はダンパーの役割をする液体パラフィンの中に漬けられている．この装置には通常の光学システ

2-B　荒勝研究室のオシログラフ（資料提供：加藤利三氏）

ムが取り付けられ，回転紙用の特殊カメラが用いられた．これは車輪（wheel）の周りに高感度ブロマイド印画紙または写真フィルムが張り付けられたものである．

■計測システムの特性

増幅システムとオシログラフの全体としての比例性は初段の真空管のグリッドに既知の広帯域の振動電圧を与えてテストし，振動ミラーから 60cm 離れたところで 1.5mm の変位まで入出力の比例性が保たれていることを確認した．木村毅一および植村吉明によって書かれたこの論文は当時の荒勝研究室の測定技術を知る上で重要である．1945 年 9 月 14 日占領軍の原爆調査団が京大を捜索した時，調査団顧問のモリソンがワシントンに送った報告の中に「私は日本に来て初めて京大で核分裂検出チェンバーや比例増幅器を見た．それは素人っぽいものだが，よく作動している．」と書かれている．その 6 年以上も前からこの測定装置が実際の研究に用いられていたわけである．

1-2　γ 線照射により重水素から放出される中性子エネルギーの決定
　　　（Kimura 1940）

木村毅一はラジウム C（RaC）[3]から放出される 2.198MeV の γ 線を重陽子に照射すると，重陽子が崩壊して中性子を放出することを確認した．さらに重水の

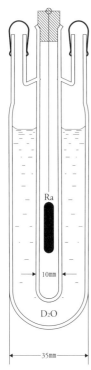

2-C　Ra-γ線源の周りを重水（D₂O）で取り囲んだ中性子源の断面図

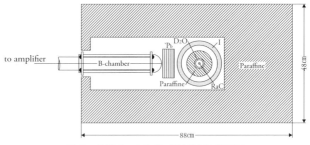

2-D　中性子エネルギー測定装置の断面図
RaCの外側に置かれた重水（D₂O）の周りはパラフィンで囲まれ，その外側はヨウ素（I）の膜で覆われている．図の左側には内壁にホウ砂が塗られた電離箱（B-chamber）が置かれている．中性子源と電離箱の間には鉛ブロック（Pb）が置かれ，γ線バックグラウンドを遮蔽している．

周りをパラフィンで取り囲むと放出された中性子が減速されるが，パラフィンの厚さを変えて中性子がヨウ素の共鳴吸収エネルギーまで減速するのに必要なパラフィンの厚さを調べ，放出中性子のエネルギーを決定した【図2-C】,【図2-D】.

γ線源はプラチナの容器に入れられたラジウムで，その外側は2重のガラス容器に入れられた重水で取り囲まれている．さらにその外側が円筒形のパラフィンで囲まれており，一番外側はヨウ素の膜で覆われている．

中性子の検出には円筒型電離箱が用いられた[4]．その内側の表面にはホウ砂（Na₂B₄O₅(OH)₄・8H₂O）が層状に塗られ，イオン収集電極は比例増幅器とオシログラフまたはスピーカー・システムの初段のグリッドに接続されている．

γ線のバックグラウンドを取り除くために重水と電離箱の間に厚さ7cmの鉛のブロックが置かれている．また全装置は分厚いパラフィンの箱の中に収められている．重水の外側のパラフィンの厚みを変えながらヨウ素の膜がある場合と無い場合に検出される中性子の数の差を測定して，ヨウ素の共鳴で吸収され

---

3) RaC：²¹⁴Biの歴史的名称．
4) 中性子は電荷をもたないため，それ自身を検出することは難しいが，中性子が，ホウ砂中に含まれているホウ素に捕獲されると¹⁰B + n → ⁷Li + α 反応が起こる．この反応の断面積が非常に大きいため，この反応で発生するα粒子を電離箱によって観測して，中性子を検出出来る．

る中性子数がパラフィンの厚さを変えた時にどのように変化するかを調べた．パラフィン内での中性子の平均自由行路は既知なので，共鳴吸収が最大になる場合のパラフィンの厚みを調べることにより重陽子から放出される中性子がヨウ素で吸収される前にどれだけ減速するかを知ることができる【図2-E】．

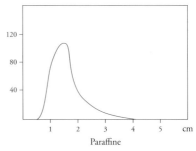

2-E 中性子計測率
ヨウ素膜の有無による中性子計数率の差をパラフィン層の厚さの関数として示す．中性子計数率のピークはヨウ素による中性子の共鳴吸収を表す．

この方法で求めた中性子のエネルギーにより重陽子の結合エネルギーを決めることが出来る[5]．

この実験によって実際に2.198MeVのγ線によって重陽子が崩壊する時に放出される中性子のエネルギーは0.001〜0.0076MeVであること，したがって重陽子の結合エネルギーは2.189±0.007MeVであることが明らかになった．既知の陽子と重陽子の質量より中性子の質量は1.00895uと与えられた[6]．また同じ装置を用いてRaCからのγ線がベリリウム(Be)に吸収される断面積を測定した結果，γ線によって重陽子とベリリウムが崩壊する断面積の比が$\sigma_D : \sigma_{Be} = 1 : 13$であることも明らかになった．重陽子の結合エネルギーは当時の重要な研究課題の一つであったが，パラフィンによる中性子の減速とヨウ素の共鳴吸収のエネルギーから中性子のエネルギーを求めるこの方法は減速の際の中性子のエネルギーのばらつきを考慮すると不定性が大きいように考えられがちである．しかし当時としては中性子のエネルギーを決める一つの優れた方法であったと言えよう．

この実験結果は大戦後エミリオ・セグレ（E. Segrè）が編集した実験原子核物

---

[5] 結合エネルギー：原子核を構成する全ての陽子と中性子を引き離すのに要するエネルギー．質量欠損に相当する．（第3章60ページ脚注（2）参照）

[6] 原子核の質量の単位：原子量が1であるような仮想的な元素の原子1個の質量を1u（統一原子質量単位）という．これは^{12}C原子一個の質量の1/12に相当する．統一原子質量単位1u=1.660539040(20)×10^{-27}kg．相対性理論によれば，質量とエネルギーは等価で，質量mの物体の静止エネルギーは$E=mc^2$（cは真空中の光速）となるので，1uは1.4924×10^{10}Jつまり931.4940954(57)MeVのエネルギーに相当する．

第2章 高精度の実験核物理学 41

理学の教科書にも引用されている（Segrè ed. 1952）．ちなみに，2016 年版「素粒子物理学小冊子」（Particle Physics Booklet）によると中性子の質量は，$(1.0086649159 \pm 0.0000000005)$u である（Particle Data Group 2016）．

2 核分裂の発見と荒勝講演

2-1 核分裂現象の発見

1938 年末ドイツ人化学者オットー・ハーン（Otto Hahn）とオーストリア人物理学者リーゼ・マイトナー（Lise Meitner）はウランが中性子を吸収すると核分裂を起こすことを発見した（Hahn 1968；Hahn and Strassmann 1939）．

ハーンとマイトナーはベルリンで長い間ウランによる中性子吸収反応の共同研究をしていたが，マイトナーはユダヤ人の家系に生まれたためナチスによってドイツを追われ，1938 年夏スウェーデンに亡命した．ところが，1938 年暮ベルリンのハーンから一通の手紙が届く（Hahn, 1938）．そこには中性子がウランに吸収されて生成されるラジウム同位体の中にバリウムと化学的性質が酷似した物質が含まれていたことが記されていた．マイトナーは「これはウランが中性子を吸収して核分裂を起こし，質量が半分余のバリウムが作られる現象である」と確信するに至る．

年が明けて 1939 年の初頭にウラン核分裂の発見が公になるとそのニュースは瞬く間に世界中の物理学者の知るところとなった．

2-2 荒勝講演「中性子よる重元素の分裂」

京大ではウラン核分裂の発見をどの様に捉えたのであろうか．

1939 年 6 月に荒勝が京大化学研究所で行った講演は当時の模様を端的に物語っているので，その講演の要旨を紹介しよう（荒勝 1939）．この講演の記録はドイツで核分裂の発見が発表されてから 5 カ月経った時点で核分裂に関してどれだけのことが明らかになり，それがどのようにして欧米から京都に伝わり，

42　　第 1 部　戦前戦中の原子核研究

荒勝がそれをどの様に理解して，何をしようとしていたかを知る上で貴重な資料である．核分裂現象の発見と，それに続く数多くの実験結果報告のニュースがいかに速く世界中に伝わったかを知る上でもこの講演の意義は大きい．この講演で荒勝は「ハーンらドイツの学者はウラン，トリウム等が中性子を吸収することによって二つの軽い原子に分裂という全く新しい型の原子核変換を発見した」と述べている．さらに「この発見直後からこれを肯定する種々の研究結果が報告され，まだ未解決の問題もあるが，この発見の大要を紹介し，京大の荒勝研究室に於てもこの問題の研究をしつゝある」と前置きして核分裂発見の経過と現状を次のように説明している．

　ウランにはウラン 238（$^{238}_{92}$U），ウラン 235（$^{235}_{92}$U），ウラン 234（$^{234}_{92}$U）の 3 種類あり，100：0.3：0.007 の割合で自然界に存在している[7]．イタリア人フェルミ（E. Fermi）の 1934〜1935 年の研究では中性子をウランに当てると中性子がウラン原子核の中に入り，原子の質量数が 1 だけ大きいウランの同位体となる．それらは β 線[8]を放出して新元素となり，更に連鎖的に β 崩壊[9]して新しい放射性物質になると考えた．即ち超ウラン元素（Trans-uranium）の考えが生まれた．

　ところがその後ハーンらは化学分析した結果，それらの中に放射性のバリウム（Ba）らしいものが含まれていることを発見した．スウェーデンに亡命中のマイトナーはこの知らせを受けて，これはウランが分裂してバリウムが出来る現象に違いないと考えた．更にランタン（La），セリウム（Ce）が出来ることも見出した．それまで中性子がウランに吸収されて超ウラン元素が出来ると考えられていた現象のほとんどが実は核分裂現象であったわけである．

　米国では直ちにサイクロトロンによって作られた強力な中性子ビームをウランに当てたときに発生する元素を化学的に分析してウランの核分裂を確認した．

　この現象は量子論では考えられない．原子核の中には粒子がその安定を保つ

7）実際にはウラン 238：99.28％，ウラン 235：0.71％，ウラン 234：0.0054％．なお $^{238}_{92}$U は原子番号 92，質量数 238 のウランを表す．すなわち陽子の数 92，中性子と陽子の数の合計が 238 という意味である．

8）β 線：原子核の変換の際発生する高速の電子または陽電子．透過力，電離作用は α 線と γ 線の中間．

9）β 崩壊：原子核が β 線を放出して他の原子核に変わる現象．

第 2 章　高精度の実験核物理学　43

ためのポテンシャルの深い谷がある．粒子が外部に出るときにはその土手を越えねばならないが，重い粒子になると，その可能性は非常に小さくなるはずである．そこで原子核を液滴と見立て，それに中性子が這入るとその状態が励起され，遂にこの水滴状の原子核が二つに分裂（"fission"）することになる．

　分裂して出来た粒子の総運動エネルギーを計算してみると約200MeVとなり，従って分裂によって生じたそれぞれの原子核の運動エネルギーはおよそ100MeVとなるはずである．この核分裂生成物のエネルギーはウイルソンの霧箱やイオン計数器を用いた測定によって確認された．これによって核分裂の際に膨大なエネルギーが発生することが明らかにされたのである．

　ウランやトリウムの分裂に有効な中性子の速度を調べる実験も行われた．d–d中性子（重陽子を重陽子に当てた時に発生する比較的高速の中性子）を減速せずにそのままでウランに当てた場合の分裂回数よりも中性子源をパラフィンで囲んで中性子を減速させた後にウランに当てた場合の分裂回数の方が遥かに多い．つまりウランの核分裂は高速中性子よりも低速中性子で起こりやすいことが明らかになった．多くの研究者の実験結果を総合すると低速中性子による核分裂断面積は$(3.5～5) \times 10^{-24} cm^2$程度となる．

　ボーア（N. Bohr）の理論によれば核分裂はウラン235のみで起こり，ウランの大部分を占めるウラン238では核分裂は起こらないことも判明した．

　安定な原子核の場合は原子番号が大きいと陽子の数に比べ中性子の数の方が多い．従って核分裂によって生成される放射性元素では中性子が過剰となるためβ崩壊を繰返して電子を放出し，安定な元素に変わる．ウランが核分裂する時に中性子が放出されるが，その数は2～3個であることも明らかになった．もし分裂時に3個の中性子が放射されるとすれば核分裂が雪崩的に発生する連鎖反応を起す可能性がある．京大の荒勝研究室では萩原らがウランの分裂時に発生する中性子数を測定中である．

　ウランから中性子源を取り除いてもしばらくは中性子の発生が継続する．これは10～15秒及び45秒の半減期で中性子が放出される現象で，いわゆる遅発中性子である[10]．

核分裂という現象が出発点となって量子論を修正しなくてはならないのか，核分裂は古典的な現象と解釈すべきなのか，トランス量子論と言ったものが生まれるのか，或は流体力学的なモデルに従う"場"の物理学の進んだ理論が生まれるのかはまだ分からない．

天体には非常に密度の大きい星があると言われているが，現在存在する諸元素はある種の極めて重い物質が段々分裂してウランその他の元素となり，それらが更に分裂をして他の元素が出来たのかも知れない．

この講演の記録を読むと，核分裂の発見が公になって半年も経たないうちに核分裂に関連する主要な現象が明らかになり，その多くが京都にも伝えられていたことが分かる．一方，この講演では核分裂の応用についてほとんど言及していないことは荒勝の研究のスタンスとして興味深い．

3 萩原によるウラン核分裂時に発生する中性子数の測定

1939 年頃荒勝研究室では高電圧加速器による核反応の研究と並行して放射性同位元素を用いた原子核反応の研究が精力的に進められていた．特に Ra–Be 中性子源[11]によって種々の原子核反応の研究が行われた．当時，京大化学教室の物理化学研究室（教授堀場信吉）に所属していた萩原篤太郎は，原子核反応の研究によって学位を取得したいと考えて，物理学教室の荒勝研究室に出向していたが，中性子によるウランの核分裂の発見が報じられると直ちに荒勝文策の指導と木村毅一および植村吉明の協力を得て，Ra–Be 中性子源から放出される中性子をウランに当てて，核分裂の際に発生する中性子の数の測定を開始した【図 2–F】．

---

10) これは後に重要となる原子炉の運転にとって不可欠な現象である．

11) ラジウムから放出される α 線をベリリウムに衝突させた時に

$${}^{9}_{4}Be + \alpha \quad \rightarrow \quad {}^{12}_{6}C + n$$

反応によって発生する中性子を用いる中性子線源．発生する中性子の平均エネルギーは 4.4MeV で，最高 12MeV に達する．

第 2 章　高精度の実験核物理学　45

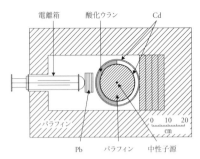

2-F 萩原の用いたウラン核分裂の際発生する中性子数測定装置の断面図

この実験では，中性子源から放出される高速中性子をパラフィン・ブロックで減速させた後，2重シリンダーの隙間の半円部（検出器側またはその反対側）に詰め込まれた酸化ウラン（U_3O_8）の粉末標的に衝突させた．酸化ウランを入れた2重のシリンダーの内側と外側はカドミウム（Cd）で覆われている．中性子を計測する検出器としてシリンダーの内壁にホウ素の薄膜を敷いた電離箱が用いられた[4]．電離箱内で α 粒子の電離によって発生したパルスは比例増幅器に送られ，オシログラフによって光学的に記録される．中性子源を取り囲んでいるパラフィンによって中性子は減速されて熱中性子[12]になった後，ウランに吸収されて核分裂を起こすが[13]，核分裂の時放出される高速の中性子はカドミウムに吸収され難いため，ウランの外側に置かれたカドミウム板を透過した後電離箱によって検出されることになる．

この時カドミニウム板がある場合とない場合の電離箱による計数を比較して，核分裂の際放出される中性子数を求めることができる．萩原はアンダーソン（H. L. Anderson）らの測定した熱中性子によるウランの核分裂断面積

$$\sigma_f^U = 2 \times 10^{-24} cm^2$$

を用いて，熱中性子が ^{235}U に吸収されて核分裂を起こす際に放出される中性子数（ν）を求め，それが平均 2.6 であるという結論を得た．

当時，欧米でも競ってウランが核分裂する際に発生する中性子の数を測定していたが，萩原のこの測定値は当時としては最も真実に近い値であった．ただ萩原の論文には統計誤差や系統的誤差が示されていない．因みに現在の最も精

12）熱中性子：周りの分子の熱運動と平衡状態にある中性子．通常エネルギーが 0.5eV 以下の中性子をさす．

13）熱中性子がカドミニウムに当たった時に吸収される断面積は極めて大きい（2,700 バーン（barn $=10^{-24}cm^2$））ので，熱中性子は厚さ 1mm のカドミニウム板でほとんど全て吸収される．

度のよい実験値は 2.4 である．ウランの核分裂発見から 1 年も経過しないうち
に発生中性子数を精度よく測定して，発表したことは驚異に値する．

この測定結果は 1939 年 10 月京大理学部化学教室堀場研究室発行の「物理化
学の進歩」誌に英文で発表された．さらに年末までにその測定の詳細が発表さ
れた．論文は萩原のみの名前で発表されたが，これは，当時京大では博士論文
は申請者一人の名前で公表する必要があったからである（Hagiwara 1939a, 1939b；
清水・金子 1996）．

この論文によって萩原は欧米でその名を知られるようになり，1940 年 11 月
に出版されたドイツのニトロセルロース（*Nitrocellulose*）誌に掲載されたシュテッ
トバッハー（A. Stettbacher）の記事の中に世界のウラン研究者として日本人では
ただ一人萩原の名前が記載されている（Stettbacher 1940）．

4　萩原の海軍における講演

1939 年にヨーロッパで第 2 次大戦が勃発した頃から原子核反応の研究論文
は公表されなくなり，1940 年以降海外の研究についての情報を日本で得るこ
とは困難になった．そのような状況の中で日本でも陸海軍は核分裂の際に発生
する膨大なエネルギーを兵器として利用する可能性を検討し始める．

萩原篤太郎は 1941 年 5 月 23 日海軍火薬廠講堂において「超爆裂性原子"U
235"に就いて」と題してウランの核分裂とその応用についての講演を行う（萩
原 1941）．そのなかで萩原は，まず上記のニトロセルロース誌に掲載されたシュ
テットバッハーの記事（Stettbacher 1940）を引用して，ドイツで発見された原子
核分裂の現象を米国の原子核物理学者たちが精力的に研究して，大きな進展を
もたらしたことを述べ，その概要を説明している．

その上で，萩原はウラン核分裂によるエネルギー発生について以下のように
説明した．

　　ウランに低速中性子（slow neutron）を当てると核分裂を起こし，似た重さと
　　電荷を持った 2 つの原子核（例えば，キセノン（$_{54}$Xe）とストロンチウム（$_{38}$Sr）

など）に分裂して，約 180MeV のエネルギーが放出される．$1m^3$ の酸化ウラン（U_3 O_8）中のウランが全部分裂すれば 1/100 秒以内に 1.0×10^{12} キロワット時のエネルギーが放出される勘定になる．これはアインシュタインのエネルギーと質量の相等関係 $E = mc^2$ によって反応時の質量の変化が m ならば，その時発生するエネルギー E は mc^2 となり，化学反応の $10^5 \sim 10^6$ 倍となる．

続いて，海外のニュースが日本に急に伝わらなくなっている現状について，

　　1940 年から 1941 年にかけて超爆裂性物質に関する新しい研究が発表されていない理由は，問題が分かり難くなってきていることと，研究が大戦の影響を受けているためであろう．問題の性質上実用について各国がこの種の発表を差し控えているのではないかと思われる．

と推測している．また超ウラン元素の発見に触れ，

　　1930 年代の中ごろウランより原子番号の大きい超ウラン元素が多数見出されたが，現在ではその大部分が間違いだったことが分り，今でも残されている超ウラン元素は $^{238}_{92}U$ に中性子を当てた時に作られる $^{239}_{93}EkaRe$ のみとなっている[14]．

また核分裂の際発生する中性子数と連鎖反応の可能性についても論じている．

　　核分裂で過剰になった中性子の一部は核分裂の際にウラン核から直接外部に放出され，この 2 次中性子がまた他のウラン核を分裂させて連鎖的に反応が継続される可能性があるが，その場合ウランの全部が爆裂してしまうかもしれない．中性子は非弾性散乱する場合もあるし，反応せずに系外へ出してしまうこともある．また $^{238}_{92}U$ や U_3O_8 の酸素による吸収もあり得る．更に連鎖反応が起きる

---

14) $^{239}_{93}EkaRe$ は後年ネプツニウム（Neptunium : $^{239}_{93}Np$）と名づけられた．（Neptune は海王星の意．）$^{239}_{93}Np$ は β 崩壊（半減期 2.4 日）してプルトニウム（Plutonium : $^{239}_{94}Pu$）となる．（Pluto は冥王星の意．）プルトニウムは高速中性子を吸収して核分裂を起こすので，長崎に投下された原爆に用いられたが，日本の科学者はプルトニウムの核分裂について第 2 次大戦終結まで知らなかった．

ためにはウランの空間的な広がりが重要となる．ウラン物質の大きさが，中性子の平均自由行路に対して十分大きくなければならない．そこで $^{235}_{92}$U の分裂時に発生する中性子の数が問題となる．1939 年の萩原の測定によれば，2 次中性子の平均個数は 2.6，そのエネルギーは大体 5〜10MeV と推定される．ジョリオ（Joliot）の研究室，フェルミ（Fermi）の研究室及びダーラム（Dahlem）などでもそれぞれ異なった方法で二次中性子の平均数を測定し，2〜3 個ということで大体一致した．

　さらにウランの同位体分離の必要性について，$^{238}_{92}$U は低速中性子では核分裂しないことが実験的に確かめられたこと，スペクトロメーターを用いて少量のウラン 235 を分離抽出して $^{235}_{92}$U に中性子を当てたときの核分裂断面積が求められたことなどについて触れている．また 1940 年カリフォルニア大学のダニング（Dunning）とミネソタ大学のニール（Nier）が共同でスペクトロメーターによって分離された $^{235}_{92}$U と $^{238}_{92}$U を用いて核分裂を測定して，^{235}U のみが核分裂を起こすことが証明されたこと，^{238}U の核分裂が低速中性子ではほとんど起こらないことが示されたことなどについて説明した後，

　　ウラン 235 を分離抽出するには熱拡散による方法がある．これまでに UF$_6$ の蒸気で試みられたが，まだ成功していないようだ．

と述べ，最後に講演を次の様に締めくくっている．

2-G　ウランの核分裂によるエネルギー発生について海軍火薬廠で講演した萩原篤太郎の講演記録を伝える『二火廠雑報』(萩原 1941).

将来，万一此の U235 を相当量製造することが出来て，これと適当な濃度の水素との混合物が適当な大きさで実現された暁には"U235"は有用なる超爆裂物質としてその可能性を多分に持っているものと期待される．

この講演は荒勝の講演（42 ページ）の約 2 年後に行われたもので，その間の核分裂研究の進展が示されている．さらに原子爆弾実現の可能性を示唆しており，荒勝の純学問的なスタンスとは若干異なっている．

その後，陸軍でもこの講演に強い関心を持つようになる．東京陸軍第二造兵廠（東二造）の資料の中に 1943 年 4 月に書かれた「ウラン（U）に就いて」と題する文書があり，上記の萩原の講演の要旨が掲載されている．この文書は終戦時の焼却廃棄を免れた数少ない理研の原爆研究に関する資料に含まれており，東大理学部化学科助教授で理研の嘱託でもあった黒田和夫の遺族から理研に寄贈されたものである（中根他編 2007，p.1065）．この文書のタイトルは「ウラン（U）に就て 1943/04　東二造研究所」となっていて，「実用化に対する総合意見」として，

U235 に関する研究は必要なるを以て次の方針に依り研究を促進するの要あるものと認む．
1. 研究の実施は委員編成とし軍が主宰し官民の学者を持ってこれに当つ．
2. 目下の所当所を主務とし研究の進展に従い航空関係其の他協力す．

と記されている．その上で，

1. 昭和 15 年（1940）11 月獨誌ニトロセルロース（Nitrocellulose）上に"アメリカの超爆薬 U235"と題し A. シュテットバッハー（A. Stettbacher）の通俗の記載あり．その中に世界中の「ウラン」研究者の名前を挙げある中に日本の萩原氏の記載あり．
2. 昭 16.（1941）5. 京大理学部講師たる前記萩原篤太郎が海軍に於いて"超爆裂性原子 $^{235}_{92}$U に就て"と題する講演をなしあり，その記事は当時迄の概況並に同氏の意見を識るに足るを以て以下其の要点を述べる．

と記し，上述の萩原講演の要点を述べた後，萩原のまとめとして

> 　Uが中性子にあたり分裂して他の元素になる際過剰の中性子が生じこの2次中性子が更に他のUに作用し逐次連鎖反応的に全Uに分裂を起す可能性あり．是即ち強爆薬としての性状なり．
> 　但し前記の如くこの爆裂的連鎖分裂は$^{235}_{92}$Uのみが旺盛なり．
> 故に爆裂の連鎖反応の応用の為には何れか適当なる実用的方法を考案して普通ウランよりこの$^{235}_{92}$Uを大規模に分別製造することが目下の極めて重要な課題なり．
> 　若し万一この^{235}Uが相当量製造することが出来，之と適当濃度水素との混合物の或る適当の大さの容量が実現さるる暁には^{235}Uは有用なる起爆裂性物質として其の可能性を多分に有するものと期待せらる．

と紹介されている．この文書の最後の段落にある「起爆裂性物質」とういう言葉は萩原の講演録の原本では「超爆裂性物質」となっており，此の一字の違いが後年大きな誤解を招くことになるのだが，それについては，コラム2で紹介しよう．

　この文書には上記の記述に続いて理研の原子エネルギー研究の現状，ウラン鉱の状況，欧米における開発などについて簡単に記している．東二造では陸軍航空本部が主導して理研で進めていた「ニ号研究」のことは知られていなかったため，理研に共同研究を依頼したが，仁科は「ニ号研究」を既に進めていたのでその申し出を断る（中根他編 2007, p.1073）．この経緯は陸軍内部での意思疎通の悪さを示していたと言えよう．

文　献

荒勝文策（1939）「ニウトロンの吸収による重元素原子の分裂」『物理化学の進歩』13n（3）：108-116.

Hagiwara, T.（1939a）Liberation of Neutrons in the Nuclear Explosion of Uranium Irradiated by Thermal Neutrons,『物理化学の進歩』13n（6）：145.

Hagiwara, T.（1939b）Liberation of Neutrons in the Nuclear Explosion of Uranium Irradiated by Thermal Neutrons, *Rev. Phys. Chem. of Japan* 13：145.

萩原篤太郎（1941）「超爆裂性原子"U^{235}"に就いて」『二火廠雑報』第33号（1941.7.24）第二海

軍火薬廠，防衛研究所図書館蔵.

Hahn, O.（1938）Letter to L. Meitner, 19 December 1938, Meitner Collection, Churchill College Archives Centre, Cambridge, England.

Hahn, O（1968）Mein Leben, *F. Bruckmann, München*［山崎和夫訳『オットー・ハーン自伝』みすず書房，1977］.

Hahn, O and Strassmann, F.（1939）Concerning the Existence of Alkaline Earth Metals Resulting from Neutron Irradiation of Uranium, *Naturwissenschaften* 27： 11.

Kimura, K.（1940）Determination of the Energy of Photo-Neutrons Liberated from Deuteron by Radium C Gamma-Rays, *Memoir of Collage of Science, Kyoto Imp. Univ.* 22： 237.

Kimura, K. and Uemura, Y.（1940）A Counting Instrument with Linear Amplifier, *Memoir of Collage of Science, Kyoto Imp. Univ.* A23： 1.

中根良平・仁科雄一郎・仁科浩二郎・矢崎祐二・江沢洋編（2007）『仁科芳雄往復書簡集　III』みすず書房.

Particle Data Group（2016）*Review of Particle Physics, Chinese Physics* C 40, 100001： 161.

Segrè, E. ed.（1952）*Experimental Nuclear Physics* Vol. I, 720 頁.

清水栄・金子務（1996）「証言・原子物理学創草期」『現代思想』1996 年 5 月，青土社，192 頁.

Stettbacher, A.（1940）Der Amerikanische Super-Sprengstoff U–235, *Nitrocellulose*, Nov. 1940［村田勉訳「アメリカの超爆薬 “U–235”」『火廠雑報』第 31 号，火火（ママ）訳　第 25 号］.

コラム3

水爆のアイディアについての誤解

リチャード・ローズ（Rechard Rhodes）の著書「原子爆弾の誕生」"*The Making of the Atomic Bomb*"の中に次のような記述がある（Rhodes 1986；ローズ 1993）．

水素の熱核反応を起こさせるのに，核の連鎖反応を使うことを最初に考えたのはフェルミとテラーではなかった．その殊勲は明らかに日本の物理学者で京大理学部の萩原篤太郎[1]のものである．萩原は世界の核分裂研究をフォローし，独自の研究を行っていた．1941年5月に，彼は『超爆発的ウラン（U）235』について講演し，既存の知識を総括した．彼は爆発的連鎖反応がウラン（U）235に依存することを知り，同位体分離の必要性を理解していた．この爆発性連鎖反応の有望な応用性のゆえに，これを達成する実践的方法が見出されなければならない．当面はウラン（U）235を大規模に天然ウランから生産する方法を見出すことがきわめて困難だ．

さらに彼は，核分裂と熱核融合の間の関連を議論している．もしウラン（U）235が適当な濃度で大量に生産され得るなら，ウラン（U）235は一定量の水素への起爆剤（initiating matter）としても有用なものになる可能性が大きい．これには大きな期待がかけられる．

1）45ページ参照.

Article

　この著書の巻末に次のような注釈がつけられている．「萩原の講義は"ウランに就て：東二造[2]（1943 年 4 月）"に引用されている．個人コレクション P. Wayne Reagan, Kansas City, Mo. の文書のコピーと翻訳」．

　この記述は「水爆の起爆剤に原爆を用いるというアイデアは萩原が最初に考え出したのだ」との主張であるが，記述が唐突で資料の吟味が十分でない．東二造の「ウランに就て」という文書はアーカンソー大学に在籍していた黒田和夫所蔵の資料の中にあったものと思われる（中根他編 2007, p.1065）．

　この文書は黒田が 1949 年頃渡米の際米国に持参したと言われているが，その元になっている萩原の講演（1941 年 5 月に第二海軍火薬廠で行ったもの：第 2 章参照）の記録とは，重要なところで一文字違いがある．

　海軍での講演では「"もし U235 を相当量製造することが出来て，これと適当な濃度の水素との混合物が適当な大きさで実現された暁には"U 235"は有用なる超爆裂物質としてその可能性を多分に持っているものと期待されなければなりませぬ．」とあるのに対し，黒田所蔵の文書では，「"…U235"は有用なる起爆裂物質として其の可能性を多分に有するものと期待せらる．」と書かれている．漢字の「超」と「起」が似ているためか，黒田の所蔵する文書では書き違えられていたことになる（Fukui et al. 2000）．どの時点で誰が書き間違えたかは明らかでないが，この違いにより「超爆裂」が「起爆裂」と理解され，萩原がウランを「起爆剤」（initiating matter）とする核融合反応を示唆したと考えられたわけである．

　核分裂が高速中性子よりも低速中性子で起こりやすいことは 1939 年の荒勝講演でも述べられており，中性子を減速するために水などと混合する必要があることは当時から知られていた．東二造研究所の資料の中の萩原の講演録に書かれている「適当な濃度の水素との混合物が起爆剤（initiating matter）として有用」という記述は誤りで，「水素による中性子の減速のた

2）東京陸軍第 2 造兵廠のこと．

めに有用である」と解釈すべきことは文脈から考えても明らかである.

　ローズがその著書の中で「萩原が熱核反応を提唱した」という誤った解釈をしたことは漢字の難しさと日本語の翻訳の問題を示した笑えない出来事である.

文　献

Fukui, S., Imanaka T. and Warf J. C.（2000）Who came up with it first?, *Bulletin of the Atomic Scientist*, 56 No.4 July/No.5 August.

中根良平・仁科雄一郎・仁科浩二郎・矢崎祐二・江沢洋（編）2007『仁科芳雄往復書簡集　III』みすず書房.

Rhodes, R.（1986）*The Making of the Atomic Bomb*, Simon & Schuster［『原子爆弾の誕生（上,下)』神沼二眞・渋谷泰一訳, 啓学出版, 1993］.

第3章

ガンマ線と中性子による原子核反応の高精度測定の実現
―― 大戦下の原子核研究

　太平洋戦争が始まると，多くの科学者は戦争にかかわる研究に駆り立てられていった．一方，荒勝グループでは，戦争には役立たないと考えられていた純学術的な原子核物理学の研究に取り組んでいた．その研究の一部は論文として発表されたが，主要な実験データを記したノートが大戦直後占領軍に押収されてしまったためその全容は明らかでない．

　大戦後，占領軍の要求に応じて荒勝がGHQに提出した報告書（第10章参照）には荒勝グループが大戦中に行った原子核反応研究のうち英文で公表された主要論文のリストが記載されている（10章 Entwhistle 1946b 参照）．このうち未発表の1編を除く4編の論文がγ線による核反応の研究に関するものであった．荒勝らは大戦以前から高電圧加速器を用いて17.6MeVと6.3MeVのγ線による原子核反応の研究を行っていたが，大戦中もこの研究を重点的に進めていたことが分かる．

　γ線による核反応の4編の論文のうちの2編はγ線による核分裂の断面積を測定し，それを中性子による核分裂と比較して核分裂のメカニズムを追求する論文であった．他の2編では17.6MeVのγ線を原子核に当てた時に荷電粒子が放出される現象について記しているが，これらは大戦後原子核研究の中心的

な話題の一つとなった γ 線による原子核の巨大共鳴の発見に先鞭をつけること
になった.

一方，重陽子と重陽子の衝突（d-d 反応）で発生する中性子を用いた研究も
行われていたが，その研究結果は論文として発表されることはなかった.

Ra-Be 中性子線源（2 章 3 節参照）から発生する中性子を用いた核分裂の研究
も進められた．この研究は核分裂が発見された直後に萩原篤太郎によって行わ
れたが，大戦中は大学院生の花谷暉一が中心となって進められた．しかし広島
で花谷が不慮の死を遂げたため，研究成果の多くは公表されなかった．ただ花
谷の学位申請のために提出された論文と残されたメモによってこの研究の一部
を知ることができる．この中にはウランによる中性子の捕獲，吸収，分裂断面
積や核分裂の際放出される中性子に関するデータが含まれており，現代的に見
ても重要な測定結果である.

核反応研究のための測定器の開発にも力を注ぎ，電離箱で検出された粒子の
種類を判別するための比例増幅器や中性子検出のための塩化フッ素蒸気を封入
した電離箱の開発も積極的に進められた.

1941 年に開始されたサイクロトロンの建設については，電磁石が完成し，発
振器の製作にめどがついたところで敗戦となり，その後も建設が継続されたが，
占領軍によるサイクロトロン破壊によってすべてが無に帰する結末となった.

これらの研究の詳細は 25 冊の実験ノートに記入されていたが，サイクロト
ロン破壊の際に占領軍に全てのノートが没収されたため，大戦中の研究の全貌
を知ることはできない（第 9 章参照）．ただ，21 世紀になってそれらのノートの
うちの 2 冊が米国議会図書館で発見され，失われた研究データのほんの一部を
垣間見ることができることになった.

1　γ 線による原子核反応の研究

1939 年に最高エネルギー 800keV のコッククロフト型高電圧加速器が完成す
ると，直ちに加速された陽子をリチウム及びフッ素に当てた時に発生する γ 線
を用いた原子核反応の研究が始められた.

1-1 γ線によるウランおよびトリウムの核分裂(Arakatsu, Uemura et al. 1941)

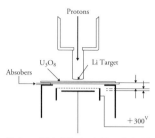

図3-A　γ線を用いたウランとトリウムの核分裂断面積測定装置の概念図
${}^7_3Li+p→γ+2α$ 反応によって発生する17.6MeVのγ線を用いる．酸化ウランなどを塗布した電離箱をリチウム標的のすぐ下に置き，ウランなどによって発生する核分裂生成物を電離箱で検出する．

中性子によるウラン核分裂の発見が報じられると，荒勝らはそのメカニズムを探求するためにγ線による核分裂の研究を始めた．当時は核分裂のメカニズムが解明されていなかったので，荒勝らは中性子の場合と同じようにγ線によっても核分裂が起こる可能性があると考えたのである．

荒勝らの実験に先立ち，ウエスチングハウス研究所のハクスビー(R. O. Haxby)らによって，陽子がフッ素に当った時に発生する6.3MeVのγ線を用いた核分裂の断面積が測定されていたが，この測定結果は低速中性子によるウラン核分裂の断面積に比べて非常に小さな値であった．しかしさらに高いエネルギーのγ線による核分裂は測定されていなかったので，荒勝グループでは陽子をリチウムに当てた時に発生する17.6MeVのγ線によるウランとトリウムの核分裂断面積の測定を試みた【図3-A】．

この測定によって

$$\sigma_{U(17.6)} = 1.67 \times 10^{-26} cm^2$$

($\sigma_{U(17.6)}$：ウランに17.6MeVのγ線を当てた時の核分裂断面積)

$$\sigma_{Th(17.6)} = 7.2 \times 10^{-27} cm^2$$

($\sigma_{Th(17.6)}$：トリウムに17.6MeVのγ線を当てた時の核分裂断面積)

を得た．ウランとトリウムの核分裂断面積の比はハクスビーらによる6.3MeVのγ線を用いて得られた値とほぼ一致しており，γ線のエネルギーによってこの比はほとんど変化しないことが明らかになった．また$\sigma_{U(17.6)}$と$\sigma_{U(6.3)}$の比は7.6：1となり，核分裂断面積は照射γ線のエネルギーが17.6MeVの場合はそれより低いエネルギーのγ線の場合に比べて非常に大きいことも判明した．

一方，この測定の結果，17.6MeVのγ線によるウランとトリウムの核分裂断

面積は低速中性子による核分裂断面積に比べて 100 分の 1 以下であることが分かり，γ 線による核分裂と中性子による核分裂の機構は異なっていることが明らかになった．

なお，この研究には荒勝が京大に着任して最初の学生となった園田正明[1]や大戦中荒勝や木村と共に研究を続けた清水栄（66，106，115 ページ参照）が大きな役割を果たした．

1-2　γ 線によるウラン分裂生成物の飛程 （Arakatsu, Sonoda et al. 1941）

前項 1-1 の研究によって γ 線によるウラン及びトリウムの核分裂が実証され，その断面積が測定されたが，さらに核分裂生成物の運動エネルギーを測定することによって γ 線による核分裂の機構を解明することができるのではないかと考えられた．

そこで，荒勝グループでは γ 線によるウランの核分裂生成物の飛跡の測定が試みられた．この実験では U_3O_8 標的の薄膜と電離箱の間に種々の厚みの吸収板（absorber）を挿入して生成粒子を計測した．その結果，分裂生成物の飛程は空気に換算して最長 1.30cm であることが明らかになった．「2 個の同一質量の粒子に分裂する」などの単純な仮定を置いて実験値を解析すると，γ 線によるウランの核分裂過程で解放されるエネルギーは 45－17＝28MeV ［筆者注：17 MeV は入射 γ 線のエネルギー］よりも小さく，質量欠損を考慮して予想した値［200MeV］よりも小さかった[2]．

1-3　高エネルギー γ 線を原子核に当てた際の荷電粒子の発生
（Arakatsu et al. 1943）

荒勝グループでは 17.6MeV および 6.3MeV の γ 線によるウラン及びトリウム

1）園田正明：1938 年京大物理学科卒業．大戦中兵役に服し，大戦後永い間シベリアで抑留生活を送る．後の九州大学教授．

2）質量欠損：原子核を構成している核子（中性子・陽子）の質量の和から，その原子核の質量を差し引いたもの．相対性理論で質量とエネルギーは等価なので，質量欠損は原子核の結合エネルギーに相当する．（第 2 章 41 ページ脚注（5）参照）

60　第 1 部　戦前戦中の原子核研究

の核分裂の研究に引き続き，同様な実験装置を用いて γ 線による鉛，ビスマス，水銀など重い原子核の分裂現象の観測を試みたが，核分裂現象は全く観測されなかった．さらに，フッ素，アルミニウム，硫黄，銅，ヒ素など比較的軽い原子核について同様の実験を行った．その際分裂現象で発生する中間質量の粒子を検出できるように電離箱と比例増幅器の感度を調整したが，中間質量の粒子は見出されなかった．そこでカウンターの感度をさらに上げて，もっと軽い粒子の測定を試みたところ，これらの全ての原子核は 17.6MeV の γ 線を吸収して α 粒子又は α 粒子より軽い荷電粒子を放出することが明らになった．それまではどんな原子核でもこのような現象は示されていなかったため，荒勝らは，最初はこの事実を確信するには至らなかったと論文に記している．

　この現象はビームに混在する中性子によって引き起こされたのではないかとの疑いもあった．事実 d＋d 反応（重陽子を重陽子に当てた時の反応）による現象の可能性も考えられたが，加速管は重陽子加速には用いられたことはなく，標的から放出される中性子強度は実質的に極めて小さいと推察された．標的をフッ素に置きかえて，F＋p 反応で生ずる 6.3MeV の γ 線によって同様の現象が起こるかどうかを調べたところ，計数率は 17.6MeV の γ 線の場合の 10 分の 1 以下であった．さらに RaC よりの γ 線を鉛板のフィルターを通して照射した場合にはこのような現象は観測されなかった．

　結論として種々の原子核に高エネルギーの γ 線を照射すると α 粒子または α 粒子より軽い粒子が放出される可能性があることが示された．特に Be, Al, As などが比較的強い影響を受ける（例えば Be の場合断面積は 0.8x10^{-27}cm^2）が，B，Bi 及び C などではこの現象が起る確率は比較的小さい．荒勝らはこの現象に関する決定的な結論を得るためにはさらに別の方法による測定（例えば霧箱実験とか誘導 β 線観測など）を行う必要が有ると論じ，その準備を進めていると記している．

　その後，17.6MeV の γ 線による原子核反応が霧箱を用いた粒子飛跡の観測によって確かめられ，1944 年 12 月に日本数物学会の英文誌に投稿されたが，大戦中には発行されず，大戦後この学会が日本物理学会と日本数学会に分離した後，日本物理学会が 1946 年に創刊した Journal of Physical Society of Japan の第 1 号に掲載されることになった（Arakatsu et al. 1946）．この論文には 17.6MeV の

第 3 章　ガンマ線と中性子による原子核反応の高精度測定の実現　　61

γ線を 1mm 厚の鉛板に照射したときに放出される荷電粒子の飛跡を霧箱で捕えた写真が掲載され，それが α 粒子であろうと記されている．なお，その他に陽子と思われる飛跡も撮影されている．大戦後サイクロトロン破壊の時に米軍によって没収された資料の中にこの研究に関するもっと詳しいデータが含まれていたはずであるが，その資料は発見されていない．1944 年 11 月 18 日に京大化学研究所で開かれた秋季講演会で清水は「17MeV γ線による光電効果的 α 粒子の放出」と題して講演しており，大戦末期になってもこの研究が続けられ，霧箱による飛跡の観測が行われていたことが明らかになった（第 4 章参照）．

　その後の多くの研究によって 10 数 MeV の γ 線による核反応では α 線よりも陽子が放射される確率がずっと大きいことが明らかになり，荒勝グループが観測した粒子のかなりの部分は α 粒子ではなく，陽子だった可能性が大きいことが示された（清水・金子 1996, p.192）．ともあれ，この論文で見出された現象は γ 線を吸収することによって引き起こされる原子核の共鳴を初めて捕らえたものとして重要である．第 2 次大戦後の 1947 年に γ 線による核反応に巨大共鳴があることが発見され，1948 年にゴールドハーバー（M. Goldhaber）とテラー（E. Teller）によってこの現象は原子核中の陽子と中性子が夫々集団的に互いに逆位相の振動を起こす状態（E1 励起）であるという理論が発表された．その後この現象は高い励起エネルギー（10〜30MeV）領域に現れる原子核全体の集団振動状態として励起エネルギーや共鳴幅が詳細に研究され，長い年月にわたり，原子核物理学の中心課題の一つとして注目された．

　荒勝グループでは，高電圧加速器による単色で高エネルギーの γ 線を用いた原子核反応の研究を進めてきたが，大戦の真最中に原子核の巨大共鳴に関連する現象を見出したことはこのグループの成果の一つと言えよう．

1-4　植村吉明の「研究ノート」と清水栄の「覚書」の発見

大戦終結後，1945 年 11 月占領軍によって理研，大阪大，京大のサイクロトロンが破壊され，それらが東京湾と大阪湾に投棄されたことは科学史上の重大事件であったが（第 9 章参照），京大サイクロトロン破壊の際，荒勝の抵抗にも

かかわらず大戦中の荒勝研究室の全ての研究ノートが没収されて米国に送られたことは、この時通訳として立ち会ったトーマス・スミス（Thomas Smith）の回想記（第9章参照）に詳しく述べられている。ところが2006年、米国議会図書館のトモコ・ステーン（Tomoko Steen）専門官[3]が議会図書館の未整理資料の中から荒勝研究室の植村吉明が書いた「研究日誌」と清水栄が書いた「覚書2」の2冊の手書きの大学ノートを発見した（Tomoko Steen 私信）（第9章参照）。その後の筆者の調査によってそれらのノートはサイクロトロン破壊のときに占領軍によって没収された荒勝研究室の実験ノートであることが明らかになった。その中には大戦中行われていた研究の経過や研究結果の一部、特にサイクロトロンの建設開始、高電圧加速器の整備、γ線による原子核反応の研究の一部が記録されている。大戦中に京大で行われていたγ線を用いた重水素の分解反応、軽い原子核の反応、ウランとトリウムの核分裂などの研究現場の様子が記されており、当時の荒勝グループの活動の一部を示す貴重な資料となっている。

■植村吉明の「研究日誌」【図3-B】

　植村は台北工業専門学校卒業以来荒勝の研究を支え、1939年京大化学研究所助手となってからは、荒勝グループの研究の中心人物の一人として活躍していた【図3-C】。日誌が書かれたのは太平洋戦争勃発直前の1940年5月から1941年9月までと大戦終結直後からサイクロトロン破壊までの期間なので、この日誌から大戦中の荒勝グループの研究活動について直接知ることはできないが、大戦勃発時に荒勝グループが何を目指していたのかを知るためのかけがえのない資料である。

　この日誌にはまずγ線によるウランやトリウム原子核の分裂について記されており、「本研究室に於いて得たるもの」としてγ線のエネルギーが17.6MeV、6.3MeV及び2.2MeVの場合の核分裂断面積などが示されている。また「Energy of Fission Fragments cal. by Sonoda」[園田によって計算された核分裂片のエネルギー]と書かれた数ページにはニールス・ボーアの論文を参考にしつつ、γ線による核分裂と中性子による核分裂を比較している。以下に植村の書いた「研究日誌」

3）トモコ・ステーン：1984年九州大修士、1996年コーネル大PhD、ジョン・ホプキンス大学教授、ジョージタウン大学教授などを歴任。

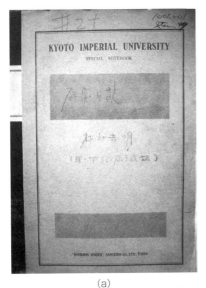
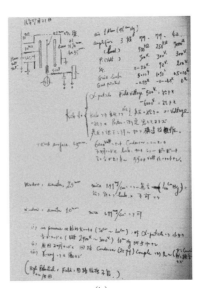

(a)　　　　　　　　　　　　(b)

3-B　米国議会図書館で発見された植村吉明の「研究日誌」
　　　(a) 表紙　(b) 内容の1部

3-C　植村吉明

の一部を示そう（[　]内は筆者注).

$_0^1$n による fission の場合知られている lightest fragment［最も軽い分裂片］の mass［質量］…80.

photo-fission［γ 線による核分裂］の場合にもこれを仮定し且つ charge［電荷］も mass の比と等しい 1 : 2 に別れるとすると

$$U \rightarrow {}_{31}^{80}M \cdots\cdots \text{range}[飛程] 1.3\text{cm}$$
$$\rightarrow {}_{61}^{160}M$$
………．

Fast $_0^1$n［高速中性子］による most probable fragment［最も可能性の高い核分裂片］は

$M_1 = 96 \quad Z_1 = 37$

$M_2 = 143 \quad Z_2 = 55$

………

64　第1部　戦前戦中の原子核研究

1940 年 5 月 19 日

Photo-disintegration relative atomic cross-section［γ線による核分解の相対的断面積］

$\sigma_D : \sigma_{Be} = 1 : 13$（at $h\nu = 2.2$）by Kimura

U, Th photo-fission［γ線による核分裂］により cross-section［断面積］と実測値の間の関係を知ることを得，基礎準備完了し，ここに新しき実験へと進まんとす．

$^2_1 d + h\nu = \ ^1_1 H + \ ^1_0 n$（binding energy［結合エネルギー］2.189MeV）

………

1941 年 6 月 14 日

Cyclotron 略建設に決定．

Magnet 約 1 meter, 50 ton, 18,000 gauss 程度．日本電気株式会社研究所・宮崎清俊氏が主となって技術的問題にたずさわって下さるとの事

1941 年 6 月 16 日

NaCl の結晶に X-ray を当てると紫に着色す．この時光を当てると conductive［導電性］になる．この性質を用いて，proton を observe［観測］することを得ざるや．まず Na を含む glass にて予備実験をなさる．荒勝先生

さらに，17.6MeV の γ 線による $\gamma + ^{63}Cu \rightarrow n + ^{62}Cu$ 反応（γ線を銅の原子核に当てた時中性子が発生する反応）の断面積の測定結果が示されているが，この研究は上述の γ 線による荷電粒子発生反応とも関連して巨大共鳴研究の先駆けとなった研究で，大戦後の 1949 年，清水栄の学位申請論文として発表された（Shimizu 1949）．更にこの研究は 1960 年頃まで続けられて，巨大共鳴反応断面積の絶対値の測定にも用いられた．これらの実験で用いられた荷電粒子検出器，比例増巾器による粒子検出技術の開発や測定結果の解析などは当時の原子核物理学の実験現場を知る手がかりとなる資料である．

ノートは 1941 年後半から 1945 年 10 月までの期間空白となっており，植村が徴兵により軍務に服していた時期であると推察される．1945 年 11 月に記述が再開され，占領軍にノートを没収される直前の 11 月 15 日まで続く．Li＋p 反応及び F＋p 反応で生じた γ 線を用いた実験装置の説明や重陽子と重陽子の衝突用中性子管の図が描かれており，敗戦直後に荒勝研究室でどのような研究

第 3 章　ガンマ線と中性子による原子核反応の高精度測定の実現　　65

を目指していたかを知ることができる.

■清水栄の「実験室覚書2」

清水は1940年に京大を卒業して大学院に入り,1943年に講師となったが,その年に徴兵された.しかし肺浸潤と診断されて,即日除隊となる.この覚書は1942年2月22日に書き始められ,表紙には皇紀2602.2.20と記されている.「覚書」の前半は主として高電圧加速器の整備と測定装置製作の状況を記した日誌となっている.

このノートには,高電圧発生装置の回路図,ケノトロン,コンデンサーの仕様,日本電気熱電子整流管,クヌッセン真空計,真空ポンプの試験,中性子発生用加速管などについて多岐にわたる記述がある.また,研究室におけるβ線計測器,ガイガー・カウンター,比例増幅器,ウイルソン霧箱など放射線測定装置の作成と動作特性試験が詳細に記されている.さらに高電圧加速器,測定器を用いた核反応の実験の様子が実験日誌として日付順に描かれている.この覚書に示されている研究,特に陽子をリチウムとフッ素に当てたときに発生するγ線を用いたベリリウム,銅などの原子核反応の実験の状況とそのデータは第2次大戦中の原子核研究の実像を知る上で貴重な資料である.

覚書には大戦勃発直前までの米,独などの文献の写しも多数貼り付けられており,世界中の研究の現状を勉強した跡がうかがえる.

　　1942年6月1日　京都大学結核研究所入院.ヘバル!!
　　　　急性乾性肋膜,肺侵潤の診断下る.

同じ日に光源のテスト実験を行っているのには驚かされる.日誌は1944年6月27日まで続く.

2　中性子による核分裂の研究

大戦中,荒勝研究室では中性子による核分裂の研究にも力を注いでいたが,

論文として公表された研究は非常に少ない．当時大学院生だった花谷暉一は荒勝，木村の指導で，低速中性子による核分裂の研究を精力的に行い，数編の論文の原稿を執筆した．第7章で述べるように，花谷は広島の原爆調査に赴き，不慮の死を遂げたが，花谷の書いた論文の草稿の一部は花谷の死の直後学位申請論文として提出され，荒勝グループの研究成果として残されている．

花谷は中性子反応の研究に関する学位論文（主論文1，参考論文2）及び後述の琵琶湖ホテルで開催された戦時研究（F研究）の京大と海軍との合同会議に提出されたと思われる2編の論文草稿の計5編の原稿を残しているが，これらの5編は夫々関連が深いので，全体をまとめてこの章で解説する．

2-1　中性子計数箱の開発

花谷【図3-D】は1943年京大を卒業して，荒勝研究室の大学院生となり，まず中性子計数箱の開発を試みる（荒勝・木村・花谷 1943）．

ホウ素10（^{10}B）は中性子を吸収するとリチウム7（^{7}Li）とα粒子を放出するため，α粒子を計測することによって中性子を検出することができる（第2章脚注4参照）．当時中性子検出器としてホウ酸の粉末を管壁に塗布した電離箱やガイガー・カウンターが用いられていたが，計測効率などの点に問題があった．花谷は荒勝，木村の指導で，塩化ホウ素（BCl_3）封入型の中性子計測用電離箱を製作して，その性能を調べ，中性子検出器として優れた特性を備えていることを明らかにした．この電離箱の設計にはそれまで荒勝研究室で使用してきたα粒子計数箱とガイガー・カウンターの経験が活用された．その形状は図3-Eに示す如く矩形切口を有する角ドーナツ型である．

塩化ホウ素（BCl_3）は水蒸気に触れると，白煙を上げて分解する性質を持っているの

3-D　花谷暉一

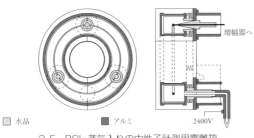

3-E　BCl₃蒸気入りの中性子計測用電離箱
長方形の切り口を持ったドーナッツ型をしており，直径5 mm の銅線の環で出来たイオン捕集電極は比例増幅器に直結している．

で，電離箱を数カ月間排気し，漏洩がなく，残留ガスのないことを確かめた上で，冷却した BCl₃ 蒸気を電離箱に導入して，圧力 71cmHg で封断した．熱中性子による研究では増幅後のパルスのうち一定の大きさ以上のもののみを計数する方法をとった．BCl₃ 入り電離箱の場合にはホウ酸を塗付した電離箱に比べてパルスが大きいので粒子の選別は比較的容易であった．熱中性子の計数機能を検証するためにパラフィン箱内に Ra–Be 中性子源（第 2 章脚注 11 参照）を挿入し，$^{10}B+n→α+^{7}Li$ 反応によって発生する α 粒子のパルスを比例増幅器によって増幅してその数を計測した．ホウ素粉末塗付型の場合は α 粒子が電離箱内に入るまでにエネルギーの一部を失い，パルス高が不揃いになるため記録漏れとなるものが多いが，BCl₃ 蒸気封入型の場合は電離箱中で，$^{10}B+n→α+^{7}Li$ 反応によって生じる α 粒子の大きなパルスを発生するのでホウ素粉末塗布型に比べて計数率が約 60 倍となった．この BCl₃ 封入型の中性子計数箱は，京大における大戦中の多くの中性子反応の研究に用いられたことが知られている．

　この研究結果は 1943 年 7 月 25 日に荒勝文策，木村毅一，花谷暉一の連名で論文の草稿として執筆されたが（荒勝・木村・花谷 1943），出版されず，花谷暉一が不慮の死を遂げた後，1945 年 9 月 17 日付で学位申請参考論文 1 として京大に提出された．

2-2　熱中性子のウラニウムによる捕獲断面積の測定

　新しく開発された塩化ホウ素（BCl₃）を封入した中性子計数箱を用いて花谷らが最初に行った研究はウランに熱中性子（第 2 章脚注 12 参照）が衝突した時の中性子の捕獲断面積[4]の測定であった【図 3-F】．

中性子のウランによる捕獲断面積 (σ_c^U) の測定は他の研究者も行なっているが，彼らは中性子をウランに当てたときの総衝突断面積 (σ_{tot}^U) と散乱断面積 (σ_{scatt}^U) を別々に測定して，$\sigma_c^U = \sigma_{tot}^U - \sigma_{scatt}^U$ から σ_c^U を得ていた．花谷らは熱中性子は鉛の原子核に対しては散乱のみ行い，吸収を伴わないことを利用して，中性子ビームライン上の 2 カ所にウラン及び鉛を配置して見掛けの総衝突断面積を測定し，鉛の測定データを仲介して σ_c^U を決定する方法を採用した．実験装置の幾何学的配置を図 3-G に示す．

3-F 花谷暉一学位論文（主論文）の表紙

中性子砲の内部に入れられた Ra-Be 中性子源（第 2 章脚注 11 参照）から放出される中性子は，それを囲んでいるパラフィンによって減速されて約 90％ 熱中性子となる．この実験で熱中性子は塩化ホウ素（BCl_3）ガスを封入したドーナツ型電離箱からの信号を比例増幅器に直結して計測した．この方法によって熱中性子のウランによる捕獲断面積 (σ_c^U) が

$$\sigma_c^U = (4.0 \pm 2.1) \times 10^{-24} \mathrm{cm}^2$$

と求められた．大戦の真最中に原子核物理学の基礎的な研究を行ない，熱中性子のウラン原子核による捕獲断面積についての新たな知見を得たことは注目される．またこの論文で中性子がウラン 235 (^{235}U) に当たると核分裂を起こすだけでなく，中性子を吸収してウラン 236 (^{236}U) となる反応も起ることを指摘したことも花谷の研究成果と考えられる．当時フェルミもシカゴ大学で同様の研究を行なっていたことが大戦後明らかになっている．

4）現代の用語では「捕獲」と「吸収」の定義が反対になっている．

第 3 章 ガンマ線と中性子による原子核反応の高精度測定の実現 69

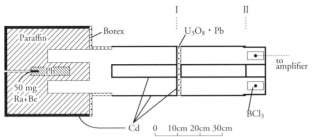

3-G ウランによる熱中性子の捕獲断面積測定装置の配置図
図の左端の Ra-Be 中性子源は鉛とパラフィンで覆われている．I あるいは II の位置に酸化ウラン及び鉛の標的を設置し，それらを透過した中性子を右端に置かれた BCl₃ 電離箱で計測する．夫々の標的の前のカドミウム板の有無による計測中性子数の違いから捕獲断面積を求める．

この論文の原稿が実際に書かれた日は明らかでないが，この研究で測定された熱中性子のウランによる捕獲断面積はウラン核分裂の連鎖反応が実際に起こるかどうかのカギを握る重要な値の一つである．そのため，この研究結果を基にした連鎖反応に関するメモが後に荒勝文策，花谷暉一，木村毅一の3人の連名で書かれ，戦時研究（F 研究）の一環として京大と海軍の合同会議（琵琶湖ホテルでの会議）に提出されたと言われている．

花谷が遭難した直後，理学部長と荒勝が協議した結果，この論文を学位申請主論文（花谷 1945）として遭難当日の日付で花谷に博士の学位を授与することになった（柳田 1981, p.338）．

2-3　核分裂の際放出される中性子数

ウラン原子核が中性子を捕獲して分裂する際に 2 次的に放出される中性子の数が十分多ければ，核分裂が連鎖的に続くので膨大なエネルギーが発生する．したがって放出中性子の数を知ることは極めて重要である．欧米の多くの研究者によってその数が観測されたが，それらの研究では放出中性子の捕獲によって生ずる β 放射性物質を検出するか，放出中性子が他の荷電粒子によって散乱する際反跳粒子によって生ずるイオンを捕える方法が用いられていた．

荒勝グループでも大戦前に萩原篤太郎によって放出中性子の数の測定が行われた（2 章参照）．萩原の研究では Ra-Be 中性子源から放出される中性子をパラフィン中で減速して熱中性子とし，それを酸化ウランに照射する時に放出される中性子をホウ酸粉末塗付型電離箱を用いて検出し，放出中性子数は平均

2.6 個であるという結論を得ていた．しかし，花谷は萩原の方法は幾何学的条件が完璧とはいえないと考え，木村毅一の協力を得てさらに信頼度の高い定量的測定値を得るために Ra-Be 中性子源を持つ中性子砲を製作し，熱中性子を酸化ウランに当てた時に放出される総中性子数を得た．

この測定により，一回の衝突で放出される中性子数とウラン核分裂の断面積の積（$\nu \cdot \sigma_f^U$）が，

$$\nu \cdot \sigma_f^U \geqq (4.8 \pm 3.0) \times 10^{-24} \mathrm{cm}^2$$

と求められた．

この論文には，「実験方法に伴う種々の欠陥を取り除き，測定誤差を出来るだけ小さくする必要があるが，取敢えず豫報的立場から観測結果を記録しておく」と記されている．

ここでアンダーソンらによって得られた $\sigma_f^U = 2 \times 10^{-24} \mathrm{cm}^2$ を用いると核分裂の際，放出される速中性子数 ν は

$$\nu > 2.4 \pm 1.6$$

となる．この値の誤差は大きいが，その後の実験のための礎を築くこととなった．

この測定結果は木村毅一と花谷暉一によって 1943 年 8 月 20 日付で「熱中性子の照射によるウラニウム核分裂の際放出される速中性子に就いて」と題する論文草稿に記された（木村・花谷 1943）．しかしこの論文は結局出版されず，花谷暉一の死後 1945 年 9 月 17 日付で学位申請参考論文 2 として京大に提出された．なおこの論文草稿の 1 ページ目の脚注に「本論文の一部は昭和 18 年（1943年）7 月東北大における日本数物年会に於いて報告した」と記されており，これらの中性子による核分裂の研究は秘密裏に行われていたものではなかったことを示している．

2-4 「連鎖反応の可能性について」のメモ[5]

（1945 年 6 月 22 日付）（荒勝・花谷・木村毅一 1945）

このメモは清水家に保管されていたが，山崎正勝らによって 2002 年に技術文化論叢（東京工業大学技術構造分析講座発行）に掲載された．

メモの序論で核分裂の臨界計算を二つの段階に分け，第一段階で「無限大体系でも核分裂によって発生した高速中性子が ^{238}U の 25eV の共鳴吸収や U 原子核と水素原子核による吸収によって減少し，連鎖反応が起らないことがありうる」と指摘し，次の段階でウラン系の大きさを有限系として臨界量を計算するという方法を示しているが，これは当時のフェルミらによる考え方と同じである．欧米の研究者達とのコミュケーションが途絶えていた時代にフェルミらと同様な結論に到達したことは興味深い[6]．

核分裂の連鎖反応の第一条件式は

$$\nu \cdot \sigma_f^U/\sigma_c^U > 1, \quad \sigma_c^U = \sigma_f^U + \sigma_a^U$$

ここで σ_c^U，σ_f^U 及び σ_a^U はそれぞれ熱中性子のウランによる捕獲，分裂及び吸収断面積で，ν は核分裂の際発生する 2 次中性子数である．

このメモでは
「$\nu \cdot \sigma_f^U/\sigma_c^U > 1$ の可能性を確かめるために花谷の学位申請主論文で示された結果 $\sigma_c^U = (4.0 \pm 2.1) \times 10^{-24} \mathrm{cm}^2$ と学位申請参考論文 2 に示された測定値 $\nu \cdot \sigma_f^U = (4.8 \pm 3.0) \times 10^{-24} \mathrm{cm}^2$ を用いて，

$$\nu \cdot \sigma_f^U/\sigma_c^U = 1.2$$

となる．したがって核分裂の連鎖反応の第一条件式が成立する」
と述べている．しかし放出された 1.2 個の高速中性子が熱エネルギーまで減速される間に 10〜25eV で起る ^{238}U による強い共鳴吸収のために消滅する可能性

5）メモの表題は「ウラニウム原子核の熱中性子捕獲（吸収並びに核分裂の総和）断面積の測定，附その総衝突断面積」

がある．したがって「連鎖反応が起こる為には中性子が減速中に共鳴吸収帯を84%以上無事通過して熱エネルギーに達することが必要である．共鳴帯通過度はジョリオ（Joliot）らが0.84±3，アンダーソン（Anderson）らが0.8，ペラン（Perrin）が0.85という値を得ているので，これ等のデータを基にすると実際上連鎖反応が起らないとは断言できない」
と記している．

このメモに記された考察は花谷の学位論文には記載されておらず，1945年6月に新たに書き加えられた記述と考えられる．もちろん現代的視点から見ると共鳴帯での中性子の通過度はウランと混合させる減速材の混合比などにも依存するので定数ではないが，共鳴吸収の存在が連鎖反応を論ずる際極めて重要であることを指摘している点は注目される．

2-5　核分裂する際に放出される中性子数の再測定

（1945年6月22日付メモ「熱中性子に対するウラニウム原子核の分裂断面積及び吸収断面積について」より）（荒勝・花谷 1945）．

ウランが熱中性子を捕獲して核分裂する際に放出される中性子数の測定は花谷の学位申請参考論文2（71ページ）に記されているが，この研究は，核分裂が連鎖反応を引き起こすか否かを判定するために極めて重要な意味を持つので，荒勝と花谷は新しい実験方法を考案してさらに精度を上げた実験を試みた．

6）連鎖反応と中性子の共鳴吸収：低エネルギーのいわゆる熱中性子がウラン235に衝突すると核分裂を起こす確率が非常に大きい（0.1eVの中性子の場合約300バーン）．その際，約200MeVのエネルギーが発生して平均2.4個の中性子を放出するが，放出中性子は高エネルギー（平均約2MeV）なのでそれがそのまま他のウランに衝突して核分裂が起こす確率（断面積）は熱エネルギーの中性子と比べて非常に小さい（約1バーン）．しかし，減速されて低速の中性子となれば，再び他のウラン235と衝突して核分裂を起こす確率が大きくなる．そこで軽い元素（水素，重水素，炭素など）をウランに混ぜておけば，中性子はこれらの原子核と衝突して，散乱し，減速するので，核分裂を起す確率が大きくなる．これを繰返すと核分裂が連鎖的に起こる臨界状態を作り出すことができる．ところで中性子は減速過程の10eV〜25eVのエネルギーでウラン238に吸収される確率が大きい共鳴吸収領域を通過せねばならない．吸収が大きいと中性子が失われ，連鎖反応が起こらなくなる可能性がある．したがって共鳴吸収領域における中性子の吸収が連鎖反応が起こるかどうかの一つの鍵となる．なおウラン238は中性子を共鳴吸収したのちβ崩壊を繰返してプルトニウムとなる．

第3章　ガンマ線と中性子による原子核反応の高精度測定の実現　　73

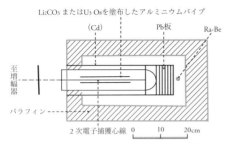

3-H 熱中性子によるウランの分裂断面積測定装置．電離箱の中にLi₂CO₃またはU₃O₈を塗布したアルミニウムパイプを挿入し，その中央に2次電子捕集用の心線を張ってある．心線に集まった電子は比例増幅器によって増幅されて計測される．

検出器には内面にLi₂CO₃又はU₃O₈を塗布したアルミニウムパイプの中央に2次電子捕集用心線を挿入して，それぞれ異なる電離箱の中に入れられたものを用いた．この検出器とRa-Be中性子源はパラフィンの容器に納められている．これは中性子源から発せられる中性子を減速して熱中性子とし，それをLi₂CO₃及びU₃O₈に照射して⁶Liの破壊と²³⁵Uの分裂によって生ずる分裂片を測定し，両者を比較してウランの核分裂断面積を求める試みである【図3-H】．リチウムを添付した場合は$^6_3Li+^0_0n\rightarrow ^4_2He+^3_1t$反応で生ずるα粒子（$^4_2He$）とトリチウムを，ウランを添付した場合は核分裂生成物を，それぞれ電離箱で検出し，比例増幅器で増幅して測定した．この実験の特徴は電離箱の内側にウランが塗布されているために，核分裂の際に発生する中性子の数ではなく，分裂数そのものを測定する点にある．

この実験により⁶Liと$^{235}_{92}$Uの分裂の比を求め，既知の⁶Li分裂断面積の値を用いることによって熱中性子によるウランの核分裂断面積

$$\sigma^U_f = (2.9\pm 0.2)\times 10^{-24}\text{cm}^2$$

を得た．この値はアンダーソンらによる測定値$\sigma^U_f = 2\times 10^{-24}\text{cm}^2$より大きかった．

ここで花谷の学位申請主論文に示されたウランの熱中性子捕獲断面積σ^U_cを用いると$\sigma^U_a = (1.1\pm 2.1)\times 10^{-24}\text{cm}^2$となった．また，熱中性子によるウラン核分裂の際放出される中性子の数をνとするとジョリオによって測定された$\nu\cdot\sigma^U_f = (7.0\pm 1.4)\times 10^{-24}\text{cm}^2$を用いて，

$$\nu = 2.4\pm 0.5$$

を得た．この ν の測定値は現在の測定値と比べても見劣りしない（コラム4参照）．

ちなみに，ジョリオらは自らの測定で得た $\nu \cdot \sigma_f^U$ の値とアンダーソンらの σ_f^U の測定値を用いて $\nu = 3.5 \pm 0.7$ と発表していた．また当時アンダーソンらは $\nu = 2$，シラード（L. Szilard）らは $\nu = 2.3$ という値を得ていた．

花谷らは自分たちの測定に満足せず，さらに加速器を用いた d＋d 中性子源を用いた測定を準備しつつあると記している．

以上 2-1〜2-5 に記した研究の原稿は花谷が荒勝と木村の指導と協力によって行なった実験を基にして記したもので，そのうちの 2-1，2-2，2-3 は後に花谷の学位論文となったが，花谷自身は出版されることを予期していなかったためかまとまりのない箇所も多い．しかしそこに書かれている内容は現代的に見ても重要なデータを含んでおり，大戦中に京大グループの研究者たちが何を考え，どんな実験をしていたか示す数少ない資料としても貴重である．

これら 3 編の学位申請論文と 2 編のメモには数々の独創的な研究手法が示されている．たとえば 2-1 に記された塩化ホウ素を用いた中性子検出器の開発，2-2 に記された鉛標的を利用した中性子のウランによる捕獲断面積の決定法及び標的を 2 箇所に置いて捕獲断面積を算出する方法，2-3 に記された中性子砲を用いた中性子反応の実験などは何れも斬新なアイデアである．

なかでも 2-5 に示された既知の中性子によるリチウム分裂反応断面積を仲立ちにして中性子によるウラン核分裂断面積を決定する方法は注目に値する．さらに放出中性子の数を測定するのでなく，ウランを電離箱の中に入れて核分裂生成の断面積を直接電離箱で計測するという発想は特に独創的なアイデアとして重要である．荒勝グループが核分裂の際発生する中性子数の測定に注いだ執念が 2-5 に示された測定によって実ったということができよう．

ウランの核分裂発見以来荒勝はこの現象に強い関心を示していたにもかかわらず，なぜこの実験を大学院生の花谷一人に任せていたのだろうか？

中性子によるウランの核分裂が発見されると，世界中の原子核物理学者が核分裂の時発生するエネルギーの応用を目指してその研究に力を注ぐようになったが，荒勝は核分裂現象の本質を突き止めるためには中性子以外の粒子による

第3章　ガンマ線と中性子による原子核反応の高精度測定の実現　75

核分裂の可能性も追求すべきであると考えていた．荒勝は台北帝大時代以来，高電圧加速器で得られる γ 線による核反応に強い関心を持ち，京大でも高性能の高電圧加速器を建設したので，まず γ 線による核分裂の研究に全力で取り組みたいと考えていたのであろう．

　一方，当時研究室の多くの優れた人材が徴兵によって兵役につき，研究室には学部学生以外にはほとんど残っていなかった[7]．その様な状況の中で花谷は特別研究生に採用されて，大学に留まっていた数少ない大学院生の一人であった．ともあれ，荒勝がこのような重要テーマの研究を 20 代前半の花谷一人に任せていたことに驚かされる．

　上記 2–3 に示した「核分裂の際放出される中性子数に関する研究」は 1943 年に東北大における日本数物学会の年会でも発表されたが，このことは京都の原子核研究者たちが大戦の真最中でもこれらの研究を軍事目的の研究として機密扱いにしようという意図はなかったことを示している．

　一方，欧米では第 2 次大戦が勃発した直後から核分裂の研究は一切公表されなくなった．その後荒勝グループが行った中性子によるウラン核分裂の研究成果は 1945 年 6 月 22 日付の上記 2 編のメモに記されているが，このメモの書かれた日の翌日 6 月 23 日に戦時研究 37–2（F 研究）の研究員会合（第 4 章）が開かれたので，その会合でこのメモの内容が報告されたと考えるのが自然である．さらに 7 月 21 日に琵琶湖ホテルで開かれた海軍との合同会議（第 4 章）でこれらのメモの内容が提示された可能性も高いが，確認されていない．なお，これらの論文草稿やメモは核分裂の基礎的な研究として専門性の高い資料である．

3　サイクロトロンの建設

　荒勝らが台北帝大と京大で建設したコッククロフト型高電圧加速器では加速可能なエネルギーに限界がある．一方 1932 年に米国のバークレーでローレンスらによって発明されたサイクロトロンでは円形磁場中で繰り返し高周波を加

7）四手井綱彦，植村吉明，園田正明，佐治淑夫，石割隆太郎，柳父琢治，武藤二郎など荒勝研究室の主要メンバーは兵役についていた．

76　第 1 部　戦前戦中の原子核研究

えることによって陽子や重陽子を10数MeVまで加速できるので第2次世界大戦直前には原子核物理学の研究にとって最も重要な加速装置として，世界的に注目を集めるようになっていた．日本では理研，阪大で1台ずつ完成し，理研では大戦中にさらに大型のものが建設された．

　京大でも大戦以前からサイクロトロンの建設が計画されていたが，実際に建設が開始されたのは太平洋戦争勃発の直前であった．上述の米国議会図書館に保管されている植村吉明の「研究日誌」(Tomoko Steen 私信) には京大サイクロトロン建設の決定は1941年6月14日とされているが，1974年清水栄によって書かれた英文のメモには次のような記述がある (清水栄 私信).

　　1940年にプロジェクトがスタートし，装置の設計が開始された．これは荒勝文策教授をヘッドとした京大化学研究所の5カ年計画のプロジェクトであった．1941-1945年に文部省の研究費177,800円が支給され，谷口財団から研究基金100,000円の提供があった．また海軍は戦時下で物質の調達が困難だった時期に資材の調達を助けてプロジェクトを支援した．

このメモによるとサイクロトロンの概要は以下の通りであった．

　　電磁石　全重量80ton（住友金属製鋼所製作）
　　　　　　ポール・チップ直径　100cm
　　　　　　磁界のギャップ　25cm
　　　　　　コイル（設計値）最大内部半径70cm
　　発振系　50KVA（部分的に完成）
　　D.C.ジェネレーター 200V，250A.
　　真空槽　未完成

　2015年荒勝家の資料の中からサイクロトロン電磁石の設計図が発見され，電磁石の形状が明らかになった【図3-1】．電磁石の形状はそれまでに建設されたサイクロトロンの電磁石とは異なった所謂ロゴヴスキー（Rogowski）型であった（井上信 私信）．この電磁石のポールは先端に行くほど細くなるように

第3章　ガンマ線と中性子による原子核反応の高精度測定の実現　　77

3-1 サイクロトロン電磁石の設計図（京大総合博物館所蔵）

設計することによって高磁場でも磁場の均一性が保たれ，より高いエネルギーまで粒子を加速出来るように工夫されていた．大戦後再建された京大サイクロトロンでもほぼ同型の電磁石が建設され，さらにこの方式は1950年代に東大原子核研究所でエネルギー可変型の大型サイクロトロンを建設した時にも参考にされたと言われている（久寿米木朝雄 私信）．

このサイクロトロン電磁石のもう一つの特徴は高純度の鉄を用いたことにあった．元大阪大核物理研究センター長池上栄胤によれば荒勝の強い要請で日本製鉄と住友金属工業が砂鉄から炭素含有率の低い超高純度の鉄を製錬，製作したものだったとのことである（池上栄胤 私信）[8]．そのため最高磁束密度は2万ガウスで，磁場分布が均一なためエネルギー可変のマグネットとすることも可能であったはずである．

この電磁石のポール・チップが現在京大総合博物館に保存されている．2006年このポール・チップの存在を知った中尾麻衣香（現立命館大学研究員）がそれをテーマにしてドキュメンタリー映像をまとめている（本書417ページ中尾麻衣香論文参照）．

米国側に保存されている資料によれば，ポツダム宣言受諾後に配分された荒勝文策を責任者とする「サイクロトロンの建設，原子核の研究とその諸分野への応用」に対する1945年度予算は15,000円（企業物価指数で比較すると，現在の280万円余り）であったが，その決定直後にサイクロトロンが占領軍によって破壊されたので，1945年度予算は執行されなかった（第10章参照）．

---

[8] 2008年住友金属工業がこの電磁石のポール・チップの化学分析を行った結果，リン濃度が0.006％と極めて低く，炭素0.031％，硫黄0.016％，チッソ0.004％で，脱酸元素であるケイ素濃度も低い（0.02％）が，酸素濃度が0.010mass％の水準であることが明らかになった．これを現在の電磁軟鉄と比較すれば，炭素や硫黄のレベルは5〜10倍であるが，当時の鉄の不純物レベルからすれば非常に優れていたと言えよう（藤井 2009）．

■木村毅一と清水栄のサイクロトロン建設日誌

　当時京大助教授だった木村毅一によって書かれたサイクロトロンの建設日誌が京大化学研究所に保存されており，その中に 1944 年 11 月 10 日から 1945 年 11 月 17 日（占領軍によるサイクロトロン破壊直前）までの具体的な建設作業が記されている（抜粋）（木村 1944–1945）．

1944 年

11 月 10 日　仮組立　於住友金属製鋼所第一機械工場

　　立会　住友製鋼所　柴田製造部副部長，….　本学　荒勝教授，木村助教授

11 月 24 日（金）トラック 2 台で「ヨーク」部分 2 本搬入，

　　工事人夫　男二人，女四人，鴻池より OO 氏立会う．

　　[筆者注：「人夫　男二人　女四人」との記述は徴兵によってで男の人手不足が

　　如何に深刻だった事を表している.]

　　東京都空襲さる（B–29 約 70 機）中部軍管区下警戒警報

11 月 25 日（土）マグネット台を所定の位置に仮置.

　　真空槽の「いた」40cm 一枚，70cm 一枚来る．人夫　男 2 人，女 4 人．

　　住友製鋼所，明 26 日 9 時頃技師立会われたしと電話す，「諾」返…

12 月 1 日（金）「ヨーク」上部 2 本取付け

　　第 2 本目の取付は苦心を要せり．

　　雨天にて水気の掃除，錆落し，困難を極む

　　（12 月になっても殆ど毎日の様に作業が続く）

12 月 19 日（火）午后 3 時　ポールの頭部搬入完了，

　　その他の付属品，補助部品も同時に

　　Pole 下の部分仮据付，人夫　男 2 人　女 4 人

12 月 20 日（水）住友の工具一人，学生総員 7 名にて「ヨーク」のボールト間隔に

　　鉄針を埋める．人夫休業す．四手井海軍技師来学

12 月 28 日（木）調整完了

12 月 31 日（日）鹿島組，マグネット基礎ボールト部分埋込みに来る

昭和 20 年（1945 年）

1 月 1 日　教室へ参集，10 時より拝賀式，「マグネット」にしめ飾りす．

第 3 章　ガンマ線と中性子による原子核反応の高精度測定の実現　　79

その後の建設に関しては清水栄が1945年5月，6月の日記に次のように記している．

5月13日　連日サイクロトロン設計の計算，図面書きで相当忙しく働いて疲れて日記も書かざるこの10日間にドイツの全面的没落という歴史上の一大事件…

5月19日　10日間の予定でサイクロトロンの設計の打合せのために上京．…名古屋を出てしばらくして空襲警報になった．2時半頃浜松の2つ手前の舞阪駅にて列車ストップ．…浜松が数10機のB29により空爆されたため東海道不通となり，そこで下車す．…

5月20日　朝東京行き列車開通…

5月21日　住友通信の生田研究所に宮崎氏及び香村君を尋ねてゆく．（荒勝）先生と木村先生が東上する前に大体のことを話し合っておく方よしとのこと．サイクロのDee［筆者注：加速用電極］及び主にデフレクター［筆者注：ビーム取出し用電極］の部分の設計の打ち合わせであったが，21日は生田研究所が休電日だったので無駄足であった．

5月23日　…荒勝先生の一行は（浜松まで来て空襲に遭ったが）無事であるとの情報入ったので一安心．

5月25日　朝のうち三田の住通本社に藤井氏を訪問．（荒勝）先生より電報ありて上京せざる由．浜松より引き戻されたことが分かる．…

6月29日　堅田の住友金属に行く．サイクロトロンのコイルタンクのことで大藪鉄工所に交渉に行く．

　この清水の日記には，空襲下で仕事がほとんど進まず，建設が難航している様子が浮き彫りにされている．それでも研究室メンバー一同が万難を排してサイクロトロンを完成させたいという強い願望を持っていたことが読み取れる．

　その後，琵琶湖ホテルでの海軍とのF研究の打ち合わせ，原爆被害調査，敗戦，広島での山津波による遭難，占領軍の取り調べと激動の日々が続くが，これらのことについては，次章以降で詳しく紹介しよう．

　敗戦後の木村毅一の日記には，

80　第1部　戦前戦中の原子核研究

10月上旬　木村，植村，石割，徳永（専三）4名津田電線へ行き，サイクロトロンのコイルを速かに完成せむ事を申込む．難点，銅（電解銅）の入手．これは幹部との相談により返事する，差当り会社所持資材を流用してよろしい．…

11月17日　津田電線・植村講師

　木村のサイクロトロン建設日記はこの日で終わる．翌18日から占領軍の捜査が開始され，24日にサイクロトロンが破壊されるのである（第9章参照）．

文　献

Arakatsu, B., Uemura, Y., Sonoda, M., Shimizu, S., Kimura, K., and Muraoka, K., (1941) Photo-Fission of Uranium and Thorium Produced by the γ-Rays of Lithium and Fluorine Bombarded with High Speed Protons, *Proc. Phys.-Math. Soc. Japan* 23 : 440.

Arakatsu, B., Sonoda M., Uemura Y., and Shimizu S. (1941) The Range of the Photo-fission-fragments of Uranium Produced by the γ-rays of Lithium Bombarded with Protons, *Proc. Phys.-Math. Soc. Japan* 23 : 633.

Arakatsu, B., Sonoda M., Uemura Y., Shimizu S. and Kimura K. (1943) A Type of Nuclear Photo-Disintegration : The Expulsion of α-Particles from Various Substances Irradiated by the γ-Rays of Lithium and Fluorine Bombarded with High Speed Protons, *Proc. Phys.-Math. Soc. Japan* 25 No3 : 173.

Arakatsu, B., Shimizu, S., Hanatani T., and Muto J., (1946) Cloud Chamber Obserevation of Photo-Alpha Particles Produced by 17MeV Gamma-Rays, *Journ. Phys. Soc. Japan* 1 : 24.

荒勝文策・花谷暉一（1945）「熱中性子に対するウラニウム原子核の分裂断面積及び吸収断面積について」（1945年6月22日付）［清水家蔵書］［東京工業大学技術構造分析講座『技術文化論叢』（2002）No. 5 : 37所収］．

荒勝文策・木村毅一・花谷暉一（1943）「BCl₃蒸気を封入せる中性子計数函に就いて」学位参考論文　その1［国立国会図書館関西館所蔵］．

荒勝文策・花谷暉一・木村毅一（1945）「ウラニウム原子核の熱中性子捕獲（吸収並びに核分裂の和）断面積の測定，附 その総衝突断面積測定」（連鎖反応の可能性について）（1945年6月22日付）［清水家蔵書］［東京工業大学技術構造分析講座『技術文化論叢』（2002）No. 5 : 51所収］．

藤井美穂（2009）「鉄の点景　幻の加速器部品」『ふぇらむ』vol.14 No.3, 7頁．

花谷暉一（1945）「熱中性子の重元素原子核に対する作用断面積に就いて　其の1　ウラニウム原子核の捕獲断面積並び総衝突断面積の測定」学位申請主論文［国立国会図書館関西館所蔵］．

木村毅一（1944-1945）「サイクロトロン建設日誌」（1944年11月10日-1945年11月17日）［京大化学研究所蔵］．

木村毅一・花谷暉一（1943）「熱中性子の照射によるウラニウム核分裂の際放出される速中性子について」学位参考論文その2［国立国会図書館関西館所蔵］．

Shimizu, S. (1949) Photo-Induced Reaction $Cu^{63}(\gamma, n)Cu^{62}$ Produced by the Gamma Rays of Lithium Bombarded with High Speed Protons, Memo. Coll. Sci. Univ. of Kyoto, A, 25 : 193 学位申請論

文.

清水栄・金子務（1996）「証言・原子物理学創草期」『現代思想』1996 年 5 月，192 頁.

柳田邦男（1981）『空白の天気図』新潮文庫.

コラム 4

核分裂の際放出される中性子数

　1939 年初頭，中性子によるウラン核分裂の発見が報じられると，核分裂機構の解明と核分裂の連鎖反応が起こる条件の追求が喫緊の課題となり，世界中の実験原子核物理学者が競ってその詳細を調べる研究を始めた．もし核分裂の連鎖反応が起きれば，巨大なエネルギーを生み出すことになるからである．

　荒勝研究室では核分裂反応の断面積とその際放出される中性子数が連鎖反応が起こるかどうかの鍵になると考え，中性子によるウランやトリウム原子核の分裂・吸収・散乱断面積などを測定し，さらに分裂の際放出される中性子の数の精度のよい測定を試みた．特に京大の化学教室から物理学教室の荒勝研究室に出向していた萩原篤太郎が行った熱中性子による，ウラン 235 の核分裂に際して放出される中性子数の測定が注目された．この実験ではラジウムとベリリウムを混ぜた Ra–Be 中性子源（第 2 章脚注 11 参照）から発生する高速中性子をパラフィンによって減速した後，酸化ウラン（U_3O_8）に当てた時に発生する中性子数を，ホウ素の薄膜を壁に敷いた電離箱で測定した（2 章参照）．この実験によって一回の核分裂で発生する中性子数（ν）は平均 2.6 であるという結論を得た．この結果は 1939 年末に *Review of Physical Chemistry in Japan* に英文で発表された．当時欧米でも競ってウラン核分裂の際に発生する中性子の数を測定していたが，萩原の測定値が当時としては最も真実に近い値であった．筆者が清水栄から聞いたところによると，大戦後，清水がパリのラジウム研究所を訪問した際，

83

ジョリオが書棚から大戦勃発当時の世界中の研究所の測定結果を記した
ノートを取り出して示し，公表された測定値の中で萩原の測定値が実際の
値に最も近かったと述べたとのことである（清水栄 私信；清水・金子 1996）．

　ちなみにジョリオはウランの核分裂発見の報を受けると直ちに発生する
中性子数を測定し，3.5±0.7 という値を得ていた．ウラン核分裂の際発生
する中性子の数の測定結果は大戦後 1947 年にまとめて出版されたが，こ
の中でボイヤーらが萩原の測定について詳しく論じている（Boyer and Tittle
1947）．

　当時，萩原の測定値については疑問を持つ人もあったらしく，1945 年 7
月 21 日に琵琶湖ホテルで開かれた京大と海軍の合同会議に提出されたと
されている，荒勝文策と花谷暉一の書いたメモには，「前に当研究室で得
られた ν の値は未だ測定技術上初期時代の推定によるもので今日検討吟
味の用に供する事は妥当でない」と論じ，花谷らによってあらためて測定
された結果が報告されている．荒勝と花谷は中性子による $^6_3$Li の分裂と $^{235}_{92}$U
の分裂の断面積を測定し，既知の $^6_3$Li 分裂断面積を用いて

　　　σ_f^U（U^{235} の熱中性子による分裂断面積）＝（2.9±0.2）x10^{-24}cm^2

を得た．彼らはこの値とジョリオによって測定された ν・σ_f^U の値を用いて

　　　ν ＝ 2.4±0.5

を得た．

　2013 年に発行された『核データニュース』No106 に IAEA（国際原子力機
構）の大塚直彦とロスアラモス国立研究所の河野俊彦が「核データ考古学
（Nuclear Data Archaeology）」という解説を書いているが，その中に，荒勝・
花谷のメモについての次のようなコメントが記されている．「ν＝2.4 とい

コラム4 核分裂の際放出される中性子数　　　　　　　　　　　　　　*Article*

う値は現在の値と比べても遜色がありません．核分裂断面積の値自身は低いのですが，このメモに引用されている H. L. アンダーソンの測定値も $2 \times 10^{-24} \mathrm{cm}^2$ とやはり現在の値に比べて相当に低いです．何れの測定とも Ra-Be あるいは Rn-Be 中性子をパラフィンで減速して用いていますが，その減速が不十分だったのかもしれません．」（大塚・河野 2013；大塚 2015）．

　花谷暉一は当時京大理学部の大学院生で，中性子による核分裂研究の中心的人物として数々の独創的な実験で成果を挙げていた．その後花谷は琵琶湖ホテルでの会議の2週間後，広島に原爆が投下されると直ちに被害調査に赴き，広島の土壌から放出される放射線を測定して，投下された爆弾が原子爆弾であることを明らかにする上でも大きな貢献をした．その後第3次原爆調査の時，広島郊外の大野浦で枕崎台風による山津波にあって不慮の死を遂げたことは，本書第7章で詳しく紹介する．

文　献

Boyer, K., Tittle, C. W. (1949) The Number of Secondary Neutrons per Fission and Their Energy Distribution : in Goodman, C. ed., *Science and Engineering of Nuclear Power* II, Addison -Wesley Press, 307 頁.

大塚直彦・河野俊彦（2013）「核データ考古学」『核データニュース』No.106 : 72.

大塚直彦（2015）「国際核データベース」『放射化学』31 : 12.

清水栄・金子務（1996）「証言・原子物理学創草期」『現代思想』1996 年 5 月号 : 192.

第4章

原子核エネルギーの利用と「原爆」の基礎研究

　この章では大戦中荒勝グループが原子核エネルギーと「原爆」の開発に如何にかかわったかを記す．

　前述したように，荒勝は核分裂が発見された当初はその軍事利用には関心を示していなかった．海軍から原子核エネルギーの利用について協力要請があった時，荒勝は日本ではウランが十分に入手できず，その分離が極めて難しいことを知っていたので，原爆開発には難色を示した．しかし，その後将来の実現の可能性も考慮して要請を引き受けることになった．1944年9月に荒勝と海軍の上層部が戦時研究の発足について合意し，その直後に大阪の水交社[1)]で海軍と関西在住の原子核物理学者による「ウラニウム問題」についての会議が持たれた．

　これより先，理研では陸軍の依頼によって原爆開発のためのフッ化ウランの製作やウラン分離のための分離塔の建設が進められていたが，京大グループはそれとは別に海軍の要請を受けて開発を始めたわけである．これは当時の陸軍と海軍の確執に拠るところが大きかったが，荒勝が京大の独自性を発揮したい

---

1) 水交社とは，海軍省の外郭団体として創設された日本海軍将校の親睦・研究団体で，海軍士官専用の旅館や喫茶店なども運営していた．

と考えていたことも一因だったようだ．1944年の秋理研での開発状況や連鎖反応の計算結果についての情報が荒勝グループにもたらされたと言われている．

1944年10月〜11月に清水栄が書いた超遠心分離器設計のためのノートが21世紀になって発見されたが，東京計器で製作中だった遠心分離器は1945年の春の空襲で焼失してしまった．

政府から正式に戦時研究の決定が通知されたのは1945年5月末であった．それを受けて7月21日に琵琶湖ホテルに於いて大学の戦時研究員と海軍の担当者の合同の会合が持たれた．この会合については清水家に保存されている5編のメモからその一部を伺い知ることができる．そのうち荒勝研究室から提示されたと言われている2編のメモは花谷暉一らによって行われた中性子源を用いたウラン核分裂の実験に基づいたものであった．また核分裂の連鎖反応の可能性についてのメモ，臨界条件の計算，金属ウラン製造法などのメモが残されており，これらは原子エネルギー開発の基礎的研究の資料として重要である．琵琶湖ホテルでの会議は戦時研究としての最初で最後の会合となったが，残されている資料は荒勝グループと海軍が原爆開発にどれだけ真剣に取り組もうとしていたかを知る手がかりとなる．

1 陸軍から理研への核エネルギー研究の要請と開発の開始

1939年初頭，中性子によるウランの核分裂の発見が報じられると，米国ではナチス・ドイツがそれ利用して原爆を作るのではないかと恐れ，原爆の開発に着手する．イタリアから米国に亡命していたフェルミらが中心となって，1942年シカゴ大学に最初の原子炉が建設され，その年にマンハッタン・プロジェクトと称する原爆開発計画がグローブス将軍を責任者として発足する．

そのころ理研では核分裂の基礎研究に力を注いでいた．当時欧米では低速中性子をウランにあてるとバリウムとクリプトンの様に質量の異なる2つの原子核に分裂するという"非対称な核分裂"が知られていた．ところが，仁科らは1940年頃，高速中性子をウラン235に当てると質量がほとんど等しい2つの原子核に分裂するという"対称核分裂"の存在を指摘していた．（中根 2006）

88　第1部　戦前戦中の原子核研究

さて 1940 年中頃，理研の仁科芳雄【図 4-A】と安田武雄陸軍中将が私的に交わした会話の中で，仁科は原子核エネルギー開発の可能性を示唆した．これが日本における原子核エネルギー研究の始まりであったと言われている（山崎 2011；安田 1955）．この話を受けて安田は部下の鈴木辰三郎中佐に原子核エネルギーの調査を命ずる．鈴木は東大の嵯峨根遼吉や理研の仁科と検討を重ねて報告書を提出し，1941 年 4 月，安田が理研所長大河内正敏に原爆の研究を

4-A　仁科芳雄

正式に依頼した．その後安田は陸軍航空本部長となって原爆開発を推進することとなり，1941 年航空技術研究所から委託研究費として仁科に 8 万円（企業物価指数比較で今日の約 3000 万円）が支給される．理研が太平洋戦争勃発直前に原子エネルギーの開発を始めたのは米国の計画に比べてそれほど遅れていたわけではなかったが，初期には基礎研究だったので，研究内容は必ずしも秘密ではなかったし，陸軍も特に催促しなかった．

一方，海軍で原爆についての関心が高まったのは 1940 年 11 月にドイツ軍の爆薬の専門誌『ニトロセルロース』にシュテットバッハーが書いた「アメリカの超爆薬"U235"」と言う記事が掲載されたのがきっかけだった（Stettbacher 1940；第 2 章 4 節萩原講演参照）．海軍技術研究所電気部の伊藤庸二らはこの記事を読んで核分裂の応用の可能性を知る．伊藤は 1942 年に仁科らと相談して原子核エネルギー研究の可能性を探るために物理学者を集めて「物理懇談会」を立ち上げ，1943 年まで十数回の会合を重ね，核分裂エネルギーの利用を含む種々の可能性の検討を行った（福井他編 1952）．しかし理研では 1942 年末の時点で既に陸軍の委託で原子核エネルギーの研究が進められており，懇談会で議論する必要は乏しくなっていた．そのため仁科から「陸海軍は計画を一本にしぼってほしい」との要望が出された（田中 2013）．海軍内ではレーダー（電探）の開発を最優先にすべきであるとの強い意見があり，余分なことに力を浪費するような核分裂の研究への批判が高まっていた．このような事情で 1943 年末に物

第 4 章　原子核エネルギーの利用と「原爆」の基礎研究　　89

理懇談会は中止されることになった（山崎 2011, p.25；読売新聞社編 1988, pp.196-206；山本 1976, p.119；生産技術協会編 1970, p.307, p.314）．これには理研の長老だった長岡半太郎が原爆に対して否定的見解を持っていたことも影響したのかもしれない．長岡は連鎖反応の可能性を十分理解していなかったために，ウランの核分裂で膨大なエネルギーを得るには強力な中性子源が必要であると主張していた（山本 1976）．物理懇談会が中止になった背景には陸軍と海軍の主導権争いがあったと見ることもできる（田中 2013, p.108）．

　仁科は 1942 年 10 月ごろからそれまでの基礎研究重視の立場を変更し，核エネルギーの応用研究にも力を注ぐ様になる（山崎 2011, p.28）．仁科は当時東大理学部化学科 3 年生だった木越邦彦に理研で 6 フッ化ウランの製造に携わるよう勧誘し，さらに理研で宇宙線の研究を行なっていた竹内柾にウランの同位元素を熱拡散法を用いて分離する分離塔建設を指示した．木越は金属ウランの製作に成功するが，金属ウランとフッ化ガスが直接反応して爆発を起こしたこともあって，開発に遅れを生じる．そこで木越は反応しやすい金属ウランではなく化学的に安定なウラン・カーバイトとフッ素を反応させる方法で 6 フッ化ウランを作る（山崎 2011, p.31）．

　6 フッ化ウラン製作成功に先立ち，1943 年 3 月理研では陸軍航空技術研究所からの委託研究の終了に当たり仁科芳雄と矢崎為一の連名で「核分裂によるエネルギーの利用」と題する報告書を提出した（中根他編 2011, p.315）．この報告書の判決（軍事用語で「結論」の意）及び所見を以下に記す．

判決
- 原子核分裂によるエネルギー利用の可能性は多分にあること判明せり．
- ウラン原子核分裂のエネルギーを利用するため連鎖反応を起さしむるには同位元素 ^{235}U の含有量をウラン全量の約 10% に濃縮するを要す．
- ウランを爆薬・蒸気タービンなどとして使用するには最小水量約 31kg に ^{235}U を 10% に濃縮せるウランを 11kg 混合せるものを必要とす．この際発生するエネルギーは約 10^{13} カロリーにして普通の火薬約 10,000 t の生ずるエネルギーに相当する．

所見

・^{235}U の濃縮に関する実験を可及的速に完了するを要す.

・理論的に研究せる連鎖反応の可能性に関し速に実験的に究明するを要す.

・大東亜共栄圏内のウラン原鉱を調査し取得に努力するを要す.

研究方法及び結果(略)

期日場所及び担当者

自昭和 16 年(1941)9 月 10 日　至昭和 18 年(1943)3 月 31 日

　　　理化学研究所第六陸軍航空技術研究所嘱託　　仁科芳雄

　　　　　　　同　　　　　　　　　　　　矢崎為一

　この委託研究が終了すると,1943 年末に政府内に科学研究動員委員会が設置されたのを機会に仁科の原子エネルギー開発研究を戦時研究としてこの委員会に提案する.その研究実施要領は次の通りであった(山本 1976, p.68).

戦時研究 37-1 の実施要領及構成

研究課題　放射性元素に関する研究

期間　　開始　　昭和 19 年(1944 年)5 月

　　　　終了　　昭和 20 年(1945 年)3 月

延長終了予定　昭和 20 年(1945 年)7 月

研究方針

　(1) 重量 210 瓲の電磁石を有する「サイクロトロン」を用いて強力なる放射
　　　 性元素を生成す

　(2) 右の放射性元素を利用する応用研究を行なう

課題分類及戦時研究員

　(1) 放射性元素生成の研究　　理化学研究所　　仁科芳雄(主任)

　　　　　　　　　　　　　　　　　　　　　　　山崎文雄

　　　　　　　　　　　　　　　　　　　　　　　新間啓三

　　　　　　　　　　　　　　　　　　　　　　　杉本朝雄

　(2) 放射性同位元素の利用　　理化学研究所　　矢崎為一

　　　　　　　　　　　　　　　　　　　　　　　玉木英彦

　　　　　　　　　　　　　　　　　　　　　　　竹内　柾

第 4 章　原子核エネルギーの利用と「原爆」の基礎研究　91

戦時研究 37-1 の担当庁は陸軍省，担当官は陸軍航空技術研究所の小山技術中佐なり

戦時研究「37-1」及「37-2」は共にウラン原子エネルギーの利用による動力及爆薬に関する研究を目的とするものなり

　この実施要領には「サイクロトロンを用いて放射性元素を生成する」と書かれているが，サイクロトロンでは原爆のための放射性元素を生成できないことは，当時から関係者の間ではよく知られていたはずである．一方ウランの濃縮は開発の重要課題であったが，それについては表向きには触れていない．これらの点は研究動員会議での審査には何らかの配慮が必要だったことを示している．また後に京大に依頼することになる戦時研究「37-2」（次節参照）は未だ始まっていなかったにもかかわらず，それとの関連について触れている理由は明らかでないが，戦時研究「37-1」を審査した時点で戦時研究「37-2」も議論の対象になっていたことを表していると言えよう．そのころ「戦時研究 37-1」は「ニ号研究」，戦時研究 37-2 は「F 研究」とも呼ばれていた．

　さて，天然ウランにはウラン 235 とウラン 238 が存在し，そのうち中性子を吸収して核分裂を起こすウラン 235 はわずか 0.7% しか含まれていないため連鎖反応を爆発的に起こさせるにはウラン 235 を分離濃縮する必要がある．実際，理研ではウランの連鎖反応の臨界値の計算を玉木英彦らが中心になって行い，「ウランを原子エネルギーとして用いるにはウラン 235 を 10% まで濃縮したものが少なくとも 10 kg 必要である」という結論に達した．この計算には治安維持法違反で特別高等警察に拘束されていた武谷三男も協力していた．

　ウラン 235 とウラン 238 は化学的性質は全く同じなので，化学的に分離することはできない．したがってウラン 235 を濃縮するにはウラン 235 とウラン 238 のわずかな質量差を利用して物理的に分離せねばならない．第 2 次大戦中にウラン 235 の分離濃縮のために米国や日本で検討された方法は，熱拡散法，気体拡散法，電磁分離法，および遠心分離法の 4 つであったが，理研のグループが採用したのは熱拡散法であった．理研で熱拡散のために建設された分離塔は高さ 5m の二重のパイプの間の狭い間隔に 6 フッ化ウランガスを入れ，その

内側は約250℃に加熱し，外側は60℃に保ったものであった．パイプの内外の温度差によって対流を起こさせ，軽いウラン235は上部に，重いウラン238は下部に溜まる現象を利用したものであった[2]．この分離塔は1943年11月に完成し，加熱の一様性を改善するなどした後，1944年7月からウランの分離実験が開始された．この実験は半年以上続けられたが，サイクロトロンからの中性子を用いた濃縮度テストの結果，ウラン235は濃縮されていなかった．その後1945年4月14日の空襲で分離塔が焼失して，計画を中止せざるを得なくなった（中根他編 2007, p.1125）．この時仁科らは「敵国側に於いてもウランのエネルギー利用は当分なし得ざるものと判断した」と言われている（山崎 2011, p.62；読売新聞社編 1988, p.206）．もっともその後も金沢と大阪で小規模ながら分離塔によるウラン分離の研究が続けられた．

2　海軍から京大への要請

　海軍では第2章に記したように1941年7月に京大理学部化学科の萩原篤太郎を招いて平塚市の第二海軍火薬廠の講堂で「超爆裂性原子"U235"に就て」と題する講演会を開くなどして早くから原子エネルギーに強い関心を示していた．しかし1942年に伊藤庸二を中心に始めた上述の海軍の物理懇談会には京大の荒勝グループは参加しなかった．その後海軍の原子核エネルギー利用計画は一旦中断することになったが，海軍は前述の『ニトロセルロース』に掲載されたシュテットバッハーの論文を部内に配布したり，萩原の講演を第二海軍火薬廠が発行している『二火廠雑報』に掲載するなどしたため部内での関心は次第に高まっていった．実際，後に海軍側の計画推進の中心人物となった三井再夫大佐も萩原の講演を聞いた一人であった．

　最初に荒勝にコンタクトしたのは京大物理学科出身（1929年卒）の磯恵（大

2）ウランの同位元素を分離するにはウラン化合物を気体にする必要がある．6フッ化ウラン（UF$_6$）は，常温では固体であるが，56.5℃で気体となり，気体の状態を維持するのが容易であること，フッ素には同位元素がないためウランの分離が比較的容易に出来るなどの利点がある．しかし6フッ化ウランは水と激しく反応してフッ化水素を生じ，フッ化水素は腐食性をもっているので取り扱いが容易でない．

佐，艦政本部第一部火薬第二課長）で，磯は東大教授で火薬廠火薬部員を兼務していた千藤三千造に相談し，部長の谷村豊太郎の了解を得て荒勝に依頼したと言われている（山崎 2011, p.45）．本人の証言によれば，それは 1942 年秋だったとのことである．艦政本部は大臣直轄の造兵官の本部と言うべきものであるが，前述の物理懇談会を主導した海軍技術研究所の伊藤庸二はこの計画には関与していなかった．もともと荒勝は陸軍よりも海軍に好意を寄せていたこともあり，「核分裂で発生するエネルギーの基礎研究をやってほしい」という海軍の要請を一応了承した．しかしこの時点で実際にどのような協力が行われたかは明らかでない．

　その後，磯は呉工廠に転勤になり，三井再男が海軍側の窓口となる．海軍としても戦況が思わしくない状況になってきたので，大勢を挽回するために何か新型の兵器を開発すべきであるという意向が働いたのであろう．当時核分裂を利用すればマッチ箱一箱で敵の軍艦を吹っ飛ばせるという夢のようなうわさが巷に広がっていた．

　海軍が陸軍とは独自に原爆開発の計画を推進しようとした理由は必ずしも明らかでないが，大戦後三井は「これはまだ探究実験なのでどうなるか分からない．それでおのおのが考えるところ（方法）でやってみる方がよい．我々は理研とは違う方法でやろうということになり，荒勝先生と相談した．」と証言している（三井 2013）．日本ではウランが十分に入手できず，その分離が極めて難しいことは荒勝もよく知っていたので「原爆は理論的にはできるが，実現のためにはウランを濃縮できるかどうかがカギだ．日本の工業力，資源，資材などから見て，とてもこの戦争には間に合わない」と指摘したところ，海軍側は「この戦争に間に合わなくても，次の戦争に間に合えばよい」と答えたと伝えられている（読売新聞社編 1988, p.216）．また，筆者も木村毅一からそのような話を伝え聞いたことがあるが，海軍にそんなことを言えるほどの余裕があったとは考え難い．あるいは夢のような話でも藁をも掴む気持ちだったのかもしれない．艦政本部としては「（原爆は）相手ができた場合の防御と云う事で研究はやっておいた方がよい」と考えたとも言われている（三井 2013；千藤 1966, p. 89）．荒勝としては原爆の研究という名目で原子核物理学の基礎的研究を進めるとともに，若い研究者の徴兵免除を要請して，少しでも研究者を確保してお

きたいと考えたのであろう．木村毅一も「京大の場合の原爆の研究は一口に言
えば原子核物理学をアカデミックに進めていくとその終着駅が原爆に繋がると
言うことで，海軍の誘いに応じたわけで，はじめから原爆を作るつもりではな
かった．時間的にいっても，とてもこの戦争に間に合うものではなかった」と
証言している（読売新聞社編 1988, p.211）．

　実際，前述のように荒勝は京大化学研究所における核分裂に関する講演では
核分裂のエネルギー利用については全く触れていなかった（42ページ参照）．ま
た大戦中にも荒勝グループは中性子による核分裂よりも当時あまり注目されて
いなかったγ線による核分裂，γ線による核反応など原子エネルギーや原爆と
は関係のない研究に重点を置いていた．

3　研究組織と研究内容

　1944年秋海軍艦政本部から京大への依頼で京大の原子エネルギー利用計画
が実質的に発足した．科学研究動員委員会に提出された「戦時研究37-2の実
施要領及び構成」を陸軍技術少佐だった山本洋一が筆写した記録（山本 1976）
には次のような記述がある．

　　研究課題　「日」（ママ）研究（「ウラン」「原子エネルギーの利用」）[3]
　　期間　　第一次終了　昭和20年（1945年）10月
　　　　　　第二次終了　昭和21年（1946年）10月
　　目標　　目的物質の軍事化に付必要なる資料を探求するにあり
　　研究方針　鉱石より目的物を分離，同位元素の分離，基本数値の測定等に関す
　　　　　　る研究並に応用に関する研究並びに応用に関する（ママ）検討を行
　　　　　　ない活用上の資料を得んとす
　　課題分類及戦時研究員
　　　全般　　　　　　　　　　　　　京都帝大　　荒勝文策（主任）

3）この資料には「日」研究と書かれているが，115ページに示す「37ノ2戦時研究員会合御案内」
　の原本にF研究と書かれているのでF研究が正しい．

原子核理論	京都帝大	湯川秀樹
ニウトロン	名古屋帝大	坂田昌一
ウラン分裂理論	京都帝大	小林　稔
基本測定ノサイクロトロン	京都帝大	木村毅一
同位元素分離ノサイクロトロン	京都帝大	清水　榮
質量譜測定	大阪帝大	奥田　毅
弗化ウラン製造及放射能化学	京都帝大	佐々木申二
原子核化学	京都帝大	堀場信吉
ウラン採取金属ウラン	京都帝大	岡田辰三
弗化ウランノ性質並ニ基本測定	京都帝大	萩原篤太郎
重水素化合物	京都帝大	石黒武雄
重水	大阪帝大	千谷利三
弗素弗化水素（ママ）	東北帝大	神田英蔵
サイクロトロン用発振装置	住友通信工業（株）	
	小林正次，宮崎清俊，丹羽保次郎	
超遠心分離器	東京計器（株）　新田重治	
振動回路	日本無線（株）　高橋　勲	

1. 本研究は陸海軍技術運用委員会に於いて統括す
2. 本研究遂行に当りては戦時研究 37-1 と随時密接なる連絡を図るものとす

　戦時研究 37-2（F 研究）はこのような方針と構成で海軍から政府に提案されたが，政府の正式な決定を待たずに海軍は荒勝らに実質的な研究の開始を依頼したようである．実際当時湯川研究室に所属していた小林稔の記憶では海軍からの依頼は 1944 年の 9 月か 10 月だったとのことである．その頃小林のところに招集令状が来て入隊したが，身体検査で肺浸潤ということになり，即日除隊となったので，家族がびっくりしたという話を筆者は小林の遺族から聞いたことがある．これは荒勝の計らいだったようだ．京都に帰ってくると「戦時研究」に協力することとなり，「小林教授には本学としては協力しなければならない」と言う通達が大学中に回り，小林が他学部の教官から冷やかされたとのことである．戦時研究員になると列車の切符がすぐ買えるなど種々の恩典を受けるこ

とが出来た.

なお戦時研究 37-2 が政府によって正式に決定されるのは 1945 年 5 月末であった（114 ページ参照）.

4 水交社における海軍と大学の連絡会議及び坂田昌一のメモ

1944 年 9 月 17 日に北川徹三が記した「勤務録」に「荒勝教授，藤尾講師来部［化学研究部］，艦本［海軍艦政本部］に行き，U［ウラン問題］につき打合す．三井［再男］，高尾［徹也］」（北川 未刊行，［ ］内筆者注）と記されており，この時海軍から要請があったと考えられる.

北川徹三は東京恵比寿にあった海軍技術研究所化学研究部主任の海軍技術中佐で，三井再男が呉鎮守府に転勤になった後，原子エネルギー開発の担当者として荒勝との連絡責任者を務めていた．北川は大戦中から戦後にかけて日々の出来事を一日一行にまとめて「勤務録」として記録していたので，F 研究の海軍側の貴重な資料として残されている.

さて前述のように戦時研究としての正式決定はその 8 カ月後であったが，1944 年 10 月に研究がスタートすることになる.

1944 年 10 月 4 日大阪の玉江町にあった海軍士官クラブ水交社において関西の大学関係者と海軍との最初の「ウラニウム問題」についての会議が開かれた（山崎 2011, p.47）．会議には大学側から荒勝文策，湯川秀樹，佐々木申二，木村毅一，小林稔，萩原篤太郎，岡田辰三（京大），千谷利三，奥田毅（大阪大），坂田昌一（名大），海軍側からは川村宕牟（大佐），三井再男（大佐），黒瀬清（技術大尉），四手井綱彦（海軍航空廠員）が出席した．この会合の概要は坂田昌一が書き残した以下の簡単なメモ（原文のまま，以下［ ］内筆者注）によって知ることができる（名古屋大学坂田記念史料室 未刊行 a）.

荒勝教授司会者となり，先ず岡田辰三教授より Uranium 鉱石の発掘状況の報告あり.

月産 1 噸ノ中 7〜8％ が Uran 鉱（イットリウム塩），田久保教授，満州興発

第 4 章 原子核エネルギーの利用と「原爆」の基礎研究　97

月産 50kg が Uran 鉱→酸化ウラニウムとして産出

U235 同位元素の分離には gas 状にする必要あり．

それに関し佐々木教授より

　Oxide［酸化物］→Carbide［炭化物］は比較的簡単なるも

　Carbide→Fluorite（UF₆）が難しい．（東北大青山教授が専門）

　UCl₅ も gas であるが，室温にても分解する．

　UF₆ には Cu が強いが，吸着される．

　UF₆→UF₄→Cu

荒勝教授より Centrifuge［遠心分離器］にて分離せんとする計画を発表された．

Mass スペクトルグラフの可能性につき奥田氏

Annual Report of Chemical Society 1938

Chain reaction［連鎖反応］の可能性につき湯川教授報告．どの程度迄分離が進行すればよいか

　名古屋大学坂田記念史料室には坂田が記した約 25 ページの手書きのメモも保存されている（名古屋大学坂田記念史料室 未刊行 b）．このメモ（［　］内筆者注）では，まずペランの中性子拡散方程式の論文（Perrin 1939）について記し，「我々は高速中性子により起る反応だけを discuss する．従って断面積は速度によらないとすることが出来る．ウラニウム或はその化合物は半径 R の球形をなしているとしてその中心に 1 秒に Q_0 個の中性子を放出する源があるとしよう」として中性子の拡散方程式を示している．また，*Die Naturwissenschaften* のフリューゲ（S. Flügge）の論文（Flügge 1939）に関しては 25eV の resonance absorption［共鳴吸収］，fission などの断面積や拡散に触れ，fast neutron と slow neutron の chain reaction の式について考察している．さらにターナー（L. Turner）の 1940 年の論文（Turner 1940）の chain reaction の条件を述べ，

i) fast neutron の場合は inelastic scattering［非弾性散乱］のデータ不足

ii) slow neutron の場合は H を含む物質を付加する必要，ν［核分裂時の放出中性子数］が不明，capture［捕獲］の断面積のデータ

98　第 1 部　戦前戦中の原子核研究

などの問題を指摘している．

　一方，diffusion［拡散］を考慮し，U の minimum を $R=1$m とするフリューゲらのメモを記している．さらにアンダーソン，フェルミ，シラードの論文，アドラー（F. Adler）の計算などにも触れている．もっとも，坂田自身が独自に拡散方程式の計算を行っていたかどうかは明らかでない．また，ユーリーの Separation of Isotopes［同位元素の分離］，"*Reports on Progress in Physics* 1940"の中の Centrifugal Method of Separation［遠心分離法］について次のように説明している．

　　最初 Lindemann と Aston により suggest された Mulliken は evaporative centrifuging method［蒸発遠心分離法］を propose した．この方法は centrifuge の周辺部に condense した gas が非常に徐々に evaporate し，装置の中心部から低圧 light fraction［軽い部分］が gradually に引き出される方法であって，one operation［一回の操作］で他の方法よりはるかに大きな分離に成功するはずである．Beams 一派は air driven centrifuge［圧縮空気による遠心分離法］を用いてこの方法を develop した．・・・

　これを読むと，坂田昌一が大戦勃発直前までに公表されていた欧米の論文を熟読していたことがうかがえる．特にウラン核分裂の連鎖反応と同位元素分離に強い関心をもっていたことが示されている．

　坂田記念史料室には「原子核内エネルギーの技術的利用可能性」と書かれた坂田のメモも保存されている（名古屋大学坂田記念史料室　未刊行 b）．この中で先ずハーンらによるウランの高速または低速中性子による分裂の発見に触れ，「分裂の際，中性子が 2〜3 個作られれば，これらの中性子は再び分裂を惹き起こして，その数をどんどん増し，終わりのない連鎖反応を惹き起こし，ついに全部のウランの分解へ導くであろう」と述べている．さらに，分裂の際何個の中性子が出て来るかが問題となり，中性子の弾性及び非弾性散乱と捕獲の確率，ウラン以外の物質による捕獲と壊変の確率の問題に言及して，「これが余り大きいと分裂の際に出す中性子を帳消しにして，連鎖反応を起こさなくなる」と記している．

第 4 章　原子核エネルギーの利用と「原爆」の基礎研究　　99

坂田はまた，照射物質の空間的大きさを問題にしている．

　　出来た中性子は 1 つの核を分裂するまでに数 cm の路を走らねばならないので，
　ある場所で始まった連鎖反応は中性子数を増しつつ，常に広がっていくが中性
　子は弾性散乱により，外部へと同じ確率で内部へも跳ね返るから連鎖反応の出
　発点の密度は時間と共に急激に増大する．但しそれには用いる物質の大きさが
　充分に大きくて中性子の大部分は表面へ到達して外へ出てしまうことなしに反
　射されてくるようにせねばならない．換言すればウランを含む物質の大きさが
　自由行路より大きく，数 m あることが必要である．

と記し，連鎖反応の臨界値の計算法について論じている．次に発生するエネル
ギーを計算して，

　　核分裂により 180MeV のエネルギーが得られる．$1m^3$ の U_3O_8 中の全ウランが分
　裂を起こすときのエネルギーを計算してみる．$1m^3$ の U_3O_8 の粉末は 4.2 t で
　3×10^{27} 分子従って 9×10^{27} 原子を含む．180MeV は 3×10^{-4}erg または 3×10^{-12}mkg にあ
　たるからこのエネルギーは 27×10^{15}mkg となる．即ち $1m^3$ の U_3O_8 は $1km^3$（10^{12}kg）
　の水を 27km だけ高めることが出来る．このエネルギーは特別の予防法を講ぜね
　ば 1/100 秒以内に自由になるから技術的応用に対しては進行の速度を任意に制
　動出来るか否かにかかっている．

と論じている．
　坂田記念史料室には，日本語とドイツ語の入り混じった簡単な計算メモも残
されている．これには分裂時の中性子数，分裂，捕獲，散乱断面積について触
れた後，連鎖反応については，純粋なウランに高速中性子が当たる場合と低速
中性子が当たる場合について述べ，$U_3O_8 + H_2O$ を用いた時の拡散方程式を示
している．H_2O が 1 ℓ の場合，$\nu = 2$ とすると簡単な計算により臨界値は 12kg
となると述べている．また，Cd を用いた高温時の連鎖反応の制御，空間分布
の問題，同位元素分離法などについても述べている．同位体分離については，
真空中の蒸発を用いた拡散法による水銀の分離法，熱・圧力拡散による分離法，

高速遠心分離法等の可能性を論じている．

　坂田は F 研究の戦時研究員として中性子理論を担当することになったので，このメモに示されているような問題に関して真剣に調べていたことが分かる．この中で坂田が低速中性子だけでなく高速中性子による連鎖反応の可能性も考慮にいれていたことが示されている．ただ，このメモは個人的なノートで，この内容から坂田が F 研究にどれほど深く関わっていたかについて論ずることは難しい．もっとも坂田の実弟の坂田民雄は仁科グループのニ号研究に参加しており，坂田昌一自身も理研のメンバーだったこともあるので，ニ号研究についての情報を得て検討を進めていた可能性もある．

5　原子エネルギーと「原爆」の基礎研究の進展

　前述の科学研究動員委員会に提出された「戦時研究 37-2 の実施要領及び構成」には戦時研究員として 19 人が名前を連ねているが，その 1 人 1 人ががどの程度計画に寄与していたかははっきりしない．彼らはそれまで原子核エネルギー以外の研究に従事していたので，戦時研究員となっても実質的に原子エネルギー／原爆の研究に全力を注いだわけではなかったようだ．さらに期間が 10 カ月足らず（正式にはわずか 2～3 カ月）であったために際立った結果を残すことなく敗戦となった．それまで荒勝グループは理研の仁科グループと密接な交流があったわけではなかったが，この期に及んで，荒勝グループも一足先に研究を始めていた理研の仁科グループとコンタクトを取らざるを得なくなったようである．1944 年 10 月 26 日に書かれた北川徹三の「勤務録」（北川 未刊行）には，「F 研究打ち合せ会陸軍ニ号研究説明あり（水交社）」と記されており，ニ号研究の担当者が水交社に来て理研の原爆開発について説明したことが記録されている．

　理研でフッ化ウランの製作に取り組んでいた木越は次のように語っている．

　　ぼくたちが 6 フッ化ウランの製造に一応成功し，竹内さんの分離筒に入れ始めた頃，京大から化学の佐々木申二先生が，わざわざ僕のところへ 6 フッ化ウラ

第 4 章　原子核エネルギーの利用と「原爆」の基礎研究　　101

ンの製造状況を見に来られた．ドタバタと軍靴を履いて，『実は我々の方も海軍に頼まれてやらねばならぬのでね』と言って 1 時間ほど見学して行かれた．この時初めて京大でもやることを知った（読売新聞社編 1988，p.210）．

また北川の「勤務録」には「1944 年 11 月 6 日理研陸軍ニ号研究見学．荒勝教授打合」と記されている．この頃理研での実験や計算の結果に就いての情報が荒勝グループにもたらされたようだ．

湯川秀樹や坂田昌一が理研の玉木英彦らの臨界量の計算のような実質的な寄与をしていたという記録は見出されていない．しかし小林稔によって書かれたと思われる臨界量計算のメモが残されており，小林は中性子の拡散方程式を解いて半径 10〜20cm の濃縮された高純度のウラン 235 の塊があれば連鎖反応が起こって爆弾になると推定している（117 ページ参照）．

当時米国やドイツでは天然ウランを用いても連鎖反応が起こると考え，天然ウランによる臨界実験を試みていた．実際，米国ではフェルミらによって天然ウランと黒鉛の層を積み重ねた原子炉がシカゴ大学で建設され，1942 年に臨界に達していた．またドイツではハイゼンベルグ（W. Heisenberg）らによって多数の天然ウラン片を重水中に入れた原子炉が開発され，大戦終結直前の 1945年 2 月に臨界に近い状態にまで達していた（政池 2014）．一方，日本では仁科グループも荒勝グループも天然ウランを用いて臨界を試みることはせず，最初からウラン 235 の濃縮を狙ったのが特徴的であった[4]．

以上のように，結局のところ日本における戦時下の原子エネルギー開発研究は，敗戦直前の物資の欠乏と研究員の徴兵などによって，実質的な進展は極めて限られたものとなった．後日，荒勝は読売新聞記者のインタビューに答えて次のように述べている（読売新聞社編 1988，p.246）．

　我々はある意味では戦争と無関係に学問をやっていた．その学問とは原子核物

4）後述（119 ページ）の「荒勝先生のメモ」によると「（天然ウランの化合物）U_3O_8 が 1.2t あれば臨界に達することが明らかになった．」と記されている．また大戦後米国の原爆調査団のモリソンがワシントンへ書き送った報告によれば 1945 年 9 月 10 日の時点では仁科は天然ウランでも連鎖反応が起こることを理解していた（206 ページ参照）．

理学で，中性子やγ線，またそれによる原子核破壊のことである．ウランの核分裂の研究は当時の原子核物理学の最先端の研究で，新しい物理学の一つなので学者として当然やらなければならない仕事なのだ．だから，ウランの核分裂の研究と言っても，それを爆弾に利用しようという考えはさらになかったが，戦局が急激に悪化する．海軍も原爆の事を云い出す．我々のところでは原爆につながる原子核物理学と言う学問を持っていたので，急に話が変わった．——つまり海軍の研究を一応引き受けようと云う事になったわけだ．堀場（信吉）さんから話が有った後で上京して海軍省だったか軍令部だったかどちらかでこの研究を担当する将官に会い，正式に研究を依頼された．その席で僕は『我々としては，理論上は原爆は出来ると思う．しかし実際はどうか分からない．ウランが沢山手に入ればいいんだが，ともかく可能性について研究はしてみる．そんなことでいいか』と言うと『それでよろしい』ということだった．そして，それから先はまたその時に考えよう，相談しようと云う事になった．記憶に間違いなければ，京大の原爆研究はこのように僕と海軍のかなりトップのほうの間で話がまとまり，スタートしたようだ．

この研究を引き受けた頃には，もう若い研究員や学生はほとんど残っていなかった．どんどん兵隊に引っ張って行かれた．だから残り少なくなった若い研究者を何らかの方法で教室に残したい，学問を続けさせたいと常々考えていた．原爆研究をやることによって，優秀な若い研究者を戦地にやらなくても済むようになるとは思ってみたものの，正直なところ，もう一寸時期が遅かった．しかし，これ以上は研究者を死なさないで済むと言った気持ちはあった．それだけの代償が無ければ，とてもあのような研究は引き受けられたものでは無い．仁科君も同じような考え方だった．

実際の研究の実行は理学部物理学教室では木村毅一，清水栄，小林稔，工学部では岡田辰三が担当した．化学教室の佐々木申二，堀場信吉，萩原篤太郎も関与していたと考えられるが，実質的寄与を示す資料は見出されていない．

次節で述べるように清水は遠心分離器の設計ノートを1944年10月と11月に記しており，日記にも名古屋の住友金属を訪問して遠心分離器の材料の製作

依頼したことなどが記されている．しかし1945年なると「清水日記」にはサイクロトロンの製作打ち合わせやその高周波系の製作を住友通信工業に依頼したことを示す記述はあるが，遠心分離器にはほとんど触れていない．F研究の中にサイクロトロンの製作とそれに関連する研究が含まれていること自体がF研究の実態を表していると言えよう．海軍の担当者もサイクロトロンが原爆製作には直接関係ないことは理解していたが，「いずれ発展していく学問だから原子核の学者を援助しよう」と考えたとのことである（三井 2013）．

なお，敗戦直後，日本政府は米国の原爆調査団（後述）の要求に応じて「日本海軍における原子エネルギー利用の研究に関する件」と題する報告書を提出し，F研究の概要について回答している（読売新聞社編 1988, p.196）．

日本海軍における原子エネルギー利用の研究に関する件

連合軍司令部の要求に基づき首題の件別紙の通り回答のことに致度し

昭和 20 年 10 月 10 日

発　中村中将

宛　マンソン大佐

ND 第 118 号

昭和 20 年 10 月 6 日，貴司令部ファーマン少佐海軍省に出頭，軍務局員石渡中佐に対し要求ありたる日本海軍における原子エネルギーの応用に関する研究の資料（ファーマン少佐は日本文にて可なる旨申出でたり）別紙の通り送付致候，なお本研究は一切を京都帝大荒勝博士に一任しあり，且つ，いまだ実験設備を準備中の時期なりしため成果に関する報告に接せざるに付き，詳細に関しては荒勝博士につき直接調査相成たし

別紙　海軍における原子核反応の応用に関する研究の概要

1）目的　原子核反応の基礎的研究を行ない，動力または爆薬としての原子エネルギーの応用を図らんとするにあり，

2）研究者　京都帝国大学教授，理学博士荒勝文策，なお同大学理学部及び工学部教授数名（姓名不詳）これに協力す，

3）研究の経過概要　荒勝教授は 1940 年以前より本研究に従事しありしが，海

軍はこれを強力に促進せんがため，1943年（昭和18年）5月，本研究を海軍の研究として荒勝教授に委託することとなり，経費，材料及び実験施設等に関し便宜を供する等，為し得る限り努力せり，然れども戦況の不利に伴う国内事情の逼迫により，材料の入手ならびに実験装置の製作等意の如くならず，従って研究はなかなか進捗せずに，遂にほとんど見るべき成果を収めざる中に終戦となれり，

4) 研究に関する資料

 a，施設　主として京都帝国大学理学部及び工学部の研究施設を利用す，

 b，経費　1943年5月より終戦までに海軍より支出せる研究費60万円（2回に分かち交付）

 c，材料　酸化ウラニウム（純度不明）1ポンド瓶約百個，海軍艦政本部が第一海軍経理部（上海）を経て購入せるものにして，京都帝国大学荒勝研究室保管中，

5) 研究の成果

 a，ウラニウム原子核の分裂現象の基礎研究　荒勝研究室における本研究の成果「京都帝国大学理学部紀要（1940）」に発表ずみ，

 b，酸化ウラニウムより金属ウラニウムを経て6ふっ化ウラニウムの製造研究　京都帝国大学工学部岡田研究室において研究中，

 c，超遠心分離器の製作　東京計器株式会社にて設計中，

 d，サイクロトロンの製作　荒勝研究室にて組立中，

 e，その他の成果　未だ成果を得ず，

6) 海軍部内関係部局

 海軍艦政本部（主として第1部および臨時資材部）

 海軍技術研究所（主として化学研究部）

　この報告書は1945年10月7日に占領軍が日本軍の原爆開発計画についての報告を要求したことに対する日本海軍の回答書で，京大グループとの連絡を担当していた海軍技術中佐北川徹三が執筆したものと思われ，F研究の概要を簡潔に示している（8章参照）．

6 遠心分離器の設計

　荒勝グループが大戦中に遠心分離器を用いてウランの分離濃縮に取り組もう
としていたことは知られていたが，これまでその直接的な資料は乏しかった．
2015 年春，清水栄の書いた 3 冊の B5 版の手書きのノートが京大放射性同位元
素総合センター名誉教授の五十棲泰人によって発見され，その実態が一部明ら
かになった【図 4-B】．そのノートの表紙には

　　Ultracentrifuges I, II（皇紀 2604 年 10 月）[5]
　　Ultracentrifuges III（皇紀 2604 年 11 月）

と書かれている．これらのノートの一部には右側のページに欧米で出版された
論文の写真コピー，左のページには手書きで論文の内容の説明とコメントなど
が細かく記されており，清水らが如何にして遠心分離法を学んだかを知ること
ができる．
　“Ultracentrifuges III” の前半には，荒勝グループがどのようにしてウランの
分離を試みようとしていたかを示す鉛筆書きの計算結果などが記されている．
“Ultracentrifuges III” とそこに挟み込まれた紙に記されたメモ書きや鉛筆書き
の図面を見ると，設計図を書いた過程を知る手がかりを得ることができる．清
水栄らは先ずビームズ（J. W. Beams）が大戦以前に英文で発表した遠心分離法
についての 9 編の論文，アンリオ（E. Henriot）などがフランス語で書いた論文
及びジラード（P. Girard）の論文などを精読し，内容の核心部をメモ書きして，
さらにそれに対する自身のコメントを書き加えている．また湯浅亀一の「材料
力学」などによって材料の強度を調べたことも記されている．
　ビームズは第 2 次大戦以前から遠心分離の研究をしていたその分野の第一人
者であった．1930 年代の初めにバージニア大学で遠心分離器の研究を始め，
1977 年に死去するまで一貫してその研究を続けていた．特にガス噴出による

　5）Ultracentrifuge：超遠心分離器．皇紀 2604 年：西暦 1944 年．

物体の高速回転法の研究および磁場による回転体の浮上と容器の外に置かれたコイルによる電磁誘導を用いた遠心分離を長年試みていたことで知られている．1937年ビームズ達はガス回転による遠心分離法を用いてCCl$_4$ガス中の^{35}Clと^{37}Clの分離に成功している．彼

4-B　超遠心分離器ノートの表紙

はこの実験を行うにあたり遠心分離法による同位体の分離要因は質量の絶対値ではなく，同位体の質量差に依存することに着目していた．

　1939年ウラン原子核の分裂現象の発見を知った欧米の物理学者達は遠心分離法をウラン235の分離，抽出に適用しようと模索し始めた．ビームズはUF$_3$ガスを遠心分離するために超高速回転するチューブを用いた．このチューブは縦型で下部の温度は上部より少し高い．チューブの中のガスは対流によって壁に沿って上下に移動する．遠心力によって$^{235}_{92}$UF$_3$の濃度は回転の中心軸付近で増加し，$^{238}_{92}$UF$_3$の濃度はチューブの外側の壁面近傍で増加する．濃縮された$^{235}_{92}$UF$_3$のガスはチューブの軸の中心部から取り出されて他のチューブに移されて，さらに濃縮される．チューブを出来るだけ多数並べておいて$^{235}_{92}$UF$_3$が必要な濃度に達するまでこの過程が繰り返される．大戦が始まる頃ビームズらは実験室内で試験的なウランの分離に成功した．そこで米国政府はこの方法をマンハッタン計画に組み入れ，工業化への取り組みを開始した．しかし1944年米国当局はウラン分離にはガス拡散法と熱拡散法を用いることを決定し，最終的にはマンハッタン計画では遠心分離法を用いることはなかった．

　さて荒勝グループでは1944年に海軍から原爆の開発を要請されると，ウランの分離法の検討を始める．一番確実と思われたのは電磁石を用いてウラン235とウラン238を磁気的に分離する方法であったが，これには巨大な電磁石が多数必要で，資材不足の折から手に入れることは到底できなかった．熱拡散法は対流によって気化したガスのうち軽いガスは上の方に，重いガスが下の方

にたまることを利用する方法であるが，開発が到底間に合いそうにない．そこで荒勝らがかねてより関心を持っていた遠心分離法を採用することに決め，荒勝文策，木村毅一及び清水栄が1944年秋からその計画の準備に取り掛かった．後年荒勝は読売新聞の記者に次のように語っている（読売新聞社編 1988, p.249）．

　　荒勝研究室ではウランの分離に超遠心分離法を考えたわけだが，これは分類（ママ）する原子の質量の差が直接効くと云う事で採り上げられたものだ．いろいろの方法も考えなければいけないが，どちらかと言えば，他の方法を当った上でと言うより，始めからこの方法に決めていたともいえる．ここで注意してほしいのは，原子爆弾をつくるためにウラン235を分離しようとしていたと見られがちだが，僕のところでは原子核物理学の一過程としてウラン235を分離しようとしていたのだ．どれだけの量のウラン235があったら核分裂─連鎖反応が起こるかを学問的に突き詰めなければならない．ウラン235の必要量を手に入れるためには，どうしてもウラン235を分離して濃縮しなければならないわけで，そのための遠心分離法だった．

　大戦勃発後，連合国側の論文は全く入手できなくなったが，清水らは大戦以前の1940年までにビームズなどが書いた論文を読み，高速回転をウランの遠心分離に適用しようと試みたわけである．しかし，ビームズが大戦中この方法でウラン分離を試みていたことは知らなかったようだ．

　上記の3冊のノートなどによって荒勝グループが取り組んでいた遠心分離法の研究，独自の計算，設計図の作成などが明らかになった．図面から推察するとウランを入れた回転体を圧縮空気で浮上させて，エアークッションによって摩擦をなくし，容器の外側につけた刻みに側面から空気を吹き付けて回転させる設計となっていたことは分かる．まず回転数は1分間に10万回転を目標にして，流体力学の計算を行い，ある一定の条件の下で，細孔から流出する空気の圧力とそれによって回転する物体の回転数などを計算する．これらの清水メモには短期間で精力的に遠心分離の手法をマスターし，遠心分離装置を製作しようとした努力が表れている【図4-C】．

それらの計算を基にして，船のジャイロを作っている東京品川の北辰電気に遠心分離機の試作品の製作を打診してみたが，回転数が到底及ばないことが分かった[6]．そこで海軍技術研究所を退官して東京計器製作所の顧問をしていた新田重治に製作を依頼する．新田の証言ではこれは1944年初秋だったとのことなので

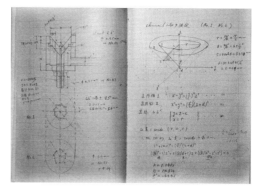

4-C　超遠心分離器設計ノート

清水が遠心分離のノートを書いていた時期と一致する．また，北川の書き残した「勤務録」には「(1944年) 11月21日荒勝教授，木村助教授来，東京計器打合」と記されている（北川 未刊行）．新田は戦時研究員に指名され，後述の琵琶湖ホテルで開かれた荒勝グループと海軍の合同打ち合わせ会にも参加して，遠心分離器について説明した．しかし東京計器製作所で製造中だった遠心分離器とその資料は1945年春の空襲で工場ともども焼失してしまっていた．

　一方，荒勝グループでは大学でも独自に遠心分離器を試作するために設計図の下絵を書き始めていた．図4-Dは荒勝グループが独自に試作しようとしていた分離器の下絵を示している．清水はさらに磁気浮上させて誘導モーターで回転させる方式も検討したと述べているが，その資料は残されていない．

　清水らは遠心分離器試作のための資材の発注も始めたが，資材の不足，徴兵によるスタッフの不足などにより計画は思うようにはかどらなかった．彼らはまず高速回転する容器には軽くて強い材料が必要だということで，回転容器の材料の検討を行った．上記のノートに「超遠心分離装置製作資材大要」【図4-E】と書かれた紙が挟み込まれており，発注すべき部品の材料が具体的に示されている．その中に材料の一つとして

6）陸軍航空本部長安田武雄の回顧録には「1945年初頭，北辰電気で磁気保持法によるものと空気軸受方式によるものの2種類の製作に着手したが，被爆により焼失した」と記されているが，海軍や京大側の資料とは日時，会社名などが一致しない（安田 1955）．

第4章　原子核エネルギーの利用と「原爆」の基礎研究　　109

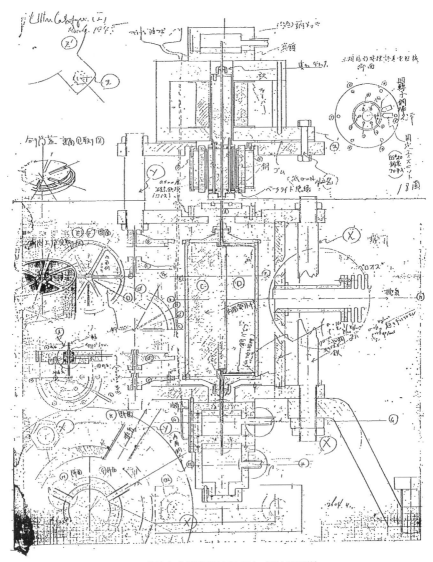

4-D　超遠心分離器設計図下書き（清水家所蔵）

1. 超超ジュラルミン "ESD"（Extra Super Duralumin）棒
（住友金属工業名古屋軽合金製造所製）

  ESD 棒　直径約 100〜110 粍　長 500 粍　数本
     　約 150 粍　　　長 500 粍　数本
  ESD 管　外径約 110 粍　内径約 60 粍　長サ約 500 粍　数本

と記されている．清水の証言によれば超超ジュラルミンは軽いだけでなく大きな重力にも堪える抗張力を持っているので回転体の材料に使えると判断したとのことである．「資材大要」に記された超超ジュラルミン"ESD"のサイズは名古屋の住友金属でその製作に従事した加藤隆平（後の立命館大学教授）の証言とも一致しており，荒勝グループ独自の遠心分離機作成の試みが裏付けられている（日本経済新聞 2008 年 8 月 4 日付）．

 加藤が日本経済新聞の久保田啓介に語ったところによると，加藤は京大の学生の頃，学徒動員に際して荒勝の紹介で名古屋の住友金属に派遣され，軽量金属「超超ジュラルミン」の研究チームに配属された．超超ジュラルミンはその軽さと強度から零戦の主翼などにも使われた合金だったが，加藤は不純物を含んだアルミニウムで超超ジュラルミンを作る技術の開発を命じられた．1944 年に京大を卒業するとそのまま住友金属に残り，研究を続けていたが，同年 11 月頃清水栄に超遠心分離法の勉強を勧められる．

 1944 年の清水栄が記した「日記」（清水　未刊行）に，

> 10 月 20 日，朝早く家を出て，名古屋に行く．住友金属工業株式会社名古屋軽合金製造所に行き，加藤君に面会し，その上役北原研究部長代理に面会し，今度我々の研究室で開始することになった U 同位元素の分離用超超遠心分離装置に必要とする強力軽アルミニウム合金のことに就いて色々教え

4-E　超遠心分離器製作資材大要（清水家所蔵）

第 4 章　原子核エネルギーの利用と「原爆」の基礎研究

を乞い，同時に資材関係のことで援助を願った．北原氏は気持ちよく応対して
くれ，話は極めて順調に進み，快愉（ママ）なりし．

　10 月 26 日　加藤君に超遠心分離装置の文献を送る．

とある．加藤は出来たばかりの長さ約 1m 直径約 10cm の超超ジュラルミンを
荒勝研究室に送った．しかし加藤は超超ジュラルミンの詳細な使途について敗
戦時まで知らされていなかった（日本経済新聞 2008 年 8 月 4 日付）．
　現代的に観ると，この計画で実際のウラン分離を行うには技術的な困難が予
想されるが，短時間の間に遠心分離法をマスターして遠心分離器を設計し，製
作段階直前まで漕ぎつけたていたことが分かる．特に設計された遠心分離器の
直径を 10cm と決め，材料を超超ジュラルミンとしたことは現代の遠心分離法
から考えても当を得ている（会川 2016，pp.178–179）．ともあれ京大での遠心分
離器の開発は初歩的段階にとどまり，完成への道のりは遠かったといえよう．
　一方清水が書いた遠心分離器のノートに挟み込まれていたわら半紙には，
1944 年 11 月 18 日に開かれた京大化学研究所の秋季講演会のプログラムが記
されているが，その中に

　　高エネルギー輻射線の研究　　研究員　理学士　清水栄
　　 i）17MeV γ 線による光電効果的 α 粒子の放出
　　 ii）17MeV γ 線による Compton 効果並びに電子対発生現象の研究

という記述がある．また清水の日記にも 11 月 18 日に楽友会館でウイルソン霧
箱を用いた γ 線による α 粒子放出及び電子対創生，コンプトン電子の観測に
ついて講演したことを記している．これは丁度清水が遠心分離器についての
ノートを書いていた時期であるが，この講演会で遠心分離とは関係のない γ 線
による原子核反応の研究を発表していたことが分る．さらに第 3 章に述べたよ
うに占領軍によって没収された清水栄の覚書の中にも，高電圧加速器を用いた
γ 線による原子核反応研究の経過やその結果の一部が含まれており，大戦中も
清水の興味の中心はやはり原子核の基礎研究にあったと考えられる．前述の荒

勝の証言にもあるように荒勝の元来の目的は原子核物理学の一過程としてのウラン235分離だったと言われている.

　大戦終結直後, 荒勝研究室の小亀淳と片瀬彬は高速回転の研究を再開し, 磁気浮揚による物質の高速回転の研究に取り組んだ(片瀬他 1949, 小亀・片瀬 1953). 彼らは鉄の回転体を毎秒4.4万回転の高速度で回転させることに成功し, 分子量測定, アイソトープの分離などを行うことが可能であることを示した.

　荒勝は当時を振り返って（読売新聞社編 1988, p.257）

　　　昔から回転するものが好きで, だからF研究のウラン235の分離に超遠心分離法を採用したのかもしれない. あれにはわれながら精魂こめたと思っているが, 終戦でご破算になってしまった. けれども, どういうものか回転体の研究が捨てきれず, 戦後もしばらくの間続けた. いろいろの回転体を試みたが, 昭和24,5年（1949, 1950年）ごろには直径0.3mm, 高さ1.5cmくらいのクギ状の鉄の棒を真空の中で毎分171万6千回転まで回すことに成功した. 遠心力は確か493万Gかかったと思う.

と述べている.

　1980年代には清水栄の指導で京大放射性同位元素総合センターの片野林太郎らが超高速遠心器を用いて準安定な放射性同位元素（核異性体）テクネシウム99m（Tc^{99m}）の崩壊定数に対する遠心力（重力）の影響を調べる実験を試みた. この実験では直径1.5mmの鋼球を毎秒2.1×10^5回回転させて, $1.34 \times 10^8 G$の遠心力を作り出したが, この研究も大戦中の遠心分離法の研究を引き継いでいると言えよう.（片野 1983；Katano, Isozumi 1984）

　世界的に見ても遠心分離法がウランの分離に本格的に利用されたのは大戦後であった. ウイーン大学出身のゲルノット・ツィッペ（G. Zippe）は大戦直後ソ連軍に連行され, ソ連で遠心分離によるウランの同位体分離法の開発に従事した. この方法では磁気浮揚法を用い, 更に回転容器の上下に温度差を設けて, 対流を容器内に生じさせるものであった（山崎 2011, p.50）. 一方, 大戦後京大工学部に在籍していた宇宙物理学者松田卓也が遠心分離器によるウランの同位元素分離の可能性について理論的な考察を行っていたことが知られている

第4章　原子核エネルギーの利用と「原爆」の基礎研究　113

（Matsuda 1975, 1976 ; 松田卓也 私信）.

　米国では 1977 年のカーター大統領時代に遠心分離法が ^{235}U の濃縮の主要な方式として採用されたが，それはビームズの死の 3 カ月前であった.

7 戦時研究の決定と戦時研究員会合

　水交社における連絡会の後，F 研究がどのように進展したかを知る資料はあまり残されていない.

　2017 年末に公開された湯川秀樹の「研究室日記」（「湯川日記」）には「（1945年）2 月 2 日（木）午後嵯峨水交社にて荒勝，堀場，佐々木 3 氏と会合，F 研究相談」と書かれているが，どの様な相談がされたかは明らかではない（湯川未刊行）

　一方，陸軍側には敗戦直前の 1945 年 8 月 1 日に記された次の様な報告が残されていた.

> 京大荒勝研究室に於ける研究は昭和 20 年（1945 年）3 月 20 日技術院に提出せられ，戦時研究として着手せらるるに至りたるも，本研究は従来海軍技術研究所化学研究部の委託研究として行なわれありたるものなり，而して海技研に於ける研究担当者は北川（徹三）技術中佐なり（福島県石川町立歴史民俗資料館編 2013, p.189）

　この文書は 1945 年 4 月 14 日の空襲で理研のウラン濃縮用の分離塔が焼失して，陸軍の原爆開発計画が中止に追い込まれたために，福島県石川町のウラン鉱石の採掘を継続すべきかどうかの結論を求められて書かれた報告である.

　実際に戦時研究の正式決定が通知されたのは湯川によると 5 月の末であった.「湯川日記」には

> 5 月 28 日（月）　木村教授来室. 荒勝教授より，戦研 37 の 2（F 研究）決定の通知あり

と記されている．

清水栄が戦時研究員の辞令を受け取ったのはその直後だった【図4-F】．清水栄の日記には次のようなガリ版刷りの会合の案内が挟み込まれている．

4-F　清水栄

37の2戦時研究員会合御案内

　拝啓　37の2（F研究）戦時研究実施に関し左記会合相催し度候に付御多忙中誠に恐縮に存じ候へ共，御出席相煩わし度此段御案内申上候

　尚時局柄食事の準備は致し兼ね候に付御含み下され度候

記

1. 期日　6月23日〈土〉午后1時
　　但し空襲警報発令中は会合中止
2. 会場　京都帝国大学理学部物理学教室　教官会議室
3. 　（1）研究打合せ並に研究報告
　　（2）補助研究員並に研究助手の件
　　（3）其他

昭和20年6月13日

37の2　主任

荒勝　文策

研究員　清水　栄殿

　戦時研究が正式に認められたのが5月28日だったので戦時研究員の会合としてはこれが最初で最後の会合となった．この会合の議題は「研究打合せ並びに研究報告」となっており，下記の7月21日の琵琶湖ホテルにおける戦時研究員と海軍との合同会議のための準備会的な会合だったと思われる．「湯川日記」には次のような一行がある．

第4章　原子核エネルギーの利用と「原爆」の基礎研究　　115

「6月23日午後　戦研F研究第1回打合せ会，物理会議室にて．荒勝，湯川，坂田，小林，木村，清水，堀場，佐々木，岡田，石黒，上田，萩原各研究員参集」．

　この日記に示されているように，この会合には京大に所属していた戦時研究員全員が出席していた．ただその日から戦争終結までの期間があまりに短期間だったため，原子エネルギー／原爆の研究を本格的に進める時間的余裕はなかった．
　一方荒勝，木村，花谷によって書かれた「ウランの熱中性子による捕獲断面積の測定結果」の報告や荒勝と花谷による「熱中性子によるウラン分裂断面積及ビ吸収断面積」についての報告（第3章68ページ参照）の日付はこの戦時研究員会合の前日6月22日になっており，この会合の日に合わせて書かれたものであると考えられる．

8　琵琶湖ホテルにおける戦時研究員と海軍の合同会議の資料

　1945年7月21日大津市の琵琶湖畔にある琵琶湖ホテル（現びわ湖大津館【図4-G】）で京大と海軍との合同会議が開かれ，F研究の研究計画についての話し合いが持たれたが（山崎2011, p.50），この会合には戦時研究員の荒勝，湯川，小林，佐々木，清水，新田と共に海軍側からは三井と北川が出席していた．北川の書いた「勤務録」には坂田昌一も出席していたと記されているが，その他の出席者については明らかでない．「湯川日記」には

　　7月21日朝7時過家を出て京津電車にて琵琶湖ホテルに行く，雨の中を歩く．
　　帰りは月出で，9時帰宅

とだけ記されている．
　この会議では荒勝が全般的説明を行い，湯川が中立国からの資料をもとに「世界の原子力」について，小林が臨界量の計算について話し，新田は遠心分離器の構造を説明した（読売新聞社編1988, p.231）．しかしなぜか「湯川日記」

には会議そのものについては全く言及していない．

この会合のために用意されたと思われる資料のうち，清水が保管していた5編の手書きのメモが現存するF研究に関する数少ない資料となっている（山崎 2002）．このうち6月21日の会合に提出されたと考えられる2編の研究メモは荒勝と木村の指導で大学院生の花谷暉一が行った実験データを基にした報告であるが，核分裂の基礎データとして重要な研究結果を提供しているので荒勝としてはF研究の一環として基礎研究を進めていることを示したかったのであろう．もう一つ，

4-G　琵琶湖ホテル（現びわこ大津館）

「^{235}U 核分裂の Chain Reaction の可能性に対する推定」（2065 年 7 月 21 日[7]）

というメモがあり，このメモの著者は明らかでないが，小林稔がF研究で「ウラン分裂理論」を担当して，実際に臨界値の計算をしていたといわれており，このメモは小林が書いたものであろうとされている．メモの要旨を以下に記す．

> 連鎖反応の可能性を調べるために，まず最も原始的な方法を選び，極度に実験値に頼って計算する．発生する中性子を出来るだけ逃さない為に無限に多量の水中の一点 O に純粋な ^{235}U の金属塊を置く．r を中心からの距離，$\rho_N(r,v)$ を速度 v を持つ中性子の密度分布，ρ_U［筆者注：$\sigma_f(v)$ の間違い］を中性子による核分裂断面積，ν を1回の核分裂で発生する中性子数とすると，単位時間に発生する中性子数 n_N が求められ，

7）皇紀 2605 の間違い．皇紀 2605 年は西暦 1945 年．

$$n_{\mathrm{N}} = \int_{v=0}^{\infty}\int_{r=0}^{r_0}(\nu-1)\rho_{\mathrm{U}}\sigma_f(v)\,v\rho_{\mathrm{N}}(r,v)\,4\pi r^2drdv \quad \geqq \quad 1$$

が分裂が持続される条件となる．故に ν，$\sigma_f(v)$，$\rho_{\mathrm{N}}(r,v)$ が実験で確かめられれば仮定なしに連鎖反応が起るために要するウラン金属の総量 $n_{\mathrm{U}}=(4\pi/3)r_0^3\rho_{\mathrm{U}}$ が求められる．梢不確かだが，σ_f が中性子の速度に逆比例するとする．一方，アマルディとフェルミが水中に置かれた中性子源のまわりで種々の物質に惹起される放射能を測定した結果を用い，中性子の密度が放射能強度に比例すると仮定し，粗い計算によって $\rho_{\mathrm{N}}(r)$ を推定した．$\rho_{\mathrm{N}}(r)$ はほとんど常数と看做し得るから，$\rho_{\mathrm{N}}(0)\approx 5x10^{-9}$ と置いて連鎖反応が起るために必要な純粋に分離された ^{235}U 金属の総量は 1kg 程度であると言う結果を得た．なおこのとき $\nu=2$ とし，σ_f を得るには熱中性子による原子核分裂の断面積の実験値を用いた．

また，

「荒勝先生のメモ」July 1945【図 4-H】

と記されたメモではウラン核分裂の連鎖反應の臨界条件が示されている．その要旨を以下に示す．

まず第一段階として全体系が無限大であると考えて臨界となるのに必要なウランの濃度を求める．水 1,000cc 当たり U_3O_8 を mg 混ぜた時，熱中性子が 1 個入るとき，核分裂により新生する中性子の数が吸収によって消滅する数より多いという條件（第一関門式）

$$n_{\mathrm{U}}\{\sigma_{\mathrm{U}}^{\mathrm{fiss}\theta}(\nu-1)-\sigma_{\mathrm{U}}^{\mathrm{res}\theta}\}-n_{\mathrm{H}}\sigma_{\mathrm{H}}^{\mathrm{ab}\theta} \quad \geqq \quad 0$$
$$(\theta：熱中性子の意)．$$

から必要なウランの濃度を求めることができる．

第 2 段階として濃度 m の U_3O_8 の水溶液の半径 R の球を考えると，中心から r の距離の中性子密度 $F(r,t)$ は連鎖反応を表す中性子の拡散方程式として当時よく知られていたペランの式を簡素化した式

July. 1945　　　　荒勝先生 ノ メモ　　　　No. 1

U 核分裂 ・ 連鎖反應.

今 水 1000 c.c. 中 ニ U_3O_8 m g ヲ 混ジタルモノガアルトキ. 單位体積中 ノ 原子數 ハ 次ヲ

$$n_U = \frac{3mL}{842}\Big/1000 + \frac{m}{9}. \qquad n_H = \frac{1116}{1000 + \frac{m}{9}} \qquad n_0 = \frac{8}{3}n_U + \frac{1}{2}n_H$$

コレ thermal neutron ガ 1 個 入ルトキ fission ニヨリ 新生スル.
neutron ガ 吸收 ニヨリ 消滅 スルモノヨリ 多イコト ガ 必要條件デアル

$$\therefore \quad n_U\{\sigma_U^{fis\,\theta}(\nu-1) - \sigma_U^{res\,\theta}\} - n_H\sigma_H^{ab\,\theta} \geqq 0.$$

$$\theta : thermal\ neutron\ ヲ示ス.$$

即チ $$\frac{3m}{842}\{\sigma_U^{fis\,\theta}(\nu-1) - \sigma_U^{res\,\theta}\} - 1116\,\sigma_H^{ab\,\theta} = 0.$$

ヨリ 必要ナル m ガ 決定スル.

京 都 帝 國 大 學

次ニカカル割合 ノ U_3O_8 水溶液 ノ 半径 R ノ 球ヲ考ヘルト
中心ヨリ r ノ 距離 ノ neutron density $F(r.t)$ ハ

$$\frac{\partial F}{\partial t} = \frac{\lambda}{3}\Delta(F\bar{v}) + \{(\nu-1)n_U\sigma_U^{fiss} - n_0\sigma_0^{ab}$$
$$+ n_H\sigma_H^{ab}\{\nu\times 0.85\ \frac{n_U\sigma_U^{fiss\,\theta}}{n_U\sigma_U^{fiss\,\theta} + n_0\sigma_0^{ab\,\theta}} - 1\}$$

但シ $\bar{v}$ = fast neutron mean vel.
　　λ = fast neutron mean free path

$$\frac{1}{n_U\sigma_U^{scatt} + n_0\sigma_0^{scatt} + n_H\sigma_H^{scatt}}$$

之ヲ解イテ $\frac{\partial F}{\partial t} \geqq 0$ ナルタメニハ

$$\frac{\partial F}{\partial t} = \frac{\lambda}{3}\Delta(F\bar{v}) + \left[(v-1)n_U\sigma_U^{\text{fiss}} - n_O\sigma_O^{\text{ab}} + n_H\sigma_H^{\text{ab}}\left\{v\,\text{x}\,0.85\frac{n_U\sigma_U^{\text{fiss}\theta}}{n_U\sigma_U^{\text{fiss}\theta}+n_O\sigma_O^{\text{ab}\theta}}-1\right\}\right](F\bar{v})$$

によって求めることが出来る[8].

ただし，$\bar{v}$ ＝ 高速中性子平均速度

λ ＝ 高速中性子平均自由行程

この式では中性子が水中で減速中に ^{238}U の 25MeV 付近の共鳴を透過する確率を 0.85 としている（p.73 脚注 6 参照）.

上の式で $\frac{\partial F}{\partial t} \geq 0$ ならば臨界となるので，その場合の R を求める.

この「荒勝先生のメモ」ではそれまでに知られていた反応断面積の値をこの式に代入して計算した結果を示している．結局，$v=2.5$ とすると U_3O_8 が 1.2t あれば臨界に達することを明らかにしている．さらにウラン 235 を 10％ まで濃縮すれば 20kg の U_3O_8 で臨界となると記している.

このメモは「京都帝国大学」の便箋に書かれており，欄外に「荒勝先生のメモ」と記されている．記述には若干誤記らしい箇所があり，さらに「荒勝先生」と書かれているが，荒勝本人の直筆ではなく，研究室のメンバーが荒勝の所持していたメモを引き写したものであると推察される．$v=2.5$ のとき U_3O_8 1.2ton，^{235}U 10％ とすると U_3O_8 20kg という計算結果を荒勝自身が算出したのかどうかは明らかでない．陸軍の鈴木辰三郎が「1945 年の初めに海軍の技術関係者が陸軍の航空本部を訪れた時，仁科研究室のすべてのデータを渡した」と述べているので，このメモに記された中性子の断面積の値も理研からの情報に基づいていたのかもしれない（山崎 2011, p.51）．理研の資料の多くは終戦時に焼失してしまったので，その間の事情は明確でないが，臨界量の計算法とそのデータについて仁科グループと荒勝グループの間で交流があった可能性もある.

科学史家スペンサー・ウィアート（Spencer Weart）はこのメモを米国の物理学会誌に紹介しているが，これは日本における戦時中の臨界量の研究が外国の研究者によって論じられた唯一の例である（Weart 1977）．ウィアートは米国物理学協会物理学史センターの所長をしていたが，その前任者チャールズ・ウェイ

8）「荒勝先生のメモ」では右辺第 2 項の後の $F\bar{v}$ が抜け落ちている．ミスプリだろう.

ナー（Charles Weiner：MIT の科学史の教授）が 1974 年に京都を訪れて清水栄から「荒勝先生のメモ」のコピーを受け取ったので，ウィアートがその資料を見てこの論文を書いたのではないかと言われている（清水・金子 1996）.

　ウィアートはこの論文（英文）の中で大戦中に各国で行われたウラン核分裂の連鎖反応に関する計算方法を比較しているが，日本については「1945 年 7 月に荒勝が書き残している資料によるとペランとフリューゲが 1939 年に発表した原子炉の初等臨界理論と同じような計算を始めていたようだ.」と記し，関連する反応断面積の値を示した上で，1t 程度の酸化ウラン（U_3O_8）を水と混ぜて臨界質量を作り出せるという結論を紹介している. ただ日本人がこれをテストするのに十分な量のウランを持っていたかどうかについては疑問を呈している. また ^{235}U を 10% まで濃縮すれば，同じ仮定の下で 20kg の U_3O_8 によって臨界が得られるだろうという荒勝の推定を示している. 荒勝メモの最後に示されている第一関門式[9]で，$(\sigma_{f\theta}+\sigma_{res})_U$ はウランの核分裂と共鳴吸収断面積の和を表し，熱中性子を θ と表記していることに触れた後で「これはライプンスキー（Leipunskii）の最初の不完全な形の臨界条件や共鳴吸収項を除いたハウターマンズ（Houtermans）の式と酷似している. しかしこの形式は他のものとは著しく異なっている. 荒勝は共鳴吸収の項を含めることによってライプンスキー，ペラン，フリュッゲよりも進んでいた.」と記している. また「熱中性子に対する θ という記号の存在は共鳴吸収断面積を含む種々の断面積が高速中性子と低速中性子の区別をしていないことを示している. ハウターマンズの式とは異なって彼の式では表向き共鳴を逃れる確率 p を分離した物理的に意味のある量として切り離していない. 従って 4 元公式に近づいていたが，完全には到達していなかった」と結論付けている.

　一方，深井祐造はウィアートのメモについて次のような問題点を指摘している（深井 1999 を要約）.

　　荒勝が臨界計算法には熱中性子捕獲（荒勝グループでは吸収と称している）の割合を考慮すべきであると提案している点は独創的であった. 一方荒勝は 25MeV

9）これは花谷の学位論文にも示されている.

附近の共鳴吸収の通過度を $p=0.85$ としているが，この値は減速材中のウランの割合に依存していることに気付いていなかった．また臨界値の計算を2段階に分け，第1段階では体系を無限大と仮定して濃度をもとめ，第2段階でその濃度での連鎖反応体系の臨界質量を求める方法は先進的だったが，減速材中のウランの割合を合理的に求めることが出来なかったため，臨界量の計算結果は偶然得られたもので，信頼度は低い．

　上記の数編の資料が琵琶湖ホテルの会議でどのように議論されたかについては明らかでない．
　最後に，

金属ウラン製造法（昭和20年（1945年）7月21日　岡田辰三）

であるが，琵琶湖ホテルの会議に提出されたこのメモの要旨は次の通りである．

　研究の目的
　　フッ化ウラン製造の原料として金属ウラン粉末を工業的に製造する．
　研究成果
　　ウラン化合物又はウラン酸化物を原料とし，$5KF \cdot UO_2F_2$ を経て KUF_5 を温式法で造り，その溶融塩の電解を行い，連続的にウラン金属粉末の製造が可能であることを確かめた．
　研究の詳細
　（イ）原料 KUF_5 の製造：硝酸ウラン $[UO_2(NO_3)6H_2O]$（U含有量 47.4%）を水に溶解し，これに KF を水に溶かした液を加え，$5KF \cdot 2UO_2F_2$ を沈殿させる．これを洗浄後，熱水にて再び溶融し，蟻酸を加えて太陽光に当てると還元反応が進行し，KUF_5 の沈殿が生ずる．
　（ロ）電解過程：電解槽として黒鉛坩堝を用い，陽極として坩堝，陰極としてモリブデン板を使用．
　（ハ）溶剤と共に引き上げた陰極は冷して後，水中で溶剤を溶解し，洗浄乾燥．
　（ニ）金属粉末の純度：試料金属を硝酸に溶融し，NH_4Cl と NH_4OH で沈殿させ，

灼熱後，U_3O_8 として秤量した結果，U の純度は 96.9％〜99.5％ となった．
……

　この報告は日本における最初の純粋な金属ウランの製造を記したものと言えよう．

　これらの5編のメモから研究者側から示された琵琶湖ホテルにおける会議資料の一部を知ることができるが，それ以外には一枝廠京都出張所の「ウラニウム分析結果」の資料しか現存しておらず，これらだけから会議の全容を把握することは困難である．

　上記の資料や，出席者の証言などから，この会議では日本における原爆開発の具体的な計画やその実現に向けた日程の話し合いが行なわれたわけではなく，研究発表と意見交換に終始したと考えられる．会議に出席した新田はその日のことを大戦後回顧して，「散会してから大津の街を三々五々散策したのを懐かしく思い出す．湯川さんが「あの論文は読みましたかね」とか「どこの国のだれだれは，なかなかやっているようですね」などといいながら歩いたが，何となく平和な一日だった」と述べている．また，荒勝，小林が「立派なご馳走を頂戴して帰った」と述べていることから推察して，大学側の出席者は必ずしも強い危機感を持って原爆開発について論じていたわけでなかったらしい．（読売新聞社 1998, p.231, p.258）

　一方海軍側の記録によれば三井再男が「琵琶湖ホテルでの会議で資源，資材を集める事，超遠心分離器を作る事を決めた．」と証言している（三井 2013）．また艦政本部長渋谷隆太郎中将は回顧録の中で「琵琶湖ホテルでの会議でウランの分離は遠心力に依ることに話を進め，その設計を新田重治氏に委嘱することに決めた」と述べている（生産技術協会編 1970, p.306）．これらの証言に見られるように，海軍側としての最大の関心事は如何にしてウラン資源を確保するかということとウランの分離をどのようにして行うかであった．三井によると，海軍ではそれまでに上海の児玉機関などを通して荒勝にウラン化合物を約 100 kg 納入していたが，荒勝の要求に答えるには，それよりも更に大量のウランを必要としていた．

　琵琶湖ホテルでの会議の 16 日後に広島に原爆投下，25 日後に敗戦を迎える

第 4 章　原子核エネルギーの利用と「原爆」の基礎研究　　123

ので，琵琶湖ホテルでの会合がF研究の最後の会議となった．

　その後，戦時研究の研究費が実際に支給されたのは大戦終結後であった．北川の「勤務録」によれば

　　1945.9.6　戦研37–2研究費30,000荒勝教授名義受領
　　1945.9.8　京都帝国大学荒勝教授小切手渡

と記されている（北川　未刊行）
　同年9月28日の「清水日記」に「三菱銀行四条支店で，先日荒勝先生から戴いた戦時研究費用2,000円の小切手を現金に代えてくる」と記されている．さらに，1946年1月20日の北川の「勤務録」に「荒勝氏より小切手（30,000）送付し来る」とあり，最終的に戦時研究費は返却されたようだ．
　それにしても海軍が荒勝に戦時研究を依頼して8カ月経ってから政府が正式に認め，大戦終結後の9月8日に研究費の一部が支給されたという事実は原爆研究に対する当時の日本政府の姿勢と役所の体質を表していると言えよう．

　この章で述べたように荒勝グループの大戦中の行動の軌跡をたどってみると，彼らの原子爆弾開発への関与について正確に記述することの難しさが浮き彫りになる．荒勝らは大戦勃発前後には戦争と無関係に原子核物理学を進めていた．荒勝が1939年の講演で述べているようにウランの核分裂の研究は当時の原子核物理学の中心課題の一つだったので，学者として当然やらなければならない研究だと考えていたわけで，ウランの核分裂を爆弾に利用しようという考えはなかったと思われる．実際，大戦中も荒勝は中性子による核分裂の応用よりもγ線による核分裂や核反応の研究を研究室の優先課題であると考えていたので，研究室の主要なスッタフはその研究に力を注いでいた．一方大学院生の花谷は中性子による核分裂の際放出される中性子数の測定を精力的に行っていた．
　戦局が急激に悪化して海軍が原爆の研究を要請して来た時点で荒勝は戦時研究としての原子核エネルギー／原爆研究を引き受けることになった．木村毅一も述べているように原子核物理学という学問は最終的には原爆への応用につな

げることができたわけである．しかし荒勝研究室で行われていた中性子による
ウランの核分裂の研究結果を学会という公開の場で発表していたことは，この
研究が軍事的な機密になるとは考えていなかったことの証左といえよう．また
清水栄が遠心分離器の設計の最中に学術講演会でγ線による原子核研究につい
て講演しており，敗戦間際になっても戦時研究だけを集中的に進めていたわけ
ではなかったことも留意すべきであろう．

　ともあれ，荒勝がF研究という戦時研究の代表者として原子核エネルギー
の兵器への応用研究に関与したことは忘れてはならない事実であり，現代の科
学者が深刻に受けとめねばならない課題である（政池 2015）．

文　献

会川晴之（2016）『核に魅入られた国家——知られざる拡散の実態』毎日新聞出版．

Flügge, S. (1939) Kann der Energieinhalt der Atomkerne technisch nutzbar gemacht werden?, *Die Natur-wissenschaften*, 27 : 402.

深井佑造（1999）『旧海軍委託「F研究」における臨界計算法の開発』技術文化論叢，東京工業大学技術構造分析講座 No.2 : 27.

福井静夫他編著（1952）『機密兵器の全貌——わが軍事科学技術の真相と反省II』興洋社［伊藤庸二『電子技術兵器の実態』第4章「物理懇談会とは」（原子爆弾と電波の真相）所収］．

福島県石川町立歴史民俗資料館編集（2013）『ペグマタイトの記憶——石川の希元素鉱物と「二号研究」のかかわり』福島県石川町教育委員会．

片野林太郎（1983）京大学位申請論文「超高速回転装置の開発と応用に関する研究」．

Katano, R., Isozumi, Y. (1984) Least-Squares Fit for Precise Determination of Decay Constants, *Nucl. Inst. Meth. in Phys. Research* 222 : 557.

片瀬彬・小亀淳・天野淑郎・荒勝文策（1949）「磁気軸受を有する高速回転体の試作」『応用物理』18-1 : 35.

北川徹三（未刊行）「勤務録」［北川不二夫所蔵］．

小亀淳・片瀬彬（1953）「高速回転—magnetic suspension による」『日本物理学会誌』8 : 183.

政池明（2014）「ハイゼンベルグ原子炉の謎」『日本物理学会誌』69 : 227.

政池明（2015）『科学者の原罪』キリスト教図書出版社．

Matsuda, T (1975) Isotope Separation by Thermally Driven Countercurrent Gas Centrifuge, *Journal of Nucl. Sci. Tech.* 12-8 : 512.

Matsuda, T (1976) New Proposal for a Gas Centrifuge Rotating Differentially, *Journal of Nucl. Sci. Tech.* 13-12 : 756.

三井再男（2013）「海軍反省会（1983）における発言」戸高一成編『『証言録』海軍反省会記録』（第38回），PHP研究所，32頁．

名古屋大学理学部物理学教室坂田記念史料室（未刊行a）「資料目録第1集」44 01 WP 01 af.

名古屋大学理学部物理学教室坂田記念史料室（未刊行b）「資料目録第1集」44 01 WP 02-06 af.

中根良平（2006）「歴史秘話　サイクロトロンと原爆研究（前篇）」『理研ニュース』297 March : 9.

中根良平・仁科雄一郎・仁科浩二郎・矢崎祐二・江沢洋編（2007）『仁科芳雄往復書簡集　III』みすず書房.

中根良平・仁科雄一郎・仁科浩二郎・矢崎祐二・江沢洋編（2011）『仁科芳雄往復書簡集　補巻』みすず書房.

日本経済新聞（関西）（2008 年 8 月 4 日付）「秘史・日本の原爆研究 1　零戦技術から『遠心分離』若者が挑んだ材料開発」.

Perrin, F.（1939）, Calcul relatif aux conditions éventuelles de transmutation en chaîne de l'uranium, *Comptes Rendus*. 208： 1394.

生産技術協会編（1970）『旧海軍技術資料　第 1 編第 3 分冊』生産技術協会.

千藤三千造（海軍第二火薬廠研究部長）（1966）『回想 60 年』千藤三千造先生回想録出版記念祝賀会.

清水栄（未刊行）「清水栄日記」清水家所蔵.

清水栄・金子務（1996）「証言・原子物理学創草期」『現代思想』1996 年 5 月：192.

Stettbacher, A.（1940）Der Amerikanische Super-Sprengstoff "U-235", *Nitrocellulose*, Nov. 1940 ［村田勉訳「アメリカの超爆薬"U-235"」『火廠雑報』第 31 号，火火（ママ）訳　第 25 号］.

田中慎吾（2013）「核の「平和利用」と日米関係──原子力研究協定にみる「記憶」のポリティクス」大阪大学大学院国際公共政策研究科学位申請論文，108 頁.

Turner, L.（1940）Nuclear Fission, *Rev. Mod. Phys.* 12： 1.

Weart, S.（1977）Secrecy, Simultaneous Discovery, and the Theory of Nuclear Reactor, *Am. J. Phys.* 45： 1049.

山本洋一（1976）『日本製原爆の真相』創造.

山崎正勝（2002）「旧日本海軍『F 研究』資料」『技術文化論叢』No.5： 28.

山崎正勝（2011）『日本の核開発　1939〜1955』績文堂出版.

安田武雄（1955）「日本における原子爆弾製造に関する研究の回顧」『原子力工業』1 巻 4 号：44.

読売新聞社編（1988）『昭和史の天皇　原爆投下』角川文庫.

湯川秀樹（未刊行）「湯川秀樹研究室日記」［京都大学基礎物理学研究所湯川記念館史料室所蔵］.

第 2 部

原爆の調査

第5章

第1次広島原爆調査

　1945年8月6日広島に原子爆弾が投下されると，荒勝は直ちに調査団を組織して広島に向かう．10日朝，広島に着くと理研の仁科芳雄や陸海軍の関係者との合同会議に出席して，投下された爆弾が原子爆弾であるか否かについての議論を行う．そこで荒勝は「原爆だと思いますが，今科学的な調査をやっているので，その結論が出たらはっきりします」と述べた．広島市内の土などを採取してその日の夜行で京都に持ち帰り，西練兵場の土壌が強いβ放射線を発していることを見出す．それが本当に原爆による放射能であることを証明するために12日に清水栄を団長とする第2次調査団を広島に派遣する．第2次調査団の持ち帰った広島市内各地の数百個の試料の分析によって広島に投下された爆弾が原子爆弾であるという確かな証拠を得て，8月15日にその結果を海軍技術研究所に電報で知らせる．原爆と判定した理由は，多くの地点で採取した物質が中性子の吸収によって発生した放射能を示しており，放射能の強度分布から爆心地点と爆発した高度を割り出すことが出来たためである．さらに核分裂したウランの量と爆発力を推定して原子爆弾であるという結論に達したわけである．この結果を9月14日から4日連続で朝日新聞紙上に発表する．

　さらに，原爆の詳細を調べ，以後の復興に役立てるために木村毅一を団長と

する第3次調査団が9月16日に広島入りし，郊外の大野浦を拠点として活動を開始する．ところが不運なことに，17日夜半，後に「昭和の三大台風」とも呼ばれた枕崎台風が広島を襲う．敗戦直後，しかも原爆被害の中で巨大台風の情報がない中，宿舎であった陸軍病院を山津波（大規模土石流）が襲い，多くの犠牲者を出す．大部隊の調査団を派遣していた医学部と併せ，京大の調査団では総計11人の研究者の命が失われた．第1部で紹介した花谷暉一もその一人であった．

一方，荒勝らが長崎原爆の調査を実施したのは原爆投下から1年3カ月経った1946年11月末のことである．1年以上残存している放射能を測定するためであった．この調査では測定器を現地に持ち込み，α線，β線，γ線の全てを測定した．これは放射能の経年変化を知る上で，今日でも貴重な記録となっている．

本章ではまず，被爆直後，8月11日までの荒勝らによる第1次広島原爆調査と併せ，大阪大と理研による調査について紹介する．

1　被爆直後の広島現地調査

1945年8月6日，広島に「新型爆弾」が投下されたと報じられた．8月7日朝，同盟通信社（共同通信社と時事通信社の前身）の記者がその日のトルーマン大統領の声明の和訳を「敵性情報」として仁科芳雄のオフィスに持参する．それには「米国の一航空機が日本の重要陸軍基地広島に一個の爆弾を投下した．この爆弾は TNT 2万 t よりも強力な原子爆弾である．」と書かれていた．仁科はそれを見て，「爆発力からいってこれは原子爆弾だろう」と直感した．仁科が「原爆」と判断したことが直ちに重臣牧野伸顕伯爵を通して天皇に伝えられ，終戦への流れを作ったとも言われている（共同通信 2008）．

仁科は陸軍の依頼で7日午後大本営の調査団に同行して，所沢飛行場から広島へ向かう．この調査団の団長は参謀本部第二部長の有末精三中将であった．有末と仁科は別々の飛行機に乗ったが，有末の乗った飛行機は7日の内に広島に着陸した．仁科の乗った飛行機はエンジンの不調で所沢に引き返し，翌8日

130　第2部　原爆の調査

午後，陸軍省軍事課の新妻精一中佐らとともに再度広島へ飛び発つ．夕方広島上空で旋回して，被害の大きさに驚愕し，翌9日から広島の調査を開始する．

一方，京都では，荒勝が，7日夕刻同盟通信の記者から広島爆撃の情報を得た．また京大化学研究所荒勝研究室に雇員として勤務していた村尾誠は，米国の短波放送を傍受して米国側の発表を聞く．村尾は無線技術に精通していたため，それまでもしばしば海外の短波放送を聞いて得た情報を研究室のメンバーに知らせていた．村尾の聞いたハワイ放送によると，広島に投下された新型爆弾に関し，米大統領トルーマンが声明を発し，それが原子爆弾であると発表したとのことであった．その日のハワイ放送は，米国が20億ドルの費用と12万5千人の人を動員して原子爆弾を製造したこと，ニューメキシコ州で原子爆弾の実験をした時の状況及びその恐るべき威力について放送したと伝えている．さらに広島の爆撃に向った B29 の搭乗員の談，ルーズベルト夫人，米国の陸，海軍長官などの原子爆弾についての談話があり，新型爆弾製作に関係した物理学者としてオッペンハイマー（J. R. Oppenheimer）教授のことについても言及されていた．

清水栄は日記に「8月8日の朝刊に広島爆撃の記事が大きく出ている．少数機三機らしいと．原子爆弾らしいと．大本営発表には相当の被害と言う．相当の被害というときは普通その都市の大半がやられている時にのみ用いる表現である．これより察して三機位来ただけで広島市の大半がやられたとすれば大変なことである．研究室に至れば広島爆撃のことで実験室一同＊（1字不明）々たり．」と記している（清水 未刊行）．

荒勝は8日午後，京都師管区司令部[1]で参謀長と話し合った結果，荒勝研究室で調査団を組織して，9日の夜行で急遽広島に調査に赴くことを決断した．荒勝自身が団長となり，木村毅一，清水栄，花谷暉一，上田隆三（海軍技術大尉），石田（技師），池野与一（陸軍技術中尉）の7人からなる理学部班と杉山繁輝（教授）ら4人の医学部班の総勢11名が8月9日夜行列車で広島に向かった．一行は夜9時半京都発の広島行で出発したが，その夜西宮が爆撃に遭い，列車

1）師管区（しかんく）とは，日本帝国陸軍の師団が管轄する区域で，補充任務等の管轄区域の軍政を統括した．終戦直前の京都には，1941年（昭和16年）に編成され京都・滋賀・三重・福井の四府県を徴兵区としていた第53師団の管轄区域の軍政を担当する京都師管区司令部が置かれていた．

第5章　第1次広島原爆調査　　131

が姫路で2時間余り停車した．翌8月10日広島駅の2つ手前の海田市から貨物列車に乗り継いで行き，広島に着いたのは正午少し前だった．広島駅近くで死傷者を積んだ無蓋貨車とすれ違い，さらに駅前の屍を見て衝撃を受ける．東練兵場の裏の東照宮のある山の松の木は一面に茶褐色を呈していた（広島県1972，p.521）．

早速，駅裏手の東練兵場の人の踏んでないようなところの土壌を少し採り，車で市内を回って破壊の後を見ながら試料を採取して【図5-A】，陸軍兵器廠に向かった．

2 「特殊爆弾研究会」と原爆の検証

京大調査団が広島市内を回り試料を採取していた頃，陸軍と海軍及び仁科を含めた有末調査団のメンバーは爆心地から約2キロ東方の比治山町にあった陸軍兵器廠で「陸，海軍合同特殊爆弾研究会」と称する会合をもち，新型爆弾が原爆であるかどうかを議論し，今後の対策などを協議していた．昼過ぎから京大調査団の荒勝，木村，清水，杉山もその会合に出席して，議論に参加した．この会合の「議事概要」及び「決定事項（要項抜粋）」が広島県立文書館に保管されている．

> 「陸，海軍合同特殊爆弾研究会決定事項（要項抜粋）」呉鎮守府衛生部
> （全文），
> 1．日時　20.8.10　自10：00　至16：30
> 2．出席者
> 　　　海軍側　兵科，技術科（中央及現地，技研）
> 　　　　　　　軍医科（呉病1部長，衛生部員1）
> 　　　陸軍側　兵科，軍医科，技術科（中央及現地）
> 　　　理研　仁科教授（原子物理）
> 　　　京大　荒勝教授　（同）
> 　　　　　　　木村教授　（病理）（ママ）

132　第2部　原爆の調査

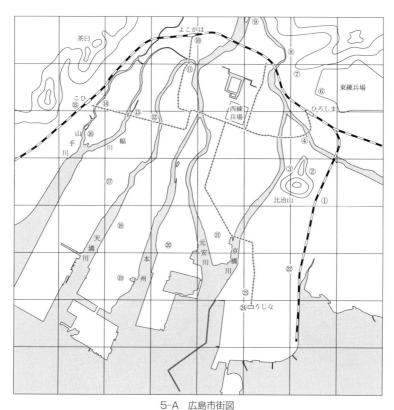

5-A 広島市街図
原爆投下当時の広島市内の地図.○印内の番号は後述の第2次調査団が放射性物質を採取した地点(図6-B(156ページ)参照)を示す.

第5章 第1次広島原爆調査 133

杉山教授　（同）

その他[2]

3. 決定事項

1）弾種

原子爆弾乃至之に類似のものならん（爆弾に非ず）

2）熱傷の原因

熱線の作用あるは確実なるも β 線及 X 線の付加の疑濃厚なり.

持続時間は少なくも瞬間的ならず

3）火災原因

光線により引火性物質に点火し発火せるものならん

4）投弾形式

落下傘と無関係

5）対策

（イ）警戒警報中といえども又一機なりとも油断せぬ様

（ロ）角材または丸材の被蓋を有せる屋外待避壕にて可

（ハ）閃光を見たら伏せよ（殊に遮蔽下に）余裕あれば屋外待避壕止むを得

ざれば屋外空地に飛び出し伏する事（圧死を免がるる為）

（ニ）露出不可，少なくも下着は白とせよ

厚きものほどよし，木綿の方よし

（ホ）建築物

窓硝子をとれ，日本家屋は地下壕舎式とすべし

追記　会議終了直後大阪大浅野（ママ）［筆者注：浅田常三郎］教授（原子物理学）一行到着，参会者と談合，呉病帰着後現地土塊より放射性物質の有在を証認の旨報告ありたり[3].

この合同会議の結論を踏まえて，陸軍航空本部技術部の名で提出する正式の

2）「議事概要」によると出席者には陸軍軍務局課員新妻精一中佐及び海軍技術研究所の北川徹三中佐が含まれており，更に「清水日記」によれば清水栄も出席していた.

3）大阪大の測定については 142 ページ参照.

「広島爆撃調査報告」が出来あがり，10日付けで大本営に発送される．この文書は仁科に東京から同行した新妻中佐が中心となってまとめたものであるが，この報告書に関連する多くの資料が新妻によって一まとめにされて「特殊爆弾調査資料」として広島県立文書館に保管されている．この中には新妻が広島で集めた各種の情報のメモや，短波放送を傍受して得たトルーマン大統領の声明をはじめとする米国側の発表の資料，報告書の草稿など新妻の所持していた一切の書類が綴じ込まれている．

報告書は28ページに及ぶが，その主要部を要約しておこう．

　　広島爆撃調査報告
　　調査の目的
　　　大本営調査団に参加し，主として使用爆弾の種類を究明し，一般国民に対する発表事項並びに全般に関する対策事項決定の資料を得るにあり．
　　判決
　　　本爆弾の主体は普通爆弾，焼夷弾を使用せるものに非ず，原子爆弾なりと認む．
　　調査の概況及び判決理由
　　　先ず午前8時16分，B29二機が西南方から広島に侵入，高度9,500mで一機は南に，一機は北に進み，北に向かった一機が3個のラジオゾンデらしき落下傘につるした物体を落とし，南へ向かった一機が原爆を落としたものと思われる．……閃光直後，広島市中央上空には大なる環状の赤色煙を生じ，これと同時に地上には白色及び黄色を帯びたる煙柱が生じ逐次上昇して12,000m程度に達したりという．閃光はマグネシウムを燃焼せしめたる時に生ずるものに類似する青白き色にして，おおむね一回のみというもの多きも遠望せるものの中には2乃至3回感じたものもあり．

報告書は，以下「被害の状況」，「原子爆弾と判定せる理由」，「調査の結果判明せる事項」などを記した後，「原子爆弾に非ずとする各種の事象」について触れている．その中で「使用爆弾は原子爆弾なりと断定し得べきも，かかる断定の下においては説明又は解釈に苦しむ各種の事象発生しありと見聞し，また

これらの現象より推断し原子爆弾に非ずと主張する者相当ありたるも，いずれも根底よりこれを覆し得るに足るものなし．」と記している．

　原爆ではない可能性として「前日5日の夜間より6日朝にかけ，敵は隠密的に行動し広島上空より火薬粉，マグネシウム粉，又はその他の発火剤又はその閃光剤を一面に撒布し，当日なんらかの方法をもってこれに点火，大爆発を起こさしめたるものに非ずや」との主張も記し，その理由をいくつか挙げている．さらに1個の原子爆弾だけでなく，焼夷弾，マグネシウム弾などを同時に投下したという説，液体酸素爆弾の可能性にも触れている（新妻1945；読売新聞社編1988，p.308）．

　この会合に出席していた海軍大佐の三井再男（当時呉海軍工廠火工部長）の証言によれば，「仁科（芳雄）先生はこの爆弾について質問されると「原子爆弾だと思います」といわれ，後から来た荒勝先生にどうですか，と言いましたら「私もそう思いますが，科学者としては，今科学的な調査をやっているから，それが出来たら判断します」ということだった」（三井 2013）という．荒勝は残留放射能をきちんと測定する前に科学者として原子爆弾と断定することにはためらいもあったようだ．この会議の様子を清水は日記に次のように記している．

　　兵器補給廠ではその日午前中より，広島にありし陸軍即ち第二総軍，又宇品の
　　船舶司令部，又呉方面の海軍即ち呉工廠関係，呉海軍病院，江田島兵学校，又
　　東京方面より陸軍省軍医部，又陸軍第七研究所それに理研の仁科博士らも列席
　　して6日の広島爆撃の新型爆弾に就き会議中であった．我々一行がそこにつき
　　たる時は，既に午前中の検討が終り，結論に入っているところであった．ここ
　　で我々は今度の爆弾に就いて，又被害状況其の他について大略を知ることが出
　　来た．……Uの fission なることの明瞭たる証拠は未だ掴めざるも，その会議に
　　於いては，今度の爆弾は単なる従来の爆弾或は焼夷弾にあらずして全く従来な
　　かった威力ある新型にして，原子爆弾又はそれに効力を同じくするものなりと
　　いうことであった．唯の一発にして広島全市が破壊されたといふ驚怖すべき事
　　実の前に我々大いに考へさせられるのであった．

また木村毅一は後に読売新聞の記者に「荒勝先生をはじめとする第1次の調査隊が広島についたのは10日，早速原爆かどうか確かめるため手分けしてサンプル集めにかかった．しかし，まだ十分にサンプルを集めないうちに，一足先に入広していた仁科さんらの有末調査団や関係者の会議があると言うので，兵器廠へ集まったわけだが，出席者は一応，この爆弾は原爆であるという前提のもとに話しあったと思う．しかし京大側としては，『放射能の有無を確かめない限り，最終的に原爆とは断定できない』と言う態度は一貫して持っており，だから一刻も早く帰洛してサンプルの測定をやりたいと思ったのだ．」と語っている（読売新聞社編 1988, p.338）．清水も日記に，

> 原子核やっているものとしてはUのfissionの現象は熟知するもU235の分離の難事業なることも知る．米国が果して多量のU235を分離してこれを使用したるや否や疑問なりし．米国が20億ドルの費用，12万5千人の労働者及び米英両国の非常に多数の科学者を動員したるということを思い合せれば或は敵の言う如く原子核反応を利用した爆弾ならんとも思考される点多々あり

と記している．
　会議終了後，荒勝グループは船舶司令部の少佐の案内でトラックで市内を巡察したが，それには海軍技術研究所の北川徹三中佐も同行した[4)]．
　爆撃による市内の惨状に一同衝撃を受ける．至るところが破壊され，大きなコンクリートの建築は側だけ残して内部はガラン洞になり，市の中央部は火災のため焼野原となっている．市の周辺部でも家屋はほとんど倒壊あるいは半壊してい

5-B　原爆投下直後の広島市内

る．大木が根こそぎ倒されており，市電は軌道から 3，4 間飛ばされ焼けている．また橋の欄干が倒され壊れている．爆心より三キロも離れた己斐の近辺でも農作物は一部焼け，倒壊した家屋があるなどの様子を目にしている【図 5−B】．

荒勝グループは爆心に近い西練兵場でトラックを下りて土壌を少し採った．さらに北川の記録には「倒壊している電柱の腕木についている白いガイシの底のくぼみに接着剤として使われている硫黄や地上に落ちている鉄片を収集した」と書かれているが，京大側にはそのような記録はない．北川が第 2 次調査のデータと混同している部分もあるのかもしれない．

3　荒勝グループの帰洛と放射能の測定

京都グループは一刻も早く採取した試料に含まれている可能性のある放射能を測定して原爆であるとの確証を得たいと考え，その日の夜行列車でそれらの資料を京都に持ち帰り，直ちにガイガー・カウンターで β 線の測定にとりかかった．

荒勝は自らの測定によって新型爆弾が原爆であるという確定的な証拠を得ることが科学者としての自分の責務だと確信していた．彼は広島の様々な物質から放出される β 線のスペクトルと寿命の測定がそのための決め手となると考えていた．後に木村毅一が述べた次のような話が伝えられている．

　　荒勝先生をはじめ第一次の調査隊のメンバーは一刻も早くサンプルの測定をやりたいと思い，その夜のうちに広島を出発した．

　　帰洛を急いだもう一つの理由は広島の軍や市民の間でささやかれていた京都が無傷で残されているのは原爆を落とすためなんだ，といううわさ話だった．

　　……それを聞いて荒勝先生は「それでは急いで帰って比叡山の頂上に観測所を

4）海軍技術研究所の北川徹三中佐は 8 月 7 日空路岩国に着き，8 日から広島の調査を始め，10 日の合同研究会に出席した後は荒勝らと行動を共にする（北川 1945）．広島での放射性物質の採取，京都での放射能測定に立ち会い，帰京後 15 日に荒勝より「新爆弾は原子核爆弾と判定す」と記された電報を受け取る（北川 1979）．

138　第 2 部　原爆の調査

作って，原爆の投下から爆発の状況など，あらゆる角度から，写真や計器を使って徹底的に観測してやろう．」といわれた．帰洛してすぐ広島のサンプルから放射能の検出をやっているうちに終戦になってしまったから，比叡山山頂の観測所の話は，もちろん立ち消えになった．（読売新聞社編 1988，p.338）

　この話は実証を重んずるという荒勝のスタンスが極限的な状態でも示されたことを表していると言うことができよう．もっともこのような災害の調査に際し，科学者が飽くなき探究心を発揮することは科学至上主義的であるとの批判もあろう．続けて木村は

　　最初のサンプルを大学に持ち帰って調べたところ，これ等の中には核分裂によって生じたと思われる半減期の夫々違った放射性物質があり，放射能の減衰曲線も，放射能が急速に減っていくようなカーブを描いていたので，一応核分裂生成物質，つまり原爆によって生じたものであると判定した．

とも語っている．

　荒勝らは病理学教室の杉山らと補給廠で別れ，北川中佐と共に京都に向かった．夜荒涼たる広島駅で永い間待ち，午後 11 時過ぎになってようやく列車が出発した．調査団は 8 月 11 日午前 11 時半頃，京都駅に到着し，直ちに持ち帰った土壌などの試料を京大の実験室に持ち込んで，待機していた大学院生の林竹男，松居弘，学部 3 年生西川喜良[5]などと共に放射能測定を始める．この時用いたガイガー・カウンターは前述（第 3 章）の γ 線による核反応で発生した放射性物質が放出する β 線を測定するために研究室で自作したもので，壁厚を出来るだけ薄く 0.1mm 程度にして，中を真空にしてもつぶれないように，超超ジュラルミンを住友金属に特注して作らせたものだった（清水・金子 1996）．63 年後の 2008 年 7 月に，この時の状況を西川喜良が甲南大学名誉教授の坂田通徳に次のように書き送っている（西川喜良より坂田通徳への私信．[　]内は著者

───────────
5）林竹男は後に京大原子炉実験所所長，松居弘は後に兵庫農大教授，西川喜良は後に甲南大学教授となる．

注).

　サンプル採集に行かれていた荒勝先生が，［8月11日の］朝私の所に来て，「今
［β線用の］カウンターの働くのはあるか？」と聞かれましたが，実は一ケもな
かったのでヒドクしかられました．私は急きょ徹夜で［カウンターを］作りま
した．β線用はアルミの薄い壁のシリンダーの中心にタングステン線を張ったも
ので，エボナイトの両端をピッツェンで止めたものですが，寿命があるのです．
カウンターを二本真空回路に入れて中をキレイに洗い，アルゴンとアルコール
のガスを規定量詰めて封じ込めます．もち帰えられたサンプルを測定出来る様
に手製の箱がカウンターをとり巻くようにして測定しました．人骨などもあり
ましたが，放射能はありませんでした．「練兵場の砂」がありましたのでこれを
夜半あたりに計ったとき自然放射能の3倍以上あるのが出ました．この時本当
に「ゾー」としました．次々と放射能の強いものが出て来ました．朝早く［荒
勝］先生に報告しました．間もなく陸軍のプレート No,1 と言う車が来ました．
［その後8月15日に第2次調査団が多数のサンプルを京都に持ち帰って来たの
で］一寸興奮をさまして，電柱についている碍子の中のいおうをシステマティッ
クに計りました．地図上に値をプロットして行きますと，収れんする処が有り
ました．ここが爆心だと考えました．ずーと後になっていろいろの情報が来た
とき，大体当たっていました．

（2008 年 7 月 13 日　西川真礎郎（喜良））

　西川が，60 年以上経った 2008 年になっても当時のことを正確に記憶してい
たことは驚きである．生前に木村や清水が筆者に語った話とも矛盾がなく，当
時の緊迫した状況をよく表している証言であると言えよう【図 5-C】．
　清水の日記によると，β線を測定したところ自然放射能は 17.8 であるが，
爆心に近い西練兵場の土壌は 80 近くを示していた．東練兵場の土壌は自然放
射能程度，蓮の葉などは放射能なし．西練兵場の土壌より発する β 線はアル
ミニウム板の 1mm を通過しないことがわかった．
　この強い放射能が検出された西練兵場の土壌は原爆調査団に参加していた花
谷暉一が採取して京都に持ち帰ったもので，その測定結果を示したグラフの原

140　　第 2 部　原爆の調査

本が2014年に荒勝の遺品の中から発見され，くわしい解析がなされた．(コラム5参照)

8月12日昼過ぎに荒勝，木村，清水，北川などが実験室に集まり，西練兵場の土壌にβ放射能があったことを確認した[6]．その放射能がウランの分裂によって生じたものであるという確かな証拠になり得るかどうかが議論の焦点になったが，この爆弾の本性をつきとめるためには再度調査団を組織して直ちに広島および9日に同じ様な新型爆弾に見舞われた長崎に行く必要があるという結論に達し

5-C　後年の西川喜良（写真提供：坂田通徳氏）

た．三井再男は大戦後次のような証言をしている．「原子爆弾であるという最終的，科学的な決定は矢張り仁科，荒勝先生方の意見と，その後数日に亘って，科学的に調査された荒勝研究室の調査の結果からです．」(三井・三宅 1979)．

また「湯川日記」には「8月13日午後4時　原子爆弾に関し荒勝教授より広島実地見聞報告」と書かれており，荒勝が京大で第1次調査の結果を報告したことが示されている（湯川 未刊行）．

4　大阪大学と理研の調査

原爆投下直後の広島の放射能の測定は大阪大学グループ及び理研グループでも行われた．

---

6) 原爆によって生ずる放射能には，核分裂生成物（いわゆる死の灰）が地表に降り注いだ「放射性降下物」と，核分裂で生じた中性子が地上の物質と反応して放射性物質となった「誘導放射能」の2種類がある．

4-1 大阪大グループの測定

大阪大教授の浅田常三郎[7]が 1965 年 5 月にニューヨーク・タイムズ紙東京事務所に提出した手記によると，浅田は大阪海軍警備府長官の岡中将からの依頼で，大阪大の大学院生尾崎誠之助と海軍の技術将校 4 名を伴って 8 月 9 日夜大阪を発ち，10 日朝呉の海軍病院に着き，呉から車に乗って正午ごろ広島に入った．そこで土壌の放射能による汚染と住民の異常な白血球の減少を知ってこれは間違いなく原爆であると科学的に結論付けた．当時地上通信設備は全部破壊されていたので，呉軍港に停泊中の駆逐艦から無線通信によって東京と大阪の海軍首脳に「この爆弾は原爆である」と打電した（生産技術協会編 1970，p.312）．大阪大グループの調査については，1953 年に日本学術振興会が発行した『原子爆弾災害調査報告集』の広島原子爆弾災害報告に，1945 年 11 月 15 日に浅田常三郎らによって執筆された以下の記述が掲載されている（要旨）（大滝解題 2011，p.1）．

箔検電器[8]，ガイガー・カウンター及び鉛板を挟んだ写真乾板を持って，8 月 10 日朝呉市に着き，午後，広島市に入った．

大阪から持参した黒紙に包んだ汎色写真乾板の両側は X 型の穴の開いた 2mm の厚さの鉛板で覆われていた．8 月 10 日の午後，東練兵場の地面から約 2 瓩の砂を集めて，この乾板の上に 12 時間放置し，呉海軍病院で現像してみると乾板は X 型に黒くなっていた．

ガイガー・カウンターには 110 ボルト電源が必要であったが，広島市は甚だ敷く破壊されたので，同地で電源を得ることは不可能であった．そこで，この装置を呉海軍病院に設置し，広島には携帯用箔検電器を持って行った．

東練兵場の砂の放射能は充分強くなかったが，西練兵場の砂は明らかに放射能を示した．そこで市の数カ所で砂を採集して呉に持ち帰えり，その夜海軍病

---

7) 浅田常三郎：1924 年東大卒，大阪大創立に参画，後の大阪大産業科学研究所長

8) 箔検電器：同符号の電荷間の反発力を利用して電荷の存在を検出する放射線検出器．2 枚の薄箔を同符号の電荷に帯電させると同電荷の反発力でその 2 枚が開いた状態になるが，放射線による電離イオンが存在すると少しずつ閉じてゆくので，閉じる速度を測ることによって放射線の強度を測定する．

142　第 2 部　原爆の調査

院で計数管を用いて砂の放射能を測定した.

　放射能の標準としてはウラニウム 3g を用いたが, 西練兵場の砂の放射能はこの標準線源の数 10 倍であった.

　爆発後 10 分ばかりして爆心の西方約 2km にある己斐駅付近で烈しい雨が降った由であるが, その雨滴は白い衣服の上に落ちると, そこに黄色い斑点が残った. 原子核分裂の生成物及び爆発時に生じたイオンが雨滴の核となると考えられるので, この雨が降った地点では放射能は大きいと考えられたが, これは翌日の測定で確かめられた.

　8 月 11 日, 地図に示された市の数カ所から砂を採集して, 同夜その放射能を測定した結果は次の通りである.

位置	毎分計数
護国神社	120
中国軍管区司令部	40
西練兵場入口	20
八丁堀	37
己斐駅付近	90
宇品	37
自然計数	27

　このうち護国神社, 西練兵場は爆心のすぐ北側, 己斐駅 (現在の JR 西広島駅) は爆心の西 2.5km で黒い雨が降ったところ, 宇品は南 4〜5km のところであるが, この報告では特に放射線の種類には言及していない.

　1945 年 9 月には計数管と試料を大阪大の物理学教室に持ち帰って測定を行なった. この報告が執筆された 11 月 15 日の時点でも測定は進行中であった.

　大阪大の原爆調査に関しては残されている資料が少なく, 不明な点が多い. しかし前述の 8 月 10 日の「陸, 海軍合同特殊爆弾研究会決定事項」の追記に記された「会議終了直後阪大浅田教授一行到着, 参会者と談合, 呉病帰着後現地土塊より放射性物質の有在を証認の旨報告ありたり.」との記述によって大阪大グループの活動が確認されており, また第 6 章の「清水日記」にも京大の

第 5 章　第 1 次広島原爆調査　　143

第2次調査の時，呉で大阪大グループの調査に関する情報を得たことが記され
ている.

これらの資料は広島地区に計測器を持ち込んで放射線測定を行ったのは大阪
大グループが最初であったことを示している.

4-2　理研グループの測定

仁科芳雄は8月8日空路広島に赴き，8月10日サンプルを採取して，陸軍
の飛行機で理研に空輸し，待ち構えていた木村一治がその放射能測定を始める.
木村一治[9]の日記に次のような記述がある（木村 1945）.

8月10日

　朝から Lauritzen[10] の完成に努力，午後広島より空路サンプルがついた. まず
電線の activity［筆者注：放射能］をみるに Natural の3倍程度の弱 activity がある.
その他のゴム，セメントなどではなし.

全体を一まとめにして γ 線を見るやなし.

木村一治は8月12日に東京を発ち，14日に広島に着いて放射能の測定を始
める. 木村日記は続く.

8月15日朝

　2夜車中にて14日朝広島に着く. 広島まで行かなくても向洋にてすでに本質
的に新型爆弾なる事一目瞭然である. 未だ中心地にいってみないが，広島駅の
状況からその惨が推察される. だれも未だ放射線関係を測定したものは居ない
らしい[11].

午後似の島の研究室にて測定をする. 似の島で死んだ人の頭ガイ骨に Natural の

9）木村一治：大戦中理研の西川研究室で中性子散乱の研究を手掛ける. 1950年より東北大学理
　学部教授として原子核研究に従事.

10）Lauritgen：（ローリツェン）箔検出器と同じ原理の放射線検出器であるが，箔の代りに金メッ
　キした水晶の糸などを用いるなどして，精度の高い測定を行うことが出来る.

11）木村一治は京大荒勝グループ，大阪大浅田グループの調査については知らなかった.

144　第2部　原爆の調査

10 倍程度の activity のある事を知る．Uranium b［筆者注：ウラニウム爆弾］なること確定せり．

8 月 19 日朝記

15 日は歴史的な日である．正午前東練兵場でγ線を測定していると正午に陛下の放送が始まる．その中に新型爆弾のことも出ている．この Uranium b がたとえ「だし」にせよ敗戦の直接の原因であることが恐ろしい．科学の敗戦をこの様にマザマザと見せつけられたことはない．暑い練兵場の中に立って「無条件降伏」「武装解除」などとぎれとぎれの言ばを聞く．「西部戦線異状なし」の最後の場面を思い出す．……

午後，西練兵場入口で⑰［筆者注：放射線］を測定する．相当ある．しかし生涯障害を起すなどと言うまでは遥かに及ばない．50 年又は 20 年居住不能など言うデマにまどわされることはない．

昨日蒐集したサンプルの activity を測定する．人骨に多少の activity があるが，日赤でもらってき来た色々の薬品には全然 activity が無い．Au にないのが不思議である．

8 月 17 日，

再び船舶司令部の病院東を市内に馳せつつ各地点の activity をはかる．

夜＊＊（2 字不明）神社西南 40m にて折った馬の骨に非常に強い activity をみる．

この日記に記されているように理研では 10 日にローリッツェン検流計で放射線の測定を試みており，この測定が東京で原爆による放射能を確認した最初であったが，定量的な測定による原爆からの放射能の証拠を掴むことはできなかった．ただ木村一治もその時点で原爆であることを疑っていなかったようだ．

8 月 15 日以後の広島における測定の測定器が何であるかは木村一治の日記には明記されていないが，後に木村によって書かれた「核と共に 50 年」に「不幸にして私のガイガー計数管は故障していて直すにも資材がないという状態，やむを得ず愛用のローリッツェンを荷ずくりして持参した．」と書かれている（木村 1990, p.49）．そのため β 線を一つづつ計数するのではなく，放射線全量の測定を行うことになった．

この木村一治の日記は「清水日記」や浅田常三郎の手記と共に日本の物理学者が原爆投下直後，何を思い，何を行ったかを知る手がかりとなる．また彼らの関心の中心がどこにあったかを知ることができる．

文　献

広島県（1972）『広島県史 2：原爆資料編 44 清水日記』.

木村一治（1945）「木村一治日記」核融合文書 ID：334-07（核融合科学研究所核融合アーカイブ室所蔵）.

木村一治（1990）『核と共に 50 年』築地書館.

北川徹三（1945）「北川美和子宛私信」［北川不二夫所蔵］.

北川徹三（1979）「原子爆弾の思い出」『セィフティダイジェスト』25，日本保安用品協会：8.

共同通信（2008.8.3 配信記事）「敵性情報：20 年（1945）8 月 7 日［原子爆弾］を発表」.

三井再男（海軍技術大佐）（2013）「海軍反省会（1983）における発言」戸高一成編『「証言録」海軍反省会記録』（第 38 回），PHP 研究所，39 頁.

三井再男・三宅康雄（1979）「秘録原子爆弾—34 年目の証言」『文化評論』第 224 号（1979 年 12 月）：30.

新妻精一（1945）「特殊爆弾調査資料」［広島県立文書館所蔵］.

大滝英征解題（2011）『15 年戦争重要文献シリーズ補集 1　原子爆弾災害調査報告　第 2 冊』不二出版.

生産技術協会編（1970）『旧海軍技術資料　第 1 編第 3 分冊』生産技術協会.

清水栄／金子務（聞き手）（1996）「証言・原子物理学創草期」『現代思想』1996 年 5 月.

清水栄（未刊行）「清水栄日記」［清水家所蔵］.

読売新聞社編（1988）『昭和史の天皇　原爆投下』角川文庫.

湯川秀樹（未刊行）「湯川秀樹研究室日記」［京都大学基礎物理学研究所湯川記念館史料室所蔵］.

コラム 5

原爆投下直後の土壌のベータ線測定

　広島に原子爆弾が投下された直後に花谷らが広島の西練兵場の土壌が放出する β 線を測定した生データは永い間知られていなかったが，2014 年末，測定値をグラフ用紙に書き込んだ原本が荒勝文策の遺品の中から発見され，当時の研究結果を直接解析することが出来るようになった．それによるとその β 線は半減期 20 時間，最高エネルギー 0.9MeV であった．

　このデータのうち β 線の最高エネルギーに関し永井泰樹（東工大，大阪大名誉教授）が解析した結果と上記半減期の測定値とを合せて，永井は放射線を放出していた元素を特定した．

　このグラフは土壌から放出される β 線のスペクトルを示したもので，横軸は β 線が透過したアルミニウム板の厚さ（mm），縦軸はその板を透過して出て来た β 線の数（毎分）を表している．アルミニウムの厚さを 1mm にすると β 線の計数は自然放射線とほぼ同じレベルとなる．従って，アルミニウム中の β 線の飛程（R）と最高エネルギー（E）との関係から β 線のエネルギーは $E = 0.72$ MeV となる．カウンターの窓の厚さを考慮すると放出された β 線のエネルギーは 0.9 MeV と推定される．ウラン 235 が核分裂するとヨウ素 133（^{133}I）が大量に生成されることが知られているが，その 83％ は半減期 20.8 時間で β 線を放出してキセノン 133（^{133}Xe）に崩壊する．この β 線の最高エネルギーは 1.24MeV であるが，土壌中でエネルギーを失い，土壌を通過した後にはエネルギーが 0.9MeV になり，上記の測定値と一致する．この解析によって花谷らが観測した放射線はウラン

147

の核分裂によって出来たヨウ素133が放出したβ線であることが明らかになった．

なお京大調査団に同行した上田海軍大尉も広島で放射能を帯びた土壌を採取して京都に持ち帰ったが，その土壌の放射能測定データの原本は呉市にある海事歴史科学館（ヤマト博物館）に保存されている．

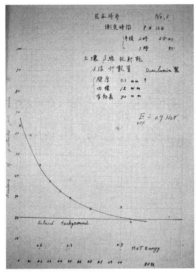

西練兵場の土から放出した放射線測定結果（花谷暉一採取）

第6章 第2次広島原爆調査

1 第2次調査団による放射能測定

　荒勝は米国側の発表や広島の被害の大きさを目の当たりにしても，それが原爆であると公には発表せず，原爆であることを証明するにはあくまで自分で定量的な測定をして，それに基づいて核分裂によって生ずる放射性物質と，核分裂の際発生する中性子による誘導放射能を同定することが必要であると考えていた．

　8月10日に広島で採取した土壌を京都に持ち帰り，11日から12日にかけてその土壌が放出するβ線のエネルギースペクトルと半減期の測定を開始したが，荒勝は，この調査で持ち帰った試料の分析だけで原子爆弾であると断定するには未だ証拠が不十分であると考えた．さらに多くの試料の放射能の測定をする必要があると判断して，急遽第2次調査団を広島に派遣することに決める．第2次調査団の目的は種々の物質中に含まれる放射能を計測し，それに基づいて原爆投下の爆心地，ウラン量などを推定することであった．

　第2次調査団は清水栄を団長とし，高木一郎大学院特別研究生，近藤宗平[1]，

149

石崎可秀[2]，高瀬治男，青木宏一の理学部 3 年生および上田隆三海軍技術大尉，石割隆太郎海軍技術大尉[3]，本道栄一海軍技手の総勢 9 人が 8 月 12 日夜広島の現地調査に向かう．第 3 章で紹介したように清水は胸を患っており，11 日に夜行で帰洛して，翌 12 日にまた夜行列車で広島に出発するのは想像を超える強行軍であったと思われる．

13 日朝 10 時頃呉駅着，清水と上田はそこで下車し，他の一行はそのまま広島に向かう．清水は海軍病院に立ち寄り，酒井軍医少佐から種々の情報を受けた．酒井は 10 日の補給廠での会議に出席していて，会議後大阪大理学部教授の浅田常三郎がガイガー・カウンターを呉に持参して各所の土壌に β 線放射能のあることを見出したことを清水に知らせてくれた．大阪大グループは東練兵場の土には放射能がなく，西練兵場，護国神社，己斐，八丁堀などの土壌には β 放射能があることを見出していた．荒勝グループでは 10 日に採取した西練兵場の土が強い β 線を放出していることを観測していたが，荒勝らはそこの土壌だけが放射性であった可能性も排除できないと，慎重に考えていた．しかし，清水は浅田らも同じ様な結果を出していることを知り，自分たちの測定が間違っておらず，今度の爆弾はウランの分裂によるものであるという予想が正しいと確信するようになった．海軍病院には浅田が用いた計数管装置一式が置いてあった．

清水は院長福井軍医中将と昼食を共にしたが，食事中福井院長から今度の爆弾が原子爆弾かどうかについて尋ねられた．この時のことを清水は日記に「事国家の帰趨を決する重大なる秋にあたっているのを余も知っているので，今迄のデータで放射能が土壌中より検出されたということを以てしても決定的に U 爆弾なりとは申し兼ねる由，申し上げたり．」と記している．食後，広島で採取すべき各所での液体などを入れるための薬瓶を 20 本ほど貰い，病院の自動車で吉浦の火煩部に向かった．そこで三井大佐に会い，荒勝の書簡を手渡し，西練兵場の表面土壌に β 放射能が相当強くあったことを報告した．また西練兵場の土から出た β 線の Al 箔吸収曲線のグラフを手渡しした．三井大佐は艦

1）後の大阪大学教授．
2）後の東大原子核研究所教授．
3）1942 年京大物理学科卒，後の奈良女子大学教授．

150　第 2 部　原爆の調査

政本部にいて，戦研37-2の海軍の担当官をしていたが，荒勝研究室の仕事に理解があり，10日の補給廠の会議にも出席していた．

　午後清水らは広島に向かい，市内の焼野原の彼方で，調査団の一行が歩いているのを見出す．途中で中国軍需監理局の一行と出会い，荒勝研究室の広島出身の大学院生柳父琢治の消息を調べてもらったところ，負傷して福山の奥で静養中であることが分かり，一同胸をなで下ろす．夕刻石割大尉に引率され，先日会合を開いた兵器補給廠に行き，そこで泊ることになった．広島全市で宿泊できるようなところはここ以外にない．その夜，補給廠で夕食，その後明日の予定について打合せをする．清水と上田と石崎は，自動車で周辺部を廻ること，その他のメンバーは中心部を廻り資料を採取することになった．

　出発前の予定では広島から2名の学生が資料を持ち帰り，他のメンバーは直に長崎の調査に赴く予定であった．しかし九州は大型機による都市の爆撃が大体終わり，今は主に交通線を狙う小型機の来襲が非常に頻繁で，さながら戦場化しており，博多以南は非常に危険であるという情報が軍からもたらされた．その夜一同が相談した時，近藤，青木ら九州に郷里ある学生たちは長崎行を主張したが，慎重に考えた結果長崎行は取り止めることになった．学生に万一のことがあったら教室として責任を負はなければならないというのが主な理由であった．蝋燭の暗い光の下で論じ合い，翌日の予定をきめて寝床に入った．夜中に警報が2回発っせられた．

　8月14日の「清水日記」には次の様に記されている（清水　未刊行）．

　朝六時起床，七時半に上田大尉と余と学生石崎君と第二総軍に行く．早速昨日の約束により軍のハイヤーを出してくれる．これに乗り広島市の主として周辺部分を大きく左廻りに巡る．途中33ケ所に立寄って，土壌，コンクリートの破片其他，又工業専門学校等にては化学実験室の薬品なども貰って来た．大体爆心より2キロ半乃至3キロ半位の間の地点をめぐった．この辺でも家屋の破壊は著しい．炎天の下で4時間もハイヤーを乗り廻す．自動車の天井は暑くなり，所々で車を止めて飛び出しては試料を採取する．出たり入ったり，持って来たレチナで被害状況を撮影したり，地図で試料採取地点を記したり，運転手の上等兵に行く先を指図したり，乗っていた三人もグロッキーになる．途中工兵第5

大隊の裏門では営庭に土壌をとりに入ったり，営門から内部の倒壊した兵営を撮影して番兵にとがめられた．

清水らは爆心から2キロ半もある吉島の飛行場で戦闘機が爆風のため真二つになっているのを見た．さらに宇品の海岸まで行ってその辺の土壌を採取したりして，11時半頃やっと東練兵場の第二総軍に引き返した．

一方，石割，本道，高木，近藤，高瀬，青木の6人は護国神社を中心とした爆心付近1キロ半以内の地点を歩き廻って試料を採取した．13，14日の2日にわたって採集した試料を詰め込んだ大きなリュックを背負って炎天下の市内を歩き回っていると何度か，焼け跡の泥棒に間違えられたという．

後年近藤宗平はその時の思い出を次のように記している（近藤 1991）．

爆心近くの焼け残ったコンクリートの建物の中の光景がいまでも目に浮かぶ．そこには多数の人が横たわっていた．爆弾からの強烈な熱線で，皮膚が焼かれ，髪の毛を焼かれていたための無残な姿であった．

採取物のリストの中に，カルシウムがあったので道端の白いものを拾い上げてみると，それは火葬したあとの骨の残りであった．見ると，道端にずうっとその残りが散在しているではないか．異様な臭気に，あちこちで悩まされた．そのうちに，それが焼け死体の臭気であることに気がついた．焼けた家屋の下には，たくさんの人が焼け死んでいて，それがまだ片付いていないのであった．その臭気のせいで昼になっても弁当を食べる気にならなかった．

私が受け持った採集区域は爆心地と思われる墓地の北側一帯であった．かなり広い墓地であったが，墓石がいろんな方向を向いて倒れていることから，その上空で爆発がおこったことを知った．商工会議所を右手に見て進むと，相生橋と言うのがあった．この橋の欄干も倒れていた．

石割らは14日夜の夜行列車で広島を発って京都に向かった．15日の朝京都駅について，すぐその足で大学の研究室に帰りついたのは，終戦の詔勅の放送，

いわゆる玉音放送の直前であった.

　広島から持ち帰った爆心地付近の試料，金属片，電柱の碍子中の硫黄，電力計の破片，土壌など全てが強烈なβ放射能を示しており，さらに本道が持ち帰った馬の骨の破片なども非常に強い放射能を示した．電力計の回転板の軸に付いていた金属の被片は表面を1mm程度磨りとっても強い放射能があった．これらのβ線は原爆が爆発したとき発生した高速中性子による誘導放射能によると考えられた.

　近藤は次のように回顧している.

　　敗戦を知った直後で，精神的に不安定になっていたが，それでも，採集した資料の放射能を手分けして測定した．測定器は，荒勝研製作のガイガー・カウンターであり，増幅回路は，卒業実験に自作したものであった[4]．私が西向寺の北側の焼け跡から拾ってきた電力計の回転板が京大調査隊では最高の放射能を示した．それに少し気をよくしていた自分を思い出して，恥ずかしくなる．我々の測定結果が，最近になって，広島原子爆弾の速中性子線量再評価で，かけがえのない資料になっている．（近藤 1991）

　一方，清水，上田，石崎の3人は8月14日午後岩国に行く予定にしていた．これは，8月6日の朝，3機のB29が広島の上空で十文字を画く様に東西南北を2，3回往復したのを見たという情報を聞いていたので，その真偽を確かめ，広島爆撃の前の敵機の行動についての情報を得るためであった．ところが，正午頃から空襲警報が発せられ岩国が空襲されたため汽車が動かず，途方に暮れていたところ，「鉄道義勇戦闘隊の特攻隊」と名乗る，鉄道の復旧修理にあたる人々が乗る列車に無理に頼んで乗せてもらい，岩国に向かう．岩国駅に近づくと，爆撃の後数時間も過ぎていないので駅方向に黒煙の立上るのが見え，駅の入口で列車が止まったのでそこで下りて，3人は岩国の石崎の実家の方向に歩きはじめた．5時過ぎ，やっと石崎家にたどり着き，この辺は被害がなく石崎家が無事であったので安心する．石崎家は戸塀をめぐらした田舎の旧家だが，

―――――――――――――
4）第8章のモリソンの荒勝研究室捜査報告参照.

大空襲の日の突然の来訪者に石崎家の人々は驚いたという．3人は連日の疲労
の為床に就くとすぐに寝入ってしまった．

8月15日，3人は9時頃石崎家を出て航空隊に行くが，6日の朝の3機のB
29についての情報は得られず，11時半頃石崎家に帰る．前日採取した試料を
整理していると，ラジオで12時に重大放送あるから皆謹んで聞くようとの予
告があった．そのあたりの様子を清水は日記にこう記している．

　　余はこちらに来る前に村尾君よりの情報が入っているので戦争終結に関する何
　　かではないかと思っていたが，「まさか」といふ気もあり，上田君も石崎君もま
　　さか無条件降伏などではないと言って刻々に迫り来る12時を待った．12時，ラ
　　ジオの前に集まる．君が代吹奏．至尊御自ら詔書朗読遊ばさる．玉音は重々し
　　く深淵の底より響いてくるが如し，はっきり聞きとれぬ所あり．『朕は帝国政府
　　をして米英支蘇四国に対し其の共同宣言を受諾する旨通告せしめたり』，これを
　　きき傍にいた石崎君想わず嗚呼と声をあげ，余も一瞬体が電気に打たれた如き
　　感と共に次の瞬間涙が止めなく頬を伝う．詔書を宣べ給う玉音は重々しく静か
　　に続いていた．ポツダム宣言の受諾！　明治維新以来数10万の忠勇なる同胞の
　　血を以て獲得した満州，朝鮮，台湾も無くなる！　数100，数1,000のあの若い
　　命を特攻隊として散らして行った人々，犬死に終ったのか．数1,000キロの南
　　方彼方に戦う同胞，大陸遥か奥地に戦う将兵！　走馬灯の如く次から次へと思
　　いが飛ぶ．

清水らは午後6時半頃帰洛の途についた．岩国駅は前日の爆撃で被害を受け
ているので，隣の大竹駅まで3里の道を徒歩でゆく．石崎の兄が3人の荷物を
乳母車に入れて見送ってくれた．清水らは夜9時近く大竹駅に辿りつく．広島
駅には午後11時頃着いて，午前1時近くなってやっと上り列車が出た．「京都
駅に着いたのは翌8月16日午後2時過ぎ．疲れた体に重いリックを背にし，
黙々として教室に帰る」と「清水日記」は綴っている．

清水らが持ち帰った爆心より2.5kmないし3.5km位の地点の放射能につい
ては，己斐の旭橋の東の袖の土壌以外は微弱であった．再び「清水日記」より．

154　　第2部　原爆の調査

8月17日　　佐治（淑夫）君[5]と今度の広島爆撃のこと話す．佐治君は理研の仁科研究室で^{235}Uの熱拡散分離の仕事に従事していた．4月理研戦災を受け，金沢に疎開してやっていた．仁科研の方は陸軍の戦研としてUのfissionの研究をやっていた．陸軍の戦研は仁科研に100万円，海軍の方は我々の方に60万円，それも5月の中旬にやっと正式に戦研になり，第一回の会合をこの間琵琶湖ホテルで開いたのみで，金もまだ来てない仕末であった[6]．

午後4時今宮神社で杉山先生（医学部病理学教室教授）の媒酌で堀（重太郎）君と多喜代の結婚式を行う[7]．母と坦君と余と島本氏が参列する．静かな清らかな式であった．

2　「原子核爆弾と判定す」── 北川徹三中佐宛の電報と書簡

8月15日に第2次調査団の第一陣が持ち帰った試料の放射能測定の結果が明らかになり始めると，荒勝は広島に投下された爆弾が原子爆弾であることが証明されたと結論し，京大と海軍の連絡を担当していた海軍技術研究所の北川徹三【図6-A】宛に下記の電報を打つ．

「シンバクダンハゲンシカクバクダントハンテイス」（荒勝 1945a）

電報を発信した後，荒勝は電報の内容を説明するために8月17日付でその概要を記した説明文を書き，木村毅一に託して北川からの使者の中尉に手渡す【図6-B】．その説明文には広島から持ち帰ったサンプルの測定結果が詳しく示されていた．以下，その内容をみてみよう．（文中の［　］は筆者注）

5）1943年京大物理卒，理研に就職直後に招集，技術将校として理研の分離塔建設に協力，後の宮崎大学教授．

6）海軍からの小切手が荒勝の手元に届いたのは9月8日であった（第4章124ページ参照）．

7）堀重太郎は荒勝研究室助手であった．多喜代は清水栄の妹．この結婚式の直後，堀重太郎は，第3次広島調査団の一員として赴いていた大野浦で，枕崎台風が引き起こした山津波（大規模土石流）により被災，殉職する．（第7章参照）

第6章　第2次広島原爆調査　　155

2-1　北川徹三宛の書簡（荒勝 1945b）

6-A　北川徹三

拝啓　参考書類有りがたく＊＊（2字不明）

当方の実験結果は一昨日電報にて「シンバクダンハゲンシカクバクダントハンテイス」と御通知致せし通り，確実に真正原子爆弾と判定せり．凡ての材料に亘り高速度ニウトロンの衝撃に基づく放射能を示し，その測定せる半減期もよくこれと一致せるを見る．即ち新爆弾は多分 U の F［核分裂］爆弾にて高速度ニウトロン地上 1m² に対し 10^{14} 以上の密度にて来たり，地下の砂1米に及ぶも強さ表面とことなる無きを見る．表中 P［リン］及び Ca［カルシウム］は馬の骨を分析して得たる P,

6-B　荒勝から北川に宛てた書簡の 1 枚目（左）．書簡に添えられた表には，放射能の測定結果が詳細に示されている（右）．右図の左端の番号は図 5-A（133 ページ）の地図上の番号に対応している．

Ca にて共に強き放射能を示せるを見る．平地ガイ子内 S［硫黄］による放射能の強度分布より爆発中心部の高度の測定を行なえる等興味深き結果を得たり．詳細は後に学術的報告の形にてご報告いたすべく候

荒勝

以下はこの手紙に荒勝が添えた説明文であるが，これは当時荒勝が原子爆弾の影響をどう評価していたかを知る上で貴重である．そこでその要旨を見ておこう．なおここでは，仮名遣いなど，必要に応じて現代文に改めて抜粋する．

■調査，調査結果及び判定の概要（要旨）

広島に投下された爆弾が原子爆弾であるかどうかを確かめるために広島に急行し，8月10日東練兵場，西練兵場の諸畑および市内十数カ所の土砂を採取し11日帰学した．ただちにその放射能を測定した結果西練兵場の土は強い β 放射能を有しており，その β 放射線を「アルミニウム」板で吸収させてエネルギーを測定した結果，約0.9MeVであった．これはウラニウム自身の発する放射線ではない．その他の数カ所が毎分70ないし80の計数を示したが，東練兵場の土は放射能を示さなかった．このように爆心地近くの土が放射能を示すのはこの爆弾がウラニウム爆弾である可能性が有力であるが，万一西練兵場の土そのものが最初から放射性を持っていた可能性も完全には否定できないので，他の多くの試料の放射性を測定する必要を感じ，12日夜第2次調査団が広島に向け出発した．

もしこの爆弾がウラニウムの核分裂によるとすれば爆発の際多量に中性子を放出し，カルシウム，ナトリウム，鉄，アルミニウム，銀，硫黄，その他の元素に当って β 放射線を放出する物質に変わるため，これらを含む試料を採取し詳細に検査する必要があると考えられた．第2回調査団は主としてこれらの試料を集め，13日より14日にかけて市内を巡り，15日正午帰学した．爆弾の落下地点の近くで採取した電力計用磁石および同アルミ回転板，電極の碍子接着用硫黄，コンクリート，タイヤなども同様に β 放射能を示すことが判明した．また磁石の表面をやすりで1mmほど削り落としても放射線の強さはあまり変わらなかった．地下1mの土も地表の土の平均約50%の放射能を示して

第6章　第2次広島原爆調査　157

いた．それらのβ放射能の強さおよびエネルギーも測定した．一方，馬骨のβ放射性は主にリンによる強い放射能とカルシウムによる比較的弱い放射能によるものと判明した．リンの放射能の半減期は約10日であったが，これは既知の$^{31}P(n,\gamma)^{32}P \to S$の半減期14日にあたる．これはウラニウム核分裂より放出する2MeV以上の高エネルギー中性子によって起こるものである．さらに硫黄，鉄製品からのβ放射能，電力計回転盤と軸との接合金具からの強い放射能の強度，半減期なども測定された．

　これらの測定結果からβ放射性物質は散布されたものではなく，広島に投下された爆弾はウラニウムによる原子核爆弾であることが明確となった．

■採取物の測定結果細目

　その他爆心付近の100数10カ所から採取した物質（馬骨（P），鉄板（Fe），磁石（Fe），石灰（Ca），電極碍子接着（S），ゴムタイヤ（S），アルミニウム板（Al），コンクリート等）の発する放射線の強度，半減期，エネルギー，爆心からの距離を表に示した．

　約3kmのところでも相当強い放射能があったことは注目すべきことである．

■以上より推論されること

①中性子発生中心から推定した爆発中心

　街路の両側にある電柱上の碍子を固定する硫黄は比較的同一な幾何的条件のもとにあると推察されるので，採取位置による放射能の強さを比較するのに適した試料となる．

　もし爆発地点を護国神社南方300m，爆発高度を500mとすれば，［爆発地点から試料採取地点までの距離の2乗］と［放射能の強度］の積は一定となることからこれら試料の各地点の放射能の強さの分布が説明出来る．

②地上に到達した中性子数の推定および爆弾のウラニウム量の推定

　硫黄に対する中性子の衝突断面積は知られていないのでリン200mgの上に300mgのRa-Be中性子源を置いて6日間高速中性子を照射してのち，放射線を測定すると毎分35計数となった．これを採取した馬骨530mg（リンの量は約

表1* 爆心付近の β 放射能測定の結果（部分）

測定日時　8月15日 18：00 より 16日 06：00

β 線計数値	半減期	エネルギー測定値	中心よりの距離（m）	
P　637（/1g）	10 日	1.5 MeV	中心の近く	馬骨
Fe　374（そのまま）	10 日以上	1.5 MeV	500	鉄磁石
S　25（/1g）	10 日	1.4 MeV	500	電極碍子接着部

表2* 周辺部の β 放射能測定の結果（部分）

旭橋東詰の土壌	爆心からの距離約 3.5km	β 線強度　106
土壌及び薬品（23 か所）	爆心よりの距離 1.5〜4.5km	β 線強度　0〜14

100mg）の計数毎分 529 と比較して，馬骨は $1cm^2$ 当たり約 10^{13}〜10^{14} 個の中性子を受けたと推定された．すなわち爆心の近くの地上では毎 cm^2 あたり 10^{13}〜10^{14} 個の中性子が到達したことになる．この結果より爆心より放出される中性子数は 10^{23}〜10^{24} 個となる．これは約 100 億 t の Ra−Be の中性子源から 1 分間に放出さる中性子に等しい数の中性子が爆発の際放出されたことになる．

　ウラニウムの核分裂に際して 2〜3 個の中性子が放出され，これらがウラニウム核を分裂させるために費やされ，核分裂の連鎖反応を起こして爆発するが，連鎖反応に利用されず爆弾外に放出されるものを 0.1〜1 個と見れば核分裂を起こしたウラニウム原子数は約 10^{24} となる．これは約 1kg 程度の「ウラニウム」量に相当する．

■爆破の際起こるべき現象及び爆発過程の理論計算値

　^{235}U の存在比を上げたウラニウムを水と混ぜ，中性子を当てれば連鎖反応を起こし，核分裂によって膨大なエネルギーが放出され，非常な高温となり，強い光線，熱線を輻射して，爆風を生じ，多量の中性子を発生する．得られたデータから爆発の時間及爆発中心の現象を推定すると，$^{235}U/ ^{238}U$ 約 0.1 まで濃縮した約 10kg のウラニウムと約 50kg の水を主成分として爆発させたと思われる．その際爆発を起こしたウラニウムはその約 10% つまり約 1kg 程度で，その爆発持続時間は（1 個の核分裂に約 5×10^{-5} 秒要することより）我々の推定より 1/5〜1/2 秒と思われる[8]．

第 6 章　第 2 次広島原爆調査　　159

ウラニウム 1kg の爆発力は T.N.T. の 1,700 t に相当する.

従ってこの爆弾の爆発はウラニウム核分裂の連鎖反応によるとしか考えられ
ない. なおこの爆弾に使用したウラニウムの量は連鎖反応を起こし得る最小限
度のものと思われる.

■生理的作用

この原子（核）爆弾から放出される中性子は爆心から 500m の距離で 1cm^2
当り約 10^{14} 個通過すると思われるので骨，骨髄，脳などのカルシウムやリン等
を多量に含む人体の部位では中性子によって β 放射性物質が大量に作られ，β
線によって骨髄，脳，皮質，脳膜等に炎傷を起す可能性がある. 中性子源を扱
う人の白血球が減少することはよく知られており，中性子による障害について
医学者が的確な判断することを希望する.

＊　　　　　＊　　　　　＊

原爆投下直後には荒勝は原爆以外の可能性も完全には否定できないと考えて
いたが，8 月 11 日朝帰学した第 1 次調査団及び 8 月 15 日に帰学した第 2 次調
査団が持ち帰った物質の β 放射能を観測して，その強度，寿命，エネルギー
から核種を同定し，中性子の強度分布などの測定を行なった結果，核分裂した
ウランの量，爆発力，爆発地点などを推定し，これは原子（核）爆弾以外の何
物でもないという結論に達したわけである. 電報を発信した時点で第 2 次調査
団の団長清水栄はまだ岩国に滞在中であった.

爆弾が投下されてから 9 日後に被爆地の放射能の詳細な測定を行い，その結
果に基づいて爆弾が原爆であると判定して，その特性を示したことは評価され
てよい. さらに中性子の人体への影響をいち早く指摘していることも注目され
る.

徹底した経験主義者で何事も自分で確かめない限り結論を出すことに慎重
だった荒勝が，自分達の観測を踏まえてこの爆弾が原子爆弾であると断定した
ことには説得力があった.

8）実際には広島に投下された原爆の場合中性子の減速を行なわず，高速中性子による連鎖反応を
用いているので，爆発時間は遥かに短かった.

3 原爆調査結果の新聞発表

荒勝は，北川宛に広島に投下された爆弾が原爆であると断定した理由を書き送った 1 カ月後，その内容をさらに分かり易く解説した記事を朝日新聞に 4 回にわたって連載した．その内容は北川宛親書と基本的には同一であったが，その後新しく明らかになった事実も加えられており，原爆に関する理解が次第に深められていった過程が表されている．

この発表は一般人向けのメディアである新聞を通じて行われたものであるが，学術的な価値も大きい．この記事が掲載された直後，GHQ による検閲が始まり，原爆被害に関する研究と発表が禁止されるので，この記事は当時原爆について公表された数少ない貴重な資料の一つとなった．そこで，以下，一部現代的な表記に改めながら，朝日新聞の連載を抜粋して紹介しよう．なおここでも仮名遣いなどは，必要に応じて現代文風に改め，また明らかな誤字は正した．正確に引用する際は，原典にあたっていただきたい．

3-1 原子爆弾報告書 1 （抜粋） (荒勝 1945c)

8 月 6 日広島市において原子爆弾がはじめて実戦に使用されたという情報を受けた．……われわれにとっては兎にも角にもこの爆弾が果たして原子核爆弾であるかどうかを決定することが第一の課題であった．そしてこれが原子核爆弾であるならばそれが如何なる種類のものか，またその偉力効果の程度は如何など種々の事柄につき実情を調査見聞することが急務であった．

（第一班調査）

第一班が広島に着いたのは 8 月 10 日正午で，爆心直下と覚しき西練兵場の甘藷畑はじめ市内各所で災害後未だ人跡未踏の地点 10 数か所を選び土砂少量を採取，10 日夜半急ぎ広島を出発 11 日昼帰学し，ただちにその土砂につき放射能測定を開始した．検査に用いた測定器はガイガー・カウンターで，自然計数（放射性物質が無くても自然に存在する放射線のバックグラウンド）は毎分約 18 個を数えるものであるが，西練兵場で採取した資料は 1 分につき 70 ないし 80 を

第 6 章 第 2 次広島原爆調査 161

数えることを見た．しかるに中心部より相当（2.5km）離れた東練兵場から得た
土は認め得るべき程度にはβ放射能を示さなかった．次に西練兵場より得た
土のβ放射線をアルミニウム板による吸収曲線を得ることによりそのエネル
ギーの概略見当をこころみ，大体1MeVなることを知った．

　12時間経過後これら資料につき再びβ放射能を測定し，これより放射能の
見掛けの半減期が約20時間なるべきことが知られた．

　かくて新型爆弾はある種の原子核爆弾ならんとの考えが濃厚になった．しか
し万一西練兵場の土そのものが最初より強き放射能を有せるものなるやも計り
難く，単に土壌のみならず他の多くの試料につき放射能を組織的に測定する必
要を感じ，急ぎ12日夜第2班調査隊が出発した．

3-2　原子爆弾報告書2（抜粋）（荒勝 1945d）

　さて爆弾がウラニウム原子核分裂またはこれに類似の媒中性子連鎖反応を利
用せるものとすれば爆発に際し多量の中性子が放出され，銅，鉄，アルミニウ
ム，銀，硫黄，リン，カルシウムその他の元素にβ放射能を持たしめるもの
と考えられる．第2次調査班は主としてこれら試料数100種を13日から14日
にわたり市内100数10ヶ所から採取，15日正午帰学した．

　積算電力計の馬蹄形磁石は強いβ放射能を示し，毎分374を数えた．その
表面をグラインダーにて深さ約1mm削り落としてみたが，その放射能強度は
変わらなかった．これによってβ放射能物質が撒布されたものでないことが
明らかになった．β線の強さおよびエネルギー並びに半減期の測定を行い，原
子核爆弾の一つであって多量の中性子を発生することを確認することができた．

　斃死（へいし）せる馬の骨のβ放射能は桁はずれに強く，試料1gにつき1分
間637を数えた．この強い放射能はリンによる強い放射能とカルシウムによる
比較的弱い放射線によるものなることが判明した．また西練兵場では地下1m
に至る深土においてなお表面土壌の放射能の約50%を示している．従って飛
来する中性子は相当貫通力の大きい高エネルギーのものと判断せられた．同様
に含硫黄物質においてβ放射能の測定を行い，半減期約13日なることを見た．
しかるに鉄製品（磁石，鉄板，針金）の放射能を検するに，これは知られている

162　第2部　原爆の調査

表1* 測定時間 ［自15日午後6時至16日午後6時］

資料種類	資料番号	放射性物質	β線放射能毎分計数	半減期 測定値	半減期 既知	エネルギー測定値(MeV)	中心よりの距離(m)	試料質量(gr)
馬骨	0	リン	529	18日	14日	1.5	中心部	0.83
硝子接着硫黄	407	硫黄	35				250	1.5
	411	硫黄	33	13日	14日	1.4	350	2.2
	510	硫黄	23				800	2.6
ゴムタイヤ	13	硫黄	16	13日	14日	1.4	700	1.3
鉄板	343	鉄	85	15日	2.6時	1.5	中心部	1.9
鉄磁石	401	鉄	374	15日	2.6時	1.5	500	
鉄塊片	304	鉄	58	15日	2.6時	1.5	700	21.2
石灰	344	カルシウム	20	27時と	12.4時と	1.2	400	1.6
	403		7	16日	8.5日	1.2	300	1.5
セメント	504	カルシウム	14	22時と19日	12.4時と8.5日		500	1.8
アルミ板	401	アルミニウム	21		15.5時		500	3.0
半田	401	錫，鉛	364	2.8日	26時と10日	2.2	500	0.46

（*表番号は原資料のもの．試料を採取した場所と試料のβ線強度を示した第2表は省略した）

鉄そのものの β 放射能の半減期（2.6時間）より遥かに長い半減期（15日）を示すことを見た．これは他の元素例えばコバルトによるものかと思われた．

　電力計の回転板と軸との接合金属は強烈な放射能を示し，その半減期は 2.8 日と測定せられる．

　以上の諸結果から判断するに，この原子爆弾は爆発に際し多量の高エネルギー中性子を放出したことが明瞭で，低速中性子はほとんど放出されなかったものと思われる．このことはこの爆弾がウラニウム爆弾であろうと想像することに妥当性を与えるものである．

3-3　原子爆弾報告書3（抜粋）(荒勝 1945e)

（調査事実より推論）

1. いわゆる爆心は正しく中性子発生中心なること

第6章　第2次広島原爆調査　　163

比較的簡単な幾何学的条件に置かれたと思われる試料として街路にある電柱上のガラス内に填充されてある硫黄を組織的に採集し，それについて放射能の強さを測定し，採取地点の位置とその β 放射能との関係につき調査した．その結果を記せば別表の如くなる[9]．

　これによって通常一般に判定せる如く爆発中心が護国神社南方 300m の上空約 500m ないし 600m とすればこれらの試料の放射能の強さの分布はよく調和し説明せられる．

　　（中略）

2．地上に到達せる中性子数の推定[10]

3-4　原子爆弾報告書 4（抜粋）（荒勝 1945f）

（調査事実よりの推論のつづき）

3．生物学的作用への言及

　原子核学的反応の生物学的効果と思われる現象は

（イ）爆発時に発する強い中性子の衝撃による組織分子の直接破壊並びに反跳粒子（主として陽子）の組織内通過に伴うイオン足跡現象（これは時に染色体に遺伝学的変化を起こすとも考えられている．）

（ロ）中性子は組織内原子と種々なる原子核学的作用を生じ，これに吸収せられ，放射能原子を形成する．この放射能はそれぞれ独自の平均寿命を有し，100 万電子ボルト程度のエネルギーの β 線（電子線）を放出し，比較的長期にわたって物質に作用し組織の破壊を来たし，時に遺伝学的作用をも生じる．特に骨並びに脳など有リン物質にその作用が強い．また血液内鉄分も放射能物質となり，全身に移行すると思われ，注意に値する．

（ハ）中性子は人体内白血球の数を著しく減少せしめる．これは（ロ）の現象に伴う骨髄内の作用に起因すると思われる．また赤血球も破壊される．

（ニ）強いエネルギーの電子線が生物の毛を直ちに抜けしめる作用を有するこ

　9）この表は，北川宛の書簡（156 ページ図 6B 右）に記されたものとほとんど同じなので省略する．

　10）この項の内容は北川への書簡に述べられているものとほぼ同じなので，ここでは省略する．

164　第 2 部　原爆の調査

とは既に実験されていることがらである．強い中性子によるβ線がこの作用を示す．

（ホ）爆発当時 2.5km 半径内にいた人が後に発病することは上記の如く中性子の作用として理解し得ることであるが，爆発後そこに立ち入ったものまでが同様に発病することは少なかろうと思われる．また 75 年も生物が棲めないということについてもわれわれは左様に信じない．

（ヘ）広島市の各所に試験農園を作って生物学者が観察することは必要であると思う．また爆発時に花が咲いていたものの種子，並びに保存してあった種子などを播いて遺伝学的変化を観察することも必要なことと思う．

（ト）われわれは学術的調査が広島市の人と街とに希望と光明を与え，今後に行わるべき種々の原子核学的基礎研究が全人類にこの惨害に対する治策を与えるのはもちろん，進んで光輝ある人類の祝福を自ら感ずる態の業績を見出し，人が人として生れたる喜びを感ぜしむる日の来らんことを希い，かつ信じてやまない．

（後記）戦争開始直前に到着した（米国）物理学会誌にはウラン（238）に中性子を吸収せしめ，相続く超ウラン元素（239）2 個を生成せしめることに関しマクミランその他の活発な研究がはじめられたことが報告されていた．これはその道の専門家の間に非常な注意を惹いていたのであったが，最近米紙の報ずるところとして聞くところによれば，米国が中性子の緩速保有に純炭素の散乱作用をもってし，ウラン（238）の共鳴吸収領域 25 ないし 5 電子ボルトの中性子を大量に得，これをもって前記超ウラン元素を（多分連鎖反応的に）生成せしめ，プルトニウムと称し爆弾の材料として役立たしめたものの如く思はれる．本調査報告に記載せる論旨はこの新報告と不調和を来すものではない．

＊　　　　　＊　　　　　＊

この記事が掲載された翌日 9 月 18 日仁科芳雄は自分のノートに荒勝の書いた解説の要旨を記している．（中根他編 2011，p.371）

荒勝報告
　　9 日に行く，10 日に砂を取り 11 日にはかった
　　β–ray 0.9MV（ママ）0.1mm デュラルミン filter

第 6 章　第 2 次広島原爆調査　　165

東練兵場になく西練兵場にあり

第 2 回

13-14 日　15 日帰る

P, Ca, Na, Fe, Al, Ag, S　その他

磁石 etc Al etc

地面と 1m 下　50% of surface　　∴　neutron activity

（表省略）

P より計算すると 10^{23}〜10^{24}neutrons, 2〜3 の中使われて 1 個出るとすると

energy of neutrons 2 MeV

　朝日新聞の記事は残留放射能の分析によって明らかになった広島原爆の実態を的確に説明しており，これらは広島に投下された原爆の最初の研究報告として重要な資料と言えよう．ただこの記事はその後の GHQ の原子核研究禁止政策（10 章参照）によって永い間出版することができなかったが，1953 年 5 月に記事の要約が日本学術振興会刊の「原子爆弾災害調査報告集」として出版された（日本学術会議原子爆弾災害調査報告書刊行委員会編 1953，p.5；大滝解題 2011，p.5）．

　朝日新聞の記事によると荒勝は原爆が減速された低速中性子による核分裂の連鎖反応によって爆発したと信じ，中性子を減速せずに核分裂させたことには気付いていなかったことが分かる．

　また，大戦中荒勝はプルトニウムを原爆に用いる可能性があることは知らず，長﨑に投下された原爆がプルトニウム型であったことは投下後に米国側からの情報で知ったようだ．プルトニウムについては記事の「後記」に触れているが，これは日本の物理学者がどの時点で原爆の全容を知ることになったかを解明する資料としても興味深い．

　この調査の特徴の一つは当時研究室のスタッフの大部分は徴兵によって不在だったため，広島に赴いた調査団員と京都で放射能測定を行ったメンバーのほとんど全てが院生と学部学生だったことである．大学院生の花谷暉一，高木一郎，林竹男，松居弘をはじめ，学部 3 年生の近藤宗平，西川喜良，石崎可秀，高瀬治男，青木宏一などがメンバーとして参加し，大きな寄与をしている．

　この記事が朝日新聞に掲載されたのは 9 月 14〜17 日であったが，その真最

中の 9 月 14, 15, 16 日に米国の原爆調査団が京大を捜索した．この時，湯川秀樹，荒勝文策などが取り調べを受け，荒勝研究室の研究装置，湯川の研究メモなどが詳細に調べられた（第 8 章参照）．朝日新聞の記事は米国の原爆調査団の取り調べを予期せずに書かれたものであり，またモリソンらの米国原爆調査団から得られた情報は含まれていなかったことは史料的観点からも留意すべきであろう．

さらに，朝日新聞に荒勝の記事が掲載された直後の 9 月 19 日に占領軍総司令部（GHQ）によって国内の全ての報道機関に「プレスコード」（新聞検閲）が指示されたが，荒勝の書いた記事は危うく検閲を免れて掲載するとができたと考えられる（核戦争防止・核兵器廃絶を訴える京都医師の会編 1991, p.71）．大戦中は日本政府によって新聞の厳しい検閲が行われ，1945 年 9 月下旬以降はGHQ のプレスコードが敷かれたため，原爆に関する記事の発表には大戦中も大戦後も大きな制約があった．さらに 10 章に述べるように 1946 年からは広島の被害状況を調べるにも GHQ の許可を必要とすることになる．

なお 7 章で述べる第 3 次原爆調査団が広島郊外の大野浦で遭難した 9 月 17 日がこの記事の連載の最終日に当たっていた．

4 医学部の調査

第 1 次原爆調査で荒勝らとともに広島入りした京大医学部教授の杉山繁輝【図 6-D】は 8 月 10 日荒勝らと別れた後，広島陸軍病院宇品分院を訪問し，被爆者の状態を見て，広島の近くの似島で遺体の解剖を行い，その所見を軍に報告した．この報告は朝日新聞に掲載された荒勝の連載記事に続いて 9 月 18 日に「原子爆弾報告書 5　広島市における医学的調査」と題して掲載された．

6-D　杉山繁輝（写真提供：核戦争防止・核兵器廃絶を訴える京都医師の会）

杉山はこの記事で原子爆弾が人間の組織や臓器を破壊することを指摘し，造血臓器や生殖器へ影響とがん発生の可能性を論じている．朝日新聞に掲載された杉山のレポートを抜粋しておこう（杉山 1945）．

4-1　原子爆弾報告書5　広島市における医学的調査　杉山繁輝（抜粋）

　数年来原子核現象の医学的研究に微力を尽くして来た我々としては国家的非常の事態に際し医学的立場から調査を行い，その真相について何らかの所見を提供し得ることを希い，教室員で調査班を組織し，現地に於いて広汎な医学的調査を行った．先ず注目すべきことは爆発後6日目に死亡した者の火傷皮膚を顕微鏡で検すると強い諸種の円形細胞の浸潤や表皮細胞の増生をきたし，かつそれらにしばしば細胞の核分裂像が認められた．この事実は後に火傷が治癒した場合においても傷痕から癌とか肉腫とかの悪性変化を起こすかもしれず，今後大いに警戒を要することと思う．更に大切なことは我々が解剖したところによると，火傷者には脾臓や淋巴腺の濾泡萎縮という淋巴球の製造地の大損害が早くも存在したことと，生殖線たとえば睾丸の精細胞が障碍を受けていることである．またこれらのひとたちの血液は赤血球やヘモグロビン，白血球の著しい減少が見られ，正常の10分の1以下にもなっている．そして単に骨髄性の白血球のみでなく淋巴性の白血球，即ち淋巴球も減少している．これまで血液病に見られるような貧血とか汎骨髄癆と呼ばれてきたような生易しものでなく，淋巴系も含めた全血液製造器官が侵され汎血液癆とも呼ぶべき重大な変化が起こっている．

　また現在までの死亡者を解剖した結果によれば心筋，肝臓，腎臓には相当の脂肪変性があり，かつ壊死性扁桃腺，口腔，胃，小腸，大腸，腎臓，時には摂護腺など，全身の臓器にところきらわず大小の出血が認められ，殊に大腸は壊死性出血性の潰瘍が大小多数存し頑強な生前の下痢を思わすに十分であり，また脾臓は小さくなっており，胚中心は全く消失し淋巴腺においても同様で胚中心なく荒廃しており，さらに骨髄は黄色で赤色髄少なく，赤血球や白血球の製造が高度に侵され，その結果全身の血球が少なくなっていることを語っている．その他睾丸等の生殖器は委縮し，小さく軟らかくなっている．原子·爆弾は単に

168　第2部　原爆の調査

当座の初期病変のほかに執拗な後続病変をもって飽くなき惨害を加えつつある．

　最も大切なのは中性子である．これはウラン分裂の時発生し，しかも著しく
莫大な量が地上に達していることが確認された．地上に達した高エネルギーの
中性子は人体に飛び込んで骨髄といわず脾臓や淋巴腺といわず全造血臓器を侵
し，その他種々の組織への障碍を与えたのである．

　さらに我々が強調したいことは生体が β 線を出していること，すなわち生体
が誘導放射能を持っていることである．生体が中性子により誘導放射能を与え
られ，現在 β 線を出していることは驚異的な重大事実である．β 線の組織に対
する障碍作用は極めて強いが，ただ体外から作用する時はその浸透力は比較的
少なるため内部に入らず重大影響を与えないが，体の内部にこの β 線が四六時
中発生していることは甚だ重大なことで，あたかも体中各所に「ラジウム」を
入れた様な状態である．特にこれが重大な造血器官である骨に最も多いことは
現在の症状と赤血球や白血球の減少と睨み合わすと大変なことである．すなわ
ち現在の出血性素質や貧血，全白血球の減少患者発生の重大原因として爆発瞬
間における中性子自体の影響とともに注意すべきである．
　なおこの骨の β 線が骨の構成成分であるリンとカルシウムから発生すること
が分かり，さらにその半減期も測定された．（以下略）

　このレポートによって杉山が原子爆弾による放射線障害についてはじめて医
学的見地から具体的に指摘したことは重要である．
　この記事が朝日新聞に掲載された 9 月 18 日は次章で述べるように杉山が広
島郊外の大野浦で山津波によって海に流された翌日であり，杉山は大野浦の病
院で死の床にあった．また 9 月 19 日から新聞検閲が始まったので，この記事
は米軍の「検閲」なしに広島の被爆者の実態を医学的見地から公表した最初で
最後の記事となった．

文　献

荒勝文策（1945a）「北川徹三宛電報」（1945 年 8 月 15 日）［呉市海事歴史科学館所蔵］.

荒勝文策（1945b）「北川徹三宛書簡」（1945 年 8 月 17 日）［呉市海事歴史科学館所蔵］.

荒勝文策（1945c）「原子爆弾報告書 1　広島市における原子核学的調査」朝日新聞（大阪）1945 年 9 月 14 日.

荒勝文策（1945d）「原子爆弾報告書 2　広島市における原子核学的調査」朝日新聞（大阪）1945 年 9 月 15 日.

荒勝文策（1945e）「原子爆弾報告書 3　広島市における原子核学的調査」朝日新聞（大阪）1945 年 9 月 16 日.

荒勝文策（1945f）「原子爆弾報告書 4　広島市における原子核学的調査」朝日新聞（大阪）1945 年 9 月 17 日.

核戦争防止・核兵器廃絶を訴える京都医師の会編（1991）『医師たちのヒロシマ：原爆災害調査の記録』機関紙共同出版.

近藤宗平（1991）『人は放射線になぜ弱いか』講談社ブルーバックス，20 頁.

中根良平・仁科雄一郎・仁科浩二郎・矢崎祐二・江沢洋編（2011）『仁科芳雄往復書簡集 補巻』みすず書房.

日本学術会議原子爆弾災害調査報告書刊行委員会編（1953）『原子爆弾災害調査報告集 第一分冊』日本学術振興会；大滝英征解題（2011）『15 年戦争重要文献シリーズ補集 1 原子爆弾災害調査報告 第 2 冊』不二出版.

清水栄（未刊行）「清水栄日記」［清水家所蔵］.

杉山繁輝（1945）「原子爆弾報告書 5 広島市における医学的調査」朝日新聞（大阪）1945 年 9 月 18 日.

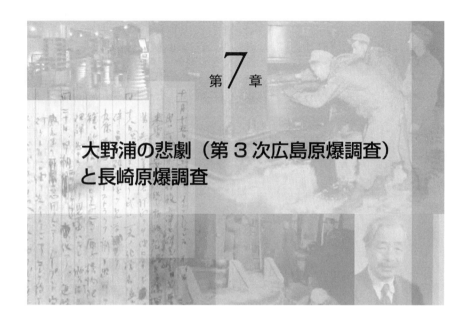

第7章

大野浦の悲劇（第3次広島原爆調査）と長崎原爆調査

1　京大原爆調査団の遭難

　広島に原爆が投下された直後「爆心地の近くには70年間人間は住めない」とまで言われていた．そのような状況の中で，荒勝は原爆投下から40日後の残留放射能の減衰を測定，解析して広島の復興のための参考資料を提供したいと考えていた．

　文部省の学術研究会議では9月12日に特別委員会を発足させ，京大医学部内科教授の菊池武彦，理学部教授の荒勝文策に参加を要請した．

　折から京大ではそれまでに医学部が中心になって進めてきた原爆災害研究調査を1945年9月中旬の評議会で公式な調査班（原子爆弾災害綜合研究調査班）として承認し，全学を挙げてこの調査を支援する体制が整いつつあった（柳田 1981, p.326）．

　そこで荒勝研究室では木村毅一が団長となって第3次調査団を組織して，現地に向かうこととなった．団員は木村に加えて京大理学部の堀重太郎（助手），花谷暉一（大学院生），西川喜良（学部3年生），高井宗三（学部3年生）[1]および京

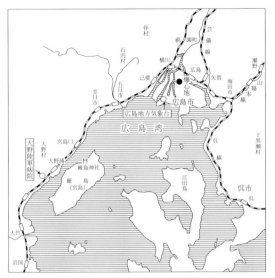

7-A　1945年頃の広島市附近

大化学研究所の村尾誠（雇員）の総勢6人であった．第3次調査では長期にわたって広島に滞在し，現場で腰を据えて放射能の測定を行うために，放射線測定機器や記録用具を持参することになった．

　9月15日京都を出発して，16日，豪雨の降る広島に到着した．広島市の西に位置する大野浦の陸軍病院の院長官舎臨海荘にたどり着いたのはその日の夕暮れだった．雨の中を重い放射線測定機器を運ぶのが一苦労だったと西川は記している．到着直後から大野浦病院の一室を拠点として活動を開始することになった．

　大野浦は，当時，広島駅から山陽本線で西へ6つ目の駅であり（2017年現在では11番目の駅），宮島を目の前に臨む風光明媚な地として知られている．

　これより先，中国地方の軍管区司令部の軍医部長駒田少将は，8月下旬になっても広島で放射線被爆者の死が続いている状況を憂慮し，京大医学部教授杉山繁輝に血液学の専門家を広島に派遣してほしいと依頼した．京大には血液学の権威がそろっており，杉山が原爆投下直後の放射線被爆者調査を行った実績を評価して派遣の要請を行ったのである．前述したように，実際，第1次調査で荒勝らと共に広島入りした杉山は広島の似島で遺体の解剖を行い，原子爆弾による放射線の影響を指摘し，癌や白血病などの「後続病変」の可能性を示していた（6章参照）．

　杉山は直ちに内科の菊池武彦，解剖学の船岡省五の両教授に派遣要請があっ

1）後の姫路工大教授．

たことを伝え，全学的な体制で被爆調査に取り組むこととなった．もちろんそれまで放射線の人体への影響を研究してきた専門家はほとんどいなかったが，杉山は白血病や造血機能の研究者として知られており，菊池は臨床血液学を専門としていた．また杉山の研究室の講師島本光顕は動物実験によって放射線量とその影響について研究していた．しかも杉山グループは大戦中から理学部の荒勝グループと密接なつながりを持っていたのも好都合であった．

　派遣要請があった翌日の8月28日に京大医学部の研究調査班の派遣が決まり，広島で診察・診断と治療にあたることになった．早速，参加者を募ると応募者は約40人に上ったが，いずれも強い使命感を持ちながらも未知の放射線に不安感を抱いていた．彼らの家族の中には心配するものも多かったようだ．

　9月1日医学部の応募者全員が集まって杉山と島本の講義を聞く．島本は中性子による生物学的影響について語り，杉山は似島における原爆死亡者の解剖結果と被爆者の症状ににについて話した．先発隊の一員となった助手糸井重幸が後に菊池に送った日記体の手記には次のように記されている（柳田 1981，p.319）

　　講義終了後午後6時半病舎に集合．……京都駅は折から復員のため大変な混乱である．プラットフォームには大きな行李を担いだ兵隊が大声でわめきつつ行く．発車前に座席は満員となり，通路は荷物の山で，通行も出来ない位である．

　　9月2日　満員と混乱に満ちた辛い夜汽車．……広島近郊に入るにつれて驚いたことに緑の山の広島に面した斜面の木々の葉が褐色の枯葉になっている．所々に出てくる蓮の大きな葉も殆ど枯れている．

　　定刻より大分遅れて9時頃広島駅につく．駅のプラットフォームの屋根はとび，一部の鉄骨の支柱が曲がっている．広島駅の建物も天井が落ちてしまって空がみえる．駅頭で井街軍医少佐（ママ）[2]の出迎えを受け，駅で約1時間待って宇品行の汽車に乗る．駅自体の破壊はもとより駅前から見た広島は殆ど一望の中瓦礫の街となっている．驚くべき光景である．

2）この「井街軍医」は後に神戸大学教授（眼科学）となる井街譲だが，井街は召集を受けたばかりで，終戦時の階級は「見習士官」であった（井街 1996）．

7-B 大野浦陸軍病院（崩壊前）（写真提供：核戦争防止・核兵器廃絶を訴える京都医師の会）

一行は広島第一陸軍病院宇品分室に案内されたが，軍の手違いで東大医学部の調査班が一足先について宿泊施設も一杯になっていた．糸井日記は続く．

　広島市中を歩いて廿日市に向かう．……惨憺たる広島市街．町名も何も分からぬ．ただ瓦礫の街．家屋は何もなく焼け跡に所々かまど，洗い流しの壊れたのが残っている．燃えるもの皆燃え尽くしている．所々に死臭を嗅ぐ．道路脇に人の腐敗屍体あり．又馬の骨，崩れた肉をみる．脊椎骨，頭骨もある．この様子では一家全滅の家も無数にあることであろう．

　翌3日午後京大班は午後全員軍のトラックで大野陸軍病院に異動した．宮島の対岸大野浦に面した斜面に立ち並ぶ瓦葺の白い病棟は瀟洒で静かな佇まいであった（核戦争防止・核兵器廃絶を訴える京都医師の会編 1991，p.172）【図7-B】．病院は約800人を収容できる大きな病院で，設備は非常に良く，病理試験室，解剖室も完備していた．その中央の病棟に約100人の被爆者が収容されていた．また小さな丘を越した大野村の国民学校には約1,500人の被爆者が収容されていた．京大班はこの両方の被爆者を受け持つこととなった．

　4日に本隊第一班到着．5日から被爆者の診察，回診が始まる．病状は悲惨そのものであり，瀕死の重傷者もかなり多かった．大野地区から勤労奉仕などで広島市に出て行って被曝した人や広島市で被曝して後，避難してきた人にも診療の手を差し伸べるべく外来部門が設置された．

　6日からは午前5時の検血に始まり，夜半に至るまで治療と研究を続けるという重労働を繰返した．患者の治療，白血球の数の勘定，病理解剖，往診など一同張り切ってそれぞれの仕事をこなしていた．

10日に講師大久保忠継が第二班8人を引き連れて到着し，総勢で48名となった．こうしてようやく診療調査が軌道に乗りだしたので，さらに一歩を進めて広島市内に診療所を開設することとし，広島市牛田地区の国民学校を借り受けることとなった．この地区は幸い焼失を免れていたが，学校の窓ガラスは飛び散り，柱は傾いていた．それでも何とか使用に耐えた．牛田診療班では佐々木貞二専門部助教授が班長となり，10名が担当した．ここでは外来で患者を扱うとともに，重症患者の場合は往診も行われた．

また，彼らは治療に当たるだけでなく，それまで知られていなかった放射線障害による癌や肉腫の発生を警告するなど，原爆による後障害の可能性を指摘していた．

もっとも，血液を採取してもそれをその患者の治療に役立てられないケースが多く，血液採取に重点を置く事に疑問を抱くスタッフもいた．しかし被爆者の多くは，自分の体を治療法の研究に役立ててほしいと願っていたとの話も聞かれたという．また輸血用の血液が無かったために救える患者が命を落とす場合も多かった．到着以来10数日で2,000人の患者を診断したと報告されている（核戦争防止・核兵器廃絶を訴える京都医師の会編 1991，p.53）．

さて理学部の物理グループが大野浦に着いたのは9月16日の夕刻で17日からは物理グループと医学部グループ合わせて総勢約50人の大部隊が大野浦陸軍病院に滞在して研究と治療に当たることになった[3]．

17日は朝から強い雨が降りやまなかった．その日の朝10時過ぎ中央気象台から西日本の各地方気象台に対して，九州南方から西日本に接近しつつある大型の台風について注意を促す連絡が入った．しかし広島気象台は原爆の被害からまだ立ち直っておらず，広島地方の天気予報を出すことはできなかった．17日には気象特報が発令されたが，それを住民に伝達する手段は全くなかった．台風は午後2時半過ぎ薩摩半島の枕崎町付近に上陸し，風速62.7m，気圧916.6mbと言う記録的な値を観測した．しかし通信が途絶えていたのでこのことは中央気象台にも伝わらなかった（柳田 1981，p.227）．

広島地方気象台は孤立状態になったが，午後9時半ごろには文字通りバケツ

3）実際には医学部調査班の総勢は40名以上であったが，この日大野浦に何人が滞在していたかははっきりしない．

をひっくり返したような豪雨になった．記録によれば午後9時から10時まで
の一時間の雨量は，53.5mmと言う短時間としては記録的な値を示していた．
しかしそれが台風であると知っていた人は広島の被災者や医療関係者の中には
誰一人としていなかった．後に「昭和の三大台風」の一つと称される史上希な
猛台風枕崎台風が原爆の災害で混乱していた広島地方を襲ったことは誠に不幸
であった．もちろん大野浦に居た京大チームはそのことを知る由もなかった．
　陸軍病院は大野浦駅から岩国寄りに約2キロのところにあったが，病院は山
の裾が海岸に迫る斜面に建っていた．17日の晩，調査班のメンバーがそれぞ
れの仕事を終えて病院の二階にある将校食堂で夕食を取り，議論しながら昨夜
からの風雨の弱まるのを待っていた．

1-1　西川喜良の回想

　物理グループの中で最年少だった理学部3年生の西川喜良はその時の模様を
次のように語っている（一部）（西川 1953）．

> ……（食事が終わった後も）食堂に残っていたのは医学部では真下，杉山両教
> 授をはじめ，大久保講師ら15人位だった．物理班は6人とも食堂にいた．真下
> 教授が自分の腕時計の自慢話を始めた．そのうち10時少し前になって突然停電
> した．燈下管制や停電に馴れていた頃だったし，それにそのうち点くだろうと
> みんなローソクも立てず相変わらずぼそぼそ話し合っていた．10時を過ぎてど
> の位経ったころだろうか，どこかで汽車が走るような音がみんなの耳に入って
> きた．真下教授はわざわざ窓の辺までこつこつ歩いて行き，何の音かと確かめ
> たほどだった．

　もちろんその頃山陽線は寸断，不通になっていたはずである．この皆が聞い
たという音が実は調査団11人を飲み込んだ恨みの音だったのだ．停電はなお
も続いていた．そのうち音は一層激しくなり，ごとごとと揺れはじめた．西川
の手記は続く．

176　　第2部　原爆の調査

風がないのにおかしい．そう思った瞬間ふわりと身が持ち上がるような感じに襲われた．"山津波"だと気が付いた時はもう遅かった．入口のドアにぶつかるようにして飛び出していった一人は階段の途中まで来て襲ってきた津波と正面衝突，持ち上げられて鴨居にうまくぶら下がった．と言うより波が彼を鴨居に結び付けたのだ．部屋の中をぐるぐる走りまわっている男もいる．私はテーブルの下にいつの間にかもぐり込んでいた．床が傾き，それっきり私は意識を失ってしまった．他の人がどうしていたかは何も分からない．ただ頭を先に崖に落ち込んでいくのを記憶しているだけだった．

西川は濁流の渦のなかで気が付いた．海岸近くまで流され，岩がごろごろしている岸に奇跡的に這い上がった．「夢中で抱えていた流木が私を助けたらしい．見上げると空が奇妙に晴れ，星空さえ目に映っていた．不可思議な気分だった．あれが台風の眼と言うものではないかと解釈した．」

暫くして西川は同じように流されたが助かった木村，高井と落合った．だが物理グループの3人，それに大多数の医学グループの姿が見えない．

いつの間にか時間が経ち，ようやく被害の様相が少しずつ分かってきた．京大調査班がいた食堂のすぐ背後にある病棟，そこには被曝患者がいたが，土石流はそれを襲い真中をぶった切り，瞬時にして病棟を京大調査班のいる本館にぶつけてきたのだ．人々は海中に放り出され，あるいは建物に押しつぶされた．真下は最初の一撃で絶命したらしい．さほど遠くないところに死の直前に見せていた時計が10時何分かをさしたまま止まっていた．

村尾は翌日発見されたが，腰のバンドが膨れた腹を締め，半分潰された顔はしかと分からない程だった．花谷はずっと後になって家族が探しあてたが，その日は行方不明であったという．堀の死体はついに発見されず仕舞となってしまった．杉山はいったん屋根の下敷きになったが気が付いてふと見上げると割れ目から月が見えたので，匍い上がったという．杉山が生き残ったただ一人の教授であり，瀕死の状態で後始末を指揮した．だが宇品の病院に移ってから肺炎を起こし，10月9日ついに息を引き取った．宿舎にあったわずかな身回品を残して研究資材もすべて流された．西川によると「土砂に埋まり，発見されたのはわずか"はんだごて"ただ一つで，調査団は壊滅してしまったわけだ．」

7-C　大野浦陸軍病院（崩壊後）（写真提供：核戦争防止・核兵器廃絶を訴える京都医師の会）

【図7-C】．

　2日後恐ろしかった思い出の海岸に死体が集められ荼毘にふされることになった．重油もガソリンもなく，ただ木だけで焼いたため死臭が付近一帯に漂っていたという．骨箱と言っても病院の看護婦が流れていた板片を拾って作った雑な箱に入れられて，遺骨は京都に帰った．この遭難以後，物理グループでは，広島での調査はいったん打ち切りとなってしまった．長期間行われたかもしれない，重要な調査だったのであるが，非常に残念な出来事であった．この時，頭に重傷を負ったものの九死に一生を得た木村毅一は，後に当時を回顧して生々しい記録を残しており（木村1982），本書406ページで木村磐根が，それを紹介している．

この山津波で物理グループでは理学部の堀重太郎，花谷暉一と化学研究所の村尾誠の3人が殉職した．

　堀は横須賀の海軍航空技術廠から技術大尉として京大に派遣されていたが，理学部の助手として研究に専心していた．ちょうど1カ月前の8月17日に医学部の杉山の媒酌で荒勝研究室の清水の妹多喜代と結婚式を挙げたばかりだった．

　村尾誠は京大化学研究所の荒勝研究室に属していたが，理学部の荒勝研究室のスタッフと一体となって研究していた．短波受信機を自ら製作し，ハワイ放送を聞いて米国のトルーマン大統領が広島に原子爆弾を投下したという声明をいち早く研究室の同僚に知らせたり，日本がポツダム宣言を受理したという米国側の発表をキャッチしたりして，仲間から頼りにされていたことは前述した通りである．

　花谷暉一は大学院の学生であったが，第3章，4章で述べたように，大戦中に中性子のウランによる捕獲断面積の測定や，核分裂の際発生する中性子の数を精度よく測定し，連鎖反応の可能性についての重要なデータを得ていた．さらに広島原爆の第1次調査団に参加し，広島市内の西練兵場で採取した土壌を京都に持ち帰り，β線のスペクトルを測定して，新型爆弾が原子爆弾であると判定することに貢献したことも前述の通りである．

　このような若い優れた人材を失ったことは，荒勝研究室にとどまらず，大戦後の日本の原子核物理学の発展にとって大きな損失となったことは言うまでもない．当時理学部の助教授だった木村毅一，学部学生だった西川喜良，高井宗三も山津波によって海中に押し流されたが，医学部の人々に助けられて怪我の手当を受け，九死に一生を得た．

　一方，医学部では理学部関係者よりも多くの犠牲者を出した．

　土石流が襲来した時食堂にいた教授真下，講師大久保，島本，大学院生の原祝之，平田耕造は深夜の懸命の捜索にもかかわらず，行方が分からなかった．一夜明けると台風一過の晴天となり，大がかりな行方不明者の捜索と遺体の収容作業が始まった．この捜索で真下は本館の屋根の下で砂に埋もれて遺体となって発見された．しかし大久保，島本，原，平田は行方不明のままだった．杉山は壊れた屋根に覆われて海に流されたが，海中で屋根から這い出し，自力

第7章　大野浦の悲劇（第3次広島原爆調査）と長崎原爆調査　　179

で海岸まで泳ぎ着いた．全身を打撲して重症となっていたところを発見され，近くの益本旅館の 2 階に引き上げられた（柳田 1981, p.331）．しかし吸い込んだ泥が原因で肺炎を起こし，懸命の治療もむなしく 10 月 9 日帰らぬ人となった．

前日着いたばかりの助手西山眞正及び初日から献身的な活躍をしてきた島谷きよ，森彰子，松本繁子の 3 人の女医は本館裏手の病理試験室で夜遅くまで仕事をしていたが，一瞬のうちに倒壊した建物の下敷きになった．そのうち森，松本の二人は重傷を負っていたが，とにかく救出された．西山は巨石と材木の間に挟まれたまま身動きが出来ず，駆けつけた救護班が皮下注射を打って励まし，材木を取り除こうとしたが，材木は微動だにせず，ついに事切れた．島谷も材木に挟まれて首を動かすことも出来ず，救護班は本人の求めに応じて強心剤を打って材木を取り除こうとしたが，夜明けを待たずに息を引き取った．

結局，犠牲となったのは医学部では教授の真下俊一，杉山繁輝，講師の大久保忠継，島本光顕，助手の西山真正，嘱託の島谷きよ，学生の原祝之，平田耕造の合計 8 人，理学部物理では助手の堀重太郎，大学院学生花谷暉一の 2 名，化学研究所では雇員村尾誠であった[4]．

1-2 京都での衝撃

大野浦での遭難の知らせの第 1 報が京大にもたらされたのは 3 日後の 20 日の夜になってからであった（柳田 1981, p.336）．

広島県内は至る所でがけ崩れ，山崩れで鉄道はズタズタで，もちろん電話も電報も通じない．伝令役となった医学部の助手中井武は宇品まで船で行き，そこから三原駅とおぼしき駅まで歩き，停車中の車内で一泊して，山陽線沿いの道を懸命に歩き，汽車を乗り継いで京都へと急いだ．京都に着くまでに大野浦を出てから実に 50 時間以上が経過していた．

中井が京都に着いた 9 月 20 日夜京大の人々に与えた衝撃は筆舌に尽くしがたいものであった．浄土寺真如堂にある菊池武彦の自宅に病理学教授の森茂樹が駆け込んで来たのは午後 8 時だった．この遭難以前に菊池は第一陣として大

4）この時陸軍病院全体では入院中の被爆者，職員ら 156 人が死亡，広島県下では死亡者 1119 人，行方不明者 897 人と記録されている．

180　第 2 部　原爆の調査

野浦の陸軍病院に行っていたが，病院の食事で食中毒を起こして京都に帰って来ていたのだ．森の「驚くなよ．広島の研究班は全滅したらしいぞ」の言葉に菊池は「馬鹿なことを言うな」と信じがたい表情で答えた．しかし中井の話が伝えられると，菊池も信じないわけにはいかなくなった．翌日医学部の臨時教授会が開かれ，大規模な救援隊の派遣と大学葬が決められた．

　理学部にこの情報がもたらされたのは20日の夜半だった．この後の荒勝グループの行動は「清水日記」に詳しく書かれている（清水　未刊行）．

9月20日　一大事勃発す．広島の原子爆弾被害調査に出張していた京大の一行は大ノ浦の陸軍病院に於て17日夜台風のため死傷10名，行方不明8名を出すと．……石割君が私の家に知らせに馳せつけたり．堤防決潰のためといふも詳細不明．

　原子爆弾調査団は相当大人数で組織され，大ノ浦の陸軍病院の分院を根拠地として主として医学部が活動していた．我々の研究室の木村先生以下6名は15日の夜汽車で出発した．その日堀君来たり今度は10日位の予定で宿舎も陸軍病院で食糧も豊富でゆっくり広島の原子爆弾の跡を見物して来る．今度は前に我々が行った時と違い，戦争も終結した後でゆっくりしていて半分休養がてらなど言っていたのに．

　堀君が死んだとすれば，結婚してちょうど一ヶ月目，多喜代のことが先ず頭に浮ぶ．嗚呼，人生は一寸先も闇なるか．この言葉を今私が身を以て味わさせられなければならないとは．昨日堀君の母上と多喜代が家にやって来たが，神ならぬ身に露しらぬこと．

9月23日　21日は久しぶりで教室に出掛け，朝早くより夕刻迄広島に於ける京大調査団の遭難善後策について馳け走って疲労す．昨日急報により堀君母上入洛す．四条通の花谷君の兄上のところに急報し，ひとまず教室に来ていただく．朝7時頃自転車で大学病院隔離病舎に行き，母と保に遭難事件のこと報告し，直に下鴨芝本町なる多喜代のところに知らす．茫然自失の態なり．直に伏見陸

第7章　大野浦の悲劇（第3次広島原爆調査）と長崎原爆調査　　181

軍病院の経理室にいる堀君の弟に知らせるよう，又綾部にも通知するよう指示す．

　この日荒勝は理学部長と話し，堀を8月31日付で講師とし，花谷にはウランの核分裂で学位を授与することとし，化学研究所の雇員であった村尾を助手に昇格させることに決定した．

　清水は中井と直接面会し，死者行方不明は合計10名であることを知った．行方不明者が生存している確率は極めて少ないとのこと，もし生存していれば木材にでもつかまって小島の海岸にでも辿りついているとも考えられるが，暴風雨中のことなのでその可能性はほとんどないだろうとのことであった．22日に木村廉医学部長を隊長とする救援隊が現地に向かった．理学部側からは石割，林と学生森耕一，花谷の兄の4名が参加した．しかし新しく生存者を見出すことは出来なかった．理学部の堀重太郎の遺体は最後まで発見されなかった．「清水日記」は続く．

　9月25日　今にもヒョッコリ元気よい島本さんと堀君の足音が聞え，玄関の戸を開けて「清水さん」と呼び掛け入って来やしないかといふ夢想に檎はれ（ママ）ている．元気よく広島に発って行った島本さん，堀君，花谷君，村尾君と次々とその面影を浮べる度に全く自分が夢の世界に居るのではないかと疑う．昨日彼地より帰学した解剖，病理の一部の人々によって木村先生の手紙が齎されたと聞き，研究室に出る．その手紙によれば花谷君の死体も見出されし由，木村先生も右耳下打撲傷による出血その他擦カツ傷を負って2，3日すれば歩行出来る様になるとのこと．相当の傷らしい．25日にはいったん，調査団一行は死体のみつかった方は遺骨を，行方不明の人はその遺品を持って引き上げる由，27日には帰学する予定であると．

　9月26日
　午前中，お彼岸の最後の日だが，多喜代は堀君の死体がまだ見つからず行方不明のままなので，何処かに生きているかも知れない．千本丸太町近くに占者がいるから見てもらいに行くという．彼女の心中を推し測って可哀想になり，頭

からそんな馬鹿なことといって否定もできず，一緒に千本丸太町まで送って行く．帰りに円山公園のそばの花谷君の家に行く．ちょうど広島へかけつけた兄上が花谷君の遺骨をもって四条の家へ帰ったと聞いたのでそちらへ回る．

この日の「湯川日記」にも「四条通縄手花谷暉一君の兄の家に弔問に行く」と記されている（湯川　未刊行）．

米国第六軍4万2000の兵隊が和歌山海岸に上陸，京阪神へ陸続と進駐してきたのは，その翌日の27日だった．

9月28日　今日午前，四条烏丸角三菱銀行四条支店で，先日荒勝先生から戴いた戦時研究費用2千円の小切手を現金に代えてくる．丁度四条烏丸の角にある大建ビルに米第六軍の司令部が置かれ，昨日から進駐を開始して来たこととて，ジープ，トラックが右往左往し，玄関の上には横文字の大きな幕，屋上には星条旗はひるがえっていた．

理学部班はこの遭難によって測定装置及び重要記録など全てを流失したため，第3次調査は目的を果たさず，傷ついた生存者は二つの遺骨と一つの遺品とを懐き悄然として帰学した．この間理学部班に出来たことは医学班の研究に協力し，多くの医学的資料につき放射能測定を行ったことだけであった．

10月11日大学本部の大講堂で総長鳥養利三郎を葬儀委員長とする大学葬が関係者の出席のもとにとりおこなわれた．

現在，大野浦には京大調査班の遭難を追悼する記念碑が建てられている（コラム6参照）．

2　長崎原爆の残存放射能調査

8月9日に長崎に原爆が投下されたと聞いて荒勝研究室では第2次広島原爆被害調査に引き続き長崎の原爆被害の調査を行う予定であった．しかし前述したように，広島での調査中に九州地方の爆撃が激しくなり，若手研究者の安全

を最優先にして長崎行きを断念することになり，その翌日終戦となったので，長崎の調査は一旦取り止めとなった．さらに 9 月 17 日の京大調査団の遭難により，長崎の調査はついに沙汰やみとなった．

　長崎に落とされた原爆による放射能を最初に調べたのは，九州大物理学科教授の篠原健一であった．当時篠原は原爆調査のために広島に滞在中であったが，急遽博多に引き返し，ガイガー・カウンターを携えて長崎に行き，8 月 14 日に爆心地の土壌から自然放射能の 2 倍の放射能を検出した（今中 2016）．

　その後東大の嵯峨根遼吉は 9 月末に長崎の土を東京に持ち帰り，化学分析によって β 線を放出する放射性物質を同定した．さらに理研のグループは 1945 年末から 1 カ月長崎に滞在して放射能調査を行っている．

　荒勝グループが長崎の調査を実施したのは原爆投下後 1 年 3 カ月以上経った 1946 年 11 月末のことである．調査の主な目的は 1 年以上残存している放射能の詳しい測定を行うことにあった．この調査の報告書は講和条約発効まで公表されなかったが，1953 年の『原子爆弾災害調査報告集』に記録されている（荒勝・林・西川 1953）．この調査では測定器を現地に持ち込み，α 線，β 線，γ 線の全てを測定して，放射能の経年変化を記録することを目的としていた．同一グループによる原爆投下直後の長崎における測定データが無いので測定時点までの放射能の経年変化を知ることは出来ないが，原爆投下後 1 年 3 カ月経過した時点での残存放射能のデータとして貴重である．報告書には調査員として荒勝文策，林竹男，西川喜良と記載されているが，荒勝が長崎まで出向いたのかどうかは明らかでない．この報告の要旨を以下に紹介しておこう．ここでも表記は現代風に改めたが，データ等はそのままにしておく．

■荒勝文策・林竹男・西川喜良「長崎市における残存放射能」

I　現地における調査

　現地における調査の目的は長崎市の爆心付近及び西山地区に残存する放射能の強さを測定し，医学的研究の参考資料を提供することであった．現地調査は 1946 年 11 月 27，28，29 日の 3 日間にわたって実施された．用いられた測定装置は広島の調査の際用いられたものとほぼ同形のガイガー・カウンターで，直径 15mm，壁の厚さ 1/10mm のアルミニウム管から成り，有効部分の長さは

184　第 2 部　原爆の調査

30mm であった．この計数管の自然計数は毎分平均 10 で，測定値としては，この数を差し引いた毎分の計数を記し，5 分間の計数の平均値が記録された．採集試料を測定する場合には厚さ約 1cm の土を計数管から 3cm の下部に差し入れて測定した．また約 1.6mm 厚の鉛板を計数管の前面に挿入し，その有無に応じて，γ 線と β 線を区別した．

（1）爆心地付近における放射能

爆心に於ける放射能は爆心の西北 15mm（ママ）の畑の上で 11.4，鉛を挿入した場合は 7.5，北 30mm（ママ）の畑の上で 9.6，鉛を挿入した場合は 5.4 であって，微弱ながらも放射能の残存が認められた．

中性子の浸透による土中の放射能を調べるために，爆心測定地点の地面下約 50cm の土壌を採取したが，地面との強さの差の存否を検出するには至らなかった．爆心以外の地点については爆心より 500m（上野町），800m（上野町），1500m（高尾町）の三地点で測定を行ったが放射能は認められなかった．爆心付近で集めた人の骨髄，鉛片，鉄片についても放射能は認められなかった．

（2）西山地区（爆心の東方約 2km）における放射能

西山地区の農家，社宅の庭及び屋内に直接計数管を置いて残留放射能を測定した．さらに，西山町 4 丁目社宅の庭，垣根，屋内，地下及び西山地区一帯（貯水池の周辺）から採集した試料についても測定が行われた．

これらの測定によって次のことが明らかになった．

・西山地区に於ける放射線は β，γ より成り，見掛けの計数は 5〜9.1．
・僅かの位置の相違で計数に大きな差異を生ずることがある．
・座敷上の計数は γ 線による．倒壊家屋では床下に放射性物質が飛び入り，再築後は直接風雨に曝されない故にかえって放射性物質を多く蓄積している．一方，倒壊していない家屋の床下には放射性物質が侵入しなかった．
・放射線は地面上 1m に於いても地面のすぐ近くの約 1/3 存在する．
・放射性物質は地下 2cm 位までは多く，10cm 以上の深さにはほとんど浸透していない．β：γ の比の違いは各土地に於ける放射性物質の浸透度の相違に基づくものと推定される．

以上を総合すると，西山地区における放射性物質は，上空よりの落下物と推定される．これは風雨のために漸次流動して，低地，平坦地に集積して地面下僅かの深さまで浸透している．しかしその分布は著しく局地性を帯びており，強度が自然計数の 30 倍に達する場所も存在する．

　残存する β 及び γ 放射性物質は，爆発の際に生じた核分裂生成物質又は爆弾の構成物質に起因する誘導放射性物質であると考えられる．

II　研究室における調査

　京都に持ち帰った数カ所の土壌の内，西山変電所社宅の庭土が特に強い放射能を示していたので，これにつき，次の測定を行った．用いた計数管は現地に携帯したものと同じである．

(1) β 線のエネルギー

　試料をシャーレに入れ，シャーレの底を β 線計数管の下端より 52mm の位置に置き，β 線の鉛，アルミニウム等による吸収を測定し，その β 線の最大エネルギーを求めて最大約 2MeV と推定した．

(2) β 放射能減衰の状況

　西山 4 丁目変電所社宅の庭土と三組川内墓地の土を上記のシャーレに入れ，1946 年 12 月 28 日から 1949 年 11 月 26 日の期間に 7 回の測定を行なった結果，半減期は両試料とも等しく，逐次長くなって来ている．例えば 1947 年 2 月 28 日の測定では 116 日，1949 年 11 月 26 日の測定では 330 日となっている．このことは残存放射性物質が，2 種類以上からなる事を示している．

(3) 欠落

(4) α 放射能は自然計数以上の計数は認められなかった．

＊　　　　　　＊　　　　　　＊

　放射線のエネルギー，半減期などをさらに詳しく調べ，放射性物質の種類を特定することができれば情報量はいっそう豊富だったであろう．

　原爆投下直後の広島，長崎の放射能データと直接較べられないのは残念である．しかし占領軍によって研究が統制され，公表が禁止されていた時代に残留放射能の測定を行い，データを記録しておいた意義は大きい．

　この測定による放射能分布と 1986 年のチェルノブイリ原発事故や 2011 年の

福島第一原発事故で放出された放射能の経年変化と比べることは有意義である．放射性物質の分布について長崎原爆と福島原発事故の際の残留放射能に類似点がある．特に，放射性物質は地下 5cm 位までは地上の量と著しい違いはなく，10cm 以上の深さにはあまり浸透していないことなどの特徴は共通している．また，1 年以上経過した後には位置のわずかな違いで放射線強度が大きく異なること，倒壊して再築された家屋の床下には放射性物質が多く蓄積しているが，倒壊していない家屋の床下には放射性物質が少ない事等の現象は，その後の原発事故による放射能の分布の調査で参考にすることができる．

文 献

荒勝文策・林竹男・西川喜良（1953）「長崎市における残存放射能」『原子爆弾災害調査報告集　第一分冊』日本学術振興会，11-15 頁；大滝英征解題（2011）『15 年戦争重要文献シリーズ補集1　原子爆弾災害調査報告　第 2 冊』不二出版．

井街穣（1996）「開学の前夜及び開学初期（開学前夜の憶い出）」『神戸大学医学部神緑会学術誌』10：64-65．

今中哲二（2016）「原爆直後の残留放射能調査に関する資料収集と分析」『広島平和記念資料館資料調査研究会　研究報告』10：31-52．

核戦争防止・核兵器廃絶を訴える京都医師の会編（1991）『医師たちのヒロシマ——原爆災害調査の記録』機関紙共同出版．

木村毅一（1982）『アトムのひとりごと』丸善．

西川喜良（1993）「帰らぬ 11 の御霊に幸あれ——京大原爆災害調査団遭難の真相　一瞬！恨みの山津波　呑まれた殉教者　当時を語る西川氏」（都新聞 1953 年 8 月 8 日）『京都大学原子爆弾災害綜合研究調査班遭難——「記念碑建立・慰霊の集い」の歩み』紫蘭会広島支部・京都大学発行．

清水栄（未刊行）「清水栄日記」［清水家所蔵］．

柳田邦男（1981）『空白の天気図』新潮文庫．

湯川秀樹（未刊行）「湯川秀樹研究室日記」［京都大学基礎物理学研究所湯川記念館史料室所蔵］．

コラム 6

大野浦の記念碑と花谷会館

　京大原爆災害綜合研究調査班に参加していた医学部，理学部，化学研究所の研究者 11 名が大野浦で山津波の直撃を受けて遭難してから 25 年経った 1970 年，遭難現場に程近い広島県佐伯郡大野町に，遭難を悼んで記念碑が建立された．碑文には，「昭和 20 年（1945）当時の敗戦という冷厳な関頭に立たされていながら，日夜原爆災害への対策・調査・研究に献身され，しかも遂にその犠牲となられたこの方々の業績を偲び，その冥福を祈る為に，昭和 45 年（1970）9 月，現地大野町にこの記念碑を建立した次第である．……」と記された．以後，毎年 9 月 17 日の前後に，記念碑の前で遺族や大学関係者などによる「慰霊の集い」が行われてきた．1986 年当時の西島安則京大総長が慰霊の言葉の中で「先生方の御遺志は，学問への情熱，人類への愛とその将来への使命感として，学問の府京都大学に脈々と受け継がれております.」と述べ，更に慰霊の集いの 20 回目にあたる 1989 年に「平和を希求する学問を目指す者の象徴として大学がこれを継承する」ことを正式に決めた．それ以降慰霊の集いは京大の主催事業（財団法人京大後援会）として運営されることになった．遭難から 70 年以上経た今日でも 5 年に 1 度慰霊の集いが続けられている．

　理学部物理学科で原子核物理学を専攻していた大学院生花谷暉一は，大戦中原子核の研究で大きな業績をあげ，更に原爆が投下されると広島で放射性物質を採取して，それが原爆であることを証明することに大きく貢献した．その後再び原爆調査のために広島を訪れた際，山津波の直撃を受け，

コラム6 大野浦の記念碑と花谷会館

24才の若さで不慮の死を遂げた（第1部，第2部の各章を参照）．暉一の兄花谷正明は，弟の死を悼み，暉一の学んだ京大の後輩の学生達の福利厚生のために使ってほしいと京大に多額の寄付を行った．この資金によって京大の時計台の東側に花谷会館と名づけられた建物が建てられ，「花谷喫茶」という愛称で，喫茶店などとして長い間京大の多くの学生らに親しまれてきた．その後京大生活協同組合がその建物を引き継ぎ，その本部として今日まで使われてきた．しかしこの建物も，最近の耐震基準を満たさないことが分り，近い将来取り壊される運命にある．

大野浦記念碑（写真提供：核戦争防止・核兵器廃絶を訴える京都医師の会）

第3部

占領下の原子核物理学

第8章

占領軍による捜索

　米国政府は大戦中から日本の原爆開発に強い関心を持っていたため大戦が終結すると直ちに原爆調査団を日本に送り込む．この調査団で指揮を執ったのはドイツの原爆開発の調査に当たっていたロバート・ファーマン少佐のグループであったが，調査団には米国で原爆開発に従事していた原子核物理学者フィリップ・モリソンが顧問として参加していた．モリソンは日本での捜査報告を逐次ワシントンに送っていたので，その記録によって占領軍による捜査の概要を知ることができる．そこには大戦直後の理研，東大，京大，大阪大の研究室の実態が生々しく記されており，科学史研究上の重要な資料となっている．

　原爆調査団は，周到に準備した上でマッカーサー連合国軍最高司令官の日本上陸の1週間後，9月7日に来日する．調査団が来日を急いだ理由は，大戦中の資料が破棄されたり散逸したりする前に，日本における原爆開発などの実態を調査する必要があると判断したからである．まず，東大で嵯峨根遼吉の取り調べを行った後，理研で仁科芳雄，木村一治らを取り調べる．大戦中の理研におけるウラン分離塔に関しては，本体が爆撃で焼失してしまっていたこともあり，十分な調査はなされなかったようだ．続いて9月14日から京大で湯川秀樹と荒勝文策を取り調べる．モリソンは，大戦以前から中間子論で世界的に知

193

られていた湯川が原爆開発にはほとんど関与していなかったことを知り，安堵する．またそれまで米国ではあまり名前が知られていなかった荒勝が，大戦中も精力的に原子核の研究を続けていたこと知り，その後の重要な捜査対象としてリストアップする．さらに大阪大を捜査し，菊池正士の講義ノートを見て，日本の大学における原子核物理学の水準の高さに驚く．モリソンは日本の原子核物理学者の誠実な対応を評価し，将来の日米共同研究を提案して帰国する．

一方，MIT 学長カール・コンプトンを団長とする科学情報調査団も原爆調査団とほぼ同じ時期に来日し，日本の理研や大学の現状を調べてワシントンに報告する．

1　捜索の準備

大戦直後，占領軍によって行われた日本における大戦中の原子核研究についての調査記録の多くは米国国立公文書館などに保管されており，永い間機密扱いとなっていたが，1980 年代から少しずつ公開され，今ではその多くを誰でも閲覧できるようになっている．このうち理研に関する資料はこれまでにも精力的に調べられていたが，最近になって京大を捜索した時の資料が多数発見され，当時の京大における原子核研究の状況と占領軍による捜査の実態を知る上での貴重な資料として知られるようになった．本章では京大の初期捜査に関連する部分を中心にして説明する．なお理研や東大，大阪大などの捜査も京大における捜査と関連する部分が多いので，その主要な資料も記しておく．

日本の敗戦が確定的になった 1945 年の初頭，米国政府は戦争終結後大戦中の日本の科学技術に関する情報を如何にして調査するかについて，検討を始める．特に日本における原爆開発についての情報に強い関心を持つ．そこでドイツの原爆開発計画に関する諜報活動を進めていたアルソス部隊[1]に極東でも行動を起すよう求めることになった．

1945 年 1 月 12 日，米国参謀本部の幕僚主任（Assistant Chief of Staff）のクレイオン・ビーセル（Clayion Biessell 少将　参謀第 2 部（情報担当））は軍事情報（Intelligence）部門の主任宛てに覚書を送る（Biessell 1945a）．その中で，「日本における軍事科

194　第 3 部　占領下の原子核物理学

学関連の捜査に関する基本方針の計画立案を始めるべきこと，それに関する初期の調査は科学研究開発局と軍事情報部門が独立に取りかかるべきであることで科学研究開発局長官と合意した」と述べている．さらに，そのために日本の科学情報に関する資料収集の準備を始めねばならないとも記している．

3月になるとビーセルは科学研究開発局長官のヴァネーヴァー・ブッシュ（Vannevar Bush）博士宛てに「日本の占領地域における科学捜査の対象者を調査する共同計画が陸軍省と海軍省で目下進行中である．諜報活動を行うには捜査対象を特定する必要があるが，そのために日本の研究機関について精通している科学者として，ハーバード大学の地震学者で数理物理学者でもあるリート（L. Don Leet）博士を指名したので，リート博士の任務をできるだけ早く認めて欲しい」と書かれた書簡（Biessell 1945b）を送る．

8-A　K. コンプトン

日本の敗戦がいよいよ間近に迫ると，ワシントンでは国務省，陸軍，海軍の3省の調整委員会（SWNCC）が日本占領計画の具体的な策定を開始する．そこで日本の科学技術に関する情報を得るための方策が議論される．そして戦争終結直後，一刻も早く日本の科学技術，原爆開発に関する情報を得ることが急がれるようになり，複数の調査団が組織された．その一つはMIT学長カール・コンプトン（K. Compton[2]）【図8-A】とMITの工学部長エドワード・モーランド（E. L. Moreland）を中心にマッカーサー司令部に作られた科学情報調査団である．

1）アルソス部隊：第2次大戦中ナチス・ドイツの原爆研究の現状を調査するために連合軍によって組織された秘密の特殊部隊で，ナチスの原爆製造計画に関する資料を収集し，関連するドイツ人原子核物理学者を突き止めて，必要に応じて拘束する任務を帯びていた．米国の原爆開発を推進したマンハッタン計画の司令官レズリー・グローブス将軍の下でボリス・パッシュ大佐，ロバート・ファーマン少佐が指揮をとり，物理学者のハウトスミットも参加していた（アクゼル 2009, p.188）．

2）Karl Compton：コンプトン効果で有名なA. Comptonの兄．

第8章　占領軍による捜索　　195

コンプトンは，日本人が戦争遂行のために科学技術をどのように利用して来たか，そして現在でもその脅威が存在しているかどうかを明らかにする必要があるとして，広島に原爆が投下される前日の 1945 年 8 月 5 日にマニラに降り立ち，マニラで待機していたモーランドと共に調査団を結成する．そして日本のポツダム宣言受諾の翌日，太平洋軍参謀長宛てに勧告書を提出する．コンプトンとモーランドが共同で書いた太平洋軍参謀長宛ての勧告書には，次のように記されていた（Compton and Moreland 1945）．

　　民間の専門家 5〜6 人，および軍関係の科学の専門家 2〜3 人からなる科学者の小グループを直ちに日本に派遣して科学研究開発の組織を調査して，科学者を拘束し，研究室とその記録を接収することを提案する．日本側が記録や装置の破壊と隠蔽を行なったり，占領軍の活動によってそれらの記録が散逸してしまう前に，一刻も早く日本に赴くことがエッセンシャルである．またこの活動が軍組織の支援の下に行われることも肝要である．軍の組織は科学者を拘束する権限を持っているし，他の機関による詳細な調査を行う前に彼らの記録や研究室を差し押さえる必要がある．

　続いて米国の主要理工系大学の学長とその同窓会宛に，戦前の日本人卒業生リストの作成を電報で依頼する．コンプトンらはそれらの資料を携えて 1945 年 9 月 6 日日本に上陸する（Compton 1945a）．

　もう一つの調査団はマンハッタン計画の責任者レズリー・グローブス（Leslie R. Groves）将軍の腹心で，ドイツの原爆開発の調査から帰国したばかりのファーマン少佐（Robert R. Furman）【図 8-B】の率いる原爆調査団であった．この調査団にはマンハッタン計画に参加してオッペンハイマー所長の信頼が厚かった原子核物理学者フィリップ・モリソン（Phillip Morrison）【図 8-C】が同行して，日本の原爆開発についての専門的調査を行った．（科学情報調査団と原爆調査団の資料は，米国国立公文書記録管理局の収納庫などに保管されている［US National Archives, College Park MD, RG 77, Entry 22A, Box 172]）この他には，戦争終結直後に海軍日本技術調査団が結成された．この調査団は 400 人以上の米国人将校と 25 人のイギリス人将校などで構成され，科学技術だけでなく日本海軍の戦争計画な

8-B　R. R. ファーマン　　　　　8-C　F. モリソン

ど広範囲に渉る調査を行ったが，本書の主題と直接関連する部分は少ないので調査の内容に関する説明は省略する．

　1945年8月14日，原爆調査団を率いるファーマン少佐は調査団の責任者となったトーマス・ファーレル（Thomas F. Farrell）准将宛てに，日本の科学技術問題の調査計画書を提出する．ファーレル准将はマンハッタン計画の司令官代理で，テニアン島における原爆組み立ての技術責任者でもあった．その計画書には「日本の原子核研究の実態およびウラン，トリウムを含むアジアの鉱物資源とその貯蔵の状況を調査することに重点を置く」と記されている．さらにソ連の原爆開発に関連する情報の調査を行うべきこと，調査方法は文書の押収，関係者の聴取，研究施設の捜査とすることなどが記されている．

　つづいて具体的な行動計画を提出する．8月24日付でファーマンからファーレルに提出された報告には，捜索の手順やそのために準備すべきことが詳しく記されている．報告書の要旨は次の通りである（Furman 1945a）．

・情報源

　大部分の情報は合同情報センター（Joint Intelligence Center）および太平洋軍総司令部（CINCPAC：Commander-in-Chief, Pacific Command）高官のインタビューと彼らのファイルから得られた．

　日本人科学者一人を含む多数の捕虜を取り調べ，また各州の図書館に調査を

依頼した．さらに軍の命令で地区連絡所（District Liaison Office）からファイルが集められた．通常の地図および地理のテキストと主要な都市の街路地図も入手した．また太平洋軍総司令部の幹部によって日本の工業と研究の構造の概要が説明された．

約80項目のカードファイルがコンパイルされたが，このカードには問題になりそうな人物と組織の名前，住所，および経歴についての情報が含まれている．対象となる人物や組織の範囲は全ての原子核研究分野，研究開発を支援している政府機関の関係部署などで，関連分野の企業，特に関連する鉱産物を生産する企業については最小限にとどめる．

まず優先順位の高い人物とコンタクトすることによって関連する分野の研究者についての情報が得られるであろう．日本ではそれらの人物と無関係には研究できないはずである．

優先順位の高い捜査対象の人物は以下の通りである．

東京帝国大学	嵯峨根遼吉教授
理研仁科研究室	仁科芳雄教授
技術院	多田礼吉中将
大阪帝国大学	菊池正士教授，八木秀次教授，長岡半太郎教授
京都帝国大学	湯川秀樹教授

これらすべての人物についての情報は完備している．捜査の進展次第で新しく優先順位の高い人物が現れるかもしれない．

・プログラム案

戦前の情報や捕虜の報告によれば，日本の科学者は協力的だと考えられるので，主だった科学研究者を可能な限り非公式にあるいは友好的に訪問することによって，核物理学の研究内容を調べることが望まれる．占領軍としての権威をバックにして科学的に調査（approach）すべきである．また出版物や実験室の捜索によって聴取を補完し，裏付ける必要がある．抵抗を受けた場合には公式に情報提供を要求し，文書を差押え，関係者を拘束する．

科学研究を動員した政府機関，鉱物の採掘，輸入に関わった政府機関も捜索する必要がある．自発的な協力を得ることが期待しにくい場合には占領軍としてより公式的に捜査する計画である．

原子核研究者からの情報によってウランやトリウムが用いられていたかどうか，その扱いが分かるはずである．日本帝国内の鉱床がそれらの物質と関わりがあるかどうかを記録しておく．これらの鉱床のサンプルを米国内で分析するために差し押さえる．既に開かれた鉱物の採掘現場に遭遇しても，捜索を越えた作業は控えること．

東京に着いたら，捜査に対する住民の反応を調べ，作戦遂行の限界と安全性を見極めるために日本側の軍および官僚と話し合う計画を立てる．

最初の捜査対象は東大の図書館である．そこにある科学雑誌や出版物によって 1941-1945 年に実行された研究開発の実態が明らかになるだろう．大学の記録を調べたあとで，すぐインタビュー可能な教授および教官の聴取を行う．

この聴取の後，グループは 2 チームに分かれること．1 つのチームはモリソン博士の指揮で物理と化学の分野の動向を調べる．

もう一つのチームはナイニンガー（Nininger）中尉の指揮で鉱物学，金属学の状況を調べる．シェイファー（Schaffer）大佐のグループは両グループのサポートを行う．

・人員

科学アドバイサー：フィリップ・モリソン博士（Dr. Phillip Morrison）

取り調べ官：予備役少佐　ベルナルド F. オキーフ（Bernald F. O'Keefe）

他 3 名

・装備

ジープ 3 台，トレーラー，武器，救急箱，発信機，カメラ，ガイガー・カウンター，応急処置用具，弾薬，懐中電灯，カンテラ，錠剤，岩石破壊セット，たばこ，チョコレート，コーヒー，チューインガム，ラジオ，斧，ピンなど

・その他

航空機移動の優先権が絶対に必要であることと「このミッションを達成するために作戦実施の権限が与えられる」という添え書きの付いた命令．

最初の移動をバックアップするための機器と 2 台のジープをテニアン島に待

機させ，東京に運ぶこと．グループには3〜4人のフルタイムの解説者・通訳が
必要である．解説者は高等教育を受けたものである必要がある．

この報告は，日本上陸に当たり原爆調査団の行動を指示した文書として重要
である．科学者を非公式に友好的に訪問して研究内容を調べるべきであるが，
抵抗を受けた場合には文書を差押え，関係者を拘束すべきであると記されてい
る．実際には科学者が強く抵抗したり拘束されたりすることはなかった．また
「捜査に対する住民の反応を調べ，作戦遂行の限界と安全性を見極めること」
と書かれており，捜索に対する市民の眼に配慮していたことがうかがえる．原
子核物理学者モリソンが科学アドバイザーとして調査団に参加し，実験室の捜
索，科学者の取り調べでは彼が主導的役割を果たし，それがその後の日米の物
理学者の交流に役立てられた意義は大きい．

捜査対象者のリストに荒勝が含まれていないのは，大戦以前には米国で荒勝
の名はあまり知られていなかったためであるが，後述のように，日本上陸直後
に荒勝が主要な原子核研究者の一人であることを知り，捜査対象者のリストに
加えられる．

日本に上陸する際に持ち込むべき装備として，武器，放射線検出器などだけ
でなく，チョコレート，コーヒー，チューインガムなどの嗜好品もリストアッ
プされているのは如何にも米国人らしいが，航空機使用の優先権を持たせるな
ど，この作戦の実施に強い権限が与えていたことは米国側が日本の原爆開発の
捜索を重要視していたことの現れであろう．

2 東大と理研の捜索

2-1 東大嵯峨根遼吉の取り調べ

9月2日の降伏文書調印に続いて連合国軍は9月8日東京を占領するが，そ
の前日の9月7日にファーマン，モリソンらが日本に上陸し，まず9日にファー
マンが東大で嵯峨根【図8-D】を取り調べる．この時の嵯峨根の証言につい

200　第3部　占領下の原子核物理学

てのレポート（英文）が米国国立公文書館に保存されているので紹介しよう（Furman 1945b）.

物理学教授（放射線，原子核物理学）の嵯峨根遼吉は大戦中，主として軍事工場で高周波発信管に関連した仕事に携わっていた．仁科教授の下でバークレーのローレンスが作ったものと同

8-D 嵯峨根遼吉とL. アルバレス．アルバレスが長崎に投下した手紙にサインしている（1949年）[3]

じ60インチのサイクロトロンについての仕事もしていたが，サイクロトロンは完全には稼働しなかった．彼はこの仕事に部分的にしか時間を使っていなかった．嵯峨根は原爆製造に対して日本政府や日本軍はあまり関心を示さなかったと供述した．

日本における原子核研究と原子エネルギーの開発，製作について嵯峨根はかなり詳しく説明した．1941年（日本の）陸軍と海軍が科学者に原子力を爆弾に用いる可能性について質問した時，科学者は，「原子爆弾は原理的には可能であるが，使用可能なウラン資源が少ないので非現実的である」と答えた．ウラン鉱の量は連合軍の支配下にある大埋蔵量に比べれば無視できるほど少ない．嵯峨根は「中国の資源を調べたが，何も見つからなかった．インドにはあるかもしれないのでできれば探したかった．」と述べた．

嵯峨根は東大の原子核物理学の研究に割り当てられている部屋を開けて見せてくれたが，非常に小さな3つの部屋がこの仕事に用いられているだけだった．また装置は古くて手作りであった．通常は銅が使われるべき箇所にアルミニウムのワイヤーが使われていた．最近1年間は代用品さえもこの研究には使えなかったようだ．この建物の中にウィスコンシンで作られたものより若干大きい高電圧装置が置かれていた．

彼によれば，この分野ではここよりずっと優れた主要な研究センターが理研

3）アルバレスらが長崎に投下した手紙については209ページ参照．

第8章　占領軍による捜索　　201

にあり，そこでは約15人の科学者と技術者が働いていたとのことである．

　嵯峨根は広島にも長崎にも行かなかったが，理研の仁科は原爆被害の調査のために広島へ行った．嵯峨根は現在学生のために原子爆弾に関するレポートを書いている．

　嵯峨根によると大戦中原子核物理学に関する論文の出版は機密扱いではなかった．しかし，最近の2，3年間は紙の不足と他の本を出版せよという圧力のために論文の出版が遅れていた．これら全ての論文は資金を交付する文部省にファイルされているはずだ．

　学生は軍需工場での義務を果たした後でないと原子核の研究をすることが許可されなかった．理系の学生は軍需産業に転向するものが多かったし，軍隊に入れられた者もいた．

　嵯峨根によれば，原子核研究のために交付された資金は僅かだった．民間の研究所に関していえば，理研で原子核研究に対して一番多くの費用が使われていた．総額は秘密だったが，そんなに多額ではなかったはずだ．

　多くの研究施設が田舎に疎開させられた．彼が働いていた高周波の研究施設も市外に移転させられたが，原子核研究は疎開させられなかった．その理由は当面の戦争遂行にとって重要ではなかったからであろう．嵯峨根は真空管の効率を可能な限り上げるために，高周波関係の研究施設で研究していた．実際彼が開発した新しい方法は電気的な漏洩を防ぐのに役立てられたようだ．

　嵯峨根が実験のために用いていた高電圧装置は約2年間稼働していなかった．嵯峨根は日本が連合国と同じぐらいの量のウラン資源を持っていない限り，日本が原子爆弾を開発して使用することは危険であると考えていた．

　同位元素の分離は理研では液体［筆者注：実際には気体］熱拡散法（Clusius tube 法）が試みられていたと嵯峨根は述べた．彼は質量分析法による同位元素分離のアイディアを持っていたが，それは試みられなかった．京大では遠心分離法によって同位元素分離を試みていたと思われる．

　原爆調査団は日本に上陸して最初に事情を聴取した東大教授嵯峨根遼吉の証言によって，日本では原爆開発の優先度が低く，そのための研究があまり進展していなかったことを知る．嵯峨根自身もレーダの開発に動員させられていた．

202　第3部　占領下の原子核物理学

調査団は同位元素分離に関連した取り調べで初めて，京大の研究について知る．

2-2　理研における木村一治と仁科芳雄の取り調べ（Morrison 1945a）

東大でファーマンが嵯峨根を聴取した翌日の 9 月 10 日，モリソンが理研を訪問する．モリソンの報告（英文）によれば，早朝から 11 時までは木村一治の実験室で彼と話をした．その後仁科と話したが，その時は木村，山崎文男および時折出入りした 1，2 名の学生が一緒だった．此の間，サイクロトロン実験室と廃墟となっていた実験室の残骸を視察した．

■木村一治の取り調べ

　　現在木村は広島から持ち帰った骨のサンプルの誘導放射能を測定している．木村は化学分析の準備のためにサンプルを薄膜に取り付けていた．彼の装置は自家製のローリツェン検流計，スコーブの充電装置，標準的な硝酸ウラニルが入った瓶，ストップウォッチ数個で，［10 フィート］×［15 フィート］の部屋に寝泊まりし，廃墟となった建物の外でスタッフが栽培したジャガイモとお茶を主とする食事をとっていた．このことは注目される．なぜなら木村はベテランの中性子物理学者で，現在は仁科の下で広島の原爆被害を調査する政府の公式の調査員だからである．理研の施設が今年の 4 月 13 日に焼夷弾で全焼した後，彼の書籍や装置の大部分は安全のために長野県に疎開していた彼の家族のもとにあった．

　　これまでの彼の研究は，出版された結果や他の人による追試によって実証されて来た．1943 年までは通常の中性子物理学の研究を行ってきた．彼は中性子捕獲 γ 線の研究をしていたので，中性子を発生させる d-d 管[4]を建設したが，爆撃によって電源の変圧器を焼失したため，現在は稼働していない．1941-1943 年には癌研究所に保管されていた約 500mc（ミリキューリー）の Rn-Be（ラドン-ベリリウム）線源を無償で提供してもらい，熱中性子散乱の結晶効果を測定し

4）d-d 管：重陽子を加速して重陽子に衝突させて中性子を発生させる装置（65 ページ参照）．このための加速器は高電圧加速器と思われる．

第 8 章　占領軍による捜索　　203

ていた．この研究は我々が持っているレポートにも記載されている．

1943 年中頃彼はラジオゾンデの研究を始めた．この時彼は既に 38 歳であった
が，徴役を逃れるためにこの研究をはじめたとのことである．彼は理研におい
て政府の援助の下でこの研究を行ったが，あまり成果は得られなかった．1945
年 8 月 28 日に元の研究に戻ることになる[5]．広島爆撃によって生じた仕事と戦
争終結によって彼は理研にとどまることになったのだ．

彼は d-d 管または 1943 年半ばまで稼働していたサイクロトロンを用いた中性
子研究をすることを望んでいた．しかし，彼がラジオゾンデの研究を行なって
いたためだけでなく，重水素が極くわずかしかなく，仁科と共同研究者達が常
にサイクロトロンを用いていたためにそれはできなかった．木村によればサイ
クロトロンは生物学研究のためのトレーサーと"重大な軍事研究"に用いられ
ていた．この時，誘導尋問を試みたが，彼は"重大な軍事研究"の意味するこ
とをそれ以上説明しなかった．彼は彼のボスである仁科の許可なくその情報を
与えることを望まなかったのだと私は思う．この研究についてはこの日の後半
仁科が説明した．

モリソンは木村の取り調べをするにあたり事前に木村の大戦中の中性子物理
学の研究について調べていたが[6]，実験室を捜索して，そこにある装置の貧弱
なことに驚いたようだった．

モリソンはこの時の木村の誠実な応対に感銘を受け，以後木村と親交を持つ
ことになる（木村 1990）．

■仁科の取り調べ

午前 11 時，文部省から戻ってきた仁科 ── 日本の原子核物理学者のトップの
一人 ── と話す．彼は地図，曲線儀，論文を持ちだしてきて，広島の状況につ
いて黒板に概要を書きながら議論する準備をしていた．彼と一緒にいたのは山

5）第 5 章に述べたように，木村は広島に原爆が投下された直後の 1945 年 8 月 14 日から広島で原
　爆による放射能の測定を行なっていた．
6）この時の会話を木村一治は「核と共に 50 年」（木村 1990, p.73）に記している．木村の回想
　によれば，モリソンは大戦中木村が中性子の共鳴散乱の測定を行なっていたという情報を重慶の
　蔣介石政権から得たと述べたとのことである．

崎（有能な若者）と，名前は忘れたがもう一人のおとなしい男性だった．木村と我々のグループは仁科と一緒に座り，その他の者は仁科のオフィス机の前に座った．我々が聞きたいのは広島の調査についてではないと話すと，仁科はがっかりした表情を見せた．私は広島に行っていないと言い続けたが，広島原爆の物理的観点に話が及ぶと彼は元気を取り戻した．そこで私は彼に，そのことについては R. サーバー（R. Serber）と話すのが一番良いと告げた．

仁科は核爆発の計算結果を示したが，これは仁科の知識のレベルをよく示していた．彼は中性子の総量を推定するために，リンと硫黄の放射能の分布を示した．彼は核分裂生成物や即発 γ 線についてはよく理解していなかったので，それを推定に用いることはしなかった．大気中での中性子の拡散や吸収の補正はせず，自乗反比例則のみを適用していた．マッピングをするために事実と合わせる（fit）べきフリーパラメータは爆発点の高度であった．彼は爆発の高度を 500m と考えて放射能の分布曲線との一致を示し，私にその正否を尋ねたが，私はこの点はよく知らなかった．

その計算から彼は 10^{25} 個の中性子が発生したと推測した．核分裂の時発生する中性子発生数を 2〜3 個とすると，1〜2kg の ^{235}U の爆発となるが，彼は爆発によるダメージからこれは爆薬 10 万 t に相当する 1kg の ^{235}U であろうと推定した．これは推定値としては正確である．彼が原爆に本当に驚いたことは明らかだが，彼はその主要な特徴しか理解していなかった．彼は核分裂による総放射線量や遅発中性子の現象については知っていたが，その詳細な情報は持っていなかった．

これらのことを基にして，我々は大戦中の彼の研究室における研究についての話を聞いた．仁科たちは数年間，宇宙線中の中間子の強度を平均気温の関数として調べていた．1944 年彼らはそれが天気予報に役立つと考えて実験をしていた．空襲が始まると，彼らは装置とスタッフを守るために研究場所を田舎に移した．彼らは数カ所の測定箇所を確保する計画があったとのことである．

小型サイクロトロンは 4 月 15 日の空襲で焼失するまで稼働していた．これは医療用の Na，P，Fe を主としたトレーサーのために用いられていた．

大型サイクロトロンではビームを外部標的まで取り出すことができなかったが，1943 年まで稼働していた．これは内部標的を用いた中性子源として用いら

れていた．これには Be が標的として用いられたが，熱中性子化するためのパラ
フィンの減速材は小さくて貧弱だった．この装置は空爆以後稼働していない．
この装置は空爆では大きな被害を受けていなかったが，この状況のもとではこ
れを維持していくだけでも大変だったようだ．容器は壊れ，若い者が“D”[7]の
周りの水冷管の工事をしていた．執拗に質問したところ，最後に仁科はこのサ
イクロトロンによる研究について話し始めた．

　彼らは中性子で放射化されたトレーサーを用いて金属の拡散について研究し
ていた．仁科によれば彼らは連鎖反応についても研究していたが，低速中性子
が重要と考え，それをいつの日か全てのエネルギー源として多方面に利用する
ことを意図していた．彼は高速中性子による反応を考えたことはなく，爆発的
な高速反応は爆弾として非現実的だと信じていた．Amaki[8]は純粋な^{235}U と水を
用いて種々の反射板のある場合の低速中性子による臨界質量を計算していた．
仁科は^{235}U は 1kg 以下で臨界に達するし，濃縮してないウランでも適切な減速材
を用いれば，臨界になりうると考えていた．計算の精度を上げるために通常の
混合比の場合の中性子吸収時の中性子発生数や^{238}U による熱中性子の吸収断面積
も測定していた．彼らの用いた方法は標準的なものだが，十分減速された場合
についてだけ計算されている．仁科によると一回の吸収当たりの中性子発生数
は 2〜3 個である．（この値はとても大きすぎる．）彼らはその実験に酸化物か窒
化物を用いていたが，キログラムを超える量ではなかった．仁科が多くの詳細
な点を山崎や他の若い人物に任せていたことは興味深い．

　仁科によると，ウラニウム資源もラジウム処理プラントも日本にはないし，
東アジアにはどこにもないと考えられている．しかしロシアには西シベリヤと
多分ウラル地方に鉱脈があると聞いていた．

　理研にはラジウムはなく，最大のラジウム線源は癌研究所にあるので，理研
ではそこからラドンを入手していた．またこの国にはごく少量のメソトリウム
しかない．研究所には重水が約 100g あるが，これは戦前ノルウェーから買った
ものであると仁科は述べた．戦時中大昭和電工のプラントの残留物から得られ
るものを買おうとしたが，うまくいかなかった．私がドイツ人は 2t の重水をノ

---

7 ）サイクロトロンの加速電極．“Dee”とも言う．
8 ）玉木英彦のことであろう．

ルウェーで製造したと述べたところ，彼は正直に驚いていた．

　仁科は塩素，窒素，水素などの同位元素分離可能なクラジュウス（Clusius）管を製作したが，空襲でデータとともに焼失してしまった．

　彼の知る限りでは日本には如何なるスケールの質量分析器も存在していなかったし，彼自身は分離された^{235}U は所有していなかった．

　仁科が私に米国ではどんな方法でウランを分離したのかと聞くので，質量分光法とクラジュウス管を用いていたと述べておいた．

　大阪のサイクロトロンは 70cm で小型だが，ダメージはなかったので稼働していた．しかし菊池のような優れた人物が，無線関係の仕事に就いていた．一方，京都には多くの研究者がおり，アクティブだが，物質的に恵まれていない，と仁科は述べた．

　理研には近代的な検出器はない．核分裂測定用電離箱と比例増幅器を組み合わせたものは使われていなかった．彼らはそれを試みようとしていたが，ノイズの問題が解決していないようだ．何人かのメンバーが変調電源を作成したいと思っていたようで，それについて私に質問してきたが，彼らはまだそれを持っていなかった．

結語

(1) 仁科グループは日本政府の信頼を得ており，ウラン研究のトップにランクされている．このことは政府の主導で行った原爆調査での仁科の活躍で示されている．

(2) 仁科グループは濃縮核と減速材を用いた低速中性子による連鎖反応の可能性を理解しており，現在は高速中性子による連鎖反応の可能性も分かっている．ウランの核分裂に関する定数を得るための基礎研究を実行する技術と装置はあるが，それらは特別に優れたものではなく，見通しがよくない．彼らの計画は実現可能ではあるが，我々の 1940 年のレベルにある．彼らはその計画に強い興味を示しているが，それが単に科学的興味によるものか，政府に強く勧められているためなのか，おそらくその両方だろう．

　　彼らはプルトニウムについては最新のタイム誌で初めて知ったようだ．

(3) ウラン分離法については 2，3 の方法を研究していたが，特にウランにそれ

を適用する研究をした証拠はない[9].

(4) 十分な量のウランを持っているという証拠はない. また彼らが理研で数 kg 以上のウランを用いたことはなかった.

(5) 政府が広島原爆以前にこの分野に強い関心を持っていたことを示す証拠はない.

P. モリソン

　この報告は, 1日だけの調査によって書かれたものとしてはそれなりにまとまったものと言えよう. ただ十分に現場を調査したとは言い難い. 文面から推察すると仁科のペースで会話が進んでいたようにも受け取れる.

　なかでも, この報告では, ^{235}U を分離するために仁科グループが大戦中重点的に開発を進めていた分離塔のことについての記述がほとんどない. 分離塔は爆撃で焼失してしまっており, 仁科がそれについて明言したくなかったのは当然だし, 実際に設計図などのような証拠になるものは敗戦時に焼却され, 残されていなかったことも事実であろう. しかしモリソンの理研捜索の前日, 嵯峨根がファーマンに「同位元素の分離は理研では熱拡散法 (クラジュウス法) によって試みられていた」と述べており, 当日午前木村一治も「大型サイクロトロンは "重大な軍事研究" に用いられていた」と述べていたにもかかわらず, それが分離塔で生じたウラン同位体の分析であったとは記されていない. 仁科自身も「塩素, 窒素, 水素などの同位体分離が可能なクラジュウス管を製作したが, 爆撃でデータとともに焼失してしまった.」と述べているが, なぜかモリソンはそれ以上の追求を行わなかった.

　モリソンは報告の最後に,「ウラン分離法については 2, 3 の方法を研究していたが, 特にウランにそれを適用する研究をした証拠はない.」と結論づけているのは調査の甘さを感じさせる. 徹底的な調査を行わなかった理由は, 理研の開発のレベルをあまり高く評価していなかったのでうっかり見逃してしまったのか, それとも後日詳細を調べようと思っていたのかはこの文面からは明らかでない. 一日だけの捜査ではそこまで突っ込んで調べることには限界があっ

---

9) 実際にはウランの分離塔を作って熱拡散法のテストを行っていたが, 分離に成功する前に爆撃によって分離塔が焼失した. (第4章参照)

たのかもしれない.

同日夕刻モリソンは偶然路上で嵯峨根と出会い, 旧交を温める (Morrison 1945 b). モリソンは戦前バークレーで嵯峨根の同僚だったが, テニアン島で原爆組み立て作業に従事していた時, L. アルバレス (L. Alvarez) および R. サーバーと連名で嵯峨根宛に降伏を勧める文書を書き, 長崎への原爆投下の際ラジオゾンデに乗せて投下したことが知られている.

ファーマンも理研を訪れた時の報告を簡単に記している. (Furman 1945c) ファーマンによるとクラジュウス管のあった建物は爆撃によって全ての記録と共に完全に破壊されていた. また小サイクロトロンのあった小さな建物も焼け落ちていた. 60 インチの大サイクロトロンの建物は破壊されなかったが, 爆撃と火災によって稼働を停止し, 1945 年 4 月以降修理されずに放置されていた. さらに仁科のスタッフは軍人になったり, 軍事研究に転向させられたりした. 彼の研究に対する政府の支援は極わずかであった. 仁科によると陸・海軍とも原子エネルギーについての研究計画は持っていなかった. 一方希土類金属の分離を行う製錬装置が発見され, モナズ石[10]が得られていたが, ウラニウム鉱石に関する研究をしていた証拠は見いだせなかった.

9 月 11 日モリソンは文書捜査, 他のメンバーは東大の嵯峨根, Meyauito[11]の取り調べを行う. 次の捜査対象は朝永振一郎の居る東京文理大学 (後に東京教育大学, 現在の筑波大学) だったが, 朝永は空襲で焼け出され, 京都の実家で父と一緒に暮らしていたため, 面会することができなかった.

3 京大と大阪大の捜索

9 月 14, 15 日ファーマン, モリソンおよびムンヒ (I. Munch)[12]が京都に赴き, 湯川秀樹【図 8-E】と荒勝文策を取り調べる. その時の模様をモリソンがワシ

---

10) モナズ石:リン酸塩鉱物の一種. セリウム, ランタンなどを多く含む希土類元素の重要な原料で, トリウムやウランを含むことが多く, 弱い放射能を持つ.

11) 後の東大教授で, 加速器開発, 核融合研究を主導した宮本悟楼のことであろう.

12) ムンヒの名前は日本上陸前のファーマン報告のリストにはない.

第 8 章 占領軍による捜索　209

8-E 湯川秀樹

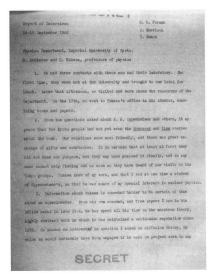

8-F モリソンの湯川取り調べ報告書

ントンに書き送った第一報（英文）に次のように記されている（Morrison 1945c）【図 8-F】．

3-1 湯川秀樹の取り調べ

インタビュー報告　京都帝大物理学教室教授　湯川秀樹，荒勝文策

R. R. ファーマン

P. モリソン

I. ムンヒ

　我々は表記の両人と 3 回にわたり接触を持ち，研究室を捜索した．一回目は大学で会い，その後で我々のホテルに同行願い，昼食を共にした．当日午後遅く再度大学を訪問し，物理学教室の研究施設を捜索した．さらに 17 日には湯川の不在中に彼のオフィスをたずね，書籍と論文を捜査した．

　湯川らが我々にオッペンハイマーやその他の人物について質問したことから推察すると，京都の研究者はこの爆弾についてのニューズ・ウイーク誌とタイム誌の記事をまだ読んでいなかったようである．

話し合いはすこぶる友好的で，贈り物の交換までした．湯川らは，インタビューの終わりのころには我々の来訪目的に気づいたかもしれないが，少なくとも初めはそれを理解していなかったようだ．我々が京都に来る直前に東京グループを訪問したことを話しても，まだわれわれが京都に来た理由が分からなかったらしい．湯川は私（モリソン）の研究について知っていたし，私がオッペンハイマーの学生だったことから，我々が原子核物理学に特別の関心があることを理解したようだった．

湯川に関する情報は，実験家についての情報に比べていまひとつはっきりしない．彼の話と彼の部屋で発見された 1944 年末に書かれた論文から推察すると，彼はずっと"メゾトロン"［筆者注：中間子］の研究に没頭していたことは確かなようだ．湯川はこの高度に抽象的な理論で 1938 年から世界的名声を得ていた．私が（中性子の）拡散理論について質問した時，彼は何の興味も示さなかった．彼がもし原爆開発プロジェクトに深く関わっていたとすれば，間違いなく拡散理論に関与していたはずである．京大が爆撃で破壊されず，ほとんど平常の状態を保っている上に，湯川自身が非常に抽象的な物理学にしか興味を持っていないことは，このプロジェクトの理論に湯川が全く関与していなかったか，わずかしか関与していなかったということと符合している．これは彼の戦争中の主な研究が，本当に純粋物理学であったことを証明していると言えよう．彼が連鎖反応の理論についての重要な仕事を全くしていなかったと断言することはできないが，彼が研究時間の 1/3 をそのために費やしたとは考えられない．彼は現在難しい本を執筆中であり，現在も昨年と同様に大学院でレベルの高い講義に時間を費やしている．彼の学生の多くは原子核の理論的研究をしている．湯川は原爆開発プロジェクトの理論的な仕事を遂行する能力のある最も優れた人物の一人であるが，内気で学求肌の人間なので，アカデミックな研究以外のプロジェクトを自ら進んで動かすとは考えられない．

P. モリソン

以下，荒勝文策へのインタビューが続くが，その内容は次項 3-2 に記す．

この報告の冒頭にインタビューを行った 3 人の名前が記されているが，報告の最後に"P. モリソン"と記されているので，執筆したのはモリソンである

ことは明らかである．モリソンのこの記述は日本が総力を挙げて戦争している間，湯川が戦争とは直接関係のない純粋物理学の理論的研究に没頭していたことへの驚きがにじみ出ている．

　原爆調査団の報告集の中には，執筆者の名前が記されていない1ページ半のメモがあり，上記のモリソンの報告と内容の一部が似ているので，同席していたファーマンかムンヒによって書かれたものである可能性が大きい．その中の湯川に関する記述を記そう（Author unknown 1945a）．

　　主題：湯川秀樹教授及び荒勝文策教授との1945年9月15日のインタビュー

　　……湯川は大戦勃発以来ずっとメゾトロンの研究を行っており，これからもこの研究を続けたいと希望していた．彼は30歳前後［筆者注：実は38歳］だが，内向的で物静かで非常に抽象的（abstract）にものを考える人という印象を受けた．かれのオフィスの書類を捜査したところ，メゾトロン理論に対する彼の強い関心と研究活動が確認された．彼はこの主題で過去2年間に数編の論文を出版していた．

　　湯川は広島に行き，そこで放射線によって発生した誘導放射能を特定するための金属の収集を手伝っていた．爆心地を特定するために多くの銅のサンプルを集めた．私の推察では8月6日に原爆が投下されてから，彼は原爆製造の可能性について研究を始めたのではないかと考えられる[13]．湯川は応用研究に転向することはなかったし，彼の研究は他の分野の研究に用いるにはあまりに抽象的だったようだ．

　湯川は日記にこの日の出来事を次のように記している（湯川 未刊行）．

　　午前10時　学士試験　その最中に米士官2名教室へ来たので直ちに面会，一人はMajor Furman 他はLt. Munch．後者は日本語を上手に話す．途中荒勝教授をも呼ぶ．一緒にミヤコ・ホテルに行く．Dr. Morrison も一緒に会談，野戦食を御馳走になる．午後3時3人再び教室に着たり，荒勝研究室，内田研究室を見

---

13) 前述の通り，湯川は広島の原爆調査には参加していなかった．この報告者は，荒勝グループの活動と混同しているらしい．

て，吉田教授に面会，5時前辞去．6時過ぎ Lt. Munch だけ又来る．扇子帯上げ
などを present にする．

　日本側にも湯川が原子エネルギー／原爆開発に関与したことを示す資料は少
ない．

　湯川が原子エネルギー／原爆開発に関与したのは第4章に述べたように
1944年10月大阪水交社で京大と海軍が合同で開いた「ウラニウム問題」の第
一回会合で連鎖反応の可能性について報告したこと，1945年6月の戦時研究
（F研究）打合せ会に出席したこと，さらに1945年7月に琵琶湖ホテルで行わ
れた京大と海軍の原爆開発に関する合同会議に出席して，中立国から入手した
資料を基に「世界の原子力研究」と題して話をしたことなどが知られている．
これらの会合で湯川がどのような話をしたかは知られていないが，モリソンが
知りたいと考えていた中性子の拡散方程式による臨界量の計算などの，具体的
な内容が含まれていたという証拠は見出されていない．しかし，湯川は原爆開
発に無関心だったわけではなく，湯川の指示で小林稔が臨界量の計算を手がけ
たことは小林自身が証言している（第4章参照，また読売新聞社編 1988, p.231, p.250）．

　臨界の可能性を論ずるのに中性子の拡散方程式は不可欠なので，湯川がそれ
に関心を示さなかったことにモリソンは驚いたようだ．当時世界で最も注目を
集めていた原子核物理学者の一人だった湯川の振る舞いをモリソンがどのよう
に見ていたのかは分からないが，贈り物の交換までして取り調べをすることに
湯川への特別の配慮が感じられる．

　湯川は原爆の研究には積極的でなかったが，第2次大戦中大日本言論報国会
の会員となって「日本の道義とは何か？」と言う文を書き，そのなかで「『海
行かば』の歌の心を常に保持し，八紘一宇の大精神を世界に顕現せんとするも
のであると思います」と述べている．2008年，筆者は戦争中の湯川の心境と
原爆への関与を確かめるべく，戦争末期の湯川をよく知る鳴海元[14]を訪ねた．
大戦末期には，湯川は非常に厭世的な気持を持っていたようで，科学の将来に
対しても悲観的になり，できれば文学部に移って哲学や文学の研究に専心した

14）2008年当時広島大名誉教授．

いとまでもらしていたとのことである．このような状態だったので湯川が原爆
に深く関わっていたとは考えられないというわけである．このことは1945年
の「湯川日記」に湯川が京大文学部の西谷啓治，高山岩男，高坂正顕などの哲
学者や三好達治，新村猛，吉井勇ら文学者としばしば話し合いをもっていたこ
とが記されていることとも関連して興味深い．湯川は1943年にはわざわざ鎌
倉に西田幾太郎を訪ねており，1945年12月30日の日記には「西田哲学読み
出す」と書いている．これは井上健[15]が「当時まだ阪神間に住んでおられた先
生が往復の京阪電車の車内で『源氏物語』を読むことにしているという話は驚
きであった．」と書いていることと符合するところがある．もっとも『源氏物
語』を原子物語と理解した人もいたと言われている．鳴海の指摘と「湯川日記」
の記述は大戦末期から敗戦直後にかけての湯川の心境を推し量る資料となろう．

　1945年10月以降，占領軍による調査報告のなかに湯川の名前が記されるこ
とはほとんどなくなる．それとは対照的に，その後の占領軍の報告書には荒勝
文策の名前がしばしば登場するようになる．

3-2　荒勝文策の取り調べと研究室の捜索

　荒勝は大戦以前には米国の物理学者とあまり交流がなかったため，米国では
荒勝の名はほとんど知られておらず，原爆調査団は来日前には荒勝を最優先の
捜査対象とは考えていなかった．しかし，来日直後，嵯峨根から京都でウラン
の濃縮に遠心分離法を用いていたという情報を得たのをはじめ，仁科も荒勝に
ついて言及したため，荒勝が新たに捜査対象として浮上することとなった．

　モリソンは湯川の聴取を行った後荒勝を取り調べ，戦時中の荒勝グループの
原子核研究についての捜査を行って，次のような報告（Morrison 1945c）を米国
政府に書き送っている（英文）．

　　荒勝についてはあまり知られていないが，有能で非常にエネルギッシュな実
　　験原子核物理学者である．彼は10年前に京都に着任し，限られた資金で優れた

15）後に京大教授．

原子核物理学研究室を創設した．高電圧発生装置を5年前に完成させ，陽子を
リチウムに当ててγ線を発生させ，さらに中性子源としても用いていた．この
高電圧発生装置で600keVの陽子が得られる．それに付属した検出装置は我々か
らみると月並みのものだが，日本の標準からすると優れたものだ．私は日本に
来て初めて核分裂検出チェンバーや比例増幅器を見た．それは素人っぽいもの
だが，よく作動している．

荒勝は100mgのRa-Be中性子源（第2章脚注11参照）を用いて熱中性子によ
るウランなどの核分裂断面積，吸収・散乱断面積，分裂時に発生する中性子数
の測定などを行っていた．これらは仁科の仕事の繰り返しである．いずれも核
分裂に対する関心が高まった初期の典型的な研究手法を用いているが，研究は
1944年まで続けられていた．

1944年初頭，中型サイクロトロンの電磁石を設置し，現在もサイクロトロン
の建設を続けている[16]．

荒勝の主だった研究協力者は戦時研究（金属，無線，レーダーなど）に動員
され，研究続行のためのスタッフは彼のほかには1，2名しか残されていなかっ
た．また彼らはとても貧弱な工場施設しか持っていなかったので，1942年から
彼ら自身がコイル，真空槽，真空ポンプ，その他の部品製作のために働いてい
たと彼が述べたとき，それを信じるしかなかった．荒勝が言うにはサイクロト
ロンは大学で放射性同位元素のトレーサーを供給することによって医学，生物
学，農学を助けるという名目でサポートされている．

1945年9月13日頃[17]，荒勝グループの数人がβ線，γ線計測器を持って広島
に行き，爆心地近くに残された骨のCu，S，P及びFeを採取し，その放射能か
ら仁科と同じ方法で爆発が1kgの^{235}Uによるものであると推定した[18]．

京都の調査は理研より後だったようだが[19]，独立の研究であったと考えられ
る．京都ではそれとは独立の医学グループが現場に行っていたので，医学グルー

16）このサイクロトロン設計については第3章3節参照．電磁石の設置は1944年末．

17）第5，6，7章で述べたように，実際には第1回8月10日，第2回8月13-15日，第3回9月
16，17日．

18）これも前述の通り，実際には第1次及び第2次調査団は計測器を広島に持参せず，試料を京都
に持ち帰って測定した．

19）理研の最初の調査は8月9日．

プが発見したものを物理学者が測定していたようだった[20].

　京都グループの活動は仁科の初期の広島公式訪問と共同で行われたものではなかったらしい.

　荒勝の証言によれば日本では重水は九州と朝鮮の電解プラントで得られていたが,生産量（又は潜在的生産量）は月産約20gだった.

　京都では減速材を用いた大掛かりな中性子拡散実験は行われていなかった.

　全般的な状況から考えて,最初に東京で原子エネルギー開発のアイデアが得られたものと判断される.一方,京都は爆撃による被害を受けなかったので,プロジェクト研究に適した場所だったのかもしれない.そこで行われていたのは1940年レベルの通常の研究活動であったが,大戦中日本では研究が困難だったために開発が遅れたことは明らかである.ここでも原子核物理学に対する政府の援助や特別の圧力があったという証拠はなかった.京都では実験用の瓶入りのウランやトリウム以外には特別の核物質は見当たらなかった.

　それまで米国ではあまり知られていなかった荒勝との出会いはモリソンにとって驚きだったようだ.京大を捜索して初めて核分裂検出チェンバーや比例増幅器を見て,「それは素人っぽいものだが,よく作動している」と記している.実際,花谷暉一の学位申請論文（3章67ページ）,西川喜良（5章139ページ）および近藤宗平（6章153ページ）の証言から分かるように,大戦終結時に粒子検出器作成とそれによる放射線検出の主要メンバーだった花谷は大学院生,西川,近藤は共に学部の学生だった.

　また,モリソンは「熱中性子によるウランなどの核分裂断面積,吸収・散乱断面積,分裂時の発生中性子数の測定は理研の仕事の繰り返しであった」と記しているが,仁科は大戦中このような核分裂断面積の定量的な測定は行っておらず,荒勝グループの研究は理研の仁科グループとは全く独立したものとして進められ,世界的にも新しい発見がいくつかなされていた（第3,4章参照）.

　また前述の無記名のメモには荒勝グループの活動について次のように記されている.（Author unknown 1945a）

20）これも,実際には荒勝グループは医学部とは独立に試料を採取していた（第2部参照）.

216　第3部　占領下の原子核物理学

軍需産業に関係のあるすべての分野の研究センターは京都郊外の"Kugi"[21]に移設され，研究スタッフと研究装置は爆撃を逃れるためにそこに疎開していたが，原子核物理学の研究施設は大戦終結まで疎開しなかった[22].

　これは，政府がこの分野に関心を持っていなかったことをはっきりと示している．京都にはウランのストックはなかった．荒勝は重水を少量所有していたが，これは九州と朝鮮でハーバー法によるアンモニア・プラントで月間約20g作られていたものの一部だとのことである．実験室にはウラン塩の瓶は置かれていなかったが，荒勝によると大戦前ドイツの化学会社から輸入した数gのウラン塩を所有しているとのことであった．

　このメモはタイプライターで書かれているが，「Arakatsu」という文字だけは手書きになっており，面会時には名前を知らなかったが，報告を書き上げた後で荒勝の名前を調べた様子がうかがえる．

3-3　京大理学部地質学鉱物学教室の捜査 (Author unknown 1945b)

　原爆調査団は9月18日，京大地質学鉱物学教室を訪れ，教授の田久保実太郎（希土類の専門家）の取り調べを行った．

　報告書によると「大戦中地質学鉱物学教室のメンバーは現地調査の機会はあまりなかった．学生たちは石油開発に協力するために北日本に行かされていた．教室にはそれ以外にはあまり仕事が無く，冬眠状態だった．もっとも田久保は朝鮮の関係者の要請で，鉱物から希土類元素を取り出す量を増やすために，朝鮮と満州の鉱物資源の調査を行っていた．ウラン資源についての報告もあったが，その産出に興味を持っている様子は見られず，タンタルやその他の希元素の生産量を増やすことに関心が向いているようだった．ウランの存在は報告されたにすぎず，ウランを含む鉱石は他の元素が抽出された後は捨てられている

---

21)"Kugi"は京都府南丹市美山町佐々里九鬼の可能性が高いが，本書刊行の時点で，同定できていない．

22)「清水日記」によると荒勝研究室は京都府北桑田郡宇津村に疎開する計画であった（清水　未刊行）．

第8章　占領軍による捜索　217

ようだった.」この時, 田久保は日本及び朝鮮で関心を持たれている鉱物は Ta, Si, U, Th, Ce, Y, La, Nd, W, Mo であったと証言している.

なお, 坂田昌一の記したメモ（第4章97ページ）によれば, 1944年10月4日に大阪水交社で開かれた海軍と関西の原子核科学者との「ウラニウム問題」の打合わせで京大工学部教授の岡田辰三がウラン鉱石の発掘状況を報告した中に, 田久保と満州興発の情報として「月産1tの中7～8％がウラン鉱（イットリウム塩）, 月産50kgがウラン鉱→酸化ウラニウムとして産出」との記述があることから推察すると, 実際には田久保はウラン鉱について調査していたようだ.

3-4　大阪大の捜査

米国の原爆調査団は9月17日大阪大の原子・核物理学研究室を捜索した. この時のモリソンの報告に次の様な記述がある（Morrison 1945d）.

　　我々が大阪に着いた日は日曜日だったので研究室には1，2名の学生以外には誰もいなかった. そのため我々は研究室の建物, 装置, 文献を自由に捜索することが出来た. 大阪は爆撃の被害が甚大だったため研究室は汚く, ごった返した劣悪な状態だった. 建物は爆撃の犠牲者の一時的な宿泊所として使われていた. 窓ガラスは破れて板張りとなり, 人々が大学の部屋に住みつき, 病人が教室に寝泊りしている有様だった.

　　それでも菊池正士教授は整頓されたオフィスを構え, 1943年までの日本の文献をそろえたファイルを持っていた. 彼は核分裂に関心を持っていたはずだが, 最近の論文は見当たらなかった. サイフォンの蛇腹箱と数個の水冷マイクロ波発信管だけが目についた. これは嵯峨根が言っていたように菊池が無線の研究に忙しかったことを示しているのだろう. 菊池がほかにオフィスを持っていな

8-G　菊池正士

いとすれば，最近はあまり原子核への強い関心を持っていないようだ．

大阪大では以前核分裂生成物の研究が行われていたはずだ．化学準備室に 15 ℓ の窒化ウラニル溶液と結晶を入れたビンが置いてあったことから研究がどこか他の場所に移されたのでないことは確かなようだ．この研究は現在ストップしているか大阪のどこかで小規模に続けられていたのだろう．研究に用いられた試料や薬品はこの近くの化学試薬販売店で手に入れたものだとのことだが，ここにあったウランは私が日本で見た最大量のものである．そこには複数のところで作られ，販売店でつめかえた薬品のストックがあり，特にドイツ・メルク社で作られたものが目立った．全体で 5,000 ドル程度で買える量である．

浅田常三郎の精密質量分析装置は近郊の町に移されていたので見ることが出来なかった．菊池の高電圧装置とサイクロトロンは大きすぎて運搬方法がなかったため，大学に残されていたのだ．これらの装置は爆撃による被害は少なかったが，数か月間劣悪な状態で放置されていた．

高電圧装置の標的の上に学生の書いた前年の菊池の原子核物理学の講義ノートがあるのを見つけた．核分裂については解放エネルギー，^{235}U の重要性，分裂生成物の放射能，中性子吸収時に発生する中性子数（通常 2〜3）を論じている．これらはすべて 1940 年頃の情報に基づいたものではあるが，極秘の研究が行われている研究室ならば，それを通常の扱いとすることは決してありえないはずである．

物理学教室はフル回転して大学院教育を行っている．現在のコースはサイクロトロン理論（ストラットンのテキストを使用），原子核物理学（ベーテのテキストを使用），物性理論（モット・ジョーンズのテキストを使用）で，原子物理学のコースもある．これらのコースは近代物理学に重点を置いているが，これらは多分菊池の個人的な影響力を反映しているようだ．彼は日本ではよく知られた科学者である．

大阪大と京大の大学院教育は米国の大部分の大学よりもずっと充実していると言わざるをえない．米国が現在のリーダーシップをこれからも維持していくためには物理学者の教育を早急に改善する必要があろう．

大阪の状況は戦争中に細々と続けられた努力の帰結の一つである．彼らは核分裂の問題に取り組むための知識は持っていたが，それを解決する資金を持っ

ていなかった.

P. モリソン

　大阪大では原子物理学で顕著な業績があった菊池正士【図 8-G】が, レーダ開発のためのマイクロ波の研究に取り組んでいた. モリソンが「大阪大と京大での原子核物理学の大学院教育が米国の大部分の大学よりもずっと充実している」と指摘しているように, 米国では大戦中多くの物理学者が原爆開発に動員され, 純粋の原子核の教育が疎かになっていたことは否めない.

　また日本では米国と違って原子核研究が極秘ではなかったことも, モリソンを驚かせたようだ. 実際, 京大におけるウランの核分裂の際の放出中性子数の研究は 1943 年の仙台における学会でも発表され, 研究結果が公表されていたことが明らかになっている (3 章参照).

　ファーマン, モリソンらが関西で捜索を行っている間に, 調査団の他の 3 人は東京で捜索を続け, 9 月 14 日, 技術院の多田礼吉中将 (総裁) の聴取を行う. (ディーズ 2003, p.36). 技術院は必ずしも米国の科学研究開発局のような機能は持っておらず, 標準規格, 特許, 製造技術の普及を所管する部局や研究動員局などで構成されていた. 調査団が関心を持ったのは研究動員局だけだった. そこでは主に代替物資, 航空機開発, 商業利便性の問題を扱っており, 科学の研究開発に対してはごくわずかの人員と少額の資金しか割り当てられていなかった.

　文部省は 1945 年 9 月上旬に「科学国家の建設を目的とした技術院の科学研究に関する全管理部局を引き継ぎ, 文部省の中で最も重要な部局として科学教育局を新設した」とニューヨーク・タイムズ紙は報じている.

4　ワシントンへの報告と提言

4-1　コンプトンらの報告とコンプトン・ファーマン会談

9 月 20 日にコンプトンとモーランドが書いた報告書には 9 月 18 日に理研を

訪問し，所長の大河内正敏をはじめ仁科芳雄，木下正雄，高嶺俊夫，長岡半太郎らのインタビューを行ったことが記されている．この時，仁科らはウラン分離のために 6 フッ化ウランを用いる熱拡散装置を製作したが，定量的なデータが得られないまま爆撃で完全に焼失してしまい，それ以後この研究はなされていなかったと証言した．またウラン 235 分離法を開発するために設計されたこの装置に用いるために約 10kg のウランを所持していたが，生産プラントとして用いることは予定していなかったし，大量のウラン資源が日本で得られるとは思っていなかったとも述べている．（GHQ 1945）

コンプトンは東大で嵯峨根も取り調べたが，京大，大阪大を捜索したという記録は残されていない．しかし海軍技術研究所の北川の「勤務録」に

9.17　（月）　横浜陸海軍連絡事務所コンプトン博士来所，所内巡回，化学研究部案内

9.19　（水）　Dr. Morrand［著者注：Moreland］来所，研究説明

9.20　（木）　Dr. Compton 来所，先日の残り巡回視察

と記されており，京大の荒勝との連絡を担当していた北川によってコンプトンとモーランドに荒勝グループの F 研究に関する説明がなされた可能性がある（北川 未刊行）．

9 月 19 日コンプトンとファーマンは情報交換のために会合を持った．コンプトンらは核エネルギーに関してはファーマンやモリソンほど詳細には調査しなかったので，ファーマンがコンプトンに日本の原子核関係の情報を提供し，研究組織のリストを示したと言われている．

コンプトンとファーマンは夫々独立に報告書を作成する．両者はそれらの報告書の中で今後の日本の原子核研究に関する提言を行う．9 月 20 日に GHQ に提出されたコンプトンの理研捜査の報告の中には，「仁科の研究施設は純粋な科学研究目的に限られており，潜在的に戦争に応用される可能性をもつ一部のものを除けば軍事利用には繋がらない．仁科がかつて国際的に活躍した優れた原子核物理学者であることも考慮して，ウラン分離以外の科学研究は許可すべきである．」と記されている（Compton 1945b）．さらに彼は日本の大学および

理研での原子核研究の再開を条件付で許可すべきであるとの提言を行った．その条件とは連合軍のしかるべき機関が常に研究の目的とその対象を把握すること，研究機関がいかなる場合にも連合軍の査察を受け入れるべきこと，多量のウランやその他の不安定核の質量分離は行わないことなどであった．

4-2 ファーマンの「日本の原子力開発に関する調査報告」

9月30日ファーマンは「日本の原子力開発に関する調査報告の概要」（英文）（Furman 1945d；ディーズ 2003, p.33）をニューマン（J. B. Newman）准将に提出する．この報告書にはこのミッションによって明らかになった日本における原子核物理学の取り組みの要約が簡条書きで記されている．

- 1943年までは通常の研究が行われていた．
- 1943年以後も活動は続けられたが，規模が縮小された．それは優先順位，マンパワー，教育，疎開，及び軍事研究への転換のためであった．軍事研究への転換は軍事施設への影響を軽減させようとした軍部の直接の介入であった．
- 研究活動は8月6日の広島爆撃の後で増加した[23]．

〈日本の物資調達状況〉
- 鉱物については必要不可欠な鉄，銅などに重点を置いていた．これらは銀の不足を補うものである．
- 重要視されたのは希元素の採掘である．これは無線用真空管に必要だったからである．——モナザイト，ジルコン，タンタルなど
- 戦争終結の時点では，U_3O_8の含有量が低いフェルグソン石を3t運搬する事も出来なかった．
- 地理学的調査では日本軍の支配下にある地域内でウランの新しい資源を発見することは出来なかった．

---

23) 8月6日から終戦まで1週間余りしか無かったので原子核研究を始める時間的余裕はなかったはずであるが，調査団にはそのように見えたのだろう．

222　第3部　占領下の原子核物理学

〈関連情報〉

・政府と軍は原子核物理学の研究に優先権を与えず，原子爆弾製造計画もなかった．

・有力な原子核物理学者は他の分野の研究，例えば医学，無線，エレクトロニクス工業などに転向した．

・日本では既存の工業が直ちに生産問題を解決できるような戦時科学研究体制が組織化されていた．特に深刻な不足を補うために豊富な代用品が工業に供給されていた．レーダの開発で日本は世界的に後れを取っていたのでレーダの開発を重点的に進める努力をしていた．絶え間のない爆撃を回避するためにはどうしてもレーダが必要だったのである．

・1943年1月ごろから通常の研究活動が緊急の工業に振り向けられるようになったので，それ以降に作られた新しい実験装置は見いだせなかった．残された研究室も小さくなり，現在では装置は貧弱で，手作りのものが大部分となっている．実験装置は大戦前に米国の大学の原子核研究室に有った型のものばかりであった．軍の資金で新しい装置が作られることはなかったようだ[24]．

・軍にとって重要な研究施設は，爆撃を避けるために田舎に疎開させられた．高周波の研究は田舎で行われたが，原子核の研究施設は東京に残された．これは明白に原子核研究の優先順位が低かったことを示している．政府の関心の欠如はサイクロトロンが4月の爆撃で稼働不能になった時にその修理を行わなかったことにも表れている．

・軍の関心が高まったのは広島爆撃の後だった．物理学者はその日以来医学的観点だけでなく爆弾が如何して爆発するか，どれだけの質量のU235が使われたのかについて研究をはじめた．

・確定的なことは分からないが，日本の科学者は戦争前にヨーロッパから購入したウランだけを彼らの実験のために用いていた．仁科の実験室でウランの小さな瓶が発見された．

・日本では原子エネルギー開発計画を始める能力のある第一級の科学者20人のグループを組織することが出来るだろう．彼らは理論的な経験を積んでおり，

---

24) 京大のサイクロトロンは文部省の研究費で製作されたが，海軍が電磁石などの資材の調達を援助した．（第3章参照）

米国の研究結果の詳細を知ることができれば，原爆製造にまで急速に進められるはずである．彼らはこのような計画を立てることに関心を持っているように見受けられる．その場合仁科はこの活動の中心人物となるだろう．

・大学関係の情報源からの不完全な地理学的な情報では，プロジェクト遂行に必要な物質（ウラン資源）は日本国内にもアジアにもごく少量しか存在しない．しかしこの情報は以前の記録によるもので，最近のインタビューによると軍はそれ以外の資料を入手しているかもしれない．この情報に関しては目下調査中である．

〈保安管理〉

連合国軍最高司令官によって布告される命令によって管理すべき原子核研究グループ：

理研グループ	代表	仁科芳雄
東京帝大グループ	代表	嵯峨根遼吉
京都帝大グループ	代表	湯川秀樹（理論家）
		荒勝文策（エネルギッシュな実験家）
大阪帝大グループ	代表	菊池正士

技術少佐　R. R. ファーマン

この報告書に記されたグループ名には日本上陸以前の 8 月 24 日に作成した捜査対象者のリストに荒勝文策が加わり，多田礼吉，八木秀次，長岡半太郎の名前が削除されている．

調査団の団員たちは日本では本格的な原爆研究は行われていなかったことを知り，胸をなで下ろしたと思われる．実際，理研の研究をさらに進めても原爆を製造するには至らなかっただろうし，京大では元々研究の動機が原爆開発ではなく，アカデミックで基礎的な研究に終始していた．

調査団は日本側が尋問に対しても率直に答えたことに気をよくしていたようであるが，日本側は必ずしも最初からすべての情報を提供したわけではなかったことも留意すべきであろう．

なお，コンプトンとファーマンの両調査団とも広島，長崎を訪問したという

224　第 3 部　占領下の原子核物理学

記録は残されていない．

4-3　モリソンの覚書

　これより先9月20日にモリソンはファーマンが書き送った報告書とは別に提出先が明記されていない覚書を個人名で書き残している．「この提言は単に技術上の問題に関することだけでなく，我々が接した人々に対する個人的評価に基づいている．これらの提案はグループによって書かれたものではなく，私自身の個人的見解であることを了解してほしい」とことわった上で次のような提言を盛り込んでいる（Morrison 1945e）（英文）．

「日本における原爆開発管理についての提言」Sep. 20, 1945

　日本には優れた原子核物理学者がいるが，研究施設が貧弱だったために技術的には数年の立ち遅れが生じた．しかし彼らは独創的な研究をする能力を持っている．また優秀な若手が研究に携わっており，高度な教育が行われている．定期的な査察や論文の検閲によって彼らを常時監視する必要があるが，研究を法的に規制することには賛成できない．

　研究を否定するような管理では永続的な問題の解決にはならない．彼らの多くは米国に対して尊敬の念を持っており，あるものは米国に好意を持っている．折を見て最優秀な科学者を米国を訪問させて彼らを米国に引き付ける試みをするべきである．さらに最も有望な学生たちの教育を引き受けることも重要である．また我々の側の研究者を日本に送り，日本の研究室で彼らと一緒に研究するようにすべきであろう．これは確かに彼らの科学研究の進歩を速めるために費用をかけるということになるが，こうすることによって諜報部門では得られないような彼らの研究室のプログラムや思考形態を知ることが出来るようになる．これは費用をかけるに値すると信ずる．またこのような政策は，米国の善意と力の両方を認識させ，指導的で影響力のある日本人によって復讐のための戦争の危険を実質的に減らすことになる．

モリソンはこの報告の中で独創的な研究をする能力を持つ原子核物理学分野の鍵となるグループとして，日本到着以前から捜査対象に挙げられていた仁科芳雄，嵯峨根遼吉，菊池正士，湯川秀樹のグループに加えて新たに荒勝文策のグループを挙げている．

5　石渡海軍中佐の聴取

ファーマンらの原爆調査団は，10 月 7 日日本海軍の原爆開発関係者の事情聴取を行い，石渡海軍中佐をインタビューした報告をワシントンに送っている（英文）（Furman 1945e）．

戦地報告「大日本帝国海軍軍務局石渡博中佐について」1945 年 10 月 7 日
　石渡海軍中佐は大戦中海軍大臣付の参謀将校として新兵器の研究開発の責任をもち，その任務の一つとして，原子核物理学の研究に関与していた．石渡中佐は海軍が原子の研究に関与していたと供述した．石渡は「海軍は荒勝グループが行っていた物理学の研究に対して全般的な関心を寄せていたので荒勝と彼の 6 人の助手の研究を 1943 年以前から助成していた．」と述べた．これは陸軍が理研の仁科の研究に関与していたこととは独立して進められた計画だった．
　海軍は 1944 年春からウランの核分裂を動力又は爆弾に用いることに関心を持つようになり，その時から陸軍と海軍の研究協力の試みが始まった．当時 U235 を 10% 以上にまで濃縮できれば，爆弾または動力として用いることが可能であろうと考え，同位元素分離技術の開発研究が行われた．仁科は熱拡散法によって，また荒勝は遠心分離法によってこれを遂行しようとした．仁科の実験はあまり成果が上がらないまま爆撃によって装置が破壊された．一方，荒勝は実験用の遠心分離装置を設計したが，それを製作していた工場が爆撃で破壊され，建設中の装置が失われた．仁科は広島に原爆が投下される以前には核分裂が爆発を引き起こすことについて確信を持っていなかったし，軍事的に重要なプロジェクトとして立案するには彼の研究計画は小規模すぎた．しかもウランの量が十分でなかったと石渡は供述した．

226　第 3 部　占領下の原子核物理学

陸軍では少量のウランが陸軍自身の鉱山で確保されていると石渡は信じていた．海軍は支那方面艦隊を通して上海で酢酸ウラニウムを入手可能だと考えていた．朝鮮と長野県にはウラン資源がある可能性ある．この件についての正確な知識は持っていなかったが，陸軍と海軍の保有するウラン総量は 1t 以下であると石渡は考えていた．

　石渡の供述を立証するためにファーマンは海軍のファイルにある全記録文書を含む海軍の原子核物理学への関与と活動を記した完全なレポートを提出するよう日本政府に要求した．恵比寿駅前にある海軍技術研究所の北川（徹三）中佐が荒勝との連絡責任者だったので，彼がそのレポートを準備するはずである．日本で入手可能なウラン資源と貯蔵についてのレポートも近いうちに提出される予定である．これら 2 つのレポートは日本軍から G2[25] のマンソン（Munson）大佐に提出され，原爆調査団に送られるはずである．

技術中佐　ファーマン

　この要求に対し，日本政府から回答書が提出された．この回答書の全文は第 4 章に記載した．その中には次のような記述がある．

（海軍のプロジェクトの）一切を京大の荒勝博士に一任していた．

目的は原子核反応の基礎的研究で，動力，爆薬としての応用を目指す．

1943 年 5 月に研究委託を行なった．海軍から支出した研究費は 60 万円であった[26]．

酸化ウラン 1 ポンド瓶約百個を上海で購入し，荒勝研究室で保管した．

成果　ウランの分裂現象の基礎研究

　　　　金属ウラン，6 フッ化ウランの製造，

　　　　超遠心分離機の設計

　　　　サイクロトロンの製作

25）G2：GHQ 参謀部第 2 部（情報担当）のこと．

26）委託研究費として支給されたのは 3,000 円で，その後 1945 年 5 月に決定した戦時研究の予算は 60 万円だった．そのうち 3 万円が敗戦後に支給されたが最終的には返還された（第 4 章参照）．

第 8 章　占領軍による捜索　　227

この報告はファーマンが要求した「完全なレポート」とはなっていないが，海軍が荒勝に依頼して行った原子爆弾開発に関連する研究の概要が簡潔にまとめられており，その内容は他の資料による情報とおおむね合致している．なおこの文書は米国側の資料としては見出されていない．一方，北川徹三の「勤務録」には「1945.10.4　艦本一部 U 資源鉱石に付き打合，1940 以降研究報告提出」と記されている（北川　未刊行）．海軍艦政本部ではこの研究計画の全容を記した文書を所持していたはずであるが，占領軍側にはその詳しい内容は伝えなかったようである．

文　献

アクゼル，アミール・D（2009）久保儀明訳『ウラニウム戦争』青土社．

Author unknown（1945a）Interviews with Professors Yukawa and Arakatsu 15 Sep. 45［US National Archives, College Park MD, RG 77 Entry 22A（390/1/4/02）Box 172］．

Author unknown（1945b）Interviews with Professors in the Geology Dept., Kyoto University「［US National Archives, College Park MD, RG 77 Entry 22A（390/1/4/02）Box 172］．

Biessell, C（1945a）Planning Scientific Military Intelligences Objectives in Japan［US National Archives, College Park MD, RG 227 Entry 180（130/22/27/05）Box 312］．

Biessell, C（1945b）Letter to Vannevar Bush［US National Archives, College Park MD, RG 227 Entry 180（130/22/27/105）Box 312］．

Compton, K（1945a）Letter to Dr. Vannevar Bush and Dr. Alan T. Waterman（日本人卒業生リストの依頼）［US National Archives, College Park MD, RG 227 Entry 180（130/22/27/05）Box 312）］．

Compton, K（1945b）Control of Work in Japanese "Atomic Smashing", or more generally Nuclear Physics Laboratories［US National Archives, College Park MD, RG 77 Entry 22A（390/1/4/02）Box 172］．

Compton, K. and Moreland E. L.（1945）Memorandum to Chief of Staff, Army Forces, Pacific, APO 500（太平洋軍参謀長宛ての勧告書）［US National Archives, College Park MD, RG 227 Entry 180（130/22/27/05）Box 312］．

ディーズ，B. C.（2003）笹本征男訳『占領軍の科学技術基礎づくり』，河出書房新社．

Furman, R. R.（1945a）Field Progress Report #2 Group III［US National Archives, College Park MD, RG 77 Entry 22A（390/1/4/02）Box 172］．

Furman, R. R.（1945b）no title（嵯峨根遼吉の取り調べ）［US National Archives, College Park MD, RG 77 Entry 22A Box 172］．

Furman, R. R.（1945c）Notes on Visit to Rikken（ママ），Interview with Nishina［US National Archives, College Park MD, RG 77 Entry 22A（390/1/4/02）Box 172］．

Furman, R. R.（1945d）Summary Report, Atomic Bomb Mission, Investigation into Japanese Activity to Develop Atomic Power［US National Archives, College Park MD, RG 331 SCAP ESS, Top Secret（290/24/2/01）Box 1,（Research, Nuclear, Japan）File 1］．

Furman, R. R.（1945e）Field Report, Lt. Commander Hiroshi Ishiwatari, Bureau of Naval Affairs, Imperial Japanese Navy［US National Archives, College Park MD, RG 77 Entry 22A（390/1/4/02）Box 172］．

GHQ, Scientific and Technical Advisory Section（1945）Visit to the Institute for Physical and Chemical Research［US National Archives, College Park MD, RG 331 SCAP ESS（290/24/2/01）Box 4］.

木村一治（1990）『核と共に 50 年』築地書館.

北川徹三（未刊行）「勤務録」［北川不二夫所蔵］.

Morrison, P（1945a）Riken Conversation, 0800 to 1400, 10 September 45［US National Archives, College Park MD, RG 77 Entry 22A（390/1/4/02）Box 172］.

Morrison, P.（1945b）Report of Meeting with R. Sagane, Tokyo I. U., 10 September 45［US National Archives, College Park MD, RG 77 Entry 22A（390/1/4/02）Box 172］（この報告には署名がないが，文面から見て Morrison によって書かれたと思われる.）.

Morrison, P（1945c）Report of Interviews 14-15 Sept.1945（湯川と荒勝の取り調べ）［US National Archives, College Park MD, RG 77 Entry 22A（390/1/4/02）Box 172）］.

Morrison, P（1945d）Visit to the Laboratory of Nuclear Physics, Osaka Imperial University［US National Archives, College Park MD, RG 77 Entry 22A（390/1/4/02）Box 172］.

Morrison, P（1945e）Control of Atomic Bomb Development in Japan : Recommendation（Sept. 20, 1945）［US National Archives, College Park MD, RG 77 Entry 22A（390/1/4/02）Box 172］.

清水栄（未刊行）「清水栄日記」［清水家所蔵］.

読売新聞社編（1988）『昭和史の天皇　原爆投下』角川文庫.

湯川秀樹（未刊行）「湯川秀樹研究室日記」［京都大学基礎物理学研究所湯川記念館史料室所蔵］.

コラム 7

米国国立公文書館（NARA）

　米国国立公文書館（National Archives and Records Administration : NARA）は米国の歴史資料を保存し，閲覧に供するとともに，それらを管理するために1934年に設立された省庁である．全米各地にその施設があるが，その中心はワシントン DC にある NARA 本館であった．しかし増え続ける膨大な資料を収容するために1994年ワシントン近郊のメリーランド州カレッジパークに新館が建てられ，第1次大戦以降の歴史資料は新館に移された．第2次大戦中の資料と大戦直後の日本占領に関する米国側の資料の多くは，ここに保管されている．

　占領軍関係の文書の多くは永い間機密扱いであったが，1980年代から徐々に機密指定が解除され，現在では一定の手続きを経れば公開された文書の大部分は誰でも閲覧できるようになっている．ただ膨大な資料の中から閲覧したい文書を探し出すことは容易ではない．資料の一部はデータベース化されているが，毎年膨大な資料が追加されるので，その整理に永い年月を要し，検索できる資料はそのうちの一部に過ぎない．整理されている資料に関しては「資料目録」も存在するが，目録が全ての資料を網羅しているわけではなく，目録でその内容を知ることはかなり難しい．NARAには各項目に応じて専門的な知識をもち，閲覧者の閲覧目的を理解して協力してくれるアーキビストがいるので，閲覧者は自分の調べたい資料を見出すために彼らの助力を頼むことが多い．

　筆者は2004-2008年に日本学術振興会の仕事でワシントンに滞在してい

コラム7　米国国立公文書館（NARA）　*Article*

たが，その間休日を利用して NARA に保管されている 2,000 枚に及ぶ文書
を撮影した．その文書の多くは 1945 年から 1950 年の間に占領軍が日本の
原子核物理学者について調査した資料や GHQ による科学研究の管理に関
連した占領政策についての資料である．

　本書の第 8，9，10 章に示した資料の多くは NARA に保管されていて，
機密指定を解除された文書を筆者が和訳したものである．

　なお，NARA が所蔵している日本占領関係の資料の一部はマイクロフィ
ルムとして日本の国立国会図書館憲政資料室にも保管されており，1990
年頃からそれらを日本でも閲覧することが可能となった．

第9章

サイクロトロンの破壊

　大戦終結から3カ月余たった後，占領軍によって日本にあったすべてのサイクロトロンが破壊された事件は，日本の科学界にとどまらず，日米間の大きな問題として長い間関係者を苦しめることとなる．

　理研と大阪大のサイクロトロンの破壊については多くの記録が公表されている．一方，京大のサイクロトロンについては，これまで資料があまりなかったが，20世紀末から21世紀はじめにかけて日米で多くの資料が発見され，その実態が明らかになるにしたがって，大戦直後の日米の当事者達の生々しい行動が浮き彫りにされることになった．

　第2次世界大戦直後に来日した米国の原爆調査団と科学情報調査団は，調査を終えた後一定の条件を付けた上で，日本での原子核物理学研究の再開を認めるよう米国政府に提言した．サイクロトロンは原子核の研究に必要な装置で，原爆には直接関係がないと認識していたからである．ところが1945年10月末になって突如，米国政府から理研，京大，大阪大の全サイクロトロンの破壊命令が下り，大混乱に陥る．それより先GHQは一旦理研サイクロトロンの運転を許可するが，念のためにこのような特殊なケースについてのワシントンのコメントを求めたところ，統合参謀本部から「理研，京大，大阪大のサイクロト

ロンの破壊を実行せよ.」という命令が下ることになる. この命令を受け取る
と GHQ のオハーンは直ちにそれらの研究施設を封鎖し, 11 月 24 日全サイク
ロトロンを破壊して, 海洋に投棄する. 科学立国を目指していた日本人にとっ
てこれは衝撃的な出来事であった.

これに対して大戦中米国で原爆の開発にかかわっていた科学者などから強い
抗議の声があがる. また京大医学部の大学院生堀田進はマッカーサー連合国軍
最高司令官宛てに直接書簡を送り, 「撤去せられた研究施設を一日も速に復旧
して戴けないでしょうか.」と訴えた. その抗議／嘆願書は, 今も米国公文書
館に保管されている.

一方, 京大のサイクロトロンが破壊された時, 連合国軍の通訳として荒勝と
の交渉にあたっていたトーマス・スミスは, 荒勝研究室の大戦中の研究を記し
たノートを米軍が没収するのを見て純粋な学問研究が阻害されたことにショッ
クを受けて帰国する. スミスはその後日本の近世・近代社会経済史の研究に生
涯を捧げることになる.

1945 年 12 月中旬, 米国の陸軍長官はサイクロトロン破壊は誤りであったと
して謝罪する.

1 サイクロトロン破壊命令

米国国立公文書館には, 占領軍による日本のサイクロトロン破壊についての
多くの記録が保管されている.

終戦直後に来日した 2 つの調査団による日本の原子核研究の初期捜索が一段
落した 1945 年 10 月, 仁科芳雄らは原子核研究再開を占領軍に対して強く求め
る. 1945 年 10 月 15 日, 仁科はマッカーサー司令部宛に次のような書簡を送
る.

理研のサイクロトロンの運転を許可してくださるよう切にお願いする. これは
生物学, 医学, 化学, 金属学のための放射性物質の製作と中性子による試験を
目的としている (Nishina 1945a；小沼・高田 1992, 1993).

234 第 3 部 占領下の原子核物理学

同日，仁科はこの手紙を携えて GHQ 経済科学局の産業課課長オハーン（J. A. O'Hearn）少佐を訪ねるが，不在で面会できなかった．16 日オハーンらは，科学情報調査団の一員として 9 月にコンプトンと共に理研を捜索したモーランドの意見を確かめた上で，「仁科のサイクロトロン運転は安全であり，科学的な意義がある」と GHQ の文書に記している（O'Hearn 1945a）．

　10 月 17 日，連合国軍最高司令官名で外務省の東京の終戦連絡事務局に「仁科のサイクロトロンの運転を許可する」という文書が送られる（SCAP：Supreme Commander for the Allied Powers 1945）．10 月 20 日，GHQ を再訪した仁科は，オハーンからこのことを告げられて運転が許可されたことを知る．その時，大阪大，京大のサイクロトロンについての指示はなかった．10 月 27 日，オハーンは終戦連絡事務局宛に「運転の許可は生物学，医学のためだけに限られ，化学及び金属学の研究は対象外とする」と連絡する．GHQ 経済科学局の中でも，サイクロトロンの扱いについての判断に迷いがあったことが，オハーンが 10 月 27 日にワシントンの統合参謀本部宛に送った次の覚書（英文）から窺える．

　　1945 年 10 月 17 日付けの日本政府宛の覚書でサイクロトロンを生物学，医学，化学，金属学の研究に用いたいという仁科の要望に従ってサイクロトロンの運転を許可した．この許可はモーランド博士及び G2 の同意を得ている．しかしこの件をさらに調べた結果，モーランドと私は特にワシントンからの極秘命令で特定された制限の観点から見て運転許可を医学と生物学に制限すべきであると信ずるに至った．このような特殊なケースについてのワシントンの命令の厳密な解釈には曖昧さが残るので，この決定に関して全般的なコメントを求めたい．ちなみに仁科の生物学，医学の研究はかなり価値があると考えられる（O'Hearn 1945b）．

　この問い合わせがオハーンの意に反してサイクロトロン破壊事件を誘発してしまった可能性がある．10 月 31 日，統合参謀本部からマッカーサー連合国軍最高司令官宛に原子の研究に従事した全研究者の拘束，関連研究施設の差し押さえ，原子核研究の全面禁止を指令した電報 WX79907 が送られる（GHQ 1945）．これに対して GHQ は 11 月 6 日付でこの件についてコンプトンやローレンス

第 9 章　サイクロトロンの破壊　235

など科学者の意見を聴するように求める電報を統合参謀本部に送るが，11 月 10 日，参謀総長名で GHQ に命令が下る（O'Hearn 1945c；小沼・高田 1991, 1992；山崎 1995）．ここには，「電報 WX79907 で指示された命令が実行されることを要請する．すべての技術データ，実験データを差し押さえた後，理研，大阪大，京大のサイクロトロンの破壊を実行せよ．」と明記されている．

2　サイクロトロン破壊の実行

11 月 12 日，オハーンがこの作戦の責任者に指名され，直ちに行動を起こす（Allen 1945）．まず，軍用機で大阪，京都に飛び，指令を実行する準備に取り掛かる．次に終戦連絡事務局に理研サイクロトロンの使用許可を取り消す通知を送る．一方，菊池正士は 11 月 22 日大阪大サイクロトロンの使用許可を得るためにオハーンに面会を求める．その時の菊池の面会許可申請書の余白に"Denied permission to use cyclotron"（サイクロトロン使用許可を拒否した）と鉛筆で走り書きされた文書が米国公文書館に残されている(Kikuchi 1945)．11 月 24 日，オハーンは統合参謀本部に次の電報を送る（O'Hearn 1945d；小沼・高田 1991, 1992；山崎 1995）．

> 　理研，京大，大阪大の 5 基のサイクロトロン[1]の解体準備は完了した．オハーンは陸軍第 6 部隊司令部に赴き，大阪および京都のものはそれぞれ第 1 軍団の配下の第 98 師団及び第 136 連隊による没収の準備を完了した．また東京のサイクロトロンに関しては同様の計画が陸軍第 8 部隊第 1 機甲部隊の分隊によって遂行される．11 月 20 日に一斉に差し押さえを行い，現在実験室は監視下に置かれている．全ての資料は科学者の協力で検閲，押収されて，陸軍第 6, 第 8 部隊に保管されている．それと同時に工兵隊と解体の専門家によるサイクロトロン破壊の準備が始められた．解体は 24 日午前 10 時を期して一斉に始められるが，全ての解体には 4 日間を要すると予想される．解体開始は報道関係者に公開さ

---

1 ）実際には理研に 2 基，大阪大に 1 基，京大に建設中のものが 1 基，合計 4 基あった．

9-A 大阪大サイクロトロンの解体現場（米軍撮影　米国国立公文書館所蔵：時事通信社提供）

9-B 理研サイクロトロンの海洋投棄（横浜沖　米軍撮影　米国国立公文書館所蔵：時事通信社提供）

れ，正午から記者会見を行う．

　この作戦中にその他の原子エネルギー研究の証拠を発見した．これらを調査し，必要な処置を講ずる必要があるため，マンハッタン計画に携わっている科学者2人を直ちに送って欲しい．

　オハーンはそれ以前にも科学者の現地派遣をワシントンに強く要請していた．仁科はGHQに赴き，サイクロトロン破壊の理由をオハーンに問いただすが，米国政府の命令に基づくものであると答えるのみで，破壊作業は続行される（中根他編 2007，p.1201）．大阪大サイクロトロン解体現場【図9-A】と理研サイクロトロンの横浜沖投棄【図9-B】及び京大サイクロトロン解体【後述図9-E】の写真などが，2008年に時事通信社によって米国国立公文書館で発見された．

3　京大サイクロトロンの破壊

　京大サイクロトロン破壊の実態に関しては，荒勝家に保管されていたサイクロトロン破壊時の荒勝文策の日誌が2010年に発見され，当時の状況を知る手がかりとして注目されている．【図9-C】．この日誌は，本書資料編に全文を紹介している（荒勝 1945a）．また清水家に保存されている清水栄の日記から，当

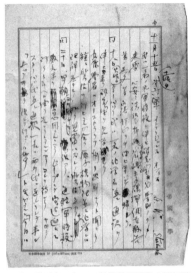

9-C サイクロトロン破壊時の荒勝文策日誌

時の研究室のスタッフの動きが明かになった（清水 未刊行）．さらに，当時連合国軍の通訳であったトーマス・スミス（Thomas Smith）が事件の50年後に筆者に送って来た回想記によって，連合国軍側から見たサイクロトロン接収の経緯を知ることができる（Thomas C. Smith 私信, スミス1997）．当時研究室の副手をしていた西川喜良らから筆者が直接聞いたサイクロトロン破壊時の出来事も現場を知る上で貴重である．

これらの資料を基にして，京大におけるサイクロトロン破壊が如何にして実行されたかを日付順に追ってみよう．

11月15日

第6軍諜報部のスターバック（W. Starbuck）大尉他1名の米軍将校が来学して荒勝研究室を視察し，荒勝と話し合った．荒勝はスターバックらの来意を理解していなかったのか，この時荒勝らが書きつつあった広島原爆調査の報告書の英訳文の校正をスターバックに依頼した[2]．

11月16日

占領軍将校2名が湯川教授室に来る（湯川 未刊行）．これは15日に荒勝を訪ねた人物であろう．

11月18日

2）「The Field Observation at Hiroshima on the Radioactivity Induced by Atomic Bomb, Prof. Bunsaku Arakatsu and Members of the Institute of Nuclear Physics, Kyoto Imp. Univ.（Read on Nov. 25, 1945）」．(unpublished) これは，1945年9月14日〜17日付けの大阪朝日新聞に掲載された荒勝文策の署名入りの記事「原子爆弾報告1〜4 広島市における原子核学的調査」の第1,2回の全文と第3回の中段までの英訳版である．

スターバックとオーストラリア人化学者サウザー（T. Sauser）少佐，が通訳を連れて来学し，荒勝研究室を査察した．荒勝によるとサウザーは原子核物理学や化学を理解していなかったようで，質問も見当はずれのものが多かったとのことである．

9-D　荒勝教授室における占領軍と荒勝グループのサイクロトロン破壊についての折衝（米国国立公文書館所蔵：時事通信社提供）．右より木村毅一，荒勝文策，T. スミス（通訳），W. スターバック，W. C. ミッチェル（司令官），T. サウザー

11月20日

　早朝，スターバック，ミッチェル（W. C. Michel）司令官ブリン・マールカレッジ（ペンシルベニア州）物理学教授，海軍将校），サウザー，通訳スミス，他将校数人が突然来学し，研究室を出入禁止とし，武装兵が研究室を占領する．

　この時，荒勝は未だ出勤前で自宅にいたので，研究室にいた学生が荒勝家に電話で連絡し，西川喜良らの案内でスターバックとスミスがジープで大徳寺の近くの荒勝の自宅に出迎えに行く．荒勝は自宅で御茶を飲んでいくようにすすめたがスターバックらはそれを断り，荒勝を伴って大学の研究室へと急ぐ．

　荒勝は物理学教室の入口でミッチェルと挨拶を交わして大学の自室に行くとそこに前記のサウザー少佐も来て，話し合いが始まった．荒勝がミッチェルの質問に2，3答え，戦時中の研究文書などを示した後に，連合軍側は通訳スミスだけを残して全員が室外に出る．荒勝の日誌には「その時通訳は『あなたにとっても亦私にとっても悲しむべき事を申し上げねばならないのは誠に遺憾であるが』と前置きして，研究室における全原子核研究装置の破壊をなす旨を告げると共に管理検討の必要あるにより研究に関する一切の文書，日誌，成績等を提出するよう求め，ウラン並に重水研究用重要資料の提示を要求せり．」と記されている【図9-D】．

第9章　サイクロトロンの破壊　　239

さらに「荒勝日誌」は，「荒勝が研究設備の破壊撤収は必要無きに非ずや．これらは全く純学術研究施設にして原子爆弾製造には無関係のものなり」といい，「（通訳のスミスは）余等も左様に思えども連合国軍最高司令部よりの厳重命令故これに従うより他に道なし」と述べたり．」「前記ミッチェル氏は眼に涙を浮べ『科学者としてかかる事柄を科学者に申伝える事の悲劇を衷心感じ，貴下に対し誠に同情の極みなり』との意味を述べ堅き握手をなせり．後に前記通訳氏はひそかに「これは絶対秘密なれどミッチェル氏東京に行き，出来るだけ事件の緩和を計るべきの意向なり」と云えり．」と記されている．

　その後サウザーが事務的に実験研究資料の提出を求める一方，武装兵士 2 名に荒勝の行くところに何処にでもついて行くように命じた．さらに，原子核研究室，サイクロトロン室，高電圧コッククロフト室，発電地階室に兵士が配備された．

　はじめサウザーは高電圧電源装置・コッククロフト型加速器全部を破壊する計画で来たという態度であったが，ミッチェルの処置によって，高電圧室は破壊からまぬがれた．しかしモーター，ベルトなどは取り外され，全ての電気スイッチを焼き切られることになった．

　さらに「荒勝日誌」には「余は『かかる事柄は大学当局を経て行って貰い度い．高電圧電源は主として荒勝個人の出費によって出来たものなれど，コッククロフトは大学経費を以って建設されたる部分多きものなればこれが除去，取壊しに際しては大学への手続を了して呉れ』と申し出たれど無駄なりき．」と記されている．この間の経緯は荒勝，木村によって理学部長駒井卓に報告され，学部長から総長に伝えられた．

　この日からコッククロフト高電圧装置室，及びその測定室とサイクロトロンのマグネット室は立入り禁止となり，約 20 名の兵士が物理学第三講義室に泊まり込み，その隣の講義準備室には将校 2 名が宿泊した．この時実験室の壁に占領軍兵士が書いたと伝えられていた落書きの文字が 1950 年代後半まで残されていたと筆者は記憶している．綴りは正しくなかったが，"I was here" の意味であると読めた．

　その夜清水は荒勝の家に行き，荒勝に事情を聞くが，荒勝が意外と冷静なのに驚き，米国の如何なる仕方に対しても，正々堂々と対処しようとしている態

度に心を打たれたと記している.

11月21日

米兵が武藤二郎と西川喜良に案内させて,ジープ3台とトラック1台で京都府南部の荒勝の知人宅に行き,大戦中に海軍から供給された研究用の硝酸ウラン16梱を接収した.一方,荒勝研究室の実験室の周りは十数人以上の米兵が絶えず巡回していた.

9-E 京大サイクロトロンの解体現場(米国立公文書館所蔵:時事通信社提供)

11月23日

20日朝8時頃から少数の米兵が実験室の周りを取り囲んでいたが,9時ごろ実験室を占領していた占領軍の兵隊がサイクロトンのマグネットを分解し始めた.「清水日記」には下記のように記されている.

> 9時半頃突如将校に引索(ママ)された銃を持った兵20名余りが high tension(高電圧)室に侵入して来て,観測室にいた武藤君,松居君などは直に追い出されてしまった.実験室にあったノート等はすべて持って行った.それはニュートロンの方の加速管を交流高圧で洗う為,トランスの一次側のスキッチを入れた時であると,純粋に学問的な研究が行はれつつある大学の実験室に実弾を装填した武装兵が侵入して来て占領したのである.我々の実験室ではその最後の瞬間まで実験室は活動していた!! 昼頃将校の命で廻っている真空ポンプのモーターを止める為に武藤君と松居君が入室を許されたという.……

この後実験室内で何が起こったかを記した記録は残されていない.サイクロトロンの破壊現場には厳重な立ち入り禁止令が敷かれ,日本人は誰も現場を見

第9章 サイクロトロンの破壊 241

ることができなかった．通訳のスミスも現場には立ち入っていない．ただ米軍
側が撮影した生々しい写真が破壊の雰囲気をよく物語っている【図9-E】．

　立ち入りが禁止になった実験室の周りを多くの学生が取り囲み，武装した兵
士が建物の外を巡回しているのを見守っていた．その後，日時は不明であるが，
サイクロトロンの電磁石が実験室から運び出され，大型のトラックに積み込ま
れて京都の東山通りを南に運ばれていくのを学生達が悔しさを抑えて見ていた
という．

11月25日
　占領軍によるサイクロトロン破壊は，日米の新聞で大きく取り上げられた．
朝日新聞は「日本の原子研究終焉」，毎日新聞は「仁科研究所等の施設破壊」，
読売新聞は「原子核研究を根絶」という見出しで扱っている（朝日新聞 1945.11.
25；毎日新聞 1945.11.25；読売新聞 1945.11.26）．また11月24日付のニューヨー
ク・タイムズ紙には「日本の5基［筆者注：実際には4基］のサイクロトロンの
破壊」と題する長文の記事が掲載された（New York Times 1945.11.24）．この記事
には「仁科のサイクロトロンの一つは米国から買ったもので実質的にカリフォ
ルニア大学バークレー校のアーネスト・ローレンスが設計したものである[3]．
しかし，米国の捜索チームよれば，日本の軍関係者は原子エネルギーが戦争遂
行に役立つとは信じていなかったため，戦争勃発後はあまり用いられなかっ
た．」と記されている．

　この記事には，京大で物理学教室主任の荒勝文策教授が管理するサイクロト
ロンが発見され，部分的に解体が開始されたことを報じ，さらに「サイクロト
ロン破壊についてのマッカーサー最高司令官の代表であるオハーン少佐は『こ
れらのサイクロトロンによっては天然ウランからウラン235を抽出した可能性
もあり，確実に潜在的な戦力を持っていた．』と述べた．」とも記されている[4]．

　25日には米軍機関紙「星条旗」もサイクロトロン破壊を報じている（Stars and
Stripes 1945.11.25）．

　3）理研の大型サイクロトロンはローレンスの協力を得て建設され，電磁石はバークレーと同じサ
　　イズのものが米国の同じ工場で製作された．
　4）実際にはウラン235の抽出とは無関係だった．

242　　第3部　占領下の原子核物理学

4 通訳トーマス・スミスの回想

サイクロトロン破壊の実行に関する米国側の記録は発見されていないが，京大サイクロトロン破壊時に占領軍側の通訳として立ち会ったトーマス・スミスの回想記が，法政大学教授二村一夫と筑波大学教授原康夫を通して1997年のはじめに筆者に送られてきた[5]．なおこの回想記はスミスの死の2年前に"The Kyoto Cyclotron"というタイトルの英語版で出版されている（Smith 2002）【図9-F】．

9-F　T. スミス

カリフォルニア大学バークレー校でヨーロッパ史を研究していた大学院生スミスは，1942年からコロラド州のボールダー海軍日本語学校で研修を行い，激戦のあったサイパン島や硫黄島などで米軍通訳としての任務を終えた後，志願して占領軍通訳として京都に滞在する．初めは特別の任務を与えられなかったので市内を歩き回り，神社仏閣を訪ね，行く先々で人々と話したりしていた．特に京大の教官や学生達と仲良くなり，個人的に英語と日本語を教えあうようにまでなった．彼にとってこの時期はとても幸せで，京都に永住してもよいとまで考えたほどであった．

スミスは回想記に，次のように綴っている．

> 10月のある寒い朝[6]京都市内の占領軍のオフィスに出勤すると大佐が私を待っていた．私は大佐から前日ワシントンの海軍省から重要な任務で到着した二人の将校の案内と通訳の役を務めて欲しいと告げられた．彼らは京大にあるといわれているサイクロトロンの解体を監督するために来たとのことであった．
> ……

5）筆者が受け取った回想記のメモはその後スミス自身によって若干修正され，大阪市立大学教授大島真理夫によって日本語に訳されて「日本史研究」に掲載されたので，以下は大島訳に従う（適宜，文章を整理削除している）（スミス 1997）．

6）「荒勝日誌」によれば1945年11月20日．

我々はジープに乗って京大に向けて出発した．その時私は自分が行おうとしていることについて何の良心のとがめをも感じていなかった．以前の通りサイクロトロンは原子爆弾の製造のみに使われる装置であると信じていたからである．サイクロトロンの解体はまさにその日に，そしてその海中投棄もほどなく遂行されなければならなかったので，私はそのことについてあれこれと考えなかった．……

　京大に到着し，サイクロトロンのある建物に着くと私は建物の中をのぞいた．高い天井の部屋の中央のくぼんだ場所にサイクロトロンが設置されていた．若い人が私に近づいてきたので私は彼に責任者と話すことは出来ないかと尋ねた．その責任者が荒勝文策氏で日本の指導的物理学者であることは後で知った．荒勝氏は少し離れたところにある自宅におり，電話で連絡したところ，希望があれば喜んで会見に応じると云う事であった．……荒勝氏が家からくるのを待つよりも，ジープで迎えに行った方が時間とエネルギーの節約になると云う事になり，我々は若者の案内で彼の自宅に向かった．約15分後，我々は住宅街にある彼の質素な家の前に着いた．荒勝氏は細い白髪で背が低く，頭は体に比べて大きな人物だった．彼は鞄を抱え，当時の全ての日本人と同じ様な古びた黒いスーツを着て足早に家から出てきた．彼は55才であったが，10歳か15歳年取っているように見えた．彼の開放的で親しみやすい態度が印象的だった．大学へ行く途中のジープのなかで，彼はサイクロトロンを誇りに思っており，それを見せたがっていることがよくわかった．

　……彼の態度は自分の農場を都会に住む親戚に案内する年老いた農夫に似ていた．そして彼は自分の人生の大部分でこれまでやって来た事が合法的で倫理的であったことに疑いを抱いている様子は全くなかった．……

　彼の研究室の一方の壁には本箱が並べられていた．他方の側はガラス扉の付いた，区切りの広い，奥深い棚であり，その中に大きなファイルが並んでいるのが見えた．ファイルの中身を尋ねると彼は実験ノートであると答えた．その膨大な分量からして，彼の生涯の仕事に相当するものであったに違いない．荒勝氏と私が話している間，司令官たちはサイクロトロンの解体を進めることが気になり，部屋をせわしく動き回っていた．そしてサイクロトロンを解体せよという命令を受けており，その解体作業がすぐに始まると云うことを荒勝氏に

244　　第3部　占領下の原子核物理学

伝えよ，と命じた．

　私は荒勝氏にサイクロトロンは解体される運命にあることを伝えねばならないことは，分かっていた．私は，サイクロトロンはもっぱら原子兵器製造のための装置であると思っていたので，何ら反対はしなかった．それでも，私は荒勝氏に同情的であり，この趣旨を出来るだけ柔らかい表現で伝えたいと思っていた．特に，私が伝える時に司令官が側にいてほしくなかった．そこで，私は彼らに暫くの間我々だけにしてほしいと頼んだ．少々驚きであったが，彼らは同意し，多くの時間を取ってはならないこと，撤去はすぐに始まることを告げて，部屋を出て廊下で待つことになった．

　荒勝氏と私がテーブルに向き合って座るや否や，私は彼に話をした．荒勝氏はサイクロトロン解体の命令を静かに聞き，驚いた様子を見せなかった．私の話が終わった時，彼は，サイクロトロンは，私が考えているように原子爆弾の製造のみに使われるものではないことを強く主張した．彼は長年サイクロトロンでの研究を続けて来たが，日本の軍からの助成にも拘わらず，彼の研究の中に軍事的な応用は何もなかった．また，彼は広島に爆弾が落とされた時，軍から派遣されて使用された兵器の性質を調べたが，如何にしてその膨大な力が発生したのか，を説明することが出来なかった，とも話した．

　彼の意見は，研究利用というサイクロトロンのもう一つの使用方法について，私が初めて聞いたものであった．理性的な世界であれば，このことはサイクロトロンを無傷で残すことに有利に働いたかもしれない．しかしサイクロトロンの即日解体を指揮するために二人の司令官を世界を半周させて送り込んで来たワシントンの人々が，荒勝氏がそれを軍事目的に利用したことがないという理由で残すと云う可能性は全くなかった．私はそのことを彼がサイクロトロンの性質について述べたのと同じくらい強く主張した．彼は何をしてもサイクロトロンを残すことは出来ないと分かった時，実験ノートを残しておくことは認めてもらえないかと懇願した．もしそれが許されればノートを米国人が利用できるように翻訳すると約束した．彼は米国では翻訳のための物理学，英語，日本語とその書き方の知識の全てを持っている人を探すことは不可能なので没収しても何の役にも立たないと説明した．この時，荒勝氏と私は，彼のノートを残すために，公然と協力し始めていた．しかし，司令官はそれまでノートに何の

第9章　サイクロトロンの破壊　　245

関心も示していなかったので私が何も言わなかったら彼らはサイクロトロンを解体し，ノートを残して行ったであろう．私は翻訳するという申し出でによって，荒勝氏のもとに実験ノートを合法的に残すことを説得できると思ってしまったのである．しかし，実際にはそのことが彼らにノートの日本人にとっての潜在的価値について注意を促すことになり，このノートが米国にとって好ましくない出来事の元になりはしないかと考えさせることになったのである．従って彼らはノートを没収した．米国人がそれを使用することに関心があったのではなく，日本人にそれを使わせないためであった．私はそれに反対論を述べ，司令官にノートが翻訳されれば米国にとって価値があると述べたが，聞き入れてもらえなかった．私が荒勝氏にノートを残しておくことは出来ないと告げたとき，彼は感情の高ぶりを抑えきれず，声を詰まらせながら没収は不当であると強く抗議した．

　司令官が荒勝のノートを没収すると決めたので，荒勝と私はもはや話す事はなくなってしまった．私は，事態がこのようになってしまったことについて，遺憾の意を述べた．その時，撤去作業を行なうはずの工兵隊の一団が集合し，まさに作業を開始するところであった．私は解体作業が行われる間そこにとどまっていたくなかった．解体には通訳は不要だったので，司令官に辞去を願い，その理由も述べた．彼らも同意したので，私は徒歩で自分の部署に戻り，大佐に，サイクロトロンの撤去は進行中ないしすぐに始まるところだと報告した．

　京都での生活は十分に魅力的であり続けたが，以前のような楽しさはなかった．そして，米国の大学院に戻ることを考え始めた時私に関して決定が下された．……

　家に帰り，母と妹に会った後，日本の社会経済史を研究する大学院生として，ハーバード大学の歴史学科に入学したのである．

　4年後，私は京都を短時間訪れる機会があり，荒勝家を訪ねた時，私が占領軍の処置を時間が経った今どのように考えているかについて問いただしたところ，彼は自分の後輩の湯川秀樹がノーベル物理学賞を受賞した事で全てが埋め合せされたと答えた．私はそれが本当であって欲しいと願ったが，実際にそうだったかどうかについては疑問に思ったままであった[7]．

当時京大サイクロトロンは建設中で，それを用いた原子核の研究は未だ実行されておらず，没収された研究ノートに書かれていた内容は高電圧加速器や放射性同位元素を用いたものであったことをスミスは知る由もなかった．またサイクロトロンは元々軍事利用できるものでないことも理解していなかったようだ．なお，資料の没収はワシントンから出された指令に基づいていたので，占領軍がノートの存在を知ってしまった以上スミスがいくら抵抗してもノートを研究室に残して置くことは不可能だった．

　スミスの回想記は事件から 50 年以上経って書かれたものであるが，「荒勝日誌」や「清水日記」と大筋で一致しており，「荒勝日誌」，「清水日記」と共にサイクロトロン破壊現場の貴重な記録である．

　ともあれ，この回想記は，スミスの受けたショックが如何に大きかったかを物語っていると言えよう．スミスは通訳として荒勝研究室のノート没収に加担して荒勝の研究活動を侵害してしまったことを後悔して帰国する．帰国後日本史の勉強を始め，日本の近世・近代社会経済史の研究者となって永い間活躍した．京都での出来事が彼の生涯に大きな影響を及ぼすことになったと言えよう．スミスがこの事件に関与したことを心の傷として生涯忘れられなかったことは後年彼が科学史家中山茂に語った次の言葉にも表されている．

　スミスはある時中山を昼食に誘って，次のような話をした（中山 1997）．

　　僕は終戦直後，占領軍の通訳で京大の荒勝文策を訪ねた．先生は自分の研究は純粋な科学研究で，戦争とは何の関係もないと力説された．しかし，最後に私が「先生の研究はすべて押収します」という占領軍からのメッセージを伝えると，先生はハラハラと涙を流した．しばらくして泣き止んだ先生は，もっと詳しく分かり易いように説明したものを提出する，と提案された．しかし，一介の通訳の私には，命令を変える権限はなかった．押収され廃棄されたものは，膨大な荒勝の研究ノート，そして京大のサイクロトロンである．

　スミスは 2004 年 87 歳でこの世を去るが，彼のバークレー時代の同僚，後輩

---

7) 湯川秀樹は 1949 年にノーベル物理学賞を受賞したが，授賞理由は荒勝の研究とは関係なかった．

たちは彼の追悼文に，「スミスは海軍の通訳として荒勝文策教授の研究ノート
を没収することに加担して荒勝の学問的な活動を侵害してしまったことを後悔
して帰国した．その後ハーバード大学院で日本史の勉強を始め，後に日本の近
世・近代社会経済史の著名な研究者となって永い間バークレーやスタンフォー
ド大の教授として活躍した」と記している（政池 2010c）.

　筆者は生前のスミスとの面会を果たせなかったが，彼の後輩でこの追悼文を
書いたバークレー校の教授アンドリュー・バーシェイ（Andrew E. Barshay）は京
都を訪れた際，筆者の質問に答え「スミスはとても誠実な人柄だったので大戦
中日本人捕虜の訊問に立ち会い，京都で日本人の生活を知り，さらに京大のサ
イクロトロン破壊とノート没収に関与した時の荒勝の学問に対する誠実な態度
に接して心を動かされ，その後の生き方に大きな影響を及ぼしたのだろう」と
話してくれた.

　10 章で述べるように GHQ 経済科学局のフィッシャー少佐は戦地報告書「京
大における研究活動の調査」を 1946 年 2 月 28 日付けで米国陸軍省に書き送っ
たが，その中に原子核研究監視のために京大を訪問した際，荒勝が没収された
研究ノートを出版したいので是非返却してほしいと強く求めたが，聞き入れら
れなかったことが記されている（10 章 273 ページ参照）．荒勝の強い要求に関心
をもったフィッシャーはノートの行方を執拗に追跡し，25 冊中の一部が木箱
に入れられてワシントン資料センター（米国議会図書館の前身）に送られたこと
を確認した（Fisher 1946）.

　その後，研究ノートの行方は 60 年以上謎のままであった．ところが，2006
年，米国議会図書館のトモコ・ステーン専門官が議会図書館の未整理資料の中
から荒勝研究室の植村吉明が書いた「研究日誌」と清水栄が書いた「覚書 2」
の 2 冊の手書きの大学ノートを発見した（Tomoko Steen 私信）．これはまさしく
スミスのメモに記されている，サイクロトロン破壊のときに没収された荒勝研
究室の実験ノートであった．これには大戦前および大戦中の荒勝研究室におけ
る研究，特にサイクロトロンの建設，高電圧加速器の整備，γ 線による原子核
反応，核分裂の研究などが記録されている．部分的とはいえ大戦中の研究の実
態を知る上で貴重な資料である.

　米国に送られたノートは 25 冊なので，23 冊は未発見である．その一部は講

248　　第 3 部　占領下の原子核物理学

和条約発効後，日本に返却されたという情報もあるが，残されたノートの探索が筆者らによって現在も日米で続けられている．植村が書いた「研究日誌」と清水栄が書いた「実験室覚書 2」の内容の要旨は第 3 章に記した．

5 サイクロトロン破壊に対する抗議

5-1 ニューヨーク・タイムズ紙の報道と米国内の抗議

サイクロトロンの破壊が 11 月 24 日の米国の新聞で大きく取り上げられたため，米国の科学者達は直ちにそれに反応する．オークリッジの科学者が行った抗議の記事が 26 日のニューヨーク・タイムズ紙に掲載され，大きな反響を呼んだ．また MIT の科学者も同日陸軍長官に対する非難声明を発表した（New York Times 1945.11.26）．

この記事によれば，原爆を製造した人々を含むオークリッジの原子核科学者たちが「サイクロトロンの破壊はナチス・ドイツによるルーヴァン図書館破壊[8]にも匹敵する理不尽で愚かな行為で，人道に対する犯罪である」と強く非難した．彼らはトルーマン大統領や米国政府高官に書簡を送り，「サイクロトロンは研究用の機器で爆弾製造用ではない．これを 1 ヵ月間運転して作り出せる爆弾の材料はかろうじて目に見えるぐらいのものであるが，原子爆弾には何ポンドもの量が必要である．この略奪行為の責任者は処罰されるべきである．研究機器の有用さと 16 インチ砲の軍事的な重要さの区別もつかないような人物が要職に就くべきではない．」と述べている．

また「星条旗」紙にも，11 月 28 日付の紙面で「日本のサイクロトロン破壊に非難の的」と言う記事が掲載されている（Stars and Stripes 1945.11.28；中根他編 2007, p.1190）ので，紹介しておこう．

8）ルーヴァン図書館：ベルギーのルーヴァン市にあるカソリック大学の図書館．第 1 次大戦中ドイツ軍の市街攻撃によって 30 万冊の蔵書が焼かれたが，第 1 次大戦後ドイツの賠償と日本を含む連合国側の寄贈によって再建された．ところが第 2 次大戦が勃発するとナチス・ドイツは再びルーヴァン市を攻略するが，攻撃に際し市街は破壊せず，図書館のみを焼き払った．

第 9 章　サイクロトロンの破壊　　249

オークリッジ・テネシー（INS）発

　クリントン（Clinton）研究所の科学者は次のような声明を発表した.
「日本のサイクロトロンの破壊は乱暴であり愚かであって，人類に対する犯罪である．原爆施設で働いているオークリッジ科学者連合のメンバーは「マッカーサー司令部が報告した日本のサイクロトロンの破壊は日本人の蔵書を焼却したり，あるいは日本人の印刷機械を破壊したりするのと同じように不名誉なものであり，誤りである」と語っている．……サイクロトロンは自然の基礎的な事実，トルーマン（Truman）大統領，アトリー（Attlee）首相とキング（King）首相が宣言したと同じ事実を発見するための科学的な機器であり，全世界の所有物として残すべきものである．この乱暴な破壊行動は世界中のすべての知的な人たちによって非難されるだろう.」

　これらの非難に関連して米国科学研究開発局長官のブッシュ（195 ページ参照）は 11 月 28 日パターソン陸軍長官宛に手紙を送り，日本のサイクロトロンの破壊に関して誤りがあったことを指摘した（山崎 1995).

6　堀田進の抗議書簡

　占領軍によるサイクロトロンの破壊が伝えられると日本の大学の研究者の間にも大きな衝撃が走った．以下は京大医学部微生物学科の大学院生堀田進[9]が 11 月 29 日に直接マッカーサー元帥に宛てた抗議の書簡で，和紙に毛筆で丁寧に書かれており，その GHQ による英訳と共に米国国立公文書館に保存されている（堀田 1945；小沼・髙田 1991, 1992, 1993；政池 2010a, 2010b, 2010c)【図 9-G，図 9-H】.

　謹啓
　　寒さの日々に加はる折柄　元帥閣下には愈々ご健勝の御事と存上げます.

9）後に神戸大学教授，デング熱研究で著名.

250　　第 3 部　占領下の原子核物理学

閣下のご着任以来，世界平和の確立を通じて人類福祉の増進を企画せらるる閣下の御熱意とご盡力とに対し，すべての日本國民は絶大なる尊敬と親愛の意を表するものであります．斯かる敬愛の念は聯合國軍将兵の模範的言動によって更に増し加へられております．

　今や我々日本國民は，厳粛なる気持ちを以て過去を反省すると共に，大らかな心を以て未来を豫見しつつ，真實且不屈の努力を重ねることによって，道義的新日本を建設し，世界の進運に貢献せんと固く固く決意致しております．

9-G　神戸大学教授時代の堀田進

　拙，最近各新聞紙の報道によれば日本に於ける原子破壊研究施設の撤去が進められつつある由であります．率直に申上げますれば，この記事に接した時，私は我とわが眼を疑った位であります．しかし明な（ママ）貴軍渉外局の發表に係るものなるを知った時，次に，その記事が誤であれかしと念じました．けれども，更に，その情報の真實なるを知った時，深い失望にとらわれるのをどうすることも出来ませんでした．

元帥閣下，

　私は率直且真實なる気持を以て，次の疑問を申し上げたいと存じます．一体，日本の現有する原子破壊研究設備を取除く必要があるだろうかと．私は信じます．否，絶対に否，と．その理由は次の通りであります．私は或人々の述べる如き，日本の過去並に現在の研究程度を以てしては何等の危険も俱される筈がない，との説には，必ずしも賛成出来ません．それは，原子爆弾の製造であれ其他の何であれ，一度その可能性が実証された以上，一部の人々が或物事を永久に秘密にしておくことは不可能だからであります．

　然し，閣下，私は心から御願申上げます．日本國民を信頼して下さい，と．

　今や，あらゆる日本人は天皇陛下の御意志に従って，平和國民として新發足

第9章　サイクロトロンの破壊　251

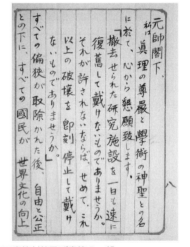

9-H　堀田進のマッカーサー宛て書簡封筒及び書簡の一部

すべき固い決意を抱いております．就中，學問藝術を通じて人類の福祉に寄與したいといふことは，日本に於けるすべての聡明な知識人の祈りですらあります．

　一度斯かる決意を堅持した者には，戦争に於ける勝敗を超越して，眞理探求の自由は當然與へらるべきものと信じます．即ち，人類の幸福の為に原子エネルギーを善用すべく，着實且不撓の研究を遂行することは，戦勝戦敗の別を問はず，すべての國民に課せられた尊い義務であると確信するのであります．殊に私は医學を専攻する學徒として，原子エネルギーの医學的活用に大きな夢を抱いております．聯合國の明敏有能なる科學者達の指導の下に，日本の科學者たちが斯る世紀の研究に対し新しき努力を注ぐことは當然の成行きと信じておりましたのに，斯る希望から余りにもかけ離れた現實をみせつけられ，私は否，日本のすべての眞率なる科學者達は深い絶望にとらわれているのであります．

元帥閣下，

　私は眞理の尊厳と學術の神聖との名に於いて，心から懇願いたします．

　『撤去せられた研究施設を一日も速に復舊して戴けないものでありましょうか．それが許されないならば，せめてこれ以上の破壊を即刻停止して戴けないものでありましょうか．』

　すべての偏狭が取除かれた後，自由と公正との下に，すべての國民が世界文化の向上（その一つとしての自然科學の發達）に全力を拂ひ得る時が一日も速に来らんことを私は衷心より念願するものであります．而して，閣下の鋭い知性と豊かな心情とは必ずや，斯る念願を實現せしむる上に最も大いなる働きをなすものであると確信致します．

　何卒微意のある所を諒とせられ，公正且適切なる御處置によって，速に，我々に安心と希望とを與へられんことを切に切に御願申上ぐる次第であります．

　寒さの加はる折，閣下並に聯合國軍将兵各位のご健康を偏に祈り上げます．

敬具

　　　11月29日

　　　　　京都帝國大學医學部微生物學教室

　　　　　　　　　大學院學生　堀田　進　Susumu, Hotta

マッカーサー元帥閣下

2009 年筆者はこの手紙を書いた真意を知りたいと考え，堀田を訪ねた．堀田は「私は特に政治的意図をもって書いたわけではなく，荒勝先生の御子息から事の顛末を聞いて，自分の気持を率直に述べただけである．私はキリスト教徒であるが，学問を志すものとしての純粋な気持からこの手紙を出した．若気の至りだったが，これに対する GHQ からのお答めはなかった」と話してくれた．

敗戦によって多くの日本人が絶望的な気持を抱いている中で，勝者である占領軍による研究装置の破壊という暴挙に対して堀田が若い科学者として率直にその非を指摘した勇気と正義感はこれを読む者に感銘を与えずにはおかない．

さて 12 月 13 日早朝米軍の関係者（氏名不明）がサイクロトロン破壊の事実についての民間の情報を集めるためと称して京大理学部長駒井卓を訪ねた．この時荒勝は湯川と共に同席し，求めに応じて次のような意見を述べた．

> 日本から原子核研究の芽を摘み取られた事は誠に残念である．率直に云うならば米国製の最上のサイクロトロンを京都に建設し，日米両学徒の研究に便ずることが最も望ましいと思う．元々サイクロトロンは原子爆弾とも軍とも無関係に計画されたもので，これを生物学並ニ医学等の研究にも利用する事を望んでいたものであり，原子爆弾以来医者は特にサイクロトロンの破壊に関し，失望を感じて居る状態である（荒勝 1945a）

さらに荒勝は米軍側の「アメリカの学者の統制乃至共働作業で研究を行うことを承け入れるか」という質問に答えて「宜しい」と返答し，「京大の卒業生を米国に送り，そこで原子核を学ばせる制度の復活を望む」とも述べた．この時，湯川も「私もそれと同意見である」と述べ，「自分は理論をやっているが，実験が発達して記録が豊富にならなければ理論は成立しないから実験研究室の完成は望ましい」と付け加えた．

会談後実験室の現状を視察したが，サイクロトロンはポール・ピース 2 個とヨークのブロック 1 個を残して惨憺たる光景であった（中尾 2009）．この時実験室には 2 名の新しい警備兵が立って警戒に当たっていた．

254　第 3 部　占領下の原子核物理学

「湯川日記」には，

> 12月13日（木）朝　マッカーサー司令部よりサイクロトロン破壊に関し意見取に来る．駒井・荒勝両教授と共に面会．
> 12月15日（土）朝　物理教室サイクロトロン破壊に来て居た第6軍の将校引揚の挨拶に来る．

と記されており，12月15日まで米軍兵士が物理学教室に駐留し，監視，警戒にあたっていたことが分る．

7 米国政府の対応

7-1 マッカーサーの弁明

サイクロトロンの破壊に対して日米欧の科学者の抗議と非難が高まったが，マッカーサー（Douglas MacArthur）連合国軍最高司令官【図9-Ⅰ】はその回想記の中で自分の置かれていた立場を次のように述べている（マッカーサー 1965, p.138）．

> 日本の軍需品と戦争能力の破壊を進めているうちに，日本のサイクロトロンを壊すという不幸な出来事が起こった．私はこの機械はもともと科学用のものだから保存するようにと命じたが，陸軍省が私の決定をくつがえした．私は抗議したが遂に陸軍長官の名で破壊するようにとの命令がやってきた．驚いたことに陸軍省は私に責任を押し付けた．この事件は不幸な出来事で，陸軍省が責任を他になすりつけようとした事は私に悪い後味を残した．軍の性格の中にはいろ

9-Ⅰ　マッカーサー司令官

第9章　サイクロトロンの破壊　255

いろの欠点があるかもしれないが，責任逃れのごまかしが軍人の性格に入り込んだことはかつてなかった．

このマッカーサーの回想記にはコンプトンが陸軍長官に送った次のような内容の手紙が引用されている．

このサイクロトロンの破壊は全く愚かな行為で，軍部が過去 5 年間営々として築き上げ，かなり固まっていた公衆の軍部に対する信頼をひどく傷つけてしまいました．またこの行為は，おそらくは日本における米国の最上の友である日本の思想的指導者の反感をあおるという不幸な結果を招きそうです．3 カ月前，私は問題の日本製サイクロトロンのうちの 2 台を視察し，日本の核科学者たちが，科学研究を継続できるように定めた規則の作成に加わりました．実際のところ，サイクロトロンは原子爆弾を製造するような能力を持つ機械ではありません．しかも，そこにある最大のサイクロトロンは生物学と医学の科学研究に使われていただけです．ロンドンの新聞はサイクロトロンの破壊命令は，マッカーサー将軍の名で出されたと伝えていましたが，将軍をよく知る私は将軍に責任が無いことを確信しています．陸軍長官についても同じです．しかしその間のどこかに，自分の持つ権限だけの判断力や能力を持たない将校や役人，或はそういった連中のグループがいることは間違いなく，そのような箇所を掃除する必要があると私は考えます．……

マッカーサーがこの回想記で「この機械はもともと科学用のものだから保存するようにと命じた」と記しているのは前述の 10 月 17 日付のオハーンによる理研サイクロトロンの運転許可を指しており，それはコンプトン調査団のモーランドの助言によるものだったことを示したかったのであろう．マッカーサーとしては自分の判断は正しかったが，陸軍省の幹部が誤った決定を下したことを強調したかったわけで，マッカーサーと米国政府との確執の一端を表している．

256　　第 3 部　占領下の原子核物理学

7-2 パターソン陸軍長官の謝罪

9-J パターソン陸軍長官

1945年12月17日付の〈星条旗〉紙は米国の陸軍長官ロバート・パターソン(Robert P. Patterson)【図9-J】が米国の占領軍による日本のサイクロトロン破壊は陸軍省の誤りであったことを認めたと報じている（Stars and Stripes 1945.12.17）．

記者会見でパターソンは，陸軍省の特別の指示でマッカーサー将軍が日本のサイクロトロン破壊を命じたのだというマッカーサー司令部の声明について質問された時「その通りである」と答え，さらに次のように付け加えた．「私は直接には承認された命令の原本を見ていなかった．というのは直接見ることができないような毎日『数百ものメッセージ』が送られてくるからである．」「この特定の事例は検討すべき事案ではなく当然承認すべきものとして取り扱われたわけである．このメッセージを送ったことは間違いであった．」「マッカーサーは命令を実行する上で全く正しい行動をとった．この失敗で誰も懲罰を受けないだろう．」（コラム9参照）

この時，長官は，科学者の意見を聞くべきであったことを認めている（小沼・高田 1992；山崎 1995）．サイクロトロン破壊に米国の原子核物理学者たちが強く抗議した背景には将来の原子核の研究を軍のコントロール下に置かれることを恐れた科学者達の強い意志が働いたと見るべきであろう（Shapley 1978）．

この事件が一段落した12月19日，荒勝はサイクロトロン建設に協力してくれた各方面の関係者に下記の文書を配布し，米軍によるサイクロトロンの破壊に依って建設の努力が水泡に帰したことを報告して陳謝した（荒勝 1945b）．

拝啓，寒冷の候愈々ご清祥国家復興の為御挺身の御事大慶至極に存候
　陳者本学化学研究所荒勝研究室に於けるサイクロトロン建設に関しては豫而より各方面の一方ならぬ御協力と御支援を得着々其の進捗を見深謝致候処去る11月20日聯合軍最高司令部より派遣されたる米国第6軍所属部隊に依り該設備の破壊撤収は開始せられ12月15日を以ってその作業終了と相成候　今日迄長年

月に亘る吾々の努力苦心も遂に水泡と化し各位のご期待にも添ふ能はざる事態
と相成候次第何卒御諒承下され度候

尚當研究室に於いては今後純学術研究並に一般民衆生活復興に関する技術の研
究に精進致度き所存に有之候今後共御支援御好誼の程奉願上候

右御報告旁々御礼御挨拶まで如斯に御座候　匆々

昭和 20 年 12 月 19 日

化学研究所荒勝研究室主任　荒勝　文策

　一方，仁科は 12 月 20 日，サイクロトロンの完全復旧と放射性物質の米国か
らの輸入許可を求める 6 ページの英文の声明を起草して終戦連絡事務局に提出
する．その中でオークリッジの科学者が「サイクロトロン破壊は人類への犯罪
とも言うべき理不尽でばかげた行為で，図書館焼き討ちと同じような恥ずべき
犯罪である．」と述べたことを引用している．しかし「この文書の影響を考慮
してそれを GHQ に提出することは見合わせた」と手書きで記されている
(Nishina 1945b；小沼・高田 1993, 山崎 1995)．

　1946 年 4 月 4 日付の GHQ の内部文書に「朝日グラフ誌記者が仁科へのイ
ンタビューでパターソン陸軍長官が破壊行為の誤りを認めたこと，米国の科学
者は破壊がルーヴァン図書館焼き討ちに匹敵すると抗議したことをどう思うか
と質問したのに対して，仁科は米国の科学者の態度に心から敬意を表すると述
べている．しかしこの非難は誤っているのでこの部分の削除を命じた．」と記
されたメモが米国国立公文書館に保管されている (Civil Censorship Department
GHQ, 1946)．この削除命令は占領軍の検閲の厳しさを物語っている．

8　京大サイクロトロンの行方

　理研のサイクロトロンは東京湾の横浜沖に，また大阪大のサイクロトロンは
大阪湾に投棄されたことが知られているが，京大サイクロトロンが破壊後どこ
でどのように処理されたかについて記された文書は見当たらない．当時米国当
局もこのことについて強い関心を持っていたらしく，その処理についてジョー

ジ・ヤマシロ（George Yamashiro）歩兵少尉が調査した結果が1946年5月20日付の報告書として米国国立公文書館に保管されている（Yamashiro 1946）．この資料によると1946年4月24，25日エントウィッスル（R.R.Entwhistle）少佐とヤマシロが京都地区の現地調査を行った．まず荒勝にサイクロトロンの最終的な廃棄について質問したが，彼は米国の武装された一部隊がサイクロトロンを破壊し，大学から持ち去ったということ以外には何も知らされていなかったとのことであった．次にGHQ第一軍団司令部において，第5250技術情報部隊（東京駐在）がこの任務に当たっているとの情報を得て，ヤムコチャン（K. Jamkochian）中尉ほか2名に連絡をとるようにと勧められた．ところがそのうちの2人はすでに米国に帰国してしまっており，ヤムコチャンとだけ連絡することができたが，彼はサイクロトロン計画と直接関係しておらず，スニビー（Scnibee）GHQ第1軍団司令部爆弾処理部隊上級将校及びハイン（Hein）GHQ第1軍団司令部中佐とコンタクトすることを勧めてくれた．その後ヤマシロは八方手を尽くしてスニビーやハインをはじめ多くの将校を訪ねたが，サイクロトロン破壊に関わった人物は全て帰国してしまっていたので，この計画に直接関わった人物の誰ともコンタクトをとることができないことが判明した．そこでGHQの特別計画班は京大の荒勝研究室から持ち出されたサイクロトロンの最終処分に関するファイルの詳細な調査をするよう上記技術情報部隊に強く求めることになった．

その後，1947年5月2日付けでヤマシロよりGHQ経済科学局科学技術課特別計画班長宛に送られた極秘メモに「(京大の)サイクロトロンの実際の破壊と最終処分についての記録は経済科学局のADMとSPDのファイルにはないため，撤去されたサイクロトロンについての調査を実行した.」と報告されている．

さらに1947年9月17日付の「日本におけるサイクロトロンの破壊と最終処分」と題する極秘記録用メモに，GHQ経済科学局のファイルを再検討した結果京大のサイクロトロンの破壊と最終処分に関する記録を発見することはできなかったことが記されている．それ以後この件を米国側が調査した記録は発見されていない．

京大サイクロトロンの最終的な投棄場所は大阪湾，琵琶湖，東京湾などの諸

説がある．一方，オーストラリアのメルボルン大学教授オリファント（M. L. Oliphant）が 1952 年頃京大を訪れ，京大の原子核研究室のメンバーに「京大サイクロトロンの電磁石は投棄されずにオーストラリアに運ばれ，メルボルン大学で超大電流発生の単極発電（monopolar generator）及びそれを利用した加速器建設に利用された」と語ったとのことである（池上栄胤 私信 2014）．しかしそれを記した文書は見あたらない．京大サイクロトロンの行方は現在でも大きな謎として残されている．

　その後，サンフランシスコ講和条約の発効とほぼ時を同じくして，理研，大阪大及び京大のサイクロトロンの再建がスタートした．京大では荒勝文策の後を継いで教授に就任した木村毅一が中心になって，京大化学研究所の施設の一つとして，京都市蹴上（現在京都市左京区）にあったわが国最初の水力発電所の建物のなかに，占領軍によって破壊されたものとほぼ同じ大きさのサイクロトロンが建設された．このサイクロトロンは重陽子を約 15MeV まで加速できる加速器で，1955 年頃にほぼ完成したが，その後シールド工事や補修などに費用と時間がかかり，本格的な原子核実験が開始されたのは 1960 年ごろであった．その後このサイクロトロンを用いて数々の原子核の実験的研究が行われ，多くの原子核，素粒子物理学の研究者を輩出したことが日本の科学史の一こまとして刻まれている．筆者はこのサイクロトロン建設の最終段階で先輩同僚達と共にその完成と実験開始の手伝いをすることができたことを光栄に思っている．

文 献

Allen, H. W.（1945）Destruction of Japanese Scientific Equipment［US National Archives, College Park MD, RG 331（290/24/2/01）SCAP Box 2 File 13］.

荒勝文策（1945a）「サイクロトロン破壊時の日誌」荒勝家文書.

荒勝文策（1945b）「サイクロトロン破壊についての報告」荒勝家文書.

朝日新聞（1945.11.25）「日本の原子研究終焉」.

Civil Censorship Department GHQ（1946）Lamented Cyclotron（quote from Asahi Grafu Interview Article of Dr. Yoshio Nishina［US National Archives, College Park MD, RG 331（290/24/2/01）SCAP Box 2 File 13］.

Fisher（1946）Inspection of Activities at Kyoto Imperial University［US National Archives, College Park

MD, RG 77 Entry 22A（380/1/4/02）Box 172］.

GHQ（1945）Memo for Record RCK/JAO'H/lcm（原子核研究の全面禁止指令）［US National Archives, College Park MD, RG 331 Box 2 File 13］.

堀田進（1945）「マッカーサー元帥閣下」, Translation directed by the Commander-in-Chief, Digest of Letter from Hotta Susumu, Kyoto University［US National Archives, College Park MD, RG 331 Box 2 File 13］.

Kikuchi, S（1945）Permission to conduct studies in Atomic Physics［US National Archives, College Park MD, RG 331 SCAP（290/24/2/01）Box 2 File 13］.

小沼通二・高田容士夫（1991）「理研サイクロトロンの破壊（1945）について」『日本物理学会誌』46：496-497.

小沼通二・高田容士夫（1992）「日本の原子核研究についての第二次世界大戦後の占領軍政策」『科学史研究』31：138-146.

小沼通二・高田容士夫（1993）「第二次世界大戦後の日本の原子核研究と極東委員会」『科学史研究』32：193-201.

毎日新聞（1945.11.25）「仁科研究所等の施設破壊」.

マッカーサー, D（1965）津田一夫訳『マッカーサー回想記（下）』朝日新聞社.

政池明（2010a）「占領軍による日本の原子核研究の調査　I —— 米国国立公文書館などの保存文書より」『日本物理学会誌』65（5）：362.

政池明（2010b）「占領軍による日本の原子核研究の調査　II —— 米国国立公文書館などの保存文書より」『日本物理学会誌』65（6）：449.

政池明（2010c）「占領軍による日本の原子核研究の調査　III —— 米国国立公文書館などの保存文書より」『日本物理学会誌』65（7）：567.

中根良平・仁科雄一郎・仁科浩二郎・矢崎祐二・江沢洋（編）（2007）『仁科芳雄往復書簡集 III』みすず書房.

中尾麻伊香（2009）「捨てられた京大サイクロトロンのその後」『日本物理学会誌』64（6）：461.

中山茂（1997）「サイクロトロン破壊事件 —— ハリー・ケリー」科学朝日編『スキャンダルの科学史』朝日選書.

New York Times（1945.11.24）「日本の5基のサイクロトロンの破壊」.

New York Times（1945.11.26）「MIT 科学者による非難声明」.

Nishina Y（1945a）To General Douglas MacArthur（Asking for the operation of cyclotron）［US National Archives, College Park MD, RG 331（290/24/2/01）SCAP Box 2 File 13］.

Nishina, Y（1945b）An Account of the Destruction of the Cyclotrons in the Nishina Laboratory, Institute of Physical and Chemical Research, Tokyo［US National Archives, College Park MD, RG 331 Box 2 File 13］.

O'Hearn, J. A.（1945a）Memo for Record（仁科のサイクロトロン運転は安全であり，科学的な意義がある）［US National Archives, College Park MD, RG 331 SCAP（290/24/2/01）Box 2 File 13］.

O'Hearn, J. A.（1945b）Memo for Record（サイクロトロンの扱いについての統合参謀本部宛問い合わせ）［US National Archives, College Park MD, RG 331 SCAP（290/24/2/01）Box 2 File 13］.

O'Hearn, J. A.（1945c）Memo for Record（原子核研究の全面禁止指令）［US National Archives, College Park MD, RG 331（290/24/2/01）SCAP Box 2 File 13］.

O'Hearn, J. A.（1945d）Memo for Record（サイクロトロン破壊の準備状況）［US National Archives, College Park MD, RG 331 SCAP（290/24/2/01）Box 2 File 13］.

SCAP（1945）Nishina Laboratory, Institute of Physical and Chemical Research［US National Archives, College Park MD, RG 331 SCAP（290/24/2/01）Box 2 File 13］.

Shapley, D（1978）Nuclear Weapons History : Japan's Wartime Bomb Projects Revealed, *Science* 199（Jan.

第 9 章　サイクロトロンの破壊　261

13, 1978）： 152.

清水栄（未刊行）「清水栄日記」［清水家所蔵］.

Smith, T. C.（2002）The Kyoto Cyclotron, *Historia Scientiarum* 12-1 : 74.

Stars and Stripes（1945.11.25）「サイクロトロン破壊」.

Stars and Stripes（1945.11.28）「日本のサイクロトロン破壊に非難」.

Stars and Stripes（1945.12.17）「陸軍長官パターソン　サイクロトロン破壊は誤りと認める」.

スミス, T. C.（1997）大島真理夫訳「京都帝大サイクロトロンの解体（1945年）に関する回想」『日本史研究』424 : 128-140.

Yamashiro, G（1946）Investigation on the Final Deposition of the Cyclotron that was removed from Dr. Arakatsu's Laboratory at Kyoto Imperial University［US National Archives, College Park MD, RG 331 SCAP（290/24/2/01）Box 2 File 13］.

山崎正勝（1995）「GHQ 史料からみたサイクロトロン破壊」『科学史研究』34 : 24-26.

読売新聞（1945.11.26）「原子核研究を根絶」.

湯川秀樹（未刊行）「湯川秀樹研究室日記」［京都大学基礎物理学研究所湯川記念館史料室所蔵］.

コラム 8

ウランの捜索

　第2次大戦終結直後に来日した米国原爆調査団顧問のモリソンは，京大の捜査を終えた日，京都にはウラニウムのストックは見当たらなかったと米国政府に報告している．ところが実際には大戦末期に海軍が130kgのウラニウム化合物を上海の"ブラック・マーケット"で購入し，その一部を京都に運びこんでいたことが，占領軍のその後の捜査で明らかになった．

　1983年の海軍反省会で，三井再男（海軍技術大佐）は「上海にあった児玉機関がウランの大部分を集めてくれたので，その一部を京大に近い百万遍のお寺に納め，一部は海軍技術研究所の化学部に置いておいた．陸軍がウラン鉱石を分けてくれと言ってきたが，あなたのところだって集めるのに苦労しているだろうと言っておいた．」と証言している（戸高編 2013）．陸軍は最後までまとまった量のウランを取得することができなかったが，ここにも陸軍と海軍の確執が表れている．

　さて，上海で購入したウランのうち約100kgは1945年5月に荒勝研究室に運ばれたが，爆撃で破壊するのを防ぐため，本箱に入れてサイクロトロンのマグネットの近くに穴を掘って埋めておいた（「清水日記」）．その後敗戦となり，京都府南部の荒勝の知人宅に持ちこまれ，保管されていたが，1945年11月のサイクロトロン破壊の時に米軍に押収された．この年京大を卒業して荒勝研究室の副手となっていた西川喜良は，荒勝の知人宅におかれていたウランを占領軍がジープで来て運び出すのに立ち会わされたとのことである．

Article

　押収されたウラン化合物は UO_3 86.4kg，U_3O_8 12kg，ウラン酸ナトリウム 1.15kg，窒化ウラン 500g であった．（241 ページ参照）（京都新聞 2017）

　上海で購入した 130kg のウランのうち京大に納入したウラン以外の残りの 30kg は笹川海軍少将（艦隊司令部特殊部隊司令官）によって保管されていたが，その後米国政府から日本に派遣されていたフィッシャー少佐に引き渡された．

　フィッシャーは海軍が上海のブラック・マーケットの業者からウランを購入したという情報の真偽を確かめるためにわざわざ上海まで足を運んで自然科学研究所を調査したが，新しい情報を得ることはできなかった．

　GHQ 経済科学局産業課課長オハーンの 1946 年 4 月 3 日付の活動報告の中にも，「荒勝博士が原子核研究に用いるために日本海軍が調達した酸化ウランの総量は 125〜150kg で，現在大阪に保管されている．」という記述がある．その後どこに運ばれたかのを示す記録は見当たらない．

文　献

戸高一成（編）（2013）「海軍反省会記録第 38 回　原爆投下──20 倍の国力差が意味したもの」『証言録　海軍反省会 5』PHP 研究所，33 頁．
京都新聞電子版 2017.12.22［National Archives, Collage Park, MD. 所蔵］．
清水栄（未刊行）「清水栄日記」［清水家所蔵］．

コラム 9

Top Secret とサイクロトロン破壊命令

　米国政府や占領軍関連の機密文書は機密度の高い順に Top Secret, Secret, Confidential, Restricted と定められているが，Top Secret 文書の中でも機密度の最も高い特別な極秘文書は，"For Eyes Only" として書き写しが一切禁止され，限られた人物しか読むことができないようになっていた．

　1945 年 10 月 31 日付で米国陸軍省 (ペンタゴン) から GHQ に送られた機密文書「日本で原子力研究に従事した全研究者の拘束，関連研究施設の差し押さえ，原子核研究の全面禁止を指令した電報」やその年の 11 月 10 日付の「サイクロトロン破壊命令を記した電報」は Top Secret の書類であったが，特に For Eyes Only 扱いだったために統合参謀本部内での命令の作成と伝達に行き違いが生じる要因になった可能性がある．

　後年，マンハッタン計画の責任者グローブス将軍は著書の中で「電文を起草した新任の将校が陸軍長官名で送ることを陸軍長官事務所に問い合わせたところ通常事項と判断され，長官が目を通さないまま東京に打電された」と記している (Groves 1945)．ところがその後 C. ウェイナー (120–121 ページ参照) が 1945 年 11 月 9 日付の "For Eyes Only" で書かれた命令原案をマンハッタン計画のファイルの中から見つけ，1978 年の「原子力科学者学会報」で発表している (ディーズ 2003)．

　機密文書の取り扱いのむずかしさを示している．

　ともあれこの指令に従って，11 月下旬，占領軍によって理研，大阪大，京大にあったサイクロトロンの全てが破壊され，東京湾や大阪湾に投棄さ

265

れることになるのである.

文　献

ディーズ，B. C. 笹本征男訳（2003）『占領軍の科学技術基礎づくり』河出書房新社
Groves, L. R.（1962）Now I Can Be Told, *Da Capo Press*,（富永健吉・實永譲訳（1964）『原爆はこうして作られた』恒文社）

第10章

占領軍による原子核研究の禁止

　米国では，原爆開発中からくすぶっていた科学者の考えと軍当局の方針の違いがサイクロトロンの破壊事件によって一気に表面化してしまい，米国政府は対応を迫られることになる．そこでノースウエスタン大学物理学科教授のフィッシャーを日本に派遣して実情を徹底的に調べさせ，以後の日本における原子核研究の管理体制を再構築する方策を探る．

　フィッシャーは日本に着任すると早々に，純粋な原子核物理学の研究も含めた広い分野の研究を禁止すべきであるとワシントンに書き送る．

　一方彼はGHQ内に日本の原子核問題を取り扱う特別計画班を設置して，その部署がワシントンと直接連絡できるような体制を整える必要があると強く主張し，それをGHQに認めさせる．さらにフィッシャーは理研や東大，京大，大阪大などの研究教育機関を精力的に訪問して状況把握に努める．特に京大では荒勝が押収されたノートの返還と研究再開を強く求めたこともあって，詳細な調査を行う．京大の捜査はフィッシャーの帰国後もしばしば行われ，その都度調査の詳しい内容がワシントンに報告された．

　またフィッシャーは日本海軍が京大に納入したウランの入手先を調査するために上海にまで足をのばす．

フィッシャーは，荒勝などと対話し，原子核研究施設を捜索する中で日本の研究の実態を知り，日本での研究は米国を脅かす存在ではないと考えるようになった．帰国後，原子エネルギー研究の管理に関して「研究機関の監視を続けながら，原子核物理学分野の基礎研究とその教育は許可すべきである．」と書かれた非公式な書簡を GHQ の特別計画班宛に書き送る．これを公式に提案できなかった理由は，米国政府内の意見の不統一と風通しの悪さのためであったが，結局，この提言がその後の米国政府の基本方針となる．

1946 年夏，米国政府は極東委員会に対し，条件付きで日本の原子核物理学の基礎研究を許可すべきであると提案するが，委員会のメンバー国の大半は日本の原子核研究の実情をよく理解していなかったためか，日本の原爆開発を恐れて米国の提案に難色を示す．米国政府は "basic research" という用語を "fundamental research" と書き改めて防戦に努めるが，結局米国案は認められず，1947 年 1 月，極東委員会で日本における全ての原子核研究の禁止決議が採択される．

GHQ では混乱を回避するために新たな指令を発することは差し控え，日本側に対しては柔軟な姿勢で臨むこととなった．

1 米国の政策転換

前章で述べたように，占領軍によるサイクロトロン破壊事件は，日本国内はもとより米国の多くの科学者達からも非難を浴びた．特にオークリッジや MIT の科学者による抗議に対して米国政府は対応を迫られる．

日本の原爆開発の調査から帰国したファーマン少佐は，1945 年 11 月 29 日にマンハッタン計画副司令官ファーレル准将宛に書簡を送り，「サイクロトロンの破壊によって，軍当局の原子エネルギー問題に対する基本方針と科学者の長年の考え方の相違が表面化してしまったが，両者の考えはそれほど懸け離れているわけではないので相互の連絡を密にすれば解決できるはずである」と述べて実現可能な包括的計画を作戦現場に示す必要性を強調する．ファーマンはフィッシャー（Russell A. Fisher）少佐[1]にこの任に当たってもらってはどうかと提案する（Furman 1945a, 1945b）．マンハッタン計画の責任者グローブス将軍【図

268　第 3 部　占領下の原子核物理学

10-A】はこれを受け入れ，翌日参謀総長に次のような政策の変更をマッカーサーに伝えるよう提案する（Groves 1945）．

10-A　グローブス（左）とファーレル

> 原子エネルギーに関する日本の状況を精査した結果，以下のように政策を変更することを指示する．原子エネルギーの研究に携わった科学者の釈放[2]，実験室の監視体制の解除及び通常の立ち入りの許可を命ずる．研究活動の禁止は継続する．原子エネルギー研究に精通した全ての科学者，教員，学生の登録を行い，彼らの活動と原子エネルギーの研究が行われる可能性のある実験室を定期的に捜索する．全てのウラン，トリウムを押収する．この命令は非公開とする．

1945年12月15日，国務省，陸軍省，海軍省は日本の原子力に関連した状況を協議した結果，10月31日付の電報WX79907を敷衍した形式にして，上記のグローブス提案とほぼ同じ内容の指令（WX88780）をマッカーサー宛に発信する．この指令に書かれている「研究活動の禁止の継続，原子エネルギー研究に精通した全ての科学者，教員，学生の登録，彼らの活動の定期的な捜索，ウラン，トリウムの押収」などは，それ以降GHQが日本の原子エネルギーについての研究活動を規制する基準となる（Joint Chiefs of Staff 1945；ディーズ 2003, p.36）．この命令によってGHQによる長期に渉る日本の原子核研究室の定期的捜査と監視，原子核物理学者のリストの作成，核燃料物質の押収とそのリストの作成が実行されることになる．

---

1) ノースウエスタン大学の物理学教授で分光学の研究者であったが，マンハッタン計画に参画していた．
2) 実際には日本では科学者は逮捕されていなかった．

第10章　占領軍による原子核研究の禁止　269

2　フィッシャーの調査と報告

　米国政府の方針転換を実行するために日本に派遣されたフィッシャーは，1946年1月に東京に着任するとすぐ，1月24日付で覚書「日本における原子力管理についての考察」をワシントンに送る（Fisher 1946a）.

　その中でまず「米国で開発した原爆の基本的原理は世界中のあらゆる原子核物理学者の知るところとなっているが，大戦中に米国で得られたデータは未公開のものがある.」と述べ，「原子兵器の開発には，そのために必要な物質を作り出す大がかりなプラント施設が必要であり，その設計には特殊な技能とそれを建設し，動かすための工業的な取り組みが必要となる」と記している.

　その上で原爆に関して守らなければならない主要な秘密は核分裂物資生産のプラントの技術及び原爆の設計の詳細であると指摘している.

　フィッシャーがコントロールすべき研究領域として挙げたのは，

- ・純粋な原子核物理学の研究
- ・急速かつ大規模なウラン同位元素の分離
- ・連鎖反応を起こす原子炉の開発
- ・希土類元素の化学反応の研究開発
- ・ウラン及びトリウム鉱石の採掘，輸入，製錬
- ・重水の生産
- ・その他のクリティカルな物質（黒鉛，ベリリウム，タングステン）

であった. この覚書に書かれた「純粋な原子核物理学の研究」を禁止すると，日本の原子核物理学の実験的研究はすべてストップしてしまうことになる.

　次いで，フィッシャーはオハーンに覚書を送り，統合参謀本部の原子力に関する指令を実施するために特別計画班（SPB: Special Project Branch）を設置して，そこに数人の適任者を配属させ，経済科学局長マーカット（W. F. Marquat）将軍が直接責任を取る体制にすべきであると提案する（ディーズ 2003, p.81）. この班はワシントンと直接連絡をとることができる権限を持ち，マッカーサーの

270　第3部　占領下の原子核物理学

コントロールを受けないことになるため難色を示す意見もあったが，結局オハーンもこの提案を受け入れ，その後の原子核研究の管理体制は特別計画班を中心に進められることになる．1946年1月に来日して2月からGHQの科学技術課長を務めていた，フォン・コルニッツ中佐（von Kolnitg）がその任に当たることになった（ディーズ 2003）．

2-1 フィッシャーによる京大と海軍の査察

フィッシャーは来日直後から，原子核物理学の研究が可能と思われるすべての研究室の査察を開始し，各地で関係者のインタビューを精力的に行う．この査察には理研と各帝国大学が含まれていたが，彼は特に京大の荒勝研究室の研究活動に強い関心を示し，京大を訪れて，ワシントンに京大とその関連施設の原子核研究についての詳しい報告を送った．フィッシャーが京大で具体的な研究内容の調査を行った記録が米国国立公文書館に保存されている．

彼は荒勝とのインタビューに多くの時間を割いて，それまでの調査団があまり調査してこなかった荒勝グループの大戦中の詳細な研究内容を調べ，さらに荒勝の研究スタンスにまで踏み込んで新しい情報を引き出そうとしている．中性子によるウランの核反応断面積の測定等の基礎研究，海軍技術研究所の北川徹三技術中佐の要請による原子エネルギー研究，上海におけるウランの入手，遠心分離法によるウラン分離計画，サイクロトロン破壊時に押収されたノートの行方，および荒勝の強い研究再開希望等々についてそれまで米国側に知られていなかった事実をワシントンに報告した（ディーズ 2003, p.118）．

1946年2月22日，京大における原子核物理学研究の現状を調査するためにフィッシャー少佐とナガノ大尉（C. H. Nagano）が京大の物理学教室を訪れたが，その主な狙いは荒勝および彼の協力者にインタビューし，原子核物理学の実験室を捜索することであった．

フィッシャーが陸軍省に書き送った戦地報告書（英文）には，サイクロトロンが破壊された後の荒勝研究室の状況が次のように描かれている（Fisher 1946b）．

原子核物理学の実験室は実質的に活動を停止している．コッククロフト型高

電圧発生装置は過去数ヵ月間運転停止状態にある．以前サイクロトロンが設置されていた部屋は半壊状態の電気機器，真空装置が置かれているだけで，空っぽになっていた．建物の壁の一部はサイクロトロンを運び出した時に壊されたままになっていた．

原子核物理学に関連した装置の一つ ― ウイルソンの霧箱とその撮影装置 ― が稼動状態にあった．これは学生が実験技術を学ぶために用いているという説明を受けた．これを用いて自然界の α 線と β 線の飛跡を観測していた[3]．

広範囲にわたる課題について荒勝教授にインタビューした結果，次のことが明らかになった．

(a) サイクロトロンが運び出された時，実験室に電力を供給していた電力線が部分的に取り除かれた．そのため新しい電力線を敷設するまでコッククロフト型高電圧加速器の運転ができなくなった．現在荒勝には必要な銅線を得る見通しがたっていない．

(b) 荒勝は今後研究活動を再開したいと望んでいるが，原子核物理学の差し当たりの研究計画は持っていない．

　　原子核の研究についてはどんな研究でもそれを始める前に連合国軍最高司令官（SCAP）の許可を申請するべきであると荒勝に勧告した．

(c) 大戦中の日本における原子核物理学の研究推進体制について質問した時，荒勝はそれには触れたくないような曖昧な態度であった．荒勝は「日本の原子核物理学者はそれぞれの研究機関で独立に研究していたので，連携して研究していたわけではなかった．書類上では研究推進体制がうまくいっているように見えたが，実際には必ずしもよく機能していたとは言い難い」と述べた．

(d) 日本海軍のための原子エネルギー研究プロジェクトについて，荒勝は，東京目黒の海軍技術研究所の化学研究部長北川徹三中佐とコンタクトをとっていた．北川はプロジェクトの進捗についての打ち合わせのためにしばしば京都を訪れていた．

　　荒勝は 1944 年に 1t のウランを求めたが，1945 年の春約 200 ポンドの

3）この霧箱については（安見 1946）に詳しい．

272　第 3 部　占領下の原子核物理学

ウラン化合物を受け取った．これはサイクロトロンが破壊されたとき米軍によって全て持ち去られた．

(e) 1945年秋に原子核物理学の研究が差し止められる以前に荒勝が最も関心をもっていたのは，ウラン同位元素による中性子の吸収断面積を決定することであった．しかし彼は分離された同位元素の試料を得ることができなかった．

　サイクロトロンが壊された時，彼の実験ノートが押収されたが，彼はそれを出版したいので是非返して欲しいと懇願した．

(f) 湯川教授は日本海軍の依頼によって進められた荒勝のプロジェクトに参加していなかった．荒勝の証言によれば，湯川の研究はあまりに理論的なので，実際のプロジェクトに適用することができなかった．

(g) この捜査の時点で京大の物理学教室には6つのコースがあり，約100人の学生が在籍していた．

　湯川秀樹教授は東京に旅行中で不在だったため，我々の京都滞在中に湯川にインタビューする事はできなかった．

　この捜査によって次のことが結論される．

　京都帝大の物理学教室では現在人材，装置の両面からみて連合国の安全を脅かすような原子核物理学の研究を行っていない．また，数ヵ月以内にそのような研究が遂行可能となる兆候は見られない．

ラッセル　A. フィッシャー（Russell A. Fisher）

少佐（Major, A. C）」

　京大の査察に続いて2月25日フィッシャーは占領軍がウランを保管していた大阪造幣局に赴き，サイクロトロン破壊の時に京大で押収したウランの全量を確認する．（コラム8参照）

　京大の査察によって，海軍側の窓口は海軍技術研究所化学研究部長北川徹三技術中佐であることが明らかになったので，フィッシャーは3月8日ナガノとエントウィッスルを伴って北川を取り調べる[4]．この時の記録（英文）が米国

4）海軍技術研究所は1945年10月連合軍に接収され，北川は研究所を代表してオーストラリア軍のマッケンジー中佐に書類などを引き渡して，研究所を去っていた（北川 1979）．

第10章　占領軍による原子核研究の禁止　273

国立公文書館に保存されている（Fisher 1946c）.

北川は3月8日GHQ SCAP（Supreme Commander for the Allied Powers 連合国軍最高司令官）の特別計画班事務所に出頭するよう命じられた. インタビューの第一の目的は，荒勝に提供された酸化ウラン約100kgの入手先を探る事であった. 北川は英語の知識を少し持っていたが，誤解を生じないようにインタビューでは日本語で話し，ナガノが通訳した. フィッシャーによると，北川は40歳前後でとても理知的な人物のように見受けられた. 北川は，最初はウランのエネルギーを利用できる可能性を研究するプロジェクトがあったということしか言わなかったが，繰り返し質問すると次のような事実を明らかにした.

- ウラン・プロジェクトは1942年5月か6月に始まった.
- このプロジェクトは大戦以前に北川自身が読んだ科学文献に基づいて始められたもので，米国やドイツで行われていることについては何も知らなかった.
- 1943年に，海軍は荒勝のサイクロトロンの主要部となる純鉄を提供した.
- 荒勝は1,500kgのウラン化合物を要求したが，海軍は1945年5月または6月に荒勝に約100kgの酸化ウランを提供した.
- 海軍（技術）研究所は約10kgの酸化ウランを持っていたが，後に終戦連絡事務局に引き渡され，現在そこに保管されている.
- 船荷請求書によればウランは多分上海から運ばれて来たのであろう.

このインタビューについて北川は「勤務録」に

1946. 3. 8　マ司令部 Fischer, 長野少尉農林ビル307

　　　3.15　二世 George 山代, Dr. Fox ［著者注：Gerald W. Fox］に会う. 渡辺慧通訳,

　　　　　　マ司令部 R. A. Fisher に報告す（北川 未刊行）.

と記されている.

フィッシャーは北川にインタビューを行った後，大戦中の日本のウラン資源獲得計画を調査するために上海に行き，3月19日上海の自然科学研究所の地

質学地球物理学研究部門の査察を行う（291 ページ参照）．しかし結局フィッシャーらはウランの出所を確定するには至らなかったらしい．日本側の記録によれば，ウランの収集には児玉機関が関わっていたようだ．（263 ページ参照）

2-2　大阪大と東大の査察

　GHQ の特別計画班は京大以外の研究機関の研究活動の調査も行った．フィッシャーらが，大阪大および東大の原子核物理学研究室を査察した時の記録（英文）が米国公文書館に残されているので，その一部を以下に紹介しよう．

■大阪大の査察（Fisher 1946d）

戦地報告：大阪帝大の物理学の活動の査察　　　　　　　　　　　1946 年 3 月 1 日

1. 1946 年 2 月 26 日フィッシャー少佐とナガノ中尉は大阪大の原子核物理学研究の現状を調査するために，同大学の物理学教室を訪問した．特に原子核物理学研究室の責任者菊池正士教授と原子核物理学者浅田常三郎教授の研究に注目した．

2. 菊池グループの原子核物理学の研究装置を査察した結果，研究の現状は次の通りであることが明らかになった．

　　(a) コッククロフト型高電圧発生装置と高圧バンデグラフは両方とも小さな修繕をすれば稼働出来る状態にある．研究室の助手たちは装置を稼働するための準備を精力的に進めている．

　　(b) 菊池教授は大戦中大学を離れていたために中断されていた中性子散乱の研究を継続することを申請した．本格的な実験を実施するために装置を準備するには数週間を要すると推定される．

　　(c) 菊池教授の研究室には理論物理学を熱心に勉強している数人の学生がいた．我々が大学を訪問した時，菊池教授が丁度セミナーをしており，およそ 10 人の学生が出席していた．また菊池教授は小型の質量分析器の開発製作を手掛けていた．

　　(d) 浅田教授は原子核物理学とは関係のない実験的研究課題に取り組んでいた．プロジェクトの一つは励起した水素原子によるミリ波の吸収に関連

第 10 章　占領軍による原子核研究の禁止　　275

していた．もう一つのプロジェクトは高圧水銀による紫外線の変調を通信に応用できる装置を作ることであった．

(e) 質量分析器による同位元素の分離計画について質問すると，浅田はその計画は大戦中中断していたと答えた．浅田が研究していたベインブリッジ型の精密質量分析器は解体されて岡山に運ばれ，安全な場所に保管されている．研究の主要な目標は周期律表の中間領域の同位元素の質量欠損を調べることであったと浅田は述べた．

3. 菊池が計画している実験的研究自体は連合国側の安全の脅威とはならないと思われる．しかし菊池が行っている機密（sensitive）分野の研究が危険な領域に発展しないように菊池の研究活動を継続的かつ注意深く監視する必要がある．

R. A. フィッシャー

少佐　A. C.

■東大の査察（Fisher 1946e）

戦地報告：東京帝大における原子核物理学の活動の査察　　　　　1946 年 4 月 1 日

1. 1946 年 4 月 1 日にエントウィッスル少佐とフィッシャー少佐が東大の原子核物理学研究室を査察した．

2. 丁度その時，責任者の嵯峨根遼吉教授は不在だったが，後ほどインタビューに応じた．この研究室にある高圧バンデグラフ型加速器はわずかな調整と修理を終えれば稼動できる状態になっていた．この装置は最高 2MeV で運転することができ，過去数ヶ月間透過 X 線発生実験のために電子を加速していたが，嵯峨根の話ではこの装置の極性を変えて原子核研究のために陽イオンを加速するつもりだのとのことであった．

3. この研究室では，自動式のウイルソンの霧箱を所有していたが，現在修理中である．

R. A. フィッシャー

少佐　A. C.

2-3 「海軍の原子エネルギー計画とウラニウム資源」についての フィッシャー報告

フィッシャー少佐は 1946 年 4 月中旬に帰国するが，帰国後の 5 月 3 日「日本海軍の原子エネルギー計画とウラニウム資源」に関する報告書（英文）を提出する（Fisher 1946f）．この報告ではまずインタビューした人物として荒勝文策，笹川（元海軍少将，特殊補給部隊司令官），北川徹三（元海軍中佐，海軍技術研究所化学部門責任者），高尾徹也（元海軍少佐，特殊補給部隊希土類物質部門責任者），高橋誠（元海軍少尉，特殊補給部隊）を挙げ，海軍の計画に関して得られた情報の概要を次のように記している．

・計画は 1942 年春北川によって戦前の科学の文献に基づいて始められた．
・北川が京都の荒勝と最初にコンタクトをもったのは 1942 年であり，連携は 1945 年夏に計画が中止されるまで続けられた[5]．
・1943 年日本海軍は京都サイクロトロンの鉄心とその他の物資を提供した[6]．
・ウラン同位元素の分離用超遠心分離器の設計図が 1943 年[7]京都で作成され，海軍に提出された．遠心分離器を製作していた東京計器は 1944 年の初め[8]爆撃によって破壊され，部分的に完成していた遠心分離器と設計図が焼失した．
・計画を開始するにあたり，荒勝は実験に用いるための 1,500kg のウラン化合物の提供を要求した．笹川海軍少将の命令によって日本で入手可能なウラン資源の調査が行われた．
・高尾が荒勝プロジェクトのためのウラン調達を担当した．十分なウラン資源を日本で産出することは不可能であることが明らかになり，1944-1945 年冬 130kg のウラニウム化合物（大部分は黄色の酸化ウラン）を上海のブラック・マーケットの業者から購入し，日本に運ばれた．コストは驚くべき金額（1 億円）であった[9]．このうち約 100kg は荒勝のところに運ばれたが，1945 年 11

5）4 章の荒勝から北川宛の原爆調査報告参照．
6）サイクロトロンの磁石が京大に搬入されたのは，正しくは 1944 年 11 月．
7）実際には 1944 年-1945 年．
8）実際には 1945 年春．
9）当時の予算規模から考えて大きすぎる．

第 10 章　占領軍による原子核研究の禁止　277

月に米軍に押収された．残りの 30kg は海軍が保管していたが，1946 年 3 月，
フィッシャーに引き渡された．
・荒勝のプロジェクトでは天然ウランによる中性子の捕獲断面積の測定以外に
は特に際立った成果はなかった．
・海軍の原子エネルギープロジェクトはウラン資源に関する一回の会合を除い
ては陸軍のプロジェクトとは全く独立して進められていたと思われる．

　この調査報告は日時などに誤認があるものの，大戦直後に京大を捜査したモ
リソンらの報告に比べずっと詳しく荒勝グループと海軍との関係を示している．

3　研究発表と研究予算の監視

　GHQ は日本の国内学会や研究会での発表にも監視の目を向ける．1946 年初
めにフィッシャーと共に着任したチャールズ・ナガノ少尉は，種々の科学関係
の研究会を傍聴し，そこで発表された研究報告について 1946 年 5 月 2 日にワ
シントンに次のような報告を送っている．ナガノは技術についての若干の知識
を持っていた（ディーズ 2003 ; Nagano 1946）．

　（1946 年）4 月 25–26 日に東大工学部で理研の年次大会が開かれた．ここで科学
　者が夫々の専門分野について報告と講演を行ったが，特別計画班が関心を持っ
　ていた課題は広島と長崎の原爆投下の影響に関する報告であった．
　研究発表のなかに
　　広島における原爆の被害
　　広島における放射能の研究
　　長崎における原爆による放射能
　　爆発中心及び所謂火の玉の大きさの決定
　　原爆による放射能の野菜への影響
　　広島における原爆による死者数と物体による遮蔽効果
　などの発表があった．

278　第 3 部　占領下の原子核物理学

その他に素粒子・原子核理論，原子核物理学のための実験装置の研究についても発表された．ナガノは「これらの報告や論文の発表に先立ち検閲のために連合国軍最高司令官（SCAP）にその内容を提示するように指示した」と記している．

GHQ では，広島と長崎の被害状況の日本側の調査が研究会や論文で公表されると他国に原爆の実態を知られる可能性があると考えて神経を尖らせるが，グローブス将軍は日本の科学者による研究の公表は検閲を経て容認する方向で問題の収拾をはかる（Groves 1946）．

これ以後，日本の国内学会や研究会での発表も翻訳されてワシントンに送られることになり，その多くが米国国立公文書館などに資料として残されている．これらの資料によるとこの問題では GHQ の中でも意見が分かれ，混乱していたことがうかがえる．フォン・コルニッツは科学技術活動に対する管理をやや緩和することを求めていたが，フィッシャーは日本人の研究開発に明確な制限を求めるべきであるという意見を表明していた（ディーズ 2003, p.120）．

1946 年 3 月 15 日付の仁科芳雄から菊池正士あての手紙が途中で抜き取られ，ワシントンに通報される．英文に訳されたその手紙（Nishina 1946）には次のように書かれていた．

1945 年 8 月 31 日に科学研究会議議長が我々の研究ユニットに研究を中止するように命じたが，先日彼はわれわれが研究を続けることに問題はないということで 1945 年の研究費を次のように配分した．
サイクロトロンの建設，原子核の研究及びその応用

     5,000 円   荒勝文策

   14,000 円   菊池正士

   13,000 円   仁科芳雄

ベルト発振器の建設とそれを用いた原子核の研究及びその応用

   12,000 円   三枝彦雄，野中到

コッククロフト装置を用いた核反応による γ 線放射の研究及びその応用

   （金額記述なし）   荒勝文策，小島昌二

ウラニウム原子核分裂の研究とその応用

2,000 円	荒勝文策，三枝彦雄，仁科芳雄
	武藤俊之助

同位元素濃縮，分離と質量測定

5,000 円	浅田常三郎
12,000 円	菊池正士，嵯峨根遼吉，武田栄一，
	仁科芳雄

中性子を用いた物質構造の研究

1,500 円	武藤俊之助

　これを見て米国政府は，日本が原爆開発に向けた研究を進める可能性があると考え，陸軍省がマッカーサーに書簡を送り，これらの計画に関する関係者と研究の現状の情報を至急調べることを要請する．

4　エントウィッスル，フォン・コルニッツらの捜査

4-1　エントウィッスルとヤマシロの 1946 年 4 月 24，25 日の京大査察

　米国陸軍省からの日本の原子核研究計画に関する現状調査の要請は，特別計画班が担当することとなり，エントウィッスル少佐は日本の研究機関をあらためて査察し，大戦前と大戦中の原子核物理学研究の実態と，それに従事した科学者のリストを提出するように要求する．京大の査察はフィッシャーが 2 月下旬に行っていたが，荒勝が研究の再開を強く要請したこともあって，占領軍に警戒心を抱かせてしまったらしい．エントウィッスルとヤマシロ大尉が京大を査察して原子核研究の現状について詳しく調べた結果が，5 月 10 日付で戦地報告書として作成されている．エントウィッスルとヤマシロはフィッシャーを補佐するために配属された人物で，技術的な教育は受けていたものの，原子力の専門家ではなかった．

　米国国立公文書館に保存されている資料（英文）には京大の査察について詳

しく記されている（Entwhistle 1946a）.

主題：京大の査察

1. 1946 年 4 月 24, 25 日，エントウィッスルとヤマシロは原子核エネルギーの
   開発とそれに関連した分野の研究の現状を調べるために京大の査察を行った.

2. 査察を行ったのは以下の研究室と教室である.

・物理学研究室

(1) 荒勝博士の案内で行った物理学実験室の査察によって次のことが明らかに
    なった．バン・デ・グラーフ[10]高電圧発生装置は現在稼動の準備を終えて
    いる．サイクロトロン撤去の際，破壊された電力線は修理されているが，
    この高電圧発生装置が用いられた形跡はない．実験室の助手達は高電圧発
    生装置を用いた実験装置（ウイルソン霧箱，真空ポンプ，比例増幅器，ガ
    イガー・カウンターなど）の操作法を学んでいた.

(2) 荒勝博士の研究室で実施したいと希望している研究は別紙の "将来の研究
    活動"（284 ページ参照）に示されている.

(3) 理論物理学者湯川秀樹博士は荒木源太郎博士の協力で中間子論に関する論
    文を丁度完成したところだった．湯川は理論物理学を教えている．湯川に
    過去と現在の学生のうち最も将来性のある人物の名前を示すよう要請した
    ところ，次の名前を挙げた.

    谷川安孝　　　名古屋大助教授

    井上健　　　　名古屋大講師

    金井英三　　　京大研究生

(4) かつて大学に所属して政府の援助で原子エネルギー計画に積極的に関与し
    ていたか，または原子核物理学の研究に積極的に関わっていた人物の現在
    の所属を確認した．氏名，所属は以下の如し.

    荒勝文策　　　京大物理学教室主任

    荒木源太郎　　京大工学部教授

    萩原篤太郎　　京大化学教室助教授

---

10) 実際にはコッククロフト型.

花谷暉一	死去
堀場信吉	京大化学教室主任教授
藤井栄一	日本電気（株）ガラス部
木原均	京大農学部教授
木村毅一	京大物理学教室教授
小林稔	京大物理学教室教授
村岡敬造	退官
中村誠太郎	東大
園田正明	軍隊入隊後満州より未帰国
清水栄	京大物理学教室助教授
杉山繁輝	死去
高村与三松	奈良女子高等師範学校
武谷三男	理研
谷川安孝	名古屋大助教授
植村吉明	京大化学研究所　大阪府高槻
上野静夫	兵役
湯川秀樹	京大物理学教室教授

(5) 木村，清水両教授及び湯川博士立会いの下で荒勝博士に，現時点では原子核エネルギーの研究とは異なった分野の研究を目指すべきであると勧告した．またいかなる条件の下でも研究を始める前に，まず当事務局に研究課題の提案を申請して許可を得なくてはならないと勧告しておいた．

・化学教室

萩原副主任立会いの下に化学教室を査察した．

分析化学研究室，物理化学研究室，有機化学研究室

ここでは我々が関心を持っている研究は行われていない．

・冶金学教室及び工学研究所

査察の際，冶金学教室主任兼工学研究所長の西村秀雄教授が我々を案内した．彼は大戦中彼の研究室で希土類金属のウラン，トリウムの分離または抽出を行なっていたことはなかったと述べた．大戦中は問題の物質（critical material）の代用になる物質を探すという問題に努力を集中していた．現在冶金学

教室では亜鉛やその他の物質の位相ダイアグラムに関する研究を行なっている.

工学研究所では我々が関心を持っている研究は行われていない.

・地質学鉱物学教室

教室主任の藤田教授を尋問した結果次の事が分かった.［著書注：当時教室主任は藤田ではなかった］放射性鉱物の試掘をしたことはないし, 現在も行っていない. 現地調査グループは硫酸鉄の試掘のために外出中である.

初田甚一郎教授を尋問したところ, 初田教授は放射性鉱物に関心があることが明らかになった. 彼は岩のサンプルをテストするためのガイガー・カウンターを持っているが, 試掘のためにポータブルなカウンターを手に入れたいと思っていると述べた. その様な計画を実行する前に我々の事務局に相談するように勧告した.

3. 全ての研究者が米国からの技術雑誌を日本で購入することが許可されるかどうかについて質問してきた. 彼らはバックナンバーと最近の号の両方に関心をもっていた.

4. この大学における原子核エネルギーとその関連分野の研究活動は連合国に脅威をもたらすことはないし, これまでの指令に違反することもない. これは単に原子核物理学者が活動できる環境にないことに起因している. 人材と装置はあり, 彼らは具体的な研究課題をもっているので, 研究を始めたいと熱望している. 彼らが提案した課題を研究することは連合国の安全の脅威とはならないが, 現在の統合参謀本部の指令に反することになる. 従って, 原子核物理学研究室とその研究者は引き続き規制と査察の対象とするべきである.

5. 初田教授の研究活動を監視する必要がある. 彼は放射性鉱物の採掘計画を立ち上げたいと希望している.

少佐リチャード・R・エントウィッスル

この報告書に添付された次の文書（英文）も米国国立公文書館に保存されている（Entwhistle 1946b）.

別紙

荒勝文策と共同研究者（荒勝研究室）について

a．これまでの研究活動（1940–1946）[11]

b．現在の研究活動：

　・高電圧発生装置による実験は一時的に停止している．研究室のスタッフは高真空技術の研究や比例増幅器，ガイガー・カウンター，ウイルソン霧箱などの開発に専心している．

　・荒勝は物質とエーテルの概念の研究を行っている．

c．将来の研究活動：

　研究室では 17MeV 及び 6MeV の γ 線を用いて次の研究を行うことを望んでいる．

　・電子・陽電子対創成効果など

　・各種粒子の光発生

　・諸物質の吸収係数などの精密測定

　・中性子の諸物質による吸収，散乱等の測定

　　荒勝博士は占領軍の政策を正しく理解し，それに基づいて占領軍に対する信頼を表明した．将来，医学，農学の研究装置として研究を進めるためにサイクロトロンを再建することを強く望んでいると述べた．

　フィッシャーから特別計画班を担当するよう指示されたフォン・コルニッツは，ワシントンに「原子エネルギーの研究や連合国軍最高司令官によって禁止された研究を含む兵器開発を目的とする研究活動以外の，科学技術の研究教育は許可される」という考えは「研究の禁止，定期的な査察，ウランとトリウムの没収，公開の禁止」を明記した 1945 年 12 月 15 日の指示（WX88780）と矛盾しないと考えてよいか？」という問い合わせの電報を送る．しかしそれに対する陸軍省の返信は 5 月 17 日に，「統合参謀本部，国務省，陸軍省，海軍省はそれに対する極東委員会（FEC）の政策指示を受理するまで発表しないと云う事で意見が一致した」と伝えてきただけで，新しい指令は出されなかった．その

11）3，4 章参照．

ため日本側に対しては研究禁止を口頭で伝えるしかなかった（ディーズ　2003,
p.121）

4-2　フォン・コルニッツとエントウィッスルによる 1946 年 10 月の京大査察

　GHQ では 1946 年 4 月下旬の査察以後も，定期的に京大の原子核エネルギー研究の状況を査察，監視して荒勝に研究上の指示を与え，その都度，米国政府にその詳細を報告している．1946 年 10 月 8 日のフォン・コルニッツ中佐とエントウィッスル少佐による京大物理学教室の捜索を記した以下の報告（英文）は当時の荒勝研究室における原子核研究の状況をよく表している（von Kolnitz and Entwhistle 1946）.

　　京大の物理学教室，無機化学研究室，物理化学研究室を訪問した．この訪問の目的は定期的に京大の原子核エネルギー開発研究の状況を査察，監視して，彼らに研究上の指示を与えることにある．
・個人的に荒勝博士をインタビューした時，彼はいつもの様に協力的で理解力があり，きびきびした態度であった．彼は提案していた研究が認められないと聞かされた時，他の原子核物理学者と同じように失望を隠しきれなかったが，悲嘆にくれる様子は見せなかった．彼は「日本人科学者は，研究どころか食料のことを考えることに全ての時間を費やしている」というような投げやりな言葉を繰り返すようなことはしなかった．
・荒勝に，コッククロフト高電圧加速器を用いた「農作物の物理的な処理」と題する研究は認められないと告げた．しかし，研究テーマそのものには異論がないので，同位元素の分離に Uhrey（ママ）方式を採用して同じ研究を続けるよう勧告した．高電圧加速器の使用が拒否されたのは命令に反するためではなく，この装置の使用を門外漢に知られたり，新聞に掲載されたりした場合，好ましくない評判が立つのを恐れるからである．この決定は，『日本が朝鮮で原爆製造に成功した』という誤った記事が報道された事実を考慮するととりわけ重要である．極東委員会が日本の原子核研究に対する政策について

議論を始めるにあたり，委員会に偏見を抱かせるような出来事が起こることを極力避けたいと考えているからである．（極東委員会の議論については 297 ページ参照）

・荒勝に「朝鮮で日本人が原爆を作る事に成功した」と報じた最近の新聞記事（288 ページ参照）について意見を求めたところ彼はその新聞記事はでたらめで非現実的だと断言した．彼は日本ではその様な研究に必要な技術的知識を持つ人物は極めてわずかしかいないと述べた．そのような原子核物理学者の力を結集しても実験室段階を超えるような開発は出来ないし，まして核分裂物質を製造して原爆を完成させるパイロット・プラントを建設するという計画はあり得なかった．日本での研究結果を用いて原爆の開発が可能であると確信するに至るようなことはなかった．

この記録は大戦後 1 年 2 ヵ月を経過した時点で GHQ 側と日本の研究者達が何を考え，どのような行動をとっていたかを知ることのできる資料である．

フィッシャーの勧めで GHQ 内に設けられた原子エネルギーの管理を行う特別計画班は 1947 年以降も精力的に日本各地の研究機関の査察を行う．理研，東大，京大，大阪大を定期的に訪問して捜索を行い，さらに各大学の研究記録，研究計画，研究者リストなどの提出を求めた．初期捜査では行われなかった北大，東北大，東工大，名大，九大や民間企業の研究所などの捜索も行うが，それらの機関で行われていた研究は安全への脅威とはならないという結論を得た（GHQ Special Branch 1949）．

4-3 嵯峨根遼吉の質問 （Entwhistle 1946c）

1946 年 6 月 7 日，嵯峨根遼吉は原子核物理学とそれに関連する分野の問題について話し合うために特別計画班を訪れ，フォン・コルニッツとエントウィッスルがインタビューに応じた．

嵯峨根の質問と，それに対してエントウィッスルらが行った勧告（英文）は，以下の通りであった．

286　第 3 部　占領下の原子核物理学

a) 原子エネルギーと原子分野の将来に興味を持っている一般の人達から大衆向けの講義と論説を頼まれる．また歴史的な研究についての記録や原爆の爆発原理についての質問もしばしば受ける．素人向けにこのようなテーマで話したり書いたりしても良いだろうか？

　勧告：そのような活動をすることに反対はしないが，次のような議論をしてはならない．

　　1）原子エネルギーの製造に関する秘密を知ることの政治的な重要性

　　2）原子エネルギーの原理を利用した将来の軍事的な活動

　　3）原爆の設計と建造及びその作動原理の想定

　　また発表する前に公表しようとしている講義や論説の要約をわれわれに提出すること．

b) 生物学者たちから，さまざまな放射線の影響，同位元素や放射化されたトレーサー，物理学者が開発した種々の装置，特にガイガー・カウンター，比例増幅器，光学システム，質量分析器，同位元素分離法の使用ついてのアドバイスを求められている．生物学者の相談に乗って，原子核物理学分野と関連する彼ら固有の分野の課題について助言を与えても良いか？

　勧告：それらの課題について生物学者の相談に乗ることには反対しない．しかし現在は質量分析器だけが使用可能なので，あまりそれを奨励すべきではない．

c) 研究者達は何が機密に属する課題（sensitive subject）で，何がそうでないかを知っておく必要があるので，原子核物理学（nuclear physics）と言う言葉が主題（subject）として，また装置（equipment）として何を意味するかの定義を示して欲しい．

　勧告：この質問に対しては即答出来ないし，それには重大な考察を必要とするかもしれない．その定義については後日返答する．

リチャード　R. エントウィッスル

少佐

この問答は，原子核物理学研究の規制の内容に曖昧さがあり，日本の研究者もGHQの担当者もそれについての対応に苦慮していたことを物語っている．

特に原子核物理学の定義に関する質問は研究規制の範囲を問うことになり，この時点でGHQがそれに対してはっきりした返答を用意できなかったことは，問題を先送りにしていたことを示しており，論争の火種を残すことになった．

5 興南沖における原爆実験の報道

「日本海軍が原子爆弾を完成させ，大戦終結の3日前に朝鮮の東岸の興南(現在北朝鮮領内)の沖合で実験に成功した.」という記事が，新聞記者ディヴィド・スネル (David Snell) の署名入りで1946年10月3日付の米国の新聞アトランタ・コンスティテューション (Atlanta Constitution) 紙に掲載された (Atlanta Constitution, Oct. 3, 1946)．スネルは大戦中から従軍記者として朝鮮に滞在していたが，この記事は，若林大佐 (仮称) と称する人物から得た情報として大要次のような日本の原爆開発の経過を説明している．掲載されたスネルの記事 (英文) の要約を記そう．

　　大戦の初期までは科学者たちは原子理論の研究を続けていたが，米国と日本が戦火を交えるまでは日本の科学者たちは原子計画に関心を持っていなかった．政府はそのような冒険はあまりに危険が大きく金が掛かりすぎると考えていた．しかし米国の機動部隊と先頭部隊が日本の本土に近づくと日本海軍は本土上陸作戦を阻止するために原子爆弾の製作に着手した．

　　原爆開発計画は名古屋で始められたが，日本本土でB29による工業都市の爆撃が激しくなったため開発の中心を朝鮮の興南(北朝鮮北部の日本海側の工業都市)に移さざるをえなくなった．興南ではこの計画のために40,000人の日本人スタッフが働いていたが，そのうち約25,000人は訓練された科学者と技術者であった．そこで働く人達はこの地域から外に出ることを禁じられていた．このプロジェクトの組織の「聖域」が地下の洞窟内にあり，そこには400人の専門家が働いていた．一人の科学者が全プロジェクトの総責任者で，卓越した6人の科学者が原爆製造の6段階をそれぞれ担当していた．その6人は夫々自分の担当以外の5段階については知らされていなかった．

288　　第3部　占領下の原子核物理学

日本はここで原爆の開発を進め，大戦終結3日前に興南沖の小島で爆発テストに成功した．

8月12日の夜明け前，原爆を積んだロボットボートが小島に上陸し，時限装置が働いて原爆が爆発した．その時発生した火の玉の大きさは直径約1,100ヤードで成層圏にきのこ雲が出来た[12]．

ソ連軍の先発隊が興南地区に侵攻してくる数時間前に未完成だった原爆は破壊され，極秘書類は焼却された．ソ連軍が到着する前に極秘の洞窟はダイナマイトで封鎖されたが，ソ連軍があまりに早く到着したために，科学者たちは逃げることが出来ず，7人の主要な科学者を含む大部分の熟練した科学者が逮捕された．

7人の科学者の1人は1946年6月に脱走して，朝鮮の米国占領地域に逃げてきたので，米軍の諜報部員がこの人物を尋問した．若林大佐もこの人物とソウルで話をした．彼の話では7人ともロシア兵の拷問を受けたが，彼以外の6人はモスクワに送られ，そこでさらに厳しい拷問にかけられた．

当時，日米でこの記事を信用する人は殆どいなかった．仁科芳雄は翌日のアトランタ・コンスティテューション紙に「そんなことは全くありえない．朝鮮ではウランを手に入れることはできなかったはずだ」というコメントを寄せている（Atlanta Constitution Oct. 4, 1946）．

米軍当局はスネルの記事の信憑性を確かめるために調査に乗り出し，前述の様にこの件について荒勝を尋問した（286ページ参照）．荒勝はその新聞記事はでたらめで非現実的であると明確に否定している．米国陸軍長官パターソンもこの原爆実験を強く否定している．

実際この記事は荒唐無稽で論評にも値しないと考えられてきたが，1985年にR. K. ウィルコックス（R. K. Wilcox）が著書「日本の秘められた戦争」（"Japan's Secret War"）の中でこの事件を取り上げたために米国内で関心を持たれるようになった（Wilcox 1985）．ウィルコックスはこの著書の中でスネルが書いた興南における原爆実験の記事に触れた後，日本の原爆開発の歴史をたどり，その帰

12）原爆によって生ずる火の玉の大きさは通常これよりずっと小さい．

第10章　占領軍による原子核研究の禁止　　289

結としての原爆実験であったと記している．ただ理研や京大における研究と興南における原爆実験との関連は明確には記されていない．また原爆実験や原爆製造に関する具体的内容が明らかでないのは原爆実験の直後にソ連軍が興南に侵攻したためであると述べている．最後に，ウィルコックスは米国政府が情報を隠蔽しているのではないかと指摘している．興南には世界有数の「朝鮮日本窒素」の電気分解工場があったが，大戦後興南が北朝鮮領となったため，米国側でも調査できず，事件を完全に否定することができなかったことも謎を深める要因になった．いずれにしてもウィルコックスが大戦中の日本の原子エネルギー／原爆研究を過大に取り上げたことが以後のこの問題の歴史研究に禍根を残すことになる．

　21 世紀になって，米国のいわゆる修正派歴史家（revisionist historian）の中にこの問題を再度取り上げる人々が現れ，具体的に日本のグループがトリウムを用いた原子爆弾のテストを興南で行ったと主張している．現在でも米国では日本への原爆投下を正当化しようとする人達が多いため，彼らにとってこんな事件があったとすればそれは好都合だということもあり，彼らの関心を集めている．しかし 4 章に述べた琵琶湖ホテルの会議の資料や広島原爆の被害調査における荒勝グループの動向，「清水日記」，および仁科芳雄とそのグループの人々の当時の動静，さらに北川徹三の「勤務録」をはじめとする海軍側の資料から考えても事実に反することは明白である．スネルの最初の捏造記事は論外としても，現代の修正派歴史家達が日本国内での取材をきちんと行えばこのようなことは起こりえなかったはずである．そこには言葉の壁の問題もある．このような捏造記事が 70 年以上経った現在でも米国内で話題となっていること自体が，米国人の中に「そうあってほしかった」という潜在的な願望を持っている人が少なからず存在することを表しており，ゆがんだ社会現象を反映していると言えよう．英国や韓国でも興南事件を明確には否定していない報道もあり，歴史研究の盲点を示している（山崎 2011，pp.274-276）．

290　第 3 部　占領下の原子核物理学

6　国外活動の調査

　GHQ は日本人科学者の大戦中の日本国外での活動にも目を向け，彼らの研究の内容を探るとともに，彼らを通して日本以外の国々における原子核研究の状況の調査を行った．

6-1　速水頌一郎の取り調べ（Fisher 1946g）

　フィッシャーは日本滞在中の 1946 年 3 月，上海まで足を運び，自然科学研究所における地質学，地球物理学研究の査察を行う．この査察は日本海軍が上海のブラック・マーケットでウランを購入して京大に提供したという情報（第8 章参照）に基づいて行われたと考えられるが，中国の状況を探る狙いもあったのかもしれない．この研究所の物理部長速水頌一郎は京大出身（1927 年卒）で京大の地球物理学教室と関わりの深い人物だった．この研究所は大戦終結まで日本が出資していたので日本の影響下にあった．3 月 19 日速水はフィッシャーのインタビューを受けたが，彼は協力的で，研究所の活動に関することについて率直に話をした．彼の説明の要旨は次の通りであった．

　上海自然科学研究所は日本領事館の監督の下で 1927 年〜1928 年に設立され，中国における自然科学，特に生物学及び地質学の研究を行っていた．速水によれば研究所の物理科学部門の研究者は地球物理学者や地球化学者などであり，ここで行われている研究は「純粋科学」で，商業化あるいは実用化を目指してはいなかった．

　物理部門は速水を含めて 3 人で，そのうち 2 人は京大卒の日本人地球物理学者，もう一人は日本で教育を受けた中国人の理論天文学者であった．物理部門の研究は中国各地の重力の測定，河川や港湾の水の流れに関連する水文学，地震学と地球を通過するショック波の伝播学，土壌と地層の電気抵抗の測定などであった．中国全土における地球物理学的研究の計画を立てる全責任は速水にあったが，多くの問題の中のいくつかのテーマだけに絞って取り組んでいた．物理的手法による放射性物質探索に関する質問に対して速水は「物理部門では

第 10 章　占領軍による原子核研究の禁止　291

その目的のための装置を持っていなかったので研究しなかった」と答えた．しかし化学部門では放射性物質を検出する装置を持っており，地質部門のメンバーの一人は内蒙古で放射性物質の鉱床の兆候を見出したとの情報を知らせてくれた．しかし放射能測定はせず，地質学的立場に基づいたものであった．

　大戦中の研究についての質問に対して速水は「日本海軍はただ一つの課題を課しただけだった」と述べた．それは水の中に沈んでいる鉱物を磁気的な方法で検出することだった．彼には満足できる装置を開発するための十分な時間が与えられなかったので，研究は成功したとは思えなかった．

　物理学，化学部門では地球物理学的探査は行われなかったが，地質学部門のメンバーはそれを行っていた．誰も原子核物理学に関する知識を持っていなかった時代なので，原子核物理学は聞きかじっていただけだった．

　化学部門の活動に関しては速水は研究者の名前を挙げるにとどめた．化学部門には物質の分析装置があり，放射性物質の検出装置も持っていて，水中に含まれる放射能の研究を行っていた人物もいた．放射性物質の調達の助言者として日本海軍と関係を持っていた人物もいて，上海在住だが，住所は不明だった．なお，大戦中地質学部門は他の部門よりも多くの科学者を擁していたはずであるが，フィッシャーは地質学部門に関しては特に触れていない．

　日本海軍に放射性物質の調達について助言を行っていたとされる上述の人物は，海軍がブラック・マーケットで購入したとされるウランと何らかの関わりがあった可能性もあるが，速水のインタビューからは何の情報も得られなかったようである．

　速水はフィッシャーのインタビューを受けた後，1947 年に帰国し，京大防災研究所を経て理学部地球物理学科の教授となる．

6-2　太田頼常の取り調べ

　かねてより GHQ は台湾における原子核物理学の研究の動向に関心を寄せていたので，1949 年 6 月に台北から日本に帰国した太田頼常【図 10-B】に 1949 年 9 月から 10 月の間に少なくとも 3 回インタビューを行っており，その記録が米国国立公文書館に保存されている（Kight 1949）．その資料によると太田頼

常は京大物理学教室の木村正路の研究室で学び，卒業後1929年4月台北帝大に助教授として着任し，最初はスペクトロスコピーと光化学の研究を行っていた（1章参照）．クォルツ・プリズム・スペクトログラフや真空スペクトログラフを用いてバルマー・シリーズの各線に付随する水素の連続スペクトルの研究を行い，さらに分子の角運動量保存と全波動関数の対称性と非対称性の保存の研究を行って，台北帝大の紀要に研究成果を発表している．

10-B　太田頼常

その後，太田はユーリーが発見した重水素に着目して，電気分解によって重水の濃縮に成功するが，荒勝らが原子核物理学の研究をはじめると，荒勝に協力して重水を提供し，最初の加速器を用いた重水素核反応の研究に大きく貢献した．またOD分子の発光バンドスペクトルについての研究成果も報告している．

1936年に荒勝が台北帝大から京大に移り，高電圧加速器の主要部分を京都に持ち帰った後も太田は台北に残り，バンドスペクトルの強度分布に基づいた分子のスペクトロスコピーと発光メカニズムの研究を続けた．1940年からは台湾電力会社で天然ガスの研究を行い，さらに日本鉱物工業の援助で天然ガスを用いて電気アーク法によるアセチレン製造の研究を始めた．大戦終結後1946年に国立台湾大学で原子核物理学への関心が高まると太田は物理学科の教授となって，戴運軌（Tai Yun-Kuei）らと共にコッククロフト型の250KVの高電圧発生装置の建設を開始した．中華民国国防省はこの装置の建設のために5,000ドルを提供した．しかしその後，国民党政権が台湾における日本色を一掃する政策を取ったこともあって太田は家族のいる日本への帰国を決心した．太田の帰国後，戴運軌及び許雲基（Hsu）らが中心になって太田らが建設した加速器を用いた中性子による核反応の研究を推進した．

太田の説明によると，当時中国本土では米国からの3,000ドルの援助で南京中央研究所に2,000KVのバン・デ・グラーフ型高電圧発生装置が設置されたが，この装置は建設直後に中国共産党に引き継がれた．さらに中国ではラジウ

ムを用いた原子核の研究が行われていたと太田は証言している．

　2008年に台湾大学に設立された博物館には台湾の原子核物理学の礎を築いた人物として，太田の写真が荒勝らと並んで展示されている（コラム2参照）．台湾大学名誉教授の鄭伯昆（Poh-Kun Tsen）が2011年に台北で筆者に語ったところによると，鄭の恩師である太田は台湾の原子核物理学の生みの親として，現在でも非常に高い評価を受けているとのことである．

　太田は日本への帰国後，名城大学，神戸大学などの教授を歴任し，1970年逝去した．

6-3　湯浅年子の取り調べ

　1946年10月2日，ジョージ・ヤマシロは，大戦中フランスとドイツで原子核物理学の研究を行い，ドイツが敗北した後日本がポツダム宣言を受諾する直前に帰国した湯浅年子【図10-C】から，ヨーロッパにおける原子核研究の状況についての証言を得る（Yamashiro 1946）．

　湯浅はパリでジョリオから原子核物理学を学び，重い電子に関する研究を行っていた．彼女は化学的に分離され結晶化されたウランを持っており，ハインツ（Heinz）と共にウランの核分裂と人工放射性物質からのβ線のスペクトルについて研究していた．1944年連合軍のパリ進攻によりベルリンに移り，ベルリン大学第一研究所で研究を再開した．彼女はハーン（O. Hahn）の元での研究を望んだが，ドイツの降伏によって研究を中止せざるを得なくなった．彼女はパリで多数の論文を書き，ベルリンでも論文を書いたが，ドイツ降伏直後，自分の製作したスペクトロメーターをリュックサックで背負ってシベリア鉄道で帰国した．ヤマシロの調書によると，湯浅の知

10-C　湯浅年子

る限りではフランスでもドイツでも科学者は実戦に用いられるような原爆の研究はしていなかった．湯浅自身は連鎖反応が高速度で起こり，拡大するとは考えていなかったと証言している．

　湯浅は帰国後，東京女子高等師範学校（現・お茶の水女子大学）教授となり，ベルリンで製作した装置を用いて理研で研究を始めようとしたが，占領軍の原子核研究禁止令によって果たせなかった．1949年再びフランスに渡り，生涯パリ大学で原子核物理学の実験的研究を続けた．1962年京大で学位を取得し，晩年には日仏共同研究に尽力し，京大化学研究所教授柳父琢治などと共に原子核の小数多体系の研究などで活躍し，1980年パリで70才の生涯を終えた．

　米国国立公文書館に保管されている資料によると，当時多数のソ連軍の関係者がGHQに配属されていたが，その中に物理学者や化学者はおらず，ソ連側が日本の研究機関を訪問して日本の原子エネルギー研究の状況を調査したことは無かったとの報告がある．
　一方，1947年3月，仁科芳雄が中国の軍人の来訪を受けて，中国での原子エネルギー研究に勧誘されたことを記したGHQのメモも米国国立公文書館に保管されている（GHQ 1947）．

7 原子核研究管理の行方

7-1 フィッシャーからエントウィッスル宛の非公式書簡

　フィッシャーは帰国すると，その任務を終えてイリノイ州エヴァンストンのノースウエスタン大学に帰る2日前に，統合参謀本部が連合国軍最高司令官宛に送るべき命令を起案し，日本滞在中に特別計画班で一緒に仕事をしていたエントウィッスル宛に1946年5月8日付でその骨子を記した手紙を送る（Fisher 1946h）．この手紙では先ずこれが非公式な手紙であることを強調し，マッカーサーに送られるべき勧告の基本原則を記している．そこに記されているのは
　　・新しく発見された事実が戦争目的に用いられないように監視しながら，原

第10章　占領軍による原子核研究の禁止　295

子核物理学分野の基礎研究（basic research）とアカデミックな教育を許可すべきである.

・研究目的に使われるごくわずかな量以上の核分裂物質を生産するための全ての研究開発は禁止する.

・自然に存在する同位元素混合物から核分裂物質を分離したり，濃縮したりする研究開発は禁止する．ただしごく少量の同位元素の分離が研究目的で行われる場合を除く.

・原子エネルギーを戦争目的の兵器，熱源，動力，電力のために利用する研究開発とそのための機器の建設は全て禁止する.

・禁止されている戦争目的の放射性物質の貯蔵を監視し，放射性物質の試掘，加工，製錬は連合軍最高司令官が特別に許可した場合にのみ可能とする.

の5点であった.

フィッシャーは最後に「陸軍省からの公式の書簡が何時そちらにつくのか，実際に着くかどうかさえ分からないが，マンハッタン計画の幹部がこの事案をどのように考えているかが分かる時が来るだろう.」と述べている.

この手紙は非公式に出されたものであったが，マンハッタン計画の責任者グローブス将軍の許可を得ていた．しかし陸軍省を通していないことは注目に値する．公式ルートの風通しの悪さを示しているだけでなく，この問題についての米国政府の迷いを表していると言えよう．フィッシャーとしては公式文書が届かなくても，マッカーサーにグローブスと自分の考えを伝えておきたかったのかもしれない.

この手紙で注目すべきことは来日直後に送られた報告と異なり「監視しながら，原子核物理学分野の基礎研究（basic research）とアカデミックな教育を許可すべきである.」と記されていることである．ここに書かれた内容はその後の米国の日本に対する原子エネルギー政策の原型を示している.

7-2　原子核研究再開許可の是非をめぐる論争

大戦直後に来日したファーマン少佐の率いる原爆調査団が提出した報告書の中にモリソンの次のような提言が記されている（Morrison 1945）.

296　　第3部　占領下の原子核物理学

日本には優れた原子核物理学者がおり，独創的な研究をする能力を持っている．彼らを常時監視する必要があるが，（彼らの）研究を法的に規制することには賛成できない．

またコンプトンの理研捜査の報告の中にも，

仁科の研究施設は純粋な科学研究目的に限られており，一部のものを除けば軍事利用にはつながらない．ウラン分離以外の科学研究は許可すべきである．

と記されており（Compton 1945），日本の大学及び理研での原子核研究の再開を条件付で許可すべきであるとの提言を行っている．その条件とは，いかなる場合も連合国軍の査察を受け入れるべきこと，多量のウランやその他の不安定核の質量分離は行わないこと，などであった．

科学者たちの提言にも関わらず，その1ヵ月後には陸軍省から日本の原子核研究の全面禁止命令が出され，前章で詳述した"サイクロトロン破壊事件"が起きる．その後，米国陸軍省と連合国軍最高司令官は日米の科学者やジャーナリストたちの米国政府批判を憂慮してその問題への対応策を検討する．グローブス将軍も1946年5月2日の時点では戦争目的の新発見を阻止できるような監視体制を整えた上で原子核物理学の基礎研究（basic research）とその教育は許すべきであると主張している（Groves 1946）．

米国の国務，陸軍，海軍合同委員会は米国のみが批判されている状態から脱却したいと考え，1946年8月9日極東委員会に対しグローブスの示した条件の下で原子核物理学の基礎研究と教育を許可すべきであると提案する．（Johnson 1946；小沼・高田 1993；ディーズ 2003）．この提案はフィッシャーが5月8日付でGHQのエントウィッスル少佐宛てに書いた上述の手紙の中の"will"を"should"と書き換えただけで，文言も含めてほとんど同一の内容となっており，この提案の実質的な起草者がフィッシャーであったことを示している．

極東委員会はワシントンに本部を置く日本の占領政策を決定するための戦勝11カ国からなる国際委員会である．米国の提案は1946年9月の極東委員会の運営委員会でオーストラリアなどの強い反対にあって取り下げざるを得なくな

第10章 占領軍による原子核研究の禁止 297

る．米国政府は直ちに善後策を協議するが，その一つは"basic research"という言葉を"fundamental research"と書き改めて再提案するという案であった．basic research とは研究そのものは応用研究ではないが，最終的な目標としては応用研究の可能性を含んでいる．一方 fundamental research は応用目的を持たず，知識を得る目的で知識を積み重ねていく（to increase the fund of knowledge for the sake of knowledge）研究であるという理解である．米国は 12 月の極東委員会に「軍事的に応用される可能性のある原子エネルギー分野の fundamental research は禁止されねばならない．」という修正案を提出する．この提案では軍事的応用につながる可能性のある研究の禁止を前面に打ち出してはいるが，それ以外の fundamental research とその教育は認めようという意図が窺える．米国代表は日本での研究規制もドイツに対する場合と同程度にすべきだと主張して米国案の防戦に努めるが，結局米国案は認められず，1947 年 1 月全ての原子エネルギー研究禁止決議が賛成 8（英，ソ，仏，加，オランダ，印，豪，ニュージーランド），反対 1（米），棄権 2（中，比）で採択される（State Department to SCAP, 1947；小沼・高田 1993）．

決議にあたり英国代表は，原子エネルギー分野（field of atomic energy）の意味を明確にしないと執行の際に誤解を生じる可能性があるとの懸念を表明し，インド代表はインドの優れた物理学者の意見として規制の適用範囲が広すぎることを心配してドイツの場合以上の規制の必要性に疑問を呈する．

実際にはドイツでは原子核研究が全面的に禁止された訳ではなかった．1949 年 3 月 16 日付けの UP 通信は「星条旗」紙からの引用として，「ドイツのハイデルベルグで建設中だった 12MeV のドイツ唯一のサイクロトロンの運転を米国政府高官が原子エネルギーの平和的研究のために許可した」と報じている（UP 1949, Mar. 16）．このサイクロトロンはコインシデンス計測法で知られていたヴァルター・ボーテ（Walther W. G. Bothe）らによって 1943 年に建設されたが，大戦中十分に稼働しないまま大戦後連合軍に接収されていたものである．

上記の極東委員会の決定の直後，GHQ 経済科学局長マーカット准将は混乱を回避し，引き続き日本の科学者の協力を得るには新たな指令を発するのは得策でないと参謀総長に提言し，日本側に対しては柔軟な姿勢で臨む事にした（Marquat 1947；小沼・高田 1993）．

この後，京大における高電圧加速装置などの運転は 1948 年頃に認められたが，原子核の実験的研究が本格的に再開されたのは 1951 年に締結された講和条約以降であった．

　米国政府が日本の原子核研究再開を許可しようとした意図が科学者達の要望に応えるためだけだったかどうかについては，今後の研究を待たねばならない．ただ米国政府が日本のサイクロトロン破壊に対する内外の非難を回避しようとしたことは事実である．一方，次のような文書が存在することにも留意すべきであろう．1945 年 9 月のファーマン報告に「日本では原子エネルギー製造プロジェクトを開始できる 20 人の第一級の科学者グループを組織することができる．最近の（原爆）研究の結果が示されれば仁科が中心になってその早急な建設が可能であろう．」という一節がある (Furman 1945c)．さらに 1950 年の GHQ 経済科学局の内部文書には，「極東における緊急事態の際，研究所を米軍が使用できるように準備しておく問題も検討されている．」と記されている (GHQ Economic and Scientific Section 1950)．

　1949 年初頭，GHQ の特別計画班は「日本における原子核物理学と関連分野の研究並びに放射性物質の貯蔵量についての現状報告」をまとめた．この報告書には日本における原子核と物質構造に関する研究プロジェクトとともに，24 ページにわたって全国の原子核物理学および宇宙線物理学にたずさわっていた研究者のリストと各研究者の研究課題が詳しく記録されており，これによって当時の原子核研究の状況を知ることができる (GHQ Special Branch 1949)．この報告書によると，

　　京大[13]では 17MeV と 6.3MeV の γ 線の特性の研究が荒勝文策教授と 6 人の助手によって進められていた．γ 線によって創られた電子・陽電子対の飛跡がウイルソン霧箱の中で観測され，数 100 枚の写真が撮られた．また 17MeV と 6.3MeV の γ 線の照射によってベリリウムから放射される α 線をウイン・ウイリアムズ型電離箱と比例増幅器によって観測していたが，この観測結果はベリリウムに γ 線を当てた時の α 線発生断面積を決定するための基礎となるデータとして高く

13）1947 年に京都帝国大学は京都大学と改称されている．

評価されている．また鉛，錫，銅，アルミニウムによるγ線の吸収係数が決定され，これらの元素の誘導放射能の研究が進められていた．

また放射線の検出器に関するプロジェクトも進められている．特にγ線測定用の種々のカウンターが作られた．その一つはマイカの薄膜を窓とし，鉄のカソードを用いた円筒形のガイガー・カウンターで，このカウンターはプラトーが 1,000 ボルトから始まり 150 ボルト続く特性がある．コンパクトな電源の建設も行なわれていた．

と記されている．これらの報告によって，京大では 1948 年末までに高電圧加速器の運転が認められ，それを用いた原子核反応の研究が GHQ の監視下で進められていたことが分かる．この時期は前述のハイデルベルグのサイクロトロンの運転が認められる直前であった．しかし占領軍の査察は引き続き定期的に続けられていた．

荒勝は 1950 年京大を定年退官する．

第 2 次大戦後，米国が大戦中の日本の原子核研究をどのように捉え，大戦後の研究統制に関する占領政策を如何に進めようとしたかに関してはドイツの原子核研究に対する捜索や規制と対比しつつさらに掘り下げて調査することが求められる．

文 献

Atlanta Constitution（Oct. 3, 1946）.

Atlanta Constitution（Oct. 4, 1946）.

Compton, K.（1945）Control of Work in Japanese "Atomic Smashing", or more generally Nuclear Physics Laboratories［US National Archives, College Park MD, RG 331 SCAP Entry 22A Box 1 File 7］.

ディーズ，B.C.（2003）笹本征男訳『占領軍の科学技術基礎づくり』河出書房新社.

Entwhistle, R. R.（1946a）Inspection of Kyoto Imperial University［US National Archives, College Park MD, RG 331 SCAP ESS Top Secret（290/24/2/01）Box 1, File 1（Research, Nuclear, Japan）］.

Entwhistle R. R.（1946b）Bunsaku Arakatsu & Coworkers「Entwhistle R. R.（1946a）の付属文書」［US National Archives, College Park MD, RG 331 Entry 224 SCAP Box 1］.

Entwhistle, R. R.（1946c）Memo for Record：Interview with Dr. Sagane, Physics Dept., Tokyo Imperial University［US National Archives, Collage Park MD, RG 331 SCAP ESS Top Secret（290/24/2/01）Box 1］.

Fisher, R. A.（1946a）Considerations of Pertinent to Control of Atomic Energy in Japan［US National Archives, College Park MD, RG 77 Entry 22A Box 172］［US National Archives, College Park

MD, RG 331 Entry 224 Box 1].

Fisher, R. A. (1946b) Field Report: Inspection of Activities at Kyoto Imperial University [US National Archives, College Park MD, RG 77 Entry 22A Box 172].

Fisher, R. A. (1946c) Interview with Tetsuzo Kitagawa [US National Archives, College Park MD, RG 331 NND775027 SCAP Scientific & Technical Div. Nuclear Physics Corre. File Box 2].

Fisher, R. A. (1946d) Field Report: Inspection of Activities in Physics at Osaka Imperial University [US National Archives, Collage Park MD, RG 77 Entry 22A Box 172].

Fisher, R. A. (1946e) Field Report: Inspection of Nuclear Physics Activity at the Tokyo Imperial University [US National Archives, Collage Park MD, RG 77 Entry 22A Box 172].

Fisher, R. A. (1946f) Note on Japanese Navy Atomic Energy Project and Uranium Sources [US National Archives, College Park MD, RG 77 Entry 22A Box 1].

Fisher, R, A. (1946g) Interrogation of S. Hayami [US National Archives, College Park MD, RG 319 Entry 85A G2, ID-File (270/110/10/3) Box 1973].

Fisher, R. A. (1946h) Letter to Major R. R. Entwhistle [US National Archives, College Park MD, RG 331 SCAP Entry 224 Box 1].

Furman, R. R. (1945a) Office Memorandum to T. F. Farrel: Liaison of Intelligence Officers with Scientists [US National Archives, College Park MD, RG 319 Entry 85A Box 1973].

Furman, R. R. (1945b) Office Memorandum, to T. F. Farrel: Policy for Japan [US National Archives, College Park MD, RG 319 Entry 85A Box 1973].

Furman, R. R. (1945c) Summary Report, Atomic Bomb Mission, Investigation into Japanese Activity to Develop Atomic Power [US National Archives, College Park MD, RG 331 SCAP ESS Top Secret (290/24/2/01) Box 1 File 1, (Research, Nuclear, Japan) Microfilm Publication M 1655, Roll 53, Sec. 2-3-f (14)].

GHQ (1947) Memorandum of Office Visit, (中国軍人の仁科芳雄訪問についてのメモ) [US National Archives, College Park MD, RG 311 Entry 224 Box 1 File 1].

GHQ Economic and Scientific Section, Science and Technical Division (1950) Current Program (極東における緊急事態の際, 研究所を米軍が使用出来るよう準備する) [US National Archives, College Park MD, RG 331 Entry 224 Box 1].

GHQ Special Branch (1949) Status Report: Japanese Research in Nuclear Physics and Related Fields and Stockpiles of Radioactive Materials in Japan [US National Archives, College Park MD, RG 331 SCAP ESS Top Secret (290/24/2/01) Box 1 File 1 (Research, Nuclear, Japan)].

Groves, L. R. (1945) Memorandum to the Secretary of War: Cable to MacArthur—Atomic Energy in Japan [US National Archives, College Park MD, RG 319 Entry 85A Box 1973].

Groves, L. R. (1946) Advice for SCAP Regarding Policy on Atomic Energy Control [US National Archives, College Park MD, RG 331 Entry 224 Box 1] [US National Archives, College Park MD, RG 331 Box 4 File 88] [US National Archives, College Park MD, RG 77 Entry 22A Box 172].

Johnson, N. T. (1946) Far Eastan Commission: Japanese Research in Technological Subjects [US National Archives, College Park MD, RG 331 Entry 224 Box 1], [US National Archives, College Park MD, RG 77 Entry 22A Box 172].

Joint Chiefs of Staff (1945) to CINCAFPAC adv CINCAFPAC (ママ) (MacArthur) Amplification of Policy Regarding Atomic Energy Research in Japan [US National Archives, College Park MD, RG 331 SCAP Entry 224 Box 1].

Kight, W. E. (1949) Interview with Dr. Yoritsune Ota [US National Archives, College Park MD, RG 331 SCAP ESS (290/24/2/01) Box 3 File 2].

北川徹三（未刊行）「勤務録」[北川不二夫所蔵].

北川徹三（1979）「原子爆弾の思い出」『セイフティダイジェスト』25：8.

小沼通二・高田容士夫（1993）『科学史研究』32：193-201.

Marquat, W. F.（1947）Atomic Research［US National Archives, College Park MD, RG 331 Entry 224 SCAP Box 1］.

Morrison, P（1945）Control of Atomic Bomb Development in Japan : Recommendation（Sep. 20, 1945）［US National Archives, College Park MD, RG 77 Entry 22A Box 172］.

Nagano C. H.（1946）Scientific Meeting of the Riken Institute and the Physical Society in Japan［US National Archives, College Park MD, RG 331 SCAP ESS Box 4 File 88］.

Nishina, Y.（1946）Atomic Research（菊池正士宛の手紙）［US National Archives, College Park MD, RG 331 SCAP ESS Top Secret（290/24/2/01）Box 1 File 1（Research, Nuclear, Japan）］.

State Department（1947）to SCAP, Tokyo（日本での研究規制に関する決議）［US National Archives, College Park MD, RG 319（270/10/3）Entry 85A G2 Box 1973 ID File］.

UP（1949, Mar.16）「"Stars and Stripes" の記事紹介」.

von Kolnitz, H. and Entwhistle, R. R.（1946）Inspection of Activities at Kyoto Imperial University［US National Archives, College Park MD, RG 331 Entry 224 SCAP Box 1］.

Wilcox, R. K.（1985）*Japan's Secret War,* William Morrow & Co. Inc.

Yamashiro, G.（1946）Interview with Prof. Yuasa［US National Archives, College Park MD, RG 331 SCAP ESS Top Secret（290/24/2/01）Box 1 File 1（Research, Nuclear, Japan）］.

山崎正勝（2011）『日本の核開発』績文堂出版.

安見真次郎（1946）「ウイルソン霧箱」卒業論文（1946年9月 unpublished）.

終章

荒勝の実験原子核物理学の遺産と占領期原子核政策が残した課題

　本書では荒勝文策と彼のグループが進めてきた原子核の実験的研究の軌跡をたどってきたが，最後にまとめにかえて彼らの研究を総括し，研究を進める上での彼らの基本的な考え方を振り返ってみよう．併せて，大戦後の占領軍による原子核研究禁止政策が，その後の日本の原子核研究に与えた影響についても考えてみたい．

1　荒勝の「学問優先」主義

　荒勝は，20世紀前半，物理学研究の中心地から遠く離れた東洋において欧米から一種「独立」したかたちで先進的な業績をあげた．そこには，研究を進めるにあたり社会の動向にとらわれずに純粋に学問的立場をとるという，「学問優先主義」とでも呼べる考え方と，英国で培った「経験主義」という2本の柱が貫き通っていたと言ってよいであろう．

　言うまでもなく，原子核物理学は，物質世界の根源を探る究極の学問であるが，荒勝はその黎明期からその重要性に着目して，欧米からも日本本土からも

遠く離れた辺境ともいえる台湾で高電圧加速器を建設し，それを用いてアジアで初めて原子核反応の研究を開始する．文字通り，新しい天地で新しい学問分野を切り開こうという気概が感じられるが，その後京大に転任すると，さらに高い電圧の加速器を建設して，γ線や中性子を用いた原子核反応の研究に力を入れる．いわば「ぶれずに」自らの拓いた道を進んで行く．

1939 年中性子によるウランの核分裂の発見が報じられると，その反応機構を探るためにγ線と中性子による核分裂の研究を開始する．大戦勃発直前に萩原篤太郎が発表した中性子による核分裂の際の放出中性子数の測定は，当時公表された測定値としては，世界で最も精度のよいものであった．またγ線による核反応の研究は大戦後の原子核反応の巨大共鳴の研究へと発展した．

当時，核分裂現象が世界的に注目を集めたのは，核エネルギーが兵器に利用できるのではないかと考えられたからである．しかし核分裂が発見されてから 5 カ月後に荒勝が行った講演では，核分裂発見の過程を詳しく述べ，核分裂が起こる機構について種々の考察を試みているが，そのエネルギー利用についてはほとんど触れていない．核分裂の応用には興味を示していなかったように見える．実際荒勝は，大戦が始まっても純粋な基礎科学としての原子核物理学の研究を自からの使命であると考えていたようで，当初発表された論文や報告，メモなどを見る限り，荒勝自身が進んで原子核分裂エネルギーを用いた兵器の開発に協力をしようとした形跡は見当たらない．事実，原爆開発を目指した「物理懇談会」には荒勝は参加していなかった．純粋な学問を追求するという信念に従ってその軍事的利用には関心を持たなかったのであろう．ただ荒勝は原子核物理学の知識があれば原理的には原爆を作り得るとは考えていたようだ．

しかし戦況が日本にとって不利になった 1944 年ごろ，荒勝の態度は変わる．海軍から原子エネルギーについて協力要請があった時，荒勝は日本ではウランが十分に入手できず，その分離が極めて難しいことをよく知っていたので，「原爆は理論的には作れるが，実現のためにはウランを濃縮できるかどうかがカギだ．日本の工業力，資源，資材などから見て，とてもこの戦争に間に合あうとは思はない」と指摘したと言われている．しかしこの頃の荒勝には，原爆の研究という名目があれば，若い研究者達が徴兵を免れることができ，原子核物理学の研究を続けられるという考えもあったようである．その頃には若い研究者

304 第 3 部 占領下の原子核物理学

たちの大部分は兵役に服しており，研究資材を入手することも不可能となっていた．

1944年9月海軍から荒勝に原爆研究の依頼があり，10月4日に「ウラニウム問題」についての会議が海軍と関西の原子核物理学者によって持たれた．その直後，荒勝らはウラン分離のための遠心分離機の設計を始める．しかし荒勝研究室の清水栄がその年の11月に学内で講演したのは，γ線による核反応についであり，遠心分離機の設計だけに専心していたわけではなかった．またこの年の11月末サイクロトロンの電磁石が荒勝研究室に納入されると，研究室のスタッフと学生たちはサイクロトロンの設計，建設に追われることになり，核エネルギーの研究はあまり進展しなかったようである．戦時研究が正式に政府から通達されるのは，1945年5月末であった．

戦時研究の決定を受けて6月に京大物理学教室で戦時研究員の会合が持たれ，7月21日には琵琶湖ホテルに於いて戦時研究員と海軍の担当者の合同の会合が開かれた．この会合でどのような議論がなされたかについての資料はあまり残されていないが，第4章で詳しくみたように，清水家に保存されていた5編のメモからその一部を窺い知ることができる．そこに提出されたと思われる荒勝文策，木村毅一，花谷暉一によって書かれた2編のメモには，中性子源を用いたウラン核分裂の断面積測定の実験結果とそれに基づいた連鎖反応の臨界値に関する考察が記されている．そこに示されている核分裂時の放出中性子数の測定結果は，現代の測定結果と比べても見劣りしない．

またその会議に提出されたと思われる「荒勝先生のメモ」と記された連鎖反応の臨界値計算法に関するメモや高速中性子による連鎖反応の臨界値のおおざっぱな計算を記したメモなどは，原爆開発の基礎になる連鎖反応の研究史料として注目される．ただ何れのメモも原子エネルギーと「原爆」の研究のための第一歩とはいえ，ゴールには程遠い状態にあった．つまりこれらのメモの学問的価値は大きいが，戦時研究として直ちに役立つ研究ではなかった．大戦後の回想でも，琵琶湖ホテルでの会合では，研究者側にはさしせまった緊張感があったようには見受けられない．一方，海軍側の回想録によれば「琵琶湖ホテルでの会議で資源，資材を集める事，超遠心分離器を作る事を決めた．」とされている．ともあれ1944年9月に原爆研究の依頼を受け，その8カ月後の1945

年5月末に戦時研究決定の通知を受け取ったということは，政府の当事者たちの原爆開発に対する真剣度，本気度を推し量る材料となる．

その頃までにほとんどの研究室のメンバーは徴兵され，研究室に残っていた研究者はスタッフの荒勝，木村，清水と大学院生，学部生がそれぞれ数人で，そのうち"戦時研究"に関与したのは荒勝，木村，清水だけ．しかも3人ともγ線による核反応の研究やサイクロトロンの建設に忙殺されながら，片手間で戦時研究を進めていたのが実情であった．このような状況をみれば，荒勝たちの原子爆弾への関与を実態とかけ離れて強調することは，誤解を招く可能性があると言わざるを得ない．

荒勝が大戦後証言しているように，彼らはある意味では戦争と無関係に原子核物理学を進めていた．実際，大戦中も中性子による核分裂の研究は研究室の最も重要な課題ではなかった．しかし戦局が急激に悪化するなか海軍も原爆の研究を要請して来たので，それを引き受けようということになったわけである．戦時研究の成果はほとんどなかったとはいえ，木村と清水が遠心分離器の設計を行い，花谷らの中性子によるウラン核分裂の測定を戦時研究として提示し，核爆発の臨界の計算を行っていることは事実である．さらに研究用ウラン材料の調達を海軍に要求していることも明らかである．このような荒勝の振る舞いは，学問の在り方と科学者の倫理の問題として問い直してみる必要がある．(政池 2015)

2 荒勝の経験主義

荒勝は学生時代から「自分は徹底的な実験派だと云う事を教授に理解してもらうにはかなりの年月がかかった．」と述べているように英国流の経験学派の研究手法を高く評価していたようである．実際にそれを確信するようになるのは英国に留学して，ケンブリッジにおけるラザフォードを中心とした学問的な雰囲気に触れた時だった．そこではベルリンでのセミナーなどで感じた，自分の解釈を他人に押し付けようとするドイツ流のやり方とは違って，「私の観測によれば（according to my observation）」と言って自分の行った実験結果に基づい

てのみ議論し合い，自分がやったこと以外のことは嘘とは言わないが，正しいと即断もしないという，ケンブリッジ流の研究態度があった．荒勝は，それに強く心を動かされるようになる．これが後年「理論の仁科，実験の荒勝」と言われるようになった所以であろう．

荒勝の生涯を通しての研究の根底には，このケンブリッジ時代に培われた経験主義的な姿勢があった．実験物理学者としてのこのような研究態度は台湾時代，京都時代と一貫するが，荒勝の経験主義的な態度が最も顕著な形で表されたのは広島の原爆調査のときであった．

第2部で詳しくみたように，荒勝は広島に原爆が投下されると直ちに広島に赴き，広島の被害状況を視察した後，理研の仁科芳雄や陸海軍の担当者達との合同会議に出席して，投下された爆弾が原子爆弾であるか否かについての議論を行う．これは8月10日のことであるが，出席者は一応，この爆弾は原爆であるという前提のもとに話しあっていた．仁科は質問されると「これは原子爆弾だと思う」と答えたが，荒勝は「私もそうは思うが，科学者としては，今科学的な調査をやっているから，それができたら「判断」します」と述べている．仁科は被害の規模と米国側の放送から原子爆弾であることは間違いないと断定したわけだが，荒勝は「放射能の有無を自分で確かめない限り，原子核物理学者としては最終的に原爆とは断定できない」と言う態度だった．国の命運を左右するような非常事態であっても，物理学者として意見を問われれば，自分自身が決定的な証拠を掴まない限り，最終的な結論は下せないと考えたのであろう．

荒勝らは広島市内の土壌などの試料を採取して夜行で京都に持ち帰り，8月11日に試料から放出される放射線を測定した．その結果，爆心地近くの西練兵場の土壌からの強いβ線を検出し，そのエネルギー，半減期などを測定した．これによって投下された爆弾が原子爆弾にほぼ間違いないことが分ったが，その時点でも原爆であるとは断定せず，放射能分布を確認するために直ちに第2次調査団を広島に派遣する．そして調査団が持ち帰った数100個の試料から放射線を測定した後，初めて8月15日に海軍技術研究所に対して，「新爆弾は原子核爆弾と判定す」と電報で知らせる．この日学生たちは玉音放送を聞きながら放射能の解析を行っていたのとのことである．その直後海軍技術研究所の

終章　荒勝の実験核物理学の遺産と占領期原子核政策が残した課題　307

北川徹三宛に送られた親書によれば，原爆と判定した理由は，多くの地点で採取した物質がウランの核分裂によって発生した高速中性子に基づく放射能を示しているためであると述べ，放射能の強度分布から爆心地を計算で示した．さらに核分裂したウランの量，爆発力を推定して原子爆弾であるという結論に達したわけである．観測データに基づく説明は誰に対しても説得的であり，この詳しい調査結果は，9月14日からの朝日新聞に4回にわたって連載されている．

しかし，さらに詳しい調査を行うべく派遣された第3次調査団は，9月17日の枕崎台風による山津波で多くの犠牲者を出し，調査は中止に追い込まれる．以後連合国軍の原爆調査禁止政策により広島の原爆調査を進めることができなかったことは，放射線物理学の観点から見ても誠に残念であった．

ともあれ，広島の原爆調査で示されたように，「国家の如何なる緊急事態であっても自分で真実を確かめるまでは物理学者としての最終結論は出さない」という徹底した経験主義は，荒勝の生涯にわたる研究態度として貫かれた．

3　サイクロトロン破壊から考える科学と社会の関係

大戦終結直後，日本の大戦中の原子爆弾開発の状況を調査すべく米国から原爆調査団が来日し，理研，京大，大阪大の原子核研究施設を捜索する．しかし日本では米国の脅威となるような原爆開発は行われていなかったことを知り，米国側は安堵する．一方，調査団は日本の原子核研究とその教育が思いのほか高いレベルにあることを知る．荒勝の名が米国側に知られるようになったのも，その時である．

こうした評価にもかかわらず，1945年11月，理研，京大，大阪大のサイクロトロンが米軍によって破壊された事件は敗戦後の日本の原子核物理学の復興にとって大きな足かせとなり，そのために大戦後の日本の原子核研究に10年の遅れが生じた．

何故このような事件が起きたのであろうか？

この事件の根底には，原子核物理学と原子爆弾の違いが一般には分かりにく

いという問題がある．原子爆弾の研究は，原子核物理学者が核分裂を発見し，分裂が連続的に起こった時に膨大なエネルギーが発生するという事実を見出した時に始まった．それが米英の物理学者の手によって恐るべき殺傷能力のある兵器として製造され，それを広島と長崎に投下した際にも物理学者が積極的に協力したという事実は直視せねばならない．

　元来，原子核物理学の目的は，物質の根源を探るという真理の探究にある．しかしそれ自体は学者が理解していたことであって，一般の人々が原子核物理学という学問について知ったのは，原爆が投下され，数10万人の犠牲者が出た時であった．つまり，社会の視点からは，原子核物理学は原爆開発学であるという認識がそれ以来世界的に広まったと考えるべきであろう．米軍の首脳部が，原子核物理学にとって最も重要な研究手段としてのサイクロトロンを原爆と関係あるものと考えたのは，ある意味，自然の成り行きだったのかもしれない．大戦終結直後に米国政府が日本の原爆開発の現状を調査するために派遣した原爆調査団の顧問フィリップ・モリソンは原子核物理学者としてサイクロトロンの学問的重要性をよく知っていたから，サイクロトロンの破壊などは考えてもいなかった．また日本の科学技術を調べるために同じ頃来日した科学情報調査団の団長を務めたカール・コンプトンと副団長のエドワード・モーランドも，科学者としてサイクロトロンの用途については十分理解していたことは，彼らの米国政府への助言やその後の証言からも明らかである．この問題を担当していた GHQ のオハーン大佐は，モーランドの意見を確認した上で理研サイクロトロンの運転許可を出す．しかし，その許可の是非についてはオハーン自身も一抹の不安をもっていたためか，このような場合にはどのように処理したらよいかをワシントンに問い合わせる．オハーンは物理学者ではなかったので，サイクロトロンと原爆の関連を完全には理解できなかったのは当然で，モーランドの助言だけを信じることによって占領政策を誤るかもしれないという迷いがあったのかもしれない．そして，このワシントンへの問い合わせがきっかけになって，大事件が起きることになる．

　1945 年 10 月 31 日，統合参謀本部からマッカーサー連合国軍最高司令官宛に原子の研究に従事した全研究者の拘束，関連研究施設の差し押さえ，原子核研究の全面禁止を指令した電報が送られ，さらに 11 月 10 日，参謀総長名で

GHQ に具体的に 「理研，京大，大阪大のサイクロトロンの破壊を実行せよ．」という命令が下る．

　この命令を下した最高責任者はパターソン陸軍長官であったが，この命令書を誰が起草し，どのような経過を経てマッカーサー司令官宛てに打電されたかについては諸説があって真相は明らかでない．参謀本部はオハーンの問い合わせの電報を受け取ってからわずか 3 日で，マッカーサーに命令書を送っている．その間何が行われたのであろうか？　原爆開発を推進したマンハッタン計画の責任者グローブス将軍はこの命令書を見ていたはずであるが，この件を科学者と相談した形跡はない．グローブスはそれまでに科学者達からサイクロトロンと原爆との関係は聞かされていたはずであるが，原子核物理学者によって作られた原爆によって日本に勝利したと信じていたグローブスにとっては，敵国日本に原子核の研究のための重要な研究手段であるサイクロトロンが存在することを知った時，それを破壊することを躊躇する理由は見当たらなかったのかもしれない．

　この命令を受け取るとマッカーサー司令部は直ちに日本のすべてのサイクロトロンを破壊し，投棄する．荒勝の日誌によると，この時の現場の司令官は物理学者だったためか，この命令に疑問を抱いていたとのことである．

　「日本の原子研究終焉」という見出しの 11 月 25 日付の日本の新聞記事は，国の復興を科学立国に託そうとしていた多くの日本人にとって，大きな衝撃であったに違いない．しかしサイクロトロン破壊に対して最初に抗議の声を上げたのは，原爆の開発に直接かかわったオークリッジの科学者達と，科学情報調査団の団長コンプトンが学長を，副団長のモーランドが工学部長を務めていたMIT の研究者達であった．米軍機関紙「星条旗」が日本のサイクロトロンの破壊を報じるとその日のうちに，オークリッジの科学者は非常に強く抗議する．11 月 26 日のニューヨーク・タイムズ紙によれば，彼らは「サイクロトロンの破壊はナチス・ドイツによるベルギーのルーヴァン図書館破壊にも匹敵する理不尽で愚かな行為で，人道に対する犯罪である」と強く非難し，「この略奪行為の責任者は処罰されるべきである．」とまで述べていることは，第 9 章で詳しく紹介した．

　原爆の製作に深く関与した米国の科学者達が，こんなにも強く米軍の責任者

310　第 3 部　占領下の原子核物理学

を非難したのは何故だろうか？　同業者でもある日本の原子核物理学者が研究の道を閉ざされたことに対する同情があったのかもしれない．また純粋な基礎科学の研究は，原爆の開発とは異なっていることを強調したかったのかもしれない．ただ重要な点は，この時期は米国の原子核物理学者が原爆開発から純粋科学の研究に戻る準備を始めていた時期でもあり，自分達がこれから始めようとしている研究に軍部が介入してくることを危惧していたとも考えられる．彼らは自分たちが米国を勝利に導いたと自負し，これからは自分たち本来の基礎科学の研究を再開したいと思っていたはずである．これらの科学者と，科学技術を軍の主導で進めたいと考えていた米軍首脳部との間の主導権争いの一環と捉えることもできる．

　一方，サイクロトロン破壊が日本の科学者に与えた衝撃は極めて大きかったはずであるが，それが文書で軍軍側に直接伝えられることはほとんどなかった．理研の仁科芳雄は「サイクロトロン破壊は人類への犯罪とも言うべき理不尽でばかげた行為である．」と強く非難し，サイクロトロンの完全復旧を求める声明を起草して東京の終戦連絡事務局に提出するが，連絡事務局はその文書のもたらす影響を考慮し，それをGHQに提出することを見合わせた．また京大の清水栄の11月28日の日記にも，「学問の自由を奪うという蛮行に対して日本の学者からも正当なる抗議が申し込まれねばならないと思う．余は米国の興論に訴うるべく一文を草せんと考えている．」と記されているが，それが実際に実行されたかどうかは明らかでない．そのようななか，京大医学部の一大学院生であった堀田進は，11月29日付でマッカーサー宛てに直接書簡を送り，「眞理の尊厳と学術の神聖との名に於いて，心から懇願いたします．撤去せられた研究施設を一日も速に復舊して戴けないでしょうか．……すべての國民が世界文化の向上（その一つとしての自然科学の發達）に全力を拂ひ得る時が一日も速に來らんことを私は衷心より念願するものであります．」と訴えている．堀田の抗議／嘆願書は英訳されて米国公文書館に保管されており，米国政府幹部の目にも留まったものと思われる．堀田の学問的情熱と勇気を，今の我々は学ぶべきである．

　一方，京大のサイクロトロンが破壊された時，占領軍の通訳として荒勝との交渉にあたったトーマス・スミスは，自分の努力にもかかわらず，荒勝が最も

大切にしていた大戦中の研究ノートを米軍が没収することを阻止できなかった
ことを深く後悔して帰国する．帰国後，日本の近世・近代社会経済史の研究に
生涯をささげた．そうしたスミスの誠実さにも，我々は学ぶべきである．

4　原子核研究の規制政策のもたらしたもの

　本書の最後に，その後の米国政府の日本に対する原子核研究の規制政策が，
今日の社会と原子核物理学の関係にいかなる影響を与えているか，そしてまた，
それが投げかけている問題に我々が如何に向き合うべきかを問うておきたい．

　米国政府はサイクロトロン破壊に対する科学者の反発を知って，軍当局の原
子兵器についての方針と科学者の考え方に違いがあることを悟るが，相互の連
絡を密にすれば問題を解決できると考え，日本の現状を徹底的に調査し，実現
可能な計画を示す必要があると判断する．そこでマンハッタン計画に参画して
いた物理学者ラッセル・フィッシャーを日本に派遣して実状を再調査するとと
もに，サイクロトロン破壊後の日本における原子核物理学を規制する方策を模
索する．

　フィッシャーは1946年1月に来日し，理研，東大，京大，大阪大をはじめ，
主要な教育研究機関を詳しく調査してワシントンに報告し，日本の原子核研究
の規制についての提言を行う．フィッシャーが最初にワシントンに書き送った
提言では，禁止すべき研究領域としてウラン同位元素の分離，ウラン及びトリ
ウム鉱石の採掘などだけでなく，純粋な原子核物理学の研究も含まれていたた
め，それを厳密に履行すれば，日本の原子核物理学の研究はほとんどストップ
してしまうことになる．フィッシャーは滞日期間中に関係研究機関を精力的に
訪問して状況把握に努めるが，京大では荒勝が研究再開を強く望んだことも
あって，特に監視の目を光らせる．

　しかしフィッシャーはその後，日本における原子核研究の実情を知り，帰国
直後，原子エネルギー研究の管理について「戦争目的に用いられないように監
視しながら，原子核物理学分野の基礎研究とアカデミックな教育は許可すべき
である．」と提言する．この考えがその後の米国政府の基本方針となる．

312　第3部　占領下の原子核物理学

1946 年 7 月米国の国務省，陸軍省，海軍省合同委員会は，極東委員会に対しフィッシャーが記したような一定の条件のもとに，原子核物理学の基礎研究と教育を許可すべきであると提案する．しかし米国の提案は米国以外の連合国の強い反対にあって取り下げざるを得なくなる．そこで米国政府は "basic research" という言葉を "fundamental research" と書き改めて再提案する．basic research は最終的な目標としては応用研究の可能性を含んでいるが，fundamental research は応用目的を持たず，知識を得る目的で知識を積み重ねていく研究であるという理解である．しかしこの方針に沿った米国の提案も，極東委員会では賛同をえられず，1947 年 1 月，日本の全ての原子エネルギー研究禁止決議が採択される．米国は，サイクロトロン破壊が科学者の非難の的となったことを考慮して研究禁止処置を緩和しようと試みたが，認められなかったわけである．

　米国政府の提案にある "fundamental research" と "basic research" を区別するという考えは，講和条約発効後日本が原子核研究を再開した後も基本的な指針として生かされる．具体的には，全国の大学の共同利用研究所として東京大学に設置された「原子核研究所」が前者を，茨城県東海村に設置された「日本原子力研究所」が後者を代表する研究所として，20 世紀後半の日本の原子核研究を担うことになるわけである．

　元来，物質の根源を探る基礎科学としての原子核物理学と原子核分裂を用いてエネルギーを得ようとする原子力の研究は，その目的を異にするものであるが，研究手段が類似しているために現代でも大きな誤解が生まれ，深刻な政治，社会問題を惹き起こしていると言えよう．現代に生きる我々もこのような歴史にもっと目を向けるべきであろう．原子核物理学は物質の究極を探る学問として生まれたが，核分裂の発見によって，好むと好まざるとにかかわらず現代社会と強いかかわりを持たざるを得なくなった現状を直視し，道を見誤らないよう努力することが求められるのである．

文　献

政池明（2015）『科学者の原罪』キリスト教図書出版社．

第2編　資料

資料1　荒勝文策・木村毅一・植村吉明「重水素イオンの衝撃に依る重水素原子核の変転現象」(『科学』**5**巻**4**号 (1935年)：12-14)

資料2　荒勝文策講演録「ニウトロンの吸収による重元素原子の分裂」(『物理化学の進歩』第**13n**巻**3**号 (1939年)：108-116)

資料3　B. Arakatsu, Y. Uemura, M. Sonoda, S. Shimizu, K. Kimura and K. Muraoka, Photo-Fission of Uranium and Thorium Produced by the γ-Rays of Lithium and Fluorine Bombarded with High Speed Protons (Proc. Phys.-Math. Soc. Japan Vol.**23** No.**8** (1941)：440-445)

資料4　B. Arakatsu, M. Sonoda, Y. Uemura and S. Shimizu, The Range of the Photo-fission-fragments of Uranium Produced by the γ-ray of Lithium Bonbarded with Protons (Proc. Phys.-Math. Soc. Japan Vol. **23** No.**8** (1941)：633-637)

資料5　B. Arakatsu, M. Sonoda, Y. Uemura, S. Shimizu and K. Kimura, A Type of Nuclear Photo-Disintegration：The Expulsion of α-Particles from Various Substances Irradiated by the γ-Rays of Lithium and Fluorine Bombarded with High Speed Protons (Proc. Phys.-Math. Soc. Japan Vol.**25** No.**3** (1943)：173-178)

資料6　花谷暉一学位申請主論文「熱中性子ノ重元素原子核ニ対スル作用断面積ニ就イテ　其ノ一：ウラニウム原子核ノ捕獲断面積並ニ総衝突断面積ノ測定」

資料7　「荒勝先生のメモ」U核分裂の連鎖反応 (July, 1945)

資料8　荒勝文策「原子爆弾報告書」1〜4 (『朝日新聞』(大阪) 1945年9月14日〜17日連載記事)

資料9　サイクロトロン破壊時の荒勝日誌

資料10　トーマス・スミスの回想記：'Kyoto Cyclotron' (Nov. 27, 1996)

資料 1 「科学」**5** 巻 **4** 号（1935 年）: 12

「重水素イオンの衝撃に依る重水素原子核の変転現象」

台北帝国大学

荒 勝 文 策

木 村 毅 一

植 村 吉 明

此の現象を初めて観測したのは，米国のローレンス，リヴィングストン及びルイス[1]である．此の人達は其の独特の高速度イオン発生装置に依りて 100 万エレクトロンボルト以上のエネルギーを持つ重水素イオンを得，これを種々の物質に当てて見た所が，その相手の物質の如何にかかわらず常に到程約 18cm のプロトン群が出て来ることを発見し，これは重水素原子核が他の原子核に衝突する際，それ自身破壊してプロトン並にニウトロンに分れ飛散する為めであろうと解釈したのである．

所が英国ケンブリッヂのラサフォード[2]はこの現象をそう簡単な唯の破壊とは見ず，これは多分重水素原子核と重水素原子核との核化学作用による結果ならんと考え，重水素イオンを種々の重水素化合物に当てる実験を始めたのである．所が此の際非常に強い変転現象を観測することが出来，僅々 2 万ボルトでも相当強き現象の起るを知り，10 万ボルトでは数へ切れない程多数の飛散粒子を見ると言う愉快な状況を見たのである．

粒子の種類	到 程	エネルギー
プロトン	14.3cm[3]	$\sim 3 \times 10^6$eV
単荷電粒子 （多分 ${}_1$H^3）	1.6cm	
ニウトロン （数はプロトンより少）		最高 3×10^6eV

観測の結果飛散粒子は上表の如くで，これは多分

---

1) Phys. Rev. **44**（1933），56，781.

2) M. L. Oliphant, P. Harteck 及び Lord Rutherford : Nature. **133**（1934），413 ; Proc. Roy, Soc. **A. 144**（1934），692.

3) ローレンス等の観測した到程 18cm の飛散プロトンは実はこれであってあの際は百幾十万エレクトロンボルトという衝撃重水素イオンのエネルギーが影響して値が大きくなったのである．

第 2 編 資料 317

$$_1H^2 + {}_1H^2 \rightarrow ({}_2He^4) \rightarrow {}_1H^3 + {}_1H^1 \qquad (1)$$

$$_1H^2 + {}_1H^2 \rightarrow ({}_2He^4) \rightarrow {}_2He^3 + {}_0n^1 \qquad (2)$$

なる現象であろうと推定し，Dee[4]のなしたウイルソン雲霧室による観測を待って，其の判断の正当なることを確めたのである．

　台北帝国大学の物理学教室に於ては，此の2年間原子人工変転の研究に意を注ぎ，規模は至って小さくはあるが，操作の誠に簡単な装置を作り[5]，昨年夏より種々な軽元素の人工変転の現象を観測して来たのであるが，一方これと並行して，重水素採取の方法をも研究実施し来り[6]，今では重水素含有量 50% の重水を毎月約 3〜4cc を採取し得る程度に進み来ったので，これを用いて此の現象を繰返し観測して見たのである．何分この実験は未だ行った人の数も少いわけで，これを再び経験して見ることはあながち無駄では無いと考えるのである．

　吾々が用いた電源は，22–25 万 e.V のイオンを発生し得るコンデンサー，ケノトロン系統のものであつて，三重複合の Cockcroft-Walton 型とも称すべき一つの変種新型である[7]．これはイオン発生管の放電に用うる変圧器を地絡端より運転し得る特徴を有して居るので，操作が至って安全簡単である．

　イオン発生管並に其の加速管は，最初種々工夫して見たのであるが，結局 Rutherford 型のものが最も便利なる事を知り，専らそれを使用したのである．此の管ではイオン発生管の電流 20 ミリアンペア，加速イオン電流 10 マイクロアンペアが最も便利に発生せられ実験数時間に亙り継続使用し得て，観測方法未だ原始的なる閃光法による測定実験によく堪えることを見たのである．

　観測方法は全く硫化亜鉛閃光方法を用い，2 側より同時観測を行い，一方を標準に他方を吸収体（A1 箔）挿入測定に用い，数十分に亙る観測中に於ける放電状況の徐々の変化に備えたのであって，全く原始時代の X 線測定方法を利用したわけである．吸収体は真空中に於て任意廻転し得る様外より電磁石を用いて手早く処置したのである．これにより飛散粒子の数を測り到程を知り種々の粒子の比較数を測定するに便した．

　イオン発生管に注ぐ重水素は 50% 含有の重水を排気せる 5 立フラスコ中に蒸発せしめ，其の中に張られたるタングステン繊条の加熱によって其酸素を去りたるものを竹の繊維を通じて用いたのである．

4）P. J. Dee： Nature. **133**（1934），564.

5）此の装置に就ては近々 "応用物理" に詳細記述し，又台北帝国大学紀要にても，他の研究結果と共に纏め発表する考えである．

6）太田頼常：台北帝国大学理農学部紀要　第 **10** 巻，第 **3** 号．

7）太田頼常：台北帝国大学農学部紀要　近刊．

318　第 2 編　資料

衝撃箇所（衝極）に置かれる重水素化合物は種々のものに就て試みては見たが，Rutherford が好んで用いた硫酸アンモニウムが最も都合よく用いられる事を見たのである．初め普通の硫酸アンモニウムの中の水素を重水素で置換する目的で Rutherford がやったという様に約 30% の重水中に小量の硫酸アンモニウムを溶かし，数日間放置した後，これを衝極金属面に塗り，手早く加熱乾燥して用いて見たのである，ところが，斯くして実験を開始して見ると，いくら注意して繰返してやって見ても，仲々 Rutherford の報告せるが如き，強い現象は見出されないのである．此の際廻転衝極の他面に附せる Li を廻せば，衝極よりの距離 3cm の所，直径 1cm の円板上に無数の閃光を見，各瞬時約 100 個と思はるる数が明滅し居る程活溌なる変転現象を呈する際と雖も，重水素 H^2 の面を出せば，其数忽ち減少し，僅々 1 分に就き 30 を過ぎざる程度となるのを見たのである．

そこで吾々は重水素含有量に富める硫酸アンモニウムを作ることを始めたのである．先づ 5-10% 程度の重水 10cc に少量の硫酸を混じ，これを白金電極により，数週を費して約 0.5cc まで濃縮し，得た硫酸・重水溶液に窒化マグネシウムに 50% 重水を注ぎて発生したるアンモニア瓦斯を白金の存在に於て通じ，液の色藍青色となり，アンモニアの臭気鼻をつく程度迄処理したのである．これを衝極に乾燥密着せしめて，実験を行って見た所が，なる程現象は著しく現われ，管の状況未だ充分ならざる際と雖も 1 分に就き数百の長到程粒子（測定結果 13.6cm-14.5cm の間）を観測し得，これを全立体角に換算すれば，10 万に達する破壊粒子の生ずるを確めたのである．これによって知ることは，硫酸アンモニウムの単なる溶解による重水素の置換は同濃度の水より合成したる硫酸アンモニウム中の重水素の 1/5 に達しないと云うことである．資料中の重水素濃度の知識不完全なりと雖も，仮りに 50% が完全に置換され居るものと仮定し，イオン流中其の 10% 即ち 1 マイクロアンペアが有効重水素イオンなりしと想像する時，$_1H^2 + _1H^2$ の反応の実現率は誠に大きなもので，10 万ボルト，1 マイクロアンペアの $_1H^2$ イオン流が仮りに $_1H^2$ のみの集団に衝たる場合を考えると，其際この 14.0cm 粒子を出す数は実に 1 分に就き 100 万に達するを知るのである．即ち大約 10^8 個のイオンに就き 1 の割合と見られるのである．イオン流を磁石で曲げ走らして其値を正確に知らば，尚此価は大きく現われ来るべく，又電解法中硫酸基に応じる水素原子の置換作用の正確なる知識を得ば，恐らくは 10^7 に就き数個の割合となるべく，実に非常なる実現率を示しているのである．Rutherford は 10^6 に就き 1 個と云う数値を出して居るが，吾々の実験で，若し放電管の状況を最上にして観測すれば，或はより大なる数値を得るのでは無いかと思われるのである．

さて何故重水素がかかる活溌なる特性を示すか，即ちこれにプロトンを衝てるとも何等見るべき変化を起さず，又これに高速度の α-粒子を衝つるも斯の如き破壊作用を呈せざるに[8]もかかわらず重水素イオンに依っては何故かかる活溌なる様を呈す

第 2 編　資料　　319

るか，これは単なる Gamow 理論のみにては説明は困難であろうと思われるわけであって，どうもこの現象は一種の共鳴現象と見るべきものではあるまいかと思われるのである．即ち$_1$H^{2}核内には或種の交互変化があって，これと同調なる他の振動系原子核$_1$H^{2}が近接する時，其の作用が共振し交互変化の相手方を新来の核内に見出し，新しき原子核，即ち新しき交互変化系を形成するが為めであろうと思われるのである．其相手方の見出し方により，前記（1）及び（2）の核化学作用を呈するのであろうと思われるのである．其の交互変化が Heisenberg や Fermi の云う様な意味のものかどうかは尚ほ多くの現象に就て研究を要する事柄ではあるが，筆者は$_1$H^{2}のこの交互変化は，其の核中のプロトンとニウトロンとが交互に変化する，即ち事象を簡単に云って了えば，定った週期で陽電荷を取りやりしている所の一種のキャッチボール又はテニスの如き作用と想像するのである．従って今，$_3$Li^7＋$_3$Li^7，$_3$Li^6＋$_3$Li^{6}等の研究が出来るとすれば誠に面白い事と思われるのであって，目下其の計画だけはしているのである．

（重水素変転に関する研究の他の多くの結果はここでは記述するを避け，他の機会に譲る）．

本研究は全く日本学術振興会の同情ある援助を得て行われたものであってここに厚くお礼を申し述べる次第である．又同僚理学士太田頼常氏が其の採取せる貴重なる重水を惜しげ無く供給せられた賜である事をも附記し深く感謝の意を表する次第である．

昭和 10 年 3 月 10 日　陸軍記念日稿

---

8) Lord Rutherford and A. E. Kempton : Proc. Roy. Soc. **A. 143**（1934），724.

資料2 「物理化学の進歩」 Vol.13n No.3（1939）：108-116

荒勝文策講演録「ニウトロンの吸収による重元素原子の分裂」

荒 勝 文 策

本文は荒勝教授が化学研究所の発表会にて講演されたものを
同教授の許可を得て速記し此処に載せたものである．

（講 演 要 旨）

　ウラニウムをニウトロンにて照射することにより一連の人工放射性能元素を得る
ことはフエルミー等伊太利学者の夙に発見したる所であって，所謂超ウラン元素を
得たるものとして記録せられてきたのである．所が本年に入ってハーン，ストラス
マン等独乙学者はウラニウム，トリウム等の表わす此の種人工放射能はこれ等元素
の原子がニウトロンを吸収することによって原子核内の動揺を来し，恰も水滴の分
裂するが如く重さ相似たる二つの軽き原子に分裂し，バリウム其他種々の週期表中
に於ける中央元素の原子を生じ其れの示す連鎖的放射機能変転現象なりとの証拠を
掴みここに全く新しき型の原子核変化を発見したのである．この発見を肯定する種々
の物理的研究，化学的研究は其後陸続として報告されて来て居る状態である．問題
は未だ探求中に属することではあるが其大要を紹介し尚吾れ等の研究室に於てもこ
の問題に関し一，二研究しつつあることを附加し置きたいのである．

　今日私がお話さして戴きます事柄は寧ろあなた方から聞かして戴くべき筈の事柄
であります．問題は全く化学の範囲に属する事であり，私自身には余り此方面の事
に就ては判然としない所が多いのでありますが，原子核の問題が今日化学の範囲に
這入り，化学者が之を取扱うべき時期に入って来たと思われますので，此点に就い
て述べさして戴きたいと思うのであります．話の大体は講演要旨にも示してありま
す通り，重い元素の原子U，Th等の人工分裂に関する最近の研究に就てであります．
　今順序と致しまして多少歴史的経過から御話し致します．Uには mass number 238
の外に尚 235，234 のものがありまして，次に示す様な割合で自然界に存在して居り
ます．

$$_{92}U^{238} : _{92}U^{235} : _{92}U^{234} = 100 : 0.3 : 0.007$$

そして $_{92}U^{238}$，$_{92}U^{235}$ は夫々次に示す様な段階で自然に崩壊して行く事は御承知の通り

第2編 資料　321

であります.

第一表

$$_{92}U^{238} \xrightarrow[4.5\times10^{9}\,\text{年}]{\alpha} {}_{90}UX^{234} \xrightarrow[24\,\text{日}]{\beta} {}_{91}UX_2^{234} \xrightarrow[1\,\text{分}]{\beta} {}_{92}UII^{234} \xrightarrow[10^{4}\,\text{年}]{\alpha} {}_{90}Io^{230} \longrightarrow$$

$$_{92}U^{235} \xrightarrow{\alpha} {}_{90}UY^{231} \xrightarrow[24\,\text{時}]{\beta} {}_{91}Pa^{231} \xrightarrow[10^{4}\,\text{年}]{\alpha} {}_{89}Ac^{237} \longrightarrow$$

斯様に U はその儘でも自然に崩壊しつつあるのでありますが，之にニウトロンを衝てますと更に特殊の現象を示すのであります．一般にニウトロンの示す核反応に就ては，1934 年から 1935 年にかけて Fermi 等が特によく研究した所でありまして，第二表に見る如く大要三の型として表わされるものであります．

即ち比較的速いニウトロンを衝てますと，$_2He^4$ を追い出して *mass number* 三つだけ少いものが出来るか，又はプロトンと置き代り，*mass number* は同じであるが週期律表で一つ左によったものになるかである．又遅いニウトロンを之に衝てると，このニウトロンがその中にごっそりと入り，之から γ-*ray* を出し，同じ原子の質量の 1 だけ大きい *Isotope* となる．それが大抵電子を β-*ray activity* として出して，新元素となり，元のものに比して週期律表の上で一つ右に移行しておさまる．此が大体原子にニウトロンが作用した時の状況であります．

さて U は 92 番目の原子で週期律表に於て最後の位置に位するものでありますが，

第二表

Fermi 其他 (*1934–1935*)

$$_ZA^M + {}_0n^1 \to {}_{Z-2}B^{M-3} + {}_2He^4$$
$$_ZA^M + {}_0n^1 \to {}_{Z-1}B^{M} + {}_1H^1$$
$$_ZA^M + {}_0n^1 \to {}_ZB^{M+1} (+\gamma\text{-}ray)$$
$$_ZB^{M+1} \to {}_{Z+1}C^{M+1} + {}_{-1}e^0$$
$$(_ZA^M + {}_0n^1 \to {}_ZB^{M-1} + 2{}_0n^1)$$

第三表

H₂S で沈澱する元素 Z>92		H₂S で沈澱しない元素 Z≶92	
2.2 分	Z=93	<40 秒	多分 Z=92
16　分	NaOH・濾過液	< 1分	
50 分	Z>93		
10 時	(94–96？)	23 分	Z=92
3 日	NaOH・沈澱体		
3 時			

此にニウトロンを衝てるとどうなるか．Fermi が 1934 年から 1935 年にかけて行った研究を観ると，U にニウトロンを衝てると，他の原子の場合と同様，ごっそりと之に入り込み一つだけ質量の重い U となり β-*ray activity* を示すのであって，その半減期は 10–15 秒，40 秒，13 分，90–100 分のものがある．Fermi に依れば，40 秒のものを除いた他の三つのものは皆衝てる中性子の速度を遅める時 *activity* を増す割合が同じである．即ち 40 秒のものを除き同率 1.6 倍の Fermi 効果を持ち全体として互に或連繋を保っていると思われるのである．其の解釈として，これだけのものが一つ一つ次々に連鎖的に放射能物質になるのではなかろうか．即ち第一の β-*ray activity* を示して後 U の次の原子が出来，更

第四表

(1) $_{92}U^{238} + _0n^1 \xrightarrow{f} {}_{92}U^{239} \xrightarrow[10-15秒]{\beta} {}_{93}Eka\text{-}Re^{239} \xrightarrow[2.2分]{\beta} {}_{94}Eka\cdot Os^{239} \xrightarrow[\substack{50分 \\ ?}]{\beta} {}_{95}EkaIr^{239}$

$\xrightarrow[3日]{\beta} {}_{96}EkaPt^{239} \xrightarrow[2.5時]{\beta}$

(2) $_{92}U^{238} + _0n^1 \xrightarrow{f} {}_{92}U^{237} + 2_0n^1$

$_{92}U^{237} \xrightarrow[40秒]{\beta} {}_{93}EkaRe^{237} \xrightarrow[16分]{\beta} {}_{94}EkaOs^{237} \xrightarrow[\sim6時]{\sim\beta} {}_{95}EkaIr^{237}(?)$

(3) $_{92}U^{238} + _0n^1 \xrightarrow{s} {}_{90}Th^{235} + _2He^4$

$_{90}Th^{235} \xrightarrow[(4)分]{\beta} {}_{91}Pa^{235} \xrightarrow[(短)]{\beta} {}_{92}U^{235} \left(\xrightarrow[23分]{\beta} {}_{93}EkaRe^{235} \right)$

$\left(\text{又は} \quad {}_{92}U^{235} + _0n^1 \xrightarrow{s} {}_{92}U^{236} \xrightarrow[23分]{\beta} {}_{93}EkaRe^{236} \right)$

にそれが β-*ray activity* を示して次の元素になると云う具合になるのではないか．斯くして U の次の元素が次々に出来て行くのではなかろうかと云う事を 1935 年頃に云い出したのであります．即ち Trans-uranium 超ウラン元素の考えが生れたのであります．この現象を 1935 年から 1936 年に亘り Hahn-Meitner が詳しく研究して居ります．それは誠に複雑な化学分析の技術を巧に施したものでありまして，U にニ

第五表
Hahn-Strassmann（1938–1939）

$_{92}U^{238} + _0n^1 \longrightarrow$	${}_{92}U^{239} \xrightarrow{\alpha} {}_{90}Th^{235} \xrightarrow{\alpha}$	?
"Ra I"? $\xrightarrow[<1分]{\beta}$	Ac I $\xrightarrow[<30分]{\beta}$	Th？
"Ra II" $\xrightarrow[14\pm2分]{}$	Ac II $\xrightarrow[\sim2.5時]{}$	Th？
"Ra III" $\xrightarrow[86\pm6分]{}$	Ac III $\xrightarrow[数日]{}$	Th？
"Ra IV" $\xrightarrow[250-300時]{}$	Ac IV $\xrightarrow[<40時]{}$	Th？

ウトロンを衝てたものに就き化学的な処理法による沈澱の分別，ニウトロン照射の長短等の色々な操作と，半減期の精細なる分析等により Hahn-Meitner は全体を第三表並に第四表の如くに纏めたのであります．

第四表の(1)に示す如く，93，94，95，96 と chain で進む．(2)に対しては人によって多少異なった考案もありますが兎に角 chain で進行して行く．(3)は又括弧内の様に行くのではないかとも思われます（此所に見る 23 分が非常に特徴のある β-ray activity であります）．此等は色々云われていますが兎に角 Fermi の考えに従い注意深く実験しました所，ニウトロンの為に段々と Trans-Uran の元素を作ると云う結果を収めたのであります．斯くして 96 番までの元素が出来るという事で 1935 年—1936 年迄は収ったのであります．

第 2 編　資料　　323

処が其の後 Hahn-Strassmann は其匠みなる分析術的研究を継続する事によりまして，U にニウトロンを作用せしめた場合には上記 Trans-Uran（週期律表で 92 番より右）元素を生ずる以外に 92 番より左の方の元素即ち原子番号が U よりも少いものが出来て，（初めは多分 Ra の Isotope ならんと思われて）第五表に示す様な数種の連鎖的放射能系が存在していると云う事を昨年の終りより本年初めにかけて見付けたのであります．

　此のものを段々と調べて来たのでありますが，何となく不思議であるので，Hahn-Strassmann は Ra と Ba とに就て特に注意し，此が Ra と一緒に出るのか，又は Ba と一緒に出るかを調べてみた処が，*active* なるものは常に Ba とは離れ難いが，Ra と離す事は出来ると云う事が判ったのであります．此は大変な事でありまして，この Ra と書いたのは実は$_{56}$Barium（138？）であるに違いないと云う事が分ったのであります．従って Ac は$_{57}$Lanthanum，Th は$_{58}$Cerium であろうと云うことになつて来たのであります．

　即ち U にニウトロンを衝てると此よりも遥かに遠いこんなに離れた軽い Ba が出来，又 La，Ce が出来る事を見付けたのであります．此は貴方方から見ますと当然と思われるかも知れぬのでありますが，物理をやる者からみますと仲々重大な事柄であります．この Ba が最初に出来たとすると，どうしても U にニウトロンが這入り，一時兎に角 U^{239} が出来，それが *charge* は合わぬが$_{56}Ba^{138}$ と，$_{43}Ma^{101}$ とに分離する．即ち

$$_{92}U^{239} \rightarrow {}_{56}Ba^{138} + {}_{43}Ma^{101}$$

となるか，或は又質量は合わぬが，$_{36}Kr^{\square}$ なるものと$_{56}Ba^{136}$ と，幾個かのニウトロンとが出来たのかも知れぬ．

$$_{92}U^{239} \rightarrow {}_{56}Ba^{138} + {}_{36}Kr^{\square} + {}_{0}n^{1} \cdot y$$

といった様な考え方を必要とする事になるのであります．

　仮りに

$$Barium \rightarrow Lanthanum \rightarrow Cerium$$

であるならば

$$Krypton \rightarrow Rubidium \rightarrow Strontium \rightarrow Yttrium \rightarrow Zirconium$$

の順序を経たと思わざるを得ないのであります．而らば吾々が前に Trans-Uran を見たものも，もう一度之を見直す必要があるのであります．斯くして前に 10 秒，40 秒の半減期のものを$_{92}U^{239}$ に依るものと見たのは或は多分$_{43}$Ma-isotope であり，"Trans-U" の一つは

$$_{43}\text{Masurium} \rightarrow \text{Ruthenium} \rightarrow \text{Rhodium} \rightarrow \text{Palladium} \rightarrow \text{Silver} \rightarrow \text{Cadmium}$$

なる変化であるとも云えるのであります．故に Trans-U と見たもの，又 Ra 或は其同位元素と思ったものが Ba と今一つ他の何かに分かれ，後へ後へと連鎖的に変化して来たものと想像がつくのであります．斯様な報告が出てから，急激にあちら，こちらで此現象を研究する事が盛んとなり，今年になってから，数十の報告が陸続と出ているのであります．その内先ず化学的なものでは，米国でサイクロトロンを使って得た強力なニウトロンを U に衝てて之を化学的に分析し大体確かと考えられる結果として次表の series の様なものがあります．

　この中，肉太線で書いたものは前に Trans-Uran に見たものと同じ半減期を持っているのを見る事が出来るのであります．従って其他前に Trans-Uran と云ったものも，結局よく検討を行わなければ果して何であるかは判らぬものであって，多分は之れも U にニウトロンが這入って後上記の如く分かれた為めに生じる軽元素であろうかと云う事に段々なって来たのであります．

　それでは此事実は一体どう云う事になって居るのであるか．此は一方量子論から見ると誠に考え難い事でありまして，核中では粒子がその安定を保つ為ポテンシャルの深い谷がある．粒子が外部に出る時にはその土手を超えて行かねばならぬ．併し斯かる重い粒子になりますとその可能性は非常に少くなるのでありまして到底今迄の量子論では話がつかぬのであります．それで此に話をつける為めに，発見者達は原子核を水滴と見立てまして，之にニウトロンが這入ると非常にその状態が励起され，Energy content が増加し，従て内部的運動が活溌となって終には此の水滴が二つの大さの等しいものに分かれると同様の分裂を起すものであろうと云うのであります．それで此現象に原子核の "Fission" と云う名称を与えたのでありまして，斯かる古典的模型で説明すると話がよく分るのであります．併し乍ら果して物理的に斯様な事実が存在する事を証拠立てる事が出来るかどうかの問題が直に起るのであります．此に対する考えの第一は，此二つのものが分かれて出る時のエネルギーはどれだけであるかをみる事であります．10^{-13}cm の桁の大さの核内より如何なる

第六表

Antimony	→	Tellurium	→	Iodine
>15min.	→	72hr.	→	2.5hr.
				8day (I^{131})
		40min.	→	54min.
		1hr.	→	22hr.
4.6hr.	→	70min.		
$\binom{\text{5min.}}{\text{40min.}}$				(Abelson)

機構に依て分かれ出るにしても，或程度之が分かれると後は Coulomb の反撥によって追われるわけである．この考えで"Fission"の粒子の総エネルギーを計算して見ると大約 200M.e.V. となるのであります．又これを Aston の精密な測定に依る U，Ba，Kr の質量欠損から見当を付けても亦 200M.e.V. となるのであります．従ってその一つは 100M.e.V. である．果して然らばこの分裂粒子の空気中の飛程距離は約一糎程度とならなければならぬのであります．それを確める実験は（Wilson 霧函並にイオン計数器測定等に依ってする）多くの研究者に依って行われたのであります．Wilson 霧函で見る或写真によると（第一図参照）U にニウトロンが衝った時には三糎の飛程距離のものが両方に分かれているのを見るのであります．又 U の上に薄い Al の箔の幾枚かを置いてニウトロンを衝てると，分裂粒子が飛び出して何枚もの箔を通過して来る．故に Al 箔に附着せる分裂粒子の *activity* を検査する事に依り其分裂粒子の飛程を知る事が出来，約 2.2cm 位になる事を見て居るのであります．（第二図参照）その他計数器で之を行った種々の研究結果を見ると色々の値が出てはいるが，大体一糎位から三糎位迄のものが出ているのであります．又分裂粒子の電荷数を見当づける為めに此を計数器で測って α 粒子に依る電離の分量に比べて，56，36 の重い電荷の極く *dense* のものが出る事も確しかめられているのであります．かくして実際，考えられた事柄が物理的事実として出ている事を見るのであります．

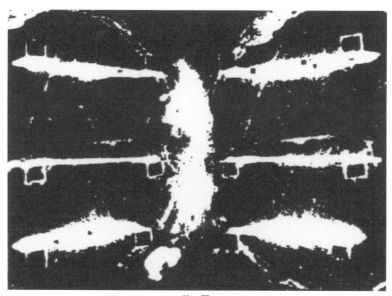

第一図

次に如何なる速度のニウトロンがかかる分裂作用に有効であるかと云う実験が数々行われて居ります．其の中の一，二を申しますと第七表の如く D-D *neutron* を用いる時，パラフィン無しの場合では（ニウトロンの速度は変化なくその儘）毎分 U は 35，Th は 21 と云う分裂回数を示すのに対し，パラフィンでニウトロン源を取り囲むと（ニウトロンの速度は遅くなる）U の分裂回数は増加

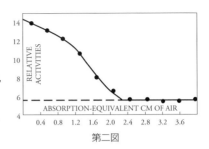

第二図

し，Th の場合には余り変化がない．又第八表に示す研究より解かる如く，U には極くのろいニウトロンが相当きくと見えて Cd で U を覆った時其分裂が相当減っているが Th の場合には減らぬ．即ち U に対しては非常にのろい（熱運動程度のもの）ニウトロンが作用するのであるが Th には或程度速いもの ── 0.5M.e.V. 以上 ── でないと Fission が起らないのであります．U，Th の分裂生成物を見てみますと，Th を高速ニウトロンで分裂を起したときの生成物は Th 独特の *activity* を示すものがあるが，U の時の生成物と同じものが相当存在しているのであります．此事はさもあるべき当然の事である様に思えるのであります．フランスでは Au，Ti でもこの Fission を起すと云っている人もあるが，これはどうも起さぬと云う人の方が正しいのでは無い

第七表

Fowler-Dodson

D-D neutron に依る分裂数（一分間）

	パラフィンなし		パラフィンで取り巻く	
	i＝1.0mA	0.5mA	i＝1.0mA	0.5mA
U	35	―	69	38
Th	21	11	20	―

第八表

Robert-Meyer-Hafstad

ニウトロン	最大エネルギー	Uranium		Thorium	
		Cd なし	Cd	Cd なし	Cd
Li＋D	13.5M.e.V.	100	70	100	100
D＋D	2.5	100	70	100	100
C＋D	0.5	100	10	0	0

此時の分裂原子のエネルギー 75─150M.e.V.；Cd なしは Cd で覆わぬ時；Cd は Cd で覆った時（Cd で覆うと云う事は極くのろいニウトロンを取り除く事である）．

かと思われる．で斯様なことで今の所は U，Th は確に緩ニウトロン又は我々の得る事の出来る程度の比較的速いニウトロンで非常に激しく Fission を起すのを見る事が出来るのであります．而して上記多くの研究者の結果を綜合すればこの作用の起る実現率は大体 $3.5-5\times10^{-24}$ cm^2 の切断面と見られる程度の頻度で起って居るのであります．

今迄申し上げましたのは暗々に $_{92}$U^{238} がこの作用を起すものとのみ考えて来たのでありますが，Bohr はこの現象はよく注意すべき事で $_{92}$U^{238,235} の如く原子番数が偶数で，*mass number* の奇数のものと偶数のものとでは大分その趣が違うものであると考えています．奇数の肩書きの原子の方が偶数の肩書きの原子より核内ニウトロンのおさまり方が，高エネルギー状態になっていると考えられるのであります．而して偶数質量数のものはこれに比して安定で，エネルギー状態が低いと思われるのであります．従って奇数のものはこれにニウトロンが這入り偶数のものとなる際は核は非常に励起された状態となり，Bohr の考え方で云う *Resonance level* が密集している処へ来る状態になる．従って奇数の方が緩ニウトロンをよく吸収し，これに依って分裂を起す実現率が大きくなると思われるのである．即ちこの分裂をするものは，U の重い方（U^{238}）ではなくて $_{92}$U^{235} の質量数奇数の 0.3% あるものに違いないと考えられるのであります．$_{90}$Th^{232} の分裂は上記の研究に依り fast neutron に依るに違いないと云う事になっているがこれもこの考え方からは理解出来る事である．

次に今一つ根本的に興味ある事があるのであります．それは大体原子番数が多くなり原子が重いものになるに従い，其核では之を構成する，プロトンの数に比してニウトロンの数の方が多くなるものであります．だから例えば U が分裂して Ba 等軽い元素の原子になる場合には，其分裂粒子の核内のニウトロン／プトロンの比はその割合が多い事になるのでありまして，為めに次々に β-*ray activity* を示してニウトロンがプロトンに変る際に電子を出すと云う機構に従って変転するのであります．斯くしてニウトロンのプロトンに対する割合が段々減って来るのでありまして，原子は漸次週期律表の右の方に移って来て適当の所でおさまるのであります．それ故に U が分裂して後連鎖的に *activity* を示すのは当然の事であります．然し分かれる時にニウトロンが何個程出るか，如何なるエネルギーで出るか，或はニウトロンが這入って分裂を来す際に出るのか，又は分裂後出るのか等の問題を判っきりさすのは大切な事であります．実際種々の人々が U に緩ニウトロンを衝てた結果に依ると，之が分裂する時比較的速いニウトロンが出て来る事が観察されているのであります．その出て来るニウトロンの割合は一個のニウトロンが這入り一回の Fission を起す時，2

＊　本講演後得た報告に依ると 10-15 秒及び 45 秒の半減期で予後的ニウトロン放射をなすと云われて居る．

328　第2編　資料

第 九 表

I	II	III	IV	V	VI	VII	VIII			0
$_{19}$K (39.096)	$_{20}$Ca (40.08)	$_{21}$Sc (44.958)	$_{22}$Ti (47.00)	$_{23}$V (50.95)	$_{24}$Cr (52.01)	$_{25}$Mn (54.93)	$_{26}$Fe (55.84)	$_{27}$Co (58.94)	$_{28}$Ni (58.69)	
$_{29}$Cu (63.57)	$_{30}$Zn (65.38)	$_{31}$Ga (69.72)	$_{32}$Ge (73.60)	$_{33}$As (74.917)	$_{34}$Se (78.96)	$_{35}$Br (79.900)				$_{36}$Kr (83.766)
$_{37}$Rb (85.44)	$_{38}$Sr (87.63)	$_{39}$Y (88.92)	$_{40}$Zr (91.22)	$_{41}$Nb (92.905)	$_{42}$Mo (96.0)	$_{43}$Ma (101)	$_{44}$Ru (101.7)	$_{45}$Rh (103.90)	$_{46}$Pd (106.7)	
$_{47}$Ag (107.880)	$_{48}$Cd (112.41)	$_{49}$In (114.76)	$_{50}$Sn (118.70)	$_{51}$Sb (121.76)	$_{52}$Te (127.61)	$_{53}$I (126.903)				$_{54}$Xe (131.3)
$_{55}$Cs (132.902)	$_{56}$Ba (137.96)	$_{57}$La (138.92)								
$_{58}$Ce (140.13) $_{59}$Pr (140.92) $_{60}$Nd (144.27) $_{61}$— $_{62}$Sm (150.43) $_{63}$Eu (152.0) $_{64}$Gd (157.3)										
$_{65}$Tb (159.2) $_{66}$Dy (163.46) $_{67}$Ho (163.5) $_{68}$Er (167.64) $_{69}$Tu (169.4) $_{70}$Yb (173.04) $_{71}$Lu (175.0)										
			$_{72}$Hf (178.6)	$_{73}$Ta (180.886)	$_{74}$W (184.0)	$_{75}$Re (186.31)	$_{76}$Os (191.5)	$_{77}$Ir (193.1)	$_{78}$Pt (195.23)	
$_{79}$Au (197.2)	$_{80}$Hg (200.61)	$_{81}$Tl (204.402)	$_{82}$Pb (207.22)	$_{83}$Bi (209.00)	$_{84}$Po —	$_{85}$—				$_{86}$Rn (222)
$_{87}$—	$_{88}$Ra (226.05)	$_{89}$Ac —	$_{90}$Th (232.12)	$_{91}$Pa (231)	$_{92}$U (238.14)	93	94	95	96	
I	II	III	IV	V	VI	VII	VIII			0

乃至 3 個出るとも云われて居ります．又或人はニウトロンを衝てておって，急に此からニウトロン源を除いた後にも，此から矢張りニウトロンが或る life を以て出て来る．即ち予後的ニウトロンの現象を見ているのであります．即ち約 12 秒位の半減期で遅れてニウトロンを出す事が報告されているのであります．其の真否は未だ明瞭でありませんが注意すべき現象ではあるのであります．*以上至って大ざっぱに申述べましたが今日までの報告では大要斯様になっているのであります．

第九表の週期律表中の肉太の文字のものは，諸研究者に依って想像された分裂生成元素であります．これ等は週期律表の中央辺に位して居ります．これは Aston の測定に依る質量欠損の曲線に依れば此の辺が一番底になっているのでありまして，分裂粒子が此の安定なる原子として飛び出して来るのは当然の話であります．

前にも申し上げました通りこの現象は誠に重要性を有って居るのでありまして物理から云うと，此の事象を出発点として新しい物理が出て来るものでは無いかと思われるのであります．今日迄は核外で出来た量子論を modify して此に依って核の中まで推察しようと努力して来たのでありますが，此の事象に対しては簡単に之れを説明するわけには行かぬのであります．それで物理学では量子論を非常に modify するか，又は古典的になって了うか，又は "Trans-" 量子論とでも云ったものが生まれるのか，又は *Hydrodynamic* 的なモデルに従う "場" の物理学の進んだ理論が生れるかは分らぬのでありますが，物理学上大きな変化が起るものと思われるのであります．今後は如何なる方法でか斯かる現象を更に強く起さしむる事に依りて研究の道が拓かれるものと思われるのであります．私達の研究室に於きましても今此分裂の際出るニウトロンに就て観測を致して居りますが，萩原さんの観測では相当ニウトロンは出て来るものと思われています．一体この現象をよく見てみますとニウトロン一個の吸収に依って分裂を来し，其の際三個のニウトロンが放射されるとすると上の現象は一種の Ketten Reaktion ［筆者注：連鎖反応（独語）］式に起さしめ得る可能性があるわけであって化学の上にも仲々重要なる道が拓かれるものと想像されるのであります．又多少横道ではありますが，天体には非常に密度の大きい星があると云われていますが現在の諸元素の原子はこの様な種類のものが段々と分裂して U 其他の元素の原子となり，其れより更に此の種の分裂を以って他の元素が出来たのかも知れないと云う考えも生じて来るわけであります．一概に軽い元素より原子番号の多いものの方に向って元素が出来たとのみは思われ無いのであります．兎に角此の現象はあらゆる角度で変った考え方をしなくてはならぬ様になったのであります．斯くして原子核の問題は所謂化学の時代に入って来た事を示して居るのであります．

昭和十四年六月三日講演（文責在記者）

資料 3　Proc. Phys.-Math. Soc. Japan Vol.**23** No.**8**（1941）：440–445

Photo-Fission of Uranium and Thorium Produced by the γ-Rays of Lithium and Fluorine Bombarded with High Speed Protons.

By B. ARAKATSU, Y. UEMURA, M. SONODA, S. SHIMIZU,
K. KIMURA and K. MURAOKA.

(Read April 5, 1941.)

After a number of failed attempts made by several workers,[1] the fission effect of heavier nuclei caused by the irradiation of γ-rays was successfully carried out recently by the members of Westinghouse Research Laboratories.[2] They announced that the cross-sections for the photo-fission produced by the γ-ray of $F(p \cdot \gamma)$ reaction was found to be

$$\sigma_{U(6.3)} = (3.5 \pm 1.0) \cdot 10^{-27} \text{ cm}^2,$$

and

$$\sigma_{Th(6.3)} = (1.7 \pm 0.5) \cdot 10^{-27} \text{ cm}^2,$$

with

$$\sigma_{U(6.3)} : \sigma_{Th(6.3)} = 2.0 \pm 0.1$$

respectively, while that of the photo-fission produced by the γ-ray from $Li(p \cdot \gamma)$ reaction was presumably estimated to be of the same order of magnitude. The observation with this 17 MeV γ-ray, however, could not be satisfactorily worked out for the reason of the feeble intensity of the $Li(p \cdot \gamma)$ γ-ray used.

Meanwhile, the present writers have been, also, working for the same observation by mainly using the γ-ray of $Li(p \cdot \gamma)$ as well as that of $F(p \cdot \gamma)$. We have ascertained that the phenomena of photo-fission, as was observed in Westinghouse, really exist. The fission cross-sections of uranium and thorium nuclei for various γ-ray quanta have been found to be

$$\sigma_{U(17.)} = 16.7 \cdot 10^{-27} \text{ cm}^2, \quad \text{for } Li(p \cdot \gamma)\text{-}\gamma\text{-ray,}$$

$$\sigma_{Th(17.)} = 7.2 \cdot 10^{-27} \text{ cm}^2, \quad \text{for } Li(p \cdot \gamma)\text{-}\gamma\text{-ray,}$$

$$\sigma_{U(6.3)} = 2.2 \cdot 10^{-27} \text{ cm}^2, \quad \text{for } F(p \cdot \gamma)\text{-}\gamma\text{-ray,}$$

and

$$\sigma_{U(2.2)} \ll 0.005 \cdot 10^{-27} \text{ cm}^2 \text{ for Ra C γ-ray}$$

respectively.

The present paper is going to give a short account of our experiments. Now the proton beam of about $70 \mu A^*$ was directed on the

---

(1) R. B. Roberts, R. C. Meyer and L. R. Hafstad, Phys. Rev. 55 (1939) ; 416, F. A. Heyn, A. H. W. Aten, Jun. and C. J. Bakker, Nature, 143 (1939), 516.

(2) R. O. Haxby, W. E. Shoupp, W. E. Stephens and W. H. Wells, Phys. Rev. 59 (1941), 57.

* The whole equipment is a modification of Cockcroft-Olyphant and Rutherford type, which is capable to operate up to about one million volts driving the ion current of 300 micro-amperes and more.

第 2 編　資料　331

target of metalic lithium or LiF-powder coated on the bottom of a thin brass tube 0.25 mm thick. It was focussed to a spot of 3~4 mm in diameter. The number of γ-ray quanta was counted by a specially constructed Geiger-Müller counter of lead wall 6.5 mm thick, the inner diameter and the length of working part of which is 2 cm and 2 cm respectively. The reason of selecting lead for the material and 6.5mm for the thickness is simply that the lead wall of this thickness can just prevent those electrons of energy of 17 MeV and less from entering into the counter which may be expelled from the surrounding materials by the γ-rays of $Li(p \cdot \gamma)$ and $F(p \cdot \gamma)$ reaction. The counting efficincy of this counter was calculated by M. Sonoda taking the knowledge of electrons-pair production and that of the Compton effect etc. in mind, and namely

$28._2 \%$ for the γ-ray of $34\, mc^2$ energy

and $9.0_0 \%$ for the γ-ray of $12\, mc^2$ energy.

Since the above values of counting efficiency were found to be torelably adequate by some experimental justifications, they are presumably used, at present, in the computation for the determination of the absolute number of γ-ray quanta concerned.

In actual measurements, the counter was placed at a point 46.7 cm distant from the target and was usually shielded by a lead cylinder 6.6 mm thick. The natural background of the counter was 14.00/min. in average. Another brass counter of the same dimension was used for the standardizing purpose in some cases, and it was always provided with lead shielding 10 mm thick.

The practical absorption factor of the lead cylinder covering the counter was carefully observed for both of the rays of 17 MeV and 6.3 MeV, and namely

μ_{17} (Pb Cylind) $= 0.53$ cm^{-1}

and $\mu_{6.3}$ (Pb Cylind) $= 0.40$ cm^{-1}.

The actual readings of the counter were corrected thereby in computing the absolute number of γ-ray quanta emitted from the target.

Now, a small ionization chamber for observing the fission fragments was placed beneath and near the target as shown in the annexed figure. 40 mg of greenish gray powder of U_3O_8 was coated on the inner surface (10.18 cm^2 in area) of the ionization chamber, the ion collector of which was directly connected to the grid of the first valve of a linear amplifier.[3] After it was once adjusted to count α-particles in order, the sensitiveness of the counter was usually so reduced that no kicks due

(3) K. Kimura and Y. Uemura, Memoirs of the College of Science, Kyoto Imp. Univ. Series A Vol. XXIII, No. 1 (1940).

to α-particles (of uranium) could be observed on the fluorescence screen of a cathode-ray oscillograph, one of whose deflecting pole-plates was coupled to the plate circuit of the power valve of the amplifier. A rarer number of small pulses probably due to coincident α-particles of

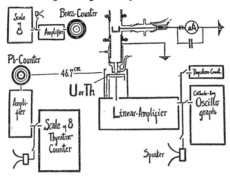

uranium were found to be observed as kicks of few millimeters, while those due to fission fragments were *always* found to be about 3 cm, showing their characteristic feature. No one could, accordingly, miss-count them. Since the thickness of uranium oxide is considered to be about 1 cm[2] air equivalent for the fission fragments, the fission fragments of uranium produced by the 17 MeV γ-ray are, for the most part, to be taken as nearly homogeneous and the range is estimated to be about 1.5 cm of air because the depth of the ionization chamber is 5 mm. Now we observed the number of kicks due to fission fragments against the intensity of the γ-ray emitted from the target for the various voltages driving the bombarding ions. It was found that the fission activity was so distinctly parallel with the resonantly emitted γ-ray that no ambiguity was there for the observing phenomena.

Since the yield of the γ-ray from the target diminished from time to time, we could also acertain that the fission activity varied as the intensity of the γ-ray.

Now the results obtained in this way for uranium exposed to Li $(p \cdot \gamma)$ γ-ray are shown in the table I.

Table I.

Target.	V	γ	N_U	n_γ	f_U	$\sigma_{U(17)}$	Accuracy
Li (Metal)	510 KV	829.1/min	$8.5_8 \cdot 10^{19}$	$1.2_4 \cdot 10^7$/min	17.5/min	$1.6_7 \times 10^{-26}$ cm^2	10~15%

V: Voltage driving ions.
γ: γ-ray counted (Natural back-ground subtracted).
N_U: Number of U nuclei exposed to γ-ray.
n_γ: Number of γ-ray quanta falling on N_U.
f_U: Number of fission fragments observed.
$\sigma_{U(17)}$: Fission cross-section $= f_U / N_U n_\gamma$.

[1941]   *Photo-Fission of Uranium and Thorium.*   443

·The fissing effect of the 17 MeV γ-ray on thorium nucleus was similarly ob·erved, and namely in comparison with that on uranium nucleus in the same experimental conditions as possible.

We observed 5.3 fission fragments per minute from 40 mg of ThO_2 when the γ-ray counter counted 927.2/min, while 13.0 of fission fragments were observed per minute from 40 mg of U_3O_8 when the γ-ray counts amounted to 1038.9/min.* Since $N_{Th} = 9.1_2 \cdot 10^{19}$ and $N_U = 8.5_8 \cdot 10^{19}$, we obtain $\sigma_{U(17)} : \sigma_{Th(17)} = 2.3_2$. Then, by using the value $\sigma_{U(17)} = 16.7 \cdot 10^{-27} cm^2$, we have $\sigma_{Th(17)} = 7.2 \cdot 10^{-27} cm^2$ for the γ-ray of 17 MeV energy.

It is interesting to note that the ratio varies very little with the energies of the irradiating quanta, since the result for $F(p \cdot \gamma)$ γ-ray observed by Haxby, Shoupp, Stephens and Wells was announced to be $\sigma_{U(6.3)} : \sigma_{Th(6.3)} = 2.0$.

A second series of experiments were carried out, in which the fission activity was taken against the intensity of γ-rays emitted from thick target of LiF powder for various driving voltages of bombarding protons up to 520 KV, so that we could not only determine the fission cross-section of uranium nucleus for $F(p \cdot \gamma)$ γ-ray but also roughly check the value for $Li(p \cdot \gamma)$ γ-ray at once, since we had previously measured the relative intensity of $F(p \cdot \gamma)$ γ-ray (6.3 MeV) related to the first resonance voltage at 330 KV and that (6.3 MeV)** associated to the second one at 480 KV, as

$$F_1(p \cdot \gamma) : F_2(p \cdot \gamma) = 1.0 : 0.5.***$$

Thus from the observed values,

Driving voltage	γ-ray counted	Number of fission observed.
310 KV	23.1₅/min.	1/20 min.
400 KV	$F_1 = 451.0$/min.	3.50/min.
500 KV	$(F_1 + F_2 + Li) = 866.7_5$/min.	8.8₈/min.

we get table II.

The value of the cross-section here obtained is fairly small compared

---

* In this case, the experimental condition was not so good as in the case of Table I, the γ-ray source was to be taken as broadened in the target tube and affected the solid angle subtended to the fissing substance diminishingly. We can, therefore, only compare their activities but not directly compute the absolute values of their cross-sections.

** By the absorption measurement for lead, it was found that the energy of γ-ray associated to 480 KV is likewise 6.3 MeV.

*** According to Streib, Fowler and Lauritsen[4] this value is about 18 : 5 but we got 1 : 0.5 from the careful observations for thin targets as well as for thick ones.

(4) J. F. Streib, W. A. Fowler and C. C. Lauritsen, Phys. Rev. 59 (1941), 253.

334   第2編　資料

Table II.

Target	V	γ	N_U	$n_\gamma(F_1)$	f_U	$\sigma_{U(6.3)}$
LiF (thick)	400 KV	$F_1=451.0$ /min.	$8.58\cdot10^{19}$	$1.869\cdot10^7$ /min.	3.50/min.	$2.1_8\cdot10^{-27}$ cm^2

with the value $3.47 \cdot 10^{-27}$ cm^2 obtained by H.S.S. and W.[2] Since, however, the observed fission activity for $F(p\cdot\gamma)$ γ-ray was weak in our experiment, the accuracy of the value is not to be taken sufficiently high. It is, moreover, to be noticed that, in order to estimate the absolute number of γ-ray quanta, the efficiency of the lead counter was taken, by theoretical calculations, to be 9.0% in our experiment, while that of the counter used by those workers had been assumed to be 2% without giving any detail. It is therefore to be taken that those two values are rather in good agreement. If we take, for the present,

$$\sigma_{U(6.3)}=2.1_8 \cdot 10^{-27} \text{ cm}^2,$$

and

$$\sigma_{U(17)}=16.7 \cdot 10^{-27} \text{ cm}^2,$$

as before described, the ratio $\sigma_{U(17)} : \sigma_{U(6.3)}$ becomes $7.6 : 1$ and, therefore, we see that the fission cross-section is approximately proportional to $(h\nu)^2$ of the irradiating γ-rays. This result is obviously different from the theoretical consideration made by Weisskopf [2] who claimed it ought to vary with $(h\nu)^3$.

Finally, we observed the effect of γ-rays from 50 mg of Ra on uranium, but in vain. We counted, indeed, one fission in one case, after the patient observation of 2 hours, but this order of count may be anticipated as the result of the fission activity caused by neutrons emitted from the γ-ray source.[5]

It is therefore to be taken that there exists, for the photofission activity of uranium, a threshold value of γ-ray energy between 6 MeV and 2.2 MeV at least. Though the number of the observed points for different values of γ-ray energies is very small, we are suggested by the results obtained in the present experiments that the cross-section of photo-fission effect would be presumably formulated into

$$\sigma=\sigma_0\left(\frac{h\nu}{mc^4}\right)^2\left(1-\left(\frac{h\nu_0}{h\nu}\right)^n\right),$$

in which the value of the index n is considered adequately to be greater than 2; the value of σ_0 varies little with n and is about $1.45 \cdot 10^{-29}$ cm^2 for $n=4$, while the energy of the threshold frequency is, then, taken to be about $h\nu_0=3.0$ MeV.

At any rate, further observations are now in progress and the range

---

(5) K. Kimura, Memoirs of the College of Science, Kyoto Imp. Univ. Series A. Vol. XXII, No. 4 (1939). T. Hagihara, ibid. Vol. XXIII, No. 1 (1940).

Photo-Fission of Uranium and Thorium.

of the fission fragment is also being observed. The full description will be made in the Memoirs of the Colledge of Science, Kyoto Imp. Univ.

In conclusion, the writers acknowledge their indeptedness to the financial support of Nippon Gakujutsu Shinkokwai and to the special fund of the Department of Education for the Advancement of Science. Finally one of the writers (B.A.) expresses his hearty thanks to Mr. H. Kuroda for the best friendship.

Nuclear Research Laboratory,

Institute of Physics,

Kyoto Imperial University.

(Received April 21, 1941.)

The Range of the Photo-fission-fragments of Uranium Produced by the γ-ray of Lithium Bombarded with Protons.

By Bunsaku ARAKATSU, Masateru SONODA, Yoshiaki UEMURA and Sakae SHIMIZU.

(Read May 24, 1941.)

As it was reported in the previous paper[1], the photo-fission activity really existed and could easily be observed when uranium and thorium nuclei were exposed to γ-rays of high energies as those excited by $_3Li^7$ (p, γ) and $_9F^{19}$ (p, γ)-reactions. The cross-sections of the effect on these nuclei were, then, determined by directly counting the number of the fission fragments for the known intensity of the γ-rays, which was measured by using a specially designed lead counter.

We noticed, in that time, that the range of the photo-fission fragments from uranium nuclei irradiated by 17 Mev γ-ray was roughly estimated to be 1·5 cm air.

Now, in the continuation of the experiment, we have specially engaged in the determination of the maximum range of the fission-fragments and have obtained $R \fallingdotseq 1·30$ cm air. The present paper gives the short account of the experimental procedure.

The arrangement is, as is shown in the annexed figure (Fig. 1), quite similar to that previously used, but the ionization chamber is so

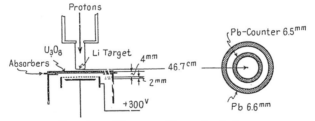

Fig. 1.

placed as the sheets of absorbing materials may be inserted between the uranium oxide coating (3·3 mg/cm² of U_3O_8) and the chamber. For the sake of the accuracy of the measurement, the depth of the ionization chamber is made as shallow as 2 mm and the linearity of the sensibility of the counting device is carefully retained in the

---

(1) B. Arakatsu and Others, Proc. Phys.-Math. Soc. Japan, 23 (1941), 440.

working region, where it is so reduced that no detectable kick due to α-particles be practically appeared. We adopt here the method of inserting absorber, since the range to be measured was estimated beforehand to be about 1·5 cm and so the method of changing the position of the ionization chamber or that of changing the pressure of the air closed in the space between the specimen and the chamber has its own inconveniences in this case. The sheets of the inserting absorbers must be prepared, for that purpose, as thin as it is possible. They are made nearly uniform by the ordinary method of spreading amyl-acetate solution of collodium on water surface. The thickness of each of the films is determined in comparison with thin foils of mica by measuring the stopping effect on the inhomogeneous beam of α-particles emitted from a thick layer of U_3O_8 coating.

Now we take, for the various thicknesses of the inserted absorbers, the numbers of fission fragments entering into the ionization chamber for every 2000 counts of γ-ray counter placed at 46·7 cm distance. The results are as shown in Table 1.

Table 1.

Inserted absorber (equiv. mg/cm² mica)	(A) Number of kicks of full size (3·5 cm)	(B) Number of kicks greater than 2/3 of full size	(C) Number of kicks of all of the measurable sizes
0	14·6	14·6	14·6
0·39	7·9	9·2	9·2
0·76	4·8	7·1	8·0
1·14	3·4	5·5	6·9
1·25	0·6	1·0	3·2
1·32	0·3	0·3	0·3
1·64	0	0	0

The maximum range of the fission fragments is estimated by plotting the results in a diagram, and namely it is equivalent to 1·30 mg/cm² of mica added to 4 mm of air in ordinary conditions. (Fig. 2). Since the path of α-particle through 1·44 mg/cm² mica is equivalent to 1 cm air of 76·0 cm Hg at 15°C[2], assuming, for the present, the same correspondency for the path of such a heavy particle as here concerned, we get

$$R_{max} = (4 + 9·0_2)\,mm$$
$$\fallingdotseq 13\,mm.^*$$

(2) H.A. Bethe and M.S. Livingston, Rev. Mod. Phys. 9 (1937), 245.

* For the sake of comparison, we applied the same method to the measurement of the maximum range of the fission fragments from uranium due to neutrons of Ra-Be mixture, and found that $R \fallingdotseq 2·0$ cm which was in accord with the observations of some other investigators.

It is difficult, indeed, here to infer about the groups and the homogeneity of the particles from the shape of the absorption curve, but we may suspect another group of particles of shorter range and take things somewhat simpler than those occur in the cases of the fission activities caused by the capture of neutrons.

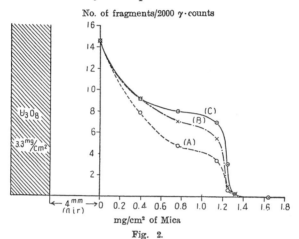

Fig. 2.

Now, if we assume that uranium nucleus splits itself into two definite particles when it absorbed the energy of irradiating γ-ray greater than the threshold value (about 3 MeV presumably)[1] we may take the observed maximum range as the very range of that component of the fission particles which carries lower charges. According to Bohr and other investigators[3], the range R_f of a fission particle, whose mass, charge number and velocity is M_1, Z_1 and V_1 respectively, is given by

$$R_f = 5 \cdot \frac{M_1}{Z_1^{2/3}} \left(\frac{V_0}{V_1}\right)^2 R_a,$$

where V_0 is a constant $\left(\frac{2\pi e^2}{h}\right)$ and R_a is the range of an α-particle of the initial velocity V_1. Since, however,

$$R_a = a V_1^3, \quad (a: \text{ const.})$$

we have $R_f = k \dfrac{M_1 V_1}{Z^{2/3}}$, where k is another constant and is taken to be nearly equal to $2\cdot 32 \times 10^{-10}$. We see, thus, the component of the smaller atomic number is of the longer range, since $M_1 V_1 = M_2 V_2$ for a definite fission process.

(3) N. Bohr, Phys. Rev. 59 (1941), 270, J. K. Bøggild, K. J. Brostrøn and T. Lauritsen, Phys. Rev. 59 (1941), 275.

The above formula enables us to compute the energy of the fragments if we make some trial assumptions for the mode of splitting; such as
 i) the assumption of the fission into two equal particles,
 ii) The assumption that the lighter component of photo-fission particles is the same either with the lightest fragment ($M_1=80$)[4] appeared in the cases of neutro-fission activities,
 iii) or with the most probable one[5] ($M_1=96$, $Z_1=37$) in those cases, and finally
 iv) the assumption that one of the photo-fission fragments is a stable nucleus that lies on a lowest part of the packing fraction curve.

It is found, in this way, the calculated values of the liberated energy of the photo-fission process of uranium nucleus to be smaller than $45-17=28$ MeV for all of the possible cases we contemplated, and thus the value of the mutual energy for the relative position of the two fission fragments may be diagramatically shown by something like Fig. 3, in which the possibly existing threshold-value is taken to be 3 MeV[1].

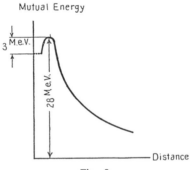

Fig. 3.

We notice, however, at once that the calculated value of the energy liberation is very much smaller than that (200 MeV) which we usually expect from the consideration of the mass defects, while the latter is known to be torelably valid for the cases of neutro-fission activities. This discrepancy may be got rid of if a neutron or a number of neutrons be ejected simultaneously with fission fragments, or otherwise R_f should vary with the higher order of powers of V_1 than the applied formula instead. We postpone the speculation until some further experimental knowledges are acquired.

---
(4) L.A. Turner, Rev. Mod. Phys. 12 (1940), 1.
(5) M.H. Kanner and H.H. Barschall, Phys. Rev. 57 373 (1940), 566.

The Range of the Photo-fission-fragments.

In conclusion, the authors are very grateful for grants from the funds of Nippon Gakujutsu Shinkokwai and the Department of Education which render this work possible.

Nuclear Research Laboratory,
Institute of Physics,
Kyoto Imperial University.

(Received June 9, 1941.)

資料 5　Proc. Phys.-Math. Soc. Japan Vol.25 No.3（1943）：173-178

A Type of Nuclear Photo-Disintegration:
The Expulsion of α-Particles from Various Substances Irradiated by the γ-Rays of Lithium and Fluorine Bombarded with High Speed Protons.

By Bunsaku ARAKATSU, Masateru SONODA, Yoshiaki UEMURA, Sakae SHIMIZU and Kiichi KIMURA.

(Read October 17, 1942.)

In the previous papers[1], it was reported that, when the nuclei of uranium and thorium are exposed to the γ-rays of high energies, such as those of 17 Mev and 6·3 Mev produced by $Li+p$ and $F+p$ reactions respectively, they split themselves into (presumably) two heavy particles of nearly equal mass as in the case of the "fission" phenomena induced by the bombardment of neutrons. The cross-sections of the phenomena and the maximum energy of the fission fragments were also estimated in there.

The observations have been continued onwards, for various substances, to find anything concerning to nuclear photo-effects. We are now to write some of the results obtained in the course of the development of the experiment.

(i) In the first place, we examined, by the same experimental arrangement as that previously used (Fig. 1), to observe the fission phenomena of some other heavy nuclei, such as of lead, bismuth and mercury. It was, however, entirely in vain.

(ii) Then, we made a number of similar observations for the lighter elements, such as fluorine, aluminium, sulpher, copper, arsenic, cadmium and many others. The sensitivity of the counting system which is composed of the ionization chamber (5 mm in depth) with linear amplifier and a thyratron counter etc., was adequately raised in this case, so that we might sufficiently catch the particles of intermediate masses which would be produced if the "fission" phenomena took place there. But nothing like this was appeared on the fluorescence screen of the Braun tube connected in parallel to the thyratron counter, which of course counted nothing.

(iii) Finally, by further increasing the sensitiveness of the counting system, the similar observations were made to see if any lighter particles may be ejected from the substances exposed to the high

---

(1) B. Arakatsu and others. Proc. of the Phys.-Math. Soc. of Japan, 3rd Ser., Vol. 23, p. 440, (1941).

　　B. Arakatsu and others. Ibid., Vol. 23, P. 633, (1941).

energy γ-rays. It was found, in this case, that the small electrical disturbances occasionally took place in the high tension circuit and the mechanical shocks happened to rise in the laboratory appeared on

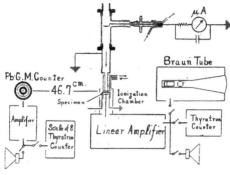

Fig. 1.

the fluorescence screen as the kicks as large as those due to α-particles. So the general experimental conditions were carefully refined and the height and shape of the kicks of the counter due to α-particles and the mensioned laboratory disturbances were studied beforehand by observing in a section-scale marked on the fluorescene screen of the Braun tube, so that the kicks of the different kinds could be clearly distinguished and the undue ones were excluded from counts.

Now, usually at the beginning of the observation, the yield of the γ-rays from the target was put to the test for the various accelerating voltages. In general, the intensity of the γ-rays was measured by the counter of lead wall 6·5 mm thick placed 46·7 cm from the target; the counting efficiency of the counter was taken, as previously reported, as $28·_2$% and $9·0_0$% for the γ-rays of the energies $34 mc^2$ and $12 mc^2$ respectively.

If we take an example of the yield curves, it is one as shown in the annexed figure (Fig. 2). We have experienced, at once, that the resonance character of the emission of the γ-rays from Li-target is of very sharp and remarkable. The dotted line in the diagram represents, for reference, the variation of the number of the α-particles produced by $Li(p, α)$ reaction simultaneously observed in one case.

After the necessary precautions and preparations were made, the number of the kicks due to the photo-disintegration particles ejected from the substances coated on the inner surface of the front wall of the ionization chamber were taken against the intensity of the γ-rays from the Li-target; and namely once (a) at the point A and then (b) at the point B and finally (c) by inserting an obstacle dish in the path of the proton beam so as it is prevented from falling on the target while the remaining experimental processes are working on in the ordinary conditions.

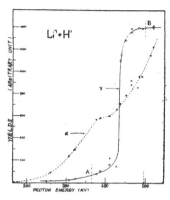

Fig. 2.

It was found that, while no more than the natural back ground of the counter (about 10 kicks per hour) were observed in the case (a) and (c), a number of clear kicks corresponding to those of α-particles appeared in the case (b); the height and shape of the kicks on the screen had been previously well experienced by using α-particles from uranium and polonium and from various artificial disintegration processes.

The observed results are summarised in Table I, in which the sixth column gives the mean value of the direct readings of the γ-ray counter subtracted the natural back ground 14 per minute, while the eighth and ninth columns give the number of the observed kicks attributed to the particles ejected from the irradiated substances. Since the height of all of the kicks is smaller than 35 mm, the kicks greater than 5 mm in height are to be taken as certainly due to α-particles, but for the kicks smaller than this height it is not evident whether they owe to the α-particles ejected from the atoms of the specimens situated in some depth from the surface or to protons probably ejected photo-electrically. At present, the experimental arrangement is not yet made suitable for the purpose of counting high energy protons of a small number in occurrence.

At any rate the experimental result tells us indeed, though it is qualitative, that *the nuclei of all of the elements examined may be induced, by the effect of the 17 Mev γ-rays, to expel an α-particle, or a particle or particles not so heavier than an α-particle.*

We could, yet, find neither any one element that exhibits no such

176 B. ARAKATSU, M. SONODA, Y. UEMURA, S. SHIMIZU and K. KIMURA. [Vol. 25

Table I.

Specimens	Nuclei	T (mg/cm²)	D (mm)	d (mm)	$N\gamma$ (/min)	$n\gamma$ (/min)	α_1 (/min)	α_2 (/min)
LiF	${}_3$Li ${}_9$F^{19}	15·9	4	5	480	$6·5 \times 10^6$	15·6	9·0
BeO	${}_4$Be^9 ${}_8$O^{16}	9·2	4	5	453	6·4	11·4	7·8
H₃BO₃	${}_5$B ${}_8$O^{16}	131·2	3	5	430	6·2	8·6	3·9
Graphite	${}_6$C^{12}	360	2	5	405	6·2	6·6	3·7
Al-plate	${}_{13}$Al^{27}	270	2·8	4	387	5·7	16·2	9·0
As	${}_{33}$As^{75}	114	3	5	448	6·5	14·1	6·9
Cd-plate	${}_{48}$Cd	890	2	5	489	7·5	7·5	5·1
Bi-plate	${}_{83}$Bi^{209}	980	2	5	468	7·7	6·3	4·1·

T: Thickness of the specimens expressed in mg per cm². (Area of each speci-
men is 10.46 cm²).

D: Distance between the γ-ray emitter and the specimens.

d: Depth of the ionization chamber.

$N\gamma$: Number of γ-ray counts per minute. (Natural back-ground, 14 per minute, is subtracted).

$n\gamma$: Number of γ-ray quanta falling on the specimens per minute.

α_1: Number of kicks due to the photo-disintegration particles per minute.

α_2: Number of kicks greater than 5 mm in height selected from the above number.

effect at all nor one that shows an exceptionally intense effect. In this respect, the writers were conservative, at first, to recognize the things conclusively, for they met with an experimental difficulty for making any simple estimation of the ranges of the emitted particles and so they could not make any further quantitative determinations, such as the cross-sections of various nuclei to the effect and the binding energy of the α-particle in each of the nuclei etc.

They suspected, at first, that the apparent effect might come from some unconscious defects of the experimental techniques notwithstanding their best effort and painstaking for the refinement and the careful reflection on the procedures. But, in the present state of things, so far as the experimental procedures are concerned, no other thing may be believed in. One may yet suspect the phenomena might probably due to neutrons (owing presumably to $D+D$ reaction undesirably took place on the target), but it can not be the case because the discharge tube had never been used for accelerating deuterons and the intensity of

A Type of Nuclear Photo-Disintegration.

the neutrons from the target had been once actually estimated to be very feeble. Moreover, no resonance emission of the neutrons is to be expected to occur in the vicinity of the resonance voltage of the $Li+p$ reaction at all. One may also take the appearance as due to the recoil atoms produced by the ejection of the high speed neutrons from the irradiated specimens or from nitrogen in air enclosed in the ionization chamber itself. But this consideration can not be true, for the order in the sequence of various elements for the intensity of the effect under consideration seems to have no relation with that of the photo-neutron effect reported by Bothe[2] and nevertheless different elements show different results in wide range.

Before going to make further discussions we should like to give the observed result for the similar effect due to the 6·3 Mev γ-rays emitted by $F+p$ reaction. In this case the target was replaced by LiF, and the similar procedures were carried on for the various accelerating voltages between 250 KV and 550 KV. For all of the substances examined, it was found that, while the γ-ray counter struck 250 per minute and so the estimated number of quanta falling on the specimens amounted to $1·1 \times 10^7$ per min., the "heavy particle" counter counted $1 \sim 3$ per min., a number amounted to no more than one tenth of those in the case of 17 Mev γ-rays.

The γ-rays from 50 mg of RaC, filtered by a lead plate 3·6 cm thick, showed no effect, in spite of the number of the 2·2 Mev quanta falling on the specimens estimated to be 5×10^7 per min.

In conclusion, we see, that *the nuclei of various elements come to have a chance to liberate α-particle when they are irradiated by the γ-ray quanta of high energies*, in other words, the atomic nucleus is generally induced to be a state of α-transformation nucleus under the radiation field of very high frequency. Among the various elements examined, Be, Al and As etc. show relatively intense effect (with the cross-section not less than $0·8 \times 10^{-27} \, cm^2$ for Be) while B, Bi and C etc. exhibit comparatively feeble one.

Yet, in the present stage of experimental progress, we can neither find any regular difference of behaviours between the group of the elements having the mass number of the type $4n$ as C^{12}, O^{16} and S^{32} etc. and that of the type $4n+x$ as F^{19}, Al^{27} and As^{75} etc., nor conclude any special relation between the intensity of the effect and some of the attributes of the nuclei. It seems as if, as is noticeable in the case of As^{75}, even the average binding energy of the α-particles in the nucleus has little correlation with the intensity of the effect under

(2) W. Bothe und W. Gentner, ZS. f. Phys. **106**, 236 (1937); **112**, 45 (1939).

第 2 編　資料

178 B. ARAKATSU, M. SONODA, Y. UYEMURA, S. SHIMIZU and K. KIMURA. [Vol. 25

discussion.

In order to have any more definite conclusión of the phenomena, further observations by different methods (such as the cloud chamber experiment and the induced β-ray observation etc.) are necessary and so they are in arrangement.

The writers acknowledge their indebtedness to the support of the Nippon Gakujutsu Shinkokwai and to the Scientific Research Expenditure of the Department of Education.

Institute of Physics,

Kyoto Imperial University.

(Received December 14, 1942).

資料6　花谷暉一学位申請主論文

熱中性子ノ重元素原子核ニ対スル作用断面積ニ就イテ
其ノ一
ウラニウム原子核ノ捕獲断面積並ニ総衝突断面積ノ測定

昭和 20 年 9 月 17 日

重元素原子核ノ中性子ニ対スル作用ノ攻究ハ原子核学上誠ニ興味アル問題デアル. 特ニ週期表中最後ノ位置ニ位スルウラニウム元素ノ原子核（U^{235} 並ニ U^{238}）ノ緩速度中性子ニ対スル作用断面積ノ測定ハ単ニ純学術的興味アルモノナルノミナラズコレガ応用ノ上ニモ重要ナル意義ヲ有スルモノデアル.

　サテ，前ニ我々ハ熱中性子ニヨルウラニウム原子核分裂ニ伴ウ二次中性子放出断面積 $\nu \cdot \sigma_f^U$ ヲ測定シタコトガアルガ，之ヲ他ノ研究者ニヨッテ測定セラレタ値ト共ニ書クト

$$\nu \cdot \sigma_f^U > (4.8 \pm 3.0) \times 10^{-24} \mathrm{cm}^2 \quad 木村・花谷[1]$$
$$= 4 \times 10^{-24} \mathrm{cm}^2 \quad \text{Anderson 等}[2]$$
$$= 7 \times 10^{-24} \mathrm{cm}^2 \quad \text{Joliot 等}[3]$$

コ丶ニ σ_f^U ハ熱中性子ニヨルウラニウム原子核分裂断面積ヲ表ワス. 又熱中性子ノウラニウム原子核ニヨル吸収（分裂ヲ伴ワザル）ノ断面積ヲ σ_a^U トシ捕獲断面積ヲ σ_c^U トスレバ

$$U_c^U （ママ） = \sigma_f^U + \sigma_a^U$$

デアルガ σ_f^U 及ビ σ_a^U ハ別ニ測定セラレ夫々

$$U_f^U （ママ） = 2 \times 10^{-24} \mathrm{cm}^2 \quad \text{Anderson, Fermi 等}[4]$$
$$U_a^U （ママ） = 1.2 \times 10^{-24} \mathrm{cm}^2 \quad \text{Anderson, Fermi}[5]$$

---

1) K. Kimura and T. Hanatani : unpublished

2) H. L. Anderson, E. Fermi, and H. B. Hanstein : Phys. Rev. **55**（1939）797

3) H. von Halban, Jr. F. Joliot and L. Kowarski : Nature **143**（1939）470

$$= (1.3 \pm 0.4) \times 10^{-24} \mathrm{cm}^2 \quad \text{Joliot, Kowarski}[6]$$

ガ知ラレテイル．

然ルニ一方 $\sigma_\mathrm{c}^\mathrm{U}$ ヲ直接測定シタ多クノ研究者ノ結果ヲ通観スルニ

$$
\begin{aligned}
\sigma_\mathrm{c}^\mathrm{U} &= (2 \pm 4) \times 10^{-24} \mathrm{cm}^2 &&: \text{Reddemann 等}[7]\\
&= 5 \times 10^{-24} \mathrm{cm}^2 &&: \text{Anderson 等}[2]\\
&= 5.9 \times 10^{-24} \mathrm{cm}^2 &&: \text{Thomson 等}[8]\\
&= 9.6 \times 10^{-24} \mathrm{cm}^2 &&: \text{萩原}[9]\\
&= (11 \pm 3) \times 10^{-24} \mathrm{cm}^2 &&: \text{Whittaker}[10]
\end{aligned}
$$

トナツテイル．

コレラノ値ノ間ニハ種々ノ点ニ於テ相調和シナイ部分ガ存在スル．ソコデ我々ハコレ等ノ点ニツキ事柄ヲ明確ニスルタメニ更メテ $\sigma_\mathrm{c}^\mathrm{U}$ ノ測定ヲ行ツタノデアル．以下報告スル如ク本実験ニ於テ得タ測定結果ハ

$$\sigma_\mathrm{c}^\mathrm{U} = (4.0 \pm 2.1) \times 10^{-24} \mathrm{cm}^2$$

トナツタ．

猶，コノ $\sigma_\mathrm{c}^\mathrm{U}$ ノ測定ニ於テハ他ノ多クノ研究者ハ先ヅ熱中性子ニ対スルウラニウム原子ノ総衝突断面積 $\sigma_\mathrm{tot}^\mathrm{U}$ ヲ求メ，更ニ別ニソノ散乱断面積 $\sigma_\mathrm{scatt}^\mathrm{U}$ ヲ測定シテ

$$\sigma_\mathrm{c}^\mathrm{U} = \sigma_\mathrm{tot}^\mathrm{U} - \sigma_\mathrm{scatt}^\mathrm{U}$$

ヨリ $\sigma_\mathrm{c}^\mathrm{U}$ ヲ得テイルノデアルガ，我々ハ先ヅ $\sigma_\mathrm{tot}^\mathrm{U}$ ヲ測リ，更ニ熱中性子ニ対シテハ散乱ノミ行イ，吸収ヲ伴ワザル鉛[4][6]ニ対スル $\sigma_\mathrm{tot}^\mathrm{U}$ ヲ測定シ次ニウラニウム及ビ鉛資料ノ位置ヲ変エ異ツタ位置ニ於ケル夫々ノ見掛総衝突断面積ヲ測定，比較シテ $\sigma_\mathrm{c}^\mathrm{U}$ ヲ求メ

---

4) H. L. Anderson, E. T. Booth, J. R. Dunning, E. Fermi, G. N. Glasve and F. G. Shack : Phys. Rev. **55**（1939）511

5) H. L. Anderson and E. Fermi : Phys. Rev. **55**（1939）1106

   H. L. Anderson, E. Fermi and L. Szilard : Phys. Rev. **56**（1939）384

6) H. von Halban, Jr. F. Joliot and L. Kowarski : Nature **143**（1939）680

7) H. Reddemann and H. Boke : Naturwiss. **27**（1939）518

8) J. L. Michiels, G. Parry and G. P. Thomson : Nature **143**（1939）760

9) T. Hagiwara : Mem, Coll. Sc. Kyoto Imp. Univ. **23**（1940）19

10) M. D. Whittaker, C. A. Darton, W. C. Bright and F. J. Murphy : Phys. Rev. **55**（1939）793

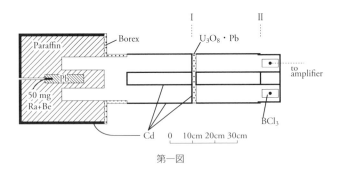

第一図

タノデアル．即チ σ_{scatt}^U ノ測定ヨリ推定スルコトヲセズ，鉛ヲ仲介トシテ直接 σ_c^U ヲ得タ所ニ新シイ試ミガアルト思ワレル．更ニ σ_{tot}^U ノ値ハ熱中性子ノウラニウム中ノ平均自由行路ヲ決定スルモノトシテ，核分裂，連鎖反応ノ考察ニ重要ナモノデアリ，多クノ人々ニヨツテ測定サレタモノデアル．此所ニ得タ値ハソレ等ノ測定ト良ク一致スルモノデアル．

実験方法

　　実験ノ幾何学的条件ハ第一図ニ示スガ如キモノデアル．
即チ口径 20cm ノパラフィン中性子砲ノ内部ニ蔵メラレタ 50mg Ra＋Be 中性子源ハ大略平行ナ中性子束ヲ射出スル．コノ中約 90％ ハ熱中性子デアルコトハ簡単ナル測定ニヨリ直チニ知ラレル．（此ノ際 Ra ヨリ出ル γ 線ニヨル計数ヘノ影響ハ中性子砲中ノ厚サ 15cm ノ鉛塊ニヨリ殆ンド除カレル．）熱中性子ノ検出ニハ既ニ前ニ報告セル通リ BCl_3 瓦斯ヲ約一定圧ニ封入セル有効体積 848cm³ ノドーナツ型電離槽ニ直線型増幅器ヲ直結使用シタ．中性子砲ノ開口以外ノ前面ハ厚サ 1cm ノ硼砂ニテ遮蔽シ之ト厚サ 1mm の Cd 板ヲ覆エル BCl_3 電離槽トノ間ハ厚サ 1mm ノ同心円鋳ニテ包ミ熱中性子流ガ環状ノ部分ノミヲ通ル如クシテアル．コレ等ノ事ニヨツテ測定ノ幾何学的条件ハ非常ニヨクナツテイル．実験ニ於テハ BCl_3 電離槽ヲソノ前面カラ中性子砲ノ前面マデ 70cm 離レテ置キ夫々 1762gr U_3O_8 及ビ 2000gr Pb 試料ヲ厚サ 0.5mm ノ薄鉄板容器ニ入レ（試料面積共ニ 529cm²）コレヲ必要ニ応ジ電離槽ヨリ 30cm ノ所（コレヲ I ノ位置ト名ヅケル）及ビ電離槽直前（II ノ位置ト名ヅケル）ニ置イテ中性子強度ヲ計数スル方法ヲ用イタノデアル．

I ノ位置ニ於テ，U_3O_8 及ビ Pb 試料ヲ厚サ 1mm ノ Cd 遮蔽板ノ有無ニツイテ熱中性子ヲ照射シ，ソノ透過度ヲ測定スルコトカラ熱中性子ニ対スル各試料ノ総衝突断面積ヲ得ル，更ニ II ノ位置ニ於テ，ソノ位置ニ於ケル見掛ノ総衝突断面積ヲ測定シ I ノ位置トノ値ノ変化ヲ知リ鉛ノ熱中性子ニ対シテハ散乱ノミ行イ吸収ハ伴ワレナイト云ウ事カラ U_3O_8 ニ対スル熱中性子ノ捕獲ノ断面積ノ測定値ヲ得ルノデアル．

即チⅠノ位置ニ於テ試料容器ト同ジ薄鉄板1枚アルトキ，中性子計数，Cd板ノ有無ノ差ヨリⅠノ位置ニ於ケル熱中性子強度 N_1 ヲ得ル．次ニ U_3O_8 試料ノアルトキノ中性子計数，Cd板有無ノ差ヨリ試料 U_3O_8 ヲ透過セル熱中性子強度 $N_1'^U$ ヲ得ル．

同様ニ Pb ノ場合ノ熱中性子強度ヲ $N_1'^{Pb}$ トス ル．但シ各試料ヲ透過セル後ノ中性子ハ試料容器ノ後方ノ薄鉄板ノ影響ヲ受ケルカラ，コレ等ハ眞ノ，ソノ場合ノ透過熱中性子強度ヲ与エナイ．コレヲ補正スルタメニⅠノ位置ニ薄鉄板1枚置キ（計2枚）ソノ場合，熱中性子強度 N_1^{Fe} ヲ測定スル．コレヨリ真ノ各試料透過熱中性子強度ハ

$$N_1^U = \left(\frac{N_1}{N_1^{Fe}}\right) \cdot N_1'^U \qquad N_1^{Pb} = \left(\frac{N_1}{N_1^{Fe}}\right) \cdot N_1'^{Pb}$$

トナル事明ラカデアル．

今 U_3O_8 及ビ Pb ノ総原子数ヲ夫々 n^U, n^{Pb} トシ，試料面積ヲ A トスレバ，U_3O_8 及ビ Pb ニ対スル熱中性子総衝突断面積 σ_{tot}^U, σ_{tot}^{Pb} ハ夫々次ノ式ヨリ得ラレル．

$$N_1^U = N_1\, e^{(-\sigma_{tot1}^U \times n^U/A)} \qquad \therefore\ \sigma_{tot1}^U = \frac{A}{n^U} \cdot \log\frac{N_1}{N_1^U}$$

$$N_1^{Pb} = N_1\, e^{(-\sigma_{tot1}^{Pb} \times n^{Pb}/A)} \qquad \therefore\ \sigma_{tot1}^{Pb} = \frac{A}{n^{Pb}} \cdot \log\frac{N_1}{N_1^{Pb}}$$

次ニⅡノ位置ニ於テ同様ニⅡノ位置ニ於ケル見掛ノ総衝突断面積 σ_{tot2}^U, σ_{tot2}^{Pb} ガ測定出来ル．サテ Pb ハ熱中性子ニ対シ散乱ノミ行イ，吸収ヲ伴ワザルモノト思ワレル事[4)6)]ヨリ上ニ得タ各総衝突断面積ハ次ノ如ク書クコトガ出来ル．

$$\sigma_{tot1}^U = \sigma_{cap}^U + k_1 \cdot \sigma_{scatt}^U, \qquad \sigma_{tot1}^{Pb} = k \cdot k_1 \sigma_{scatt}^{Pb}$$
$$\sigma_{tot2}^U = \sigma_{cap}^U + k_2 \cdot \sigma_{scatt}^U, \qquad \sigma_{tot1}^{Pb} = k \cdot k_2 \sigma_{scatt}^{Pb}$$

但シ，σ_{cap}^U ハ熱中性子ニ対スル U_3O_8 原子核ノ示ス捕獲断面積：σ_{scatt}^U, σ_{scatt}^{Pb} ハ熱中性子ニ対スル U_3O_8 原子及ビ Pb 原子ノ散乱断面積 k_1, k_2, k ハ夫々幾何学的条件ニヨッテ決定スル常数デアル．

上式ヨリ容易ニ

$$\sigma_{cap}^U = \frac{(\sigma_{tot1}^{Pb} \cdot \sigma_{tot2}^U - \sigma_{tot2}^{Pb} \cdot \sigma_{tot1}^U)}{(\sigma_{tot1}^{Pb} - \sigma_{tot2}^{Pb})}$$

第2編　資料　351

ヲ得ル．又 $\sigma_{\mathrm{tot1}}^{\mathrm{U}}$, $\sigma_{\mathrm{tot1}}^{\mathrm{Pb}}$ ハ I ノ位置ノ幾何学的条件ノ良イ事カラ $k_1=1$　$k=1$ デアリ I ノ位置デ測定サレタ総衝突断面積ハ真ノ総衝突断面積ト見テヨイ．カクシテ上記実験方法ニヨッテ各断面積が得ラレルノデアル．

此ノ実験デハ比例増幅器ノ電源ニハ十分満足ナル Gingrich 式電圧安定装置ヲ持ツ交流電源ヲ用イタ．測定中ハ中性子計数電離槽ニ平行シテ増幅器ニ附セル α 計数管ニ標準酸化ウラニウムノ α 源ヲ用イテ常ニ増幅感度ノ一定ヲ保ツ様，調節ヲ行ウト共ニ上記熱中性子強度 N_1, $N_1'^{\mathrm{U}}$, $N_1'^{\mathrm{Pb}}$, N_1^{Fe} 等ハ常ニ一分毎ニ交互ニ計数シ上記注意ニモ拘ラズ起ル増幅器感度ノ動揺ニヨル影響ヲモ避ケル様努力シタ．

猶，中性子計数ハカヽル一分計数ヲ合セテ十分計数トシテ表ワシタ．カクシテ得ラレルコレラ十分計数値トシテノ各中性子強度ノ平均ハ多クノ回数ノ測定ニ対シ何レモ 2% 以下ノ測定誤差ヲ持ツニ過ギナイ．

実験値

上記実験方法ニヨッテ得ラレタ I ノ位置ニ於ケル毎十分中性子計数ハ第一表ノ如クデアル．

こノ値ヲ用イルト各場合ニ於ケル熱中性子強度ハ次ノ通リデアル．

照射熱中性子強度：$N_1 = 644\pm4$

U_3O_8 透過熱中性子強度：$N_1^{\mathrm{U}} = \left(\dfrac{N_1}{N_1^{\mathrm{Fe}}}\right)\cdot N_1'^{\mathrm{U}} = 510\pm6$

Pb 透過熱中性子強度：$N_1^{\mathrm{Pb}} = \left(\dfrac{N_1}{N_1^{\mathrm{Fe}}}\right)\cdot N_1'^{\mathrm{Pb}} = 567\pm8$

又　U_3O_8　1762gr ノ U 原子数 $n^{\mathrm{U}}=38.5\times10^{23}$

　　U_3O_8　試料面積　$A=529\mathrm{cm}^2$

ノ値ヨリ熱中性子ニ対スル I ノ位置ニ於ケル U_3O_8 總衝突断面積 $\sigma_{\mathrm{tot1}}^{\mathrm{U}}$ ハ

$$\sigma_{\mathrm{tot1}}^{\mathrm{U}} = \left(\frac{A}{n^{\mathrm{U}}}\right)\log\left(\frac{N}{N_1^{\mathrm{U}}}\right) = (31.3\pm0.5)\times10^{-24}\mathrm{cm}^2$$

第一表

試料	Cd 無	Cd 有	差（熱中性子）
無シ（Fe 一枚）	1023 ± 4	379 ± 2	$644\pm4=N_1$
U_3O_8	862 ± 3	371 ± 4	$491\pm4=N_1'^{\mathrm{U}}$
Pb	901 ± 4	364 ± 2	$537\pm5=N_1'^{\mathrm{Pb}}$
Fe（Fe 計二枚）	993 ± 3	382 ± 2	$611\pm4=N_1^{\mathrm{Fe}}$

ヲ得ル，コノ値ハ二年前著者等ガ予報的ニ測定セシ値：$(41\pm5)\times10^{-24}\mathrm{cm}^2$ ヨリハ著シク精化サレタモノデアル．

又 Pb　2000gr ノ Pb 原子数　　$n^{\mathrm{Pb}} = 58.6\times10^{23}$

　Pb　試料面積　　　　　　　$A = 529\mathrm{cm}^2$

ノ値ヨリ熱中性子ニ対スル I ノ位置ニ於ケル Pb 総衝突断面積　$\sigma_{\mathrm{tot1}}^{\mathrm{Pb}}$ ハ

$$\sigma_{\mathrm{tot1}}^{\mathrm{Pb}} = \left(\frac{A}{n^{\mathrm{Pb}}}\right)\cdot\log\left(\frac{N_1}{N_1^{\mathrm{Pb}}}\right) = (11.4\pm0.2)\times10^{-24}\mathrm{cm}^2$$

トナル．

次ニ II ノ位置ニ於テ次ノ如キ毎 10 分計数ヲ得タ．（第二表参照）

第二表

試料	Cd 無	Cd 有	差（熱中性子）
無シ（Fe 一枚）	1031 ± 4	380 ± 5	$651\pm6 = N_2$
$\mathrm{U_3O_8}$	912 ± 6	371 ± 5	$541\pm8 = N_2'^{\mathrm{u}}$
Pb	951 ± 6	369 ± 5	$582\pm8 = N_2'^{\mathrm{Pb}}$
Fe（Fe 計二枚）	1012 ± 6	380 ± 5	$632\pm8 = N_2'^{\mathrm{Fe}}$

コレラノ値ヨリ II ノ位置ニ於ケル各熱中性子強度次ノ通リデアル．

照射熱中性子強度：　　$N_2 = 651\pm6$

$\mathrm{U_3O_8}$ 透過熱中性子強度：$N_2^{\mathrm{U}} = \left(\frac{N_2}{N_2^{\mathrm{Fe}}}\right)\cdot N_2'^{\mathrm{U}} = 557\pm9$

Pb 透過熱中性子強度：　$N_2^{\mathrm{Pb}} = \left(\frac{N_2}{N_2^{\mathrm{Fe}}}\right)\cdot N_2'^{\mathrm{Pb}} = 600\pm10$

コレ等ノ値ヨリ I ノ位置ニ於ケルト同様ニシテ II ノ位置ニ於ケル各見掛ノ総衝突断面積

$$\sigma_{\mathrm{tot2}}^{\mathrm{U}} = (21.4\pm0.4)\times10^{-24}\mathrm{cm}^2$$
$$\sigma_{\mathrm{tot2}}^{\mathrm{Pb}} = (7.2\pm0.2)\times10^{-24}\mathrm{cm}^2$$

ヲ得ル，上ニ得タ各総衝突断面積ヨリ熱中性子ニ対スル $\mathrm{U_3O_8}$ 捕獲断面積 $\sigma_{\mathrm{cap}}^{\mathrm{U}}$ ヲ得ル．即チ

$$\sigma_{cap}^{U} = \frac{(\sigma_{tot1}^{Pb} \cdot \sigma_{tot2}^{U} - \sigma_{tot2}^{Pb} \cdot \sigma_{tot1}^{U})}{\sigma_1^{Pb} - \sigma_2^{Pb}} \quad (ママ)$$

$$= (4.3 \pm 2.1) \times 10^{-24} cm^2$$

コノ値ハ酸素ヲ含ムモノデアルガ，熱中性子ニ対スル酸素原子捕獲断面積 $\sigma_{cap}^{o} = 0.1 \times 10^{-24} cm^2$ [16] トスレバ，熱中性子ニ対スルウラニウム原子核捕獲断面積 σ_c^{U} ハ $\sigma_c^{U} = (4.0 \pm 2.1) \times 10^{-24} cm^2$ ヲ得ル．猶 I ノ位置ニ於ケル総衝突断面積 σ_{tot1}^{U}, σ_{tot1}^{Pb} ハ幾何学的条件カラ真ノ総衝突断面積ヲ与ヘルモノト思ワレルモノデアルガ，熱中性子ニ対スル酸素原子ノ総衝突断面積ヲ $\sigma_{tot}^{o} = 3.3 \times 10^{-24} cm^2$ [13] トスレバ熱中性子ニ対スルウラニウム原子核総衝突断面積及ビ鉛原子核ノ総断面積ハ夫々

$$\sigma_{tot}^{U} = (22.5 \pm 0.5) \times 10^{-24} cm^2$$

$$\sigma_{tot}^{Pb} = (11.4 \pm 0.3) \times 10^{-24} cm^2$$

トナル．

之等測定結果ヲ他ノ研究者ノ観測値ト比較シテ表ニ示スト次ノ如シ．

試料	σtot	σscatt	σcap	
U(metal)+	23.1±0.5	12±3	11±3	Whittaker 等[10]
U(metal)	23.3±0.5			Dunning
U(U₃O₈)	20±2			Goldsmith 等[12]
U(U₃O₈)	22±3	20±5	2±4	Reddemann 等[7]
U(U₃O₈)	22.5±0.5	18.5±2.1	4.0±2.1	Hanatani
U(U₃O₈)			3.2	Fermi 等[4)5)]
U(U₃O₈)			5	Anderson 等[2]
U(U₃O₈)			5.9	Michiels 等[8]
U(U₃O₈)			9.6	Hagiwara[9]
Pb	8.6			Dunning 等[13]
Pb	12.5			Goldhaber 等[14]
Pb	9.2			Mitchell 等[15]
Pb	11.4±0.2			Hanatani

---

11) B. Arakatsu, K. Kimura and T. Hanatani : unpublished

12) H. H. Goldsmith, V. W. Cohen and J. R. Dunning : Phys. Rev. **55** (1939) 1124

13) J. R. Dunning, G. B. Pegram, G. A. Fink, and D. P. Mithell : Phys. Rev. **48** (1939) 265

14) M. Goldhaber and Brigger : Proc. Roy. Soc. **162** (1937) 127

15) A. C. G. Mitchell, E. J. Murphy, L. M. Langer : Phys. Rev. **49** (1936) 453

16) M. Kikuchi : Proc. Phys-Math. Soc. Japan **18** (1936) 188

コノ実験ニ於テ得ラレタ σ^{U}_{tot}, σ^{Pb}_{tot} ハ大体他ノ観測値ト一致スルガ, σ^{U}_{c} ノ値 (4.0 ± 2.1) $\times 10^{-24} cm^2$ ハ之ヲ $\sigma^{U}_{f}+\sigma^{U}_{a}$ ノ和トシテ σ_{f}, σ_{a} ヲ別々ニ測定シテ得ラレタ他ノ研究者ノ与エシ σ^{U}_{c} ノ値ヨリ少シ大デ直接測定サレタ他ノ観測者ノ測定値ヨリハ一般ニ小トナッテイル.

　最後ニ本研究ニ使用セシ中性子源ハ研究指導ヲ賜ワリシ荒勝教授ガ其ノ畏友故黒田秀博氏ヨリ稟ケシ好意ニヨルモノデアル. 尚本研究ノ実験ニ際シテハ木村助教授並ニ理学士堀重太郎氏 研究学生高井宗三氏ノ助力ヲ得タ. コヽニ之等何レニ対シテモ甚深ノ感謝ヲ表スル次第デアル.

資料7 「荒勝先生のメモ」U核分裂の連鎖反応 July, 1945

July. 1945　　　　　荒勝先生ノメモ　　　　No.1

U核分裂ノ連鎖反應.

今水1000cc.中ニ U_3O_8 m g ヲ混ジタルモノガアリト十。単位体積中ノ原子數ハ 夫々

$$n_U = \frac{3mL}{842}\Big/ 1000+\frac{m}{9}. \qquad n_H = \frac{1116}{1000+\frac{m}{9}} \qquad n_o = \frac{8}{3}n_U + \frac{1}{2}n_H$$

スレ= thermal neutron ガ 1個入リト十 fission ニヨリ 新生スル.
neutron ガ 吸収 ニヨリ 消減スルモ ヨリ 多イコト ガ 必要條件デアル

$$\therefore \; n_U\{6_U^{fis\theta}(\nu-1) - 6_U^{res\theta}\} - n_H 6_H^{ab\theta} \geq 0.$$

θ: thermal neutron ヲ示ス.

即チ

$$\frac{3m}{842}\{6_U^{fis\theta}(\nu-1) - 6_U^{res\theta}\} - 111 6_H^{ab\theta} = 0.$$

ヨリ必要ナル m ガ 決定スル.

◀ 京都・帝國大學

次ニカカル割合ノ U_3O_8 水溶液ノ半徑 R ノ球ヲ考ヘ十
中心ヨリ r ノ距離ノ neutron density F(r,t) ハ

$$\frac{\partial F}{\partial t} = \frac{\lambda}{3}\Delta(F\bar{v}) + \{(\nu-1)n_U 6_U^{fiss} - n_o 6_o^{ab}$$
$$+ n_H 6_H^{ab}\{\nu \times 0.85 \frac{n_U 6_U^{fis\theta}}{n_U 6_U^{fis\theta}+n_o 6_o^{ab\theta}} -1\}$$

但シ　$\bar{v}$ = fast neutron mean vel.
λ = fast neutron mean free path

$$\frac{1}{n_U 6_U^{scatt}+n_o 6_o^{scatt}+n_H 6_H^{scatt}}$$

之ヲ解イテ　$\frac{\partial F}{\partial t} \geq 0$ ナルタメニハ

$$R \geq \frac{\pi}{a}$$

ナル結果ヲ得ル。

但シ $a^2 = \frac{3}{\lambda}\left\{(\nu-1)n_U \sigma_U^{fiss.} - n_0 \sigma_0^{ab}\right.$

$$\left. + n_H \sigma_H^{ab}\left\{\nu \times 0.85 \frac{n_U \sigma_U^{fiss\theta}}{n_U \sigma_U^{fiss\theta} + n_0 \sigma_0^{ab\theta}} - 1\right\}\right)$$

故ニ連鎖反應ヲ起ス極小半径 R_c ハ

$$R_c = \frac{\pi}{a} \qquad \text{テーブル。}$$

コレヨリ U_3O_8, 極小實量 M_{Kg} ハ

$$M = \frac{4}{3}\pi R^3 \frac{m}{1000 + \frac{m}{9}} \times 10^{-3}$$

U^{235}, percentage ガ增ストキハ

U^{235} ノミガ fission ヲ起シ。 U^{238} ハガ共鳴吸収ヲナスト考ヘ。

$$\sigma_{U.p}^{fiss\theta} = \sigma_U^{fiss\theta} \times \sqrt{\frac{300}{T}} \times \frac{P}{0.7}$$

$$\sigma_{U.p}^{res\theta} = \sigma_U^{res\theta} \times \frac{0.7}{P} \qquad p: percentage$$

トスル

計算ニ用ヒタル各斷面積次ノ如シ。

$$\sigma_U^{fiss.} = 0.1 \times 10^{-24} cm^2 \qquad Anderson \ \text{等}$$

$$\sigma_0^{ab} = 0.01 \times 10^{-24} cm^2 \qquad Ladenburg.$$

$$\sigma_H^{ab} = 1 \times 10^{-24} cm^2 \qquad Fleithmann$$

$$\sigma_U^{fiss\theta} = 2 \times 10^{-24} cm^2 \qquad Anderson$$

$$\sigma_0^{ab\theta} = 0.1 \times 10^{-24} cm^2 \qquad Ladenburg.$$

$$\sigma_U^{res\theta} = 1.3 \times 10^{-24} \ cm^2 \qquad von \ Halban$$

$$\sigma_U^{scatt} = 6 \times 10^{-24} \ cm^2$$

$$\sigma_0^{scatt} = 0.6 \times 10^{-24} \ cm^2 \qquad Ladenburg$$

$$\sigma_H^{scatt} = 2 \times 10^{-24} \ cm^2 \qquad Ladenburg$$

平衡温度　　1000°C.

$\nu = 2.5$,ト中　　U_3O_8　　1.2 ton.

235　10%　U_3O_8　　20 kg.

京都帝國大學

第一開門式

$$\frac{n_U \, \nu \, \sigma^{f\theta}}{n_U(\sigma^{f\theta} + \sigma^{res\theta}) + \sigma_H^{abo} n_H} \gtrless 1.$$

資料 8　荒勝文策「原子爆弾報告書」1～4

原子爆弾報告書

-①-

=廣島市における原子核學的調査=

東大教授
理學博士　荒　勝　文　策

八月六日廣島市において原子爆弾がはじめて實戰に使用せられたと言々にとつては兎にも角にもこのいふ警報を受けた。私は初め容易にこれを信じることが出来なかつた。しかし、また來るべきものが來たと言ふことが出来なかつた。しかし、また來るべきものが來る、言島から來たかと或連の戰慄を覺え、複雑なる感情が次から次へと湧いて來た。兎も角も事の眞相を確めることは自分らの責務であり、戰時中靜々の重大なる事柄に注いできたわが研究室の態勢をも擔げず原子核の研究に従事し第一、第二の班に分れ、隊を組べき仕事なることを思ひ、隊を組

技術大尉、池野園部技術中尉

第一期が廣島に着いたのは八月十日正午で、正午から後にかけ實状を見開し熱心資料として當西藏兵場の甘藍畑はじめ市内各所に浚集たる人跡未踏の地點十数箇所を開し熱心資料として當西藏兵場の甘藍畑はじめ市内各所に浚集土砂を探取、十六日夜半愈々調査を出發し、たちまちその土砂について十一日午愈々にその放射線をアルミニウム板による吸收曲線を得ることによりそのエネルギーの概略をこころみた大体（Mev百万電子ボルト）=計は百万電子ボルト（電子の單位）=なることを知つた。十二時間經過後これら資料につき再びそのB（ビィター）放射能を測定しこれより放射能の見掛けの半減期は約二〇時間なるべきことが知られた。なほこの土の

集じて資料は比較的弱いB（ビィ
ターン放射能を示し、何れも一
分につき約七〇万分六〇を数へる
ことを見た。しかるに中心部より
相當（二・五粁）離れた當西藏兵
場の甘藍畑はじめ當西藏兵場より
後染た人跡未踏の地點十数箇所を
遊び土砂を探取、十六日夜半愈々
言廣島を出發
し、たちまち
その土砂につ
十一日午愈々
はB（ビィター）放射能を示さな
かつた。次に西藏兵場より得た土
のB（ビィター）放射線をアルミ
ニウム板による吸收曲線を得るこ
とによりそのエネルギーの概略を
こころみた大体（Mev百万電子
ボルト）=計は百万電子ボルト
（電子の單位）=なることを知つ
た。十二時間經過後これら資料に
つき再びそのB（ビィター）放
射能を測定しこれより放射能の見
掛けの半減期は約二〇時間なる
ので當に土砂のみならず他の多
くの資料につき放射能を組織的に測
定する必要を感じ愈々十二日夜翌

B（ビィターン）放射能はウラニウ
ムによるものでないことはＦ（ア
ルハーン）並にB（ビィター）放射
能のウラニウムの比較測定により
確めることが出来た。かくて熱
爆撃はある種の原子核爆弾ならん
との考へが益々濃厚になつた。しかし
万一縱令原子爆弾でもそのものが最初
より强く或はまたこの原爆弾は
米國の有する多数のサイクロトロ
ンにより製造された人工放射性
物質を多量に應用すべき筈ある
のかもはかられないとも思はれた
のでその眞偽を確めること肝要

【第一班調査】探報員=京大理
學部荒勝研究室荒勝、木村、清
水、花谷▽医學部杉川研究室杉
山、皇本、木村および上由雄
二班編成が出發した〈つづく〉
=荒勝は理學博士

（1945年 9 月 14 日付朝日新聞〔大阪〕）

表I. 〔測定時間 自15日午後6時 至16日午後6時〕

試料種類	試料番号	放射性物質	β線放射能毎分計数値	半減期 測定値	半減期 既知	エネルギー測定値 MeV	中心よりの距離 m	試料質量 gr
馬骨	0	燐	529	18日	14日	1.5	中心部	0.83
硝子接着硫黄	407	硫黄	35				250	1.5
同上	411	同上	33	13日	14日	1.4	350	2.2
同上	510	同上	23				800	2.6
ゴムタイヤ	13	同上	16				700	1.3
鉄板	343	鉄	85				中心部	1.9
鉄磁石	401	同上	374	15日	2.6日	1.5	500	
鉄塊片	304	同上	58				700	21.2
石灰	344	カルシウム	20	27時及び16日	12.4日及び8.5日	1.2	400	1.6
同上	403	同上	7				300	
セメント	504	カルシウム	14	22時及び19日	同上		500	1.8
アルミ板	401	アルミニウム	21		15.5時		500	3.0
半田	401	錫鉛	364	2.8日	26時及び10日	2.2	500	0.46

表2 〔備考〕「放射線なし」とは自然計数毎分18数値を意味す

番号	試料採取場所	爆心よりの方向及び距離	ピーターB線放射能毎分計数値
1	箱崎町 東内	東	南東約2・5粁 なし
2	比治山 東區	東	南東約2・5 なし
3	同西蟹屋町	東	約2・5 なし
4	荒神町 東區	東北東	北東約2・5 弱11〜13
5	廣島駅 東側	東	北東約2・5 なし
6	大洲町 兵第一	東	北東約2・5 なし
7		東	北東約2・5 なし
8	白島町 東中	中	北約2・5 なし
9	工兵門前	北	約2・3 弱8〜10
10	横川駅 東側	北北西	約2・5 弱8〜10
11	横川橋 附近	北北西	約2・5 なし
12	天満町 西詰	西	約2・5 なし
13	塁磨町 東詰	西	約2・5 弱12〜14
14	己斐町 駅前	西	約3・5 なし
15	己斐町 西南方	西	約3・5 なし
16	旭橋 東詰	東	約5・5 強108
17	翠町 附近	南	南東約2・5 なし
18	舟入川口町	南	南々西約2・2 なし
19	観音 飛行場	南	南々西約2・0 なし
20	廣島飛行場	南	約2・5 なし
21	工液 東飛水俣壊	南	約2・0 なし
22	高射砲 隊内	南	南々東約2・0 なし
23	宇品九丁目	南	南々東約2・5 なし
24	宇品四丁目	南	南々東約2・5 なし

② **原子爆弾報告書**

= 廣島市における調査 =

荒勝文策 京大教授・理學博士

（1945年9月15日付朝日新聞〔大阪〕）

原子爆弾報告書 —③—

=広島市における原子核爆弾の調査=

京大教授 理學博士 荒 勝 文 策

2 (中心より探取地点までの)値数の二乗×放射能	(2) 放射能の相對強度
12—10	35
11—10	26
12—11	13

(3) 探取地点中心よりの距離（地上距離）

200米
353米
800米

【調査事實よりの推測】一、いはゆる爆心は正しく中性子発生中心なること。

比較的簡單な裝置で何らかの條件に違ひれたと思はれる科學的資料として街頭にある電柱上のガラス内に蔵されてある磁鋼を組織的に蒐集し、それについて放射能の强さを測定し、その探取地點の位置とその B（ビイター）放射能との關係につき調査した。その結果を記すと別表の如くなる。

すなはち、これによって見ると普通放射能は毎分幾ばくなる計數を示す。これを試藥としてわれわれの探取した磁鋼約五百乃至八百メートルの上空である磁柱上のガラス内に蔵されてある磁鋼五三〇ミリグラム（うち鐵は約百ミリグラム）につき毎分五三・九の計數を示す。

これらの試料の放射能の强さの分布はよく満料し説明せられるすなはち表中（N）の値が殆と同値なることは他の狀況より一段に推定されてゐる如く爆発中心は放射能分布によって推定せられた中性子発生中心は同時に速い中性子発生の中心なることが明瞭となる。

二、地上に到達せる中性子數の推定。

今かりにこの磁鋼を普通のラヂウムとベリリウム中性子源の一分間に放出する中性子數に相當する中性子が爆発の際放出せられることになる。

つきの放射能測定より爆発時に発する中性子の数を推定してみることは興味あることである。さらに實驗によれば第二百ミグラム上に約・10^{12} 個の速い中性子をあてるとその放射能は三個分裂弱作用に製せられるものと思はれる。しかしこの二万至三個のうち連鎖分裂に利用せられず余剰中性子として爆弾外に放出されるものは必ずしなくてならない。今これを〇・一乃至一個と見ることはある程度理由があり必ずしも発意でないとすればこれは爆発の際核分裂を起こしたウラニウム原子の数は約24個と推定される。これを約一キログラム程度の量に相當する。

ウラニウム核分裂に際しては一り對してひ235 對ひ238の存在比個のウラニウム原子より二万至1対10程度まで濃縮せる試料約十キログラムを用ひ、これに約三個の中性子が放出されるものであるが、これら二次中性子は大部分遲發弱作用に製せられるものと思はれる。しかしこの二万至三個分裂弱にしたものと想像せられる。

ナイパーセント（即ちーキログラム）經度のものが完全分裂をなすと見るとある程度理由があり必ずしも発意でないとすれば如く連鎖反應が進行するものとすれば爆発瞬間は概略五分の一万至二分の一秒と推定せられる。

しかし米國の使用せる爆弾が一般に知られたるウラニウム爆弾であるか、または爆弾中新に資せられたかも知れぬ他の現象によって相當する中性子が爆発の際の知らぬところであるからこの推定は必ずしも誤ってゐないかも知れない。しかし、仮りにこれがU235〔ひとはウラニウム〕の分裂を利用せる爆弾とすれば完全分裂をなせるU235の數は完全分裂をなせる爆弾とすればこの爆弾は使用し得べき爆弾の最小限度のものと思はれる。〈つゞく〉

（1945年9月16日付朝日新聞〔大阪〕）

原子爆弾報告書 ④

＝広島における原子爆弾の影響＝

京大教授　理学博士　荒勝文策

〔照爆軍其よりの推定つき〕

三、生物学的作理への影及。以上の如くこの爆弾は原子移行用の急激〔しかし緩慢とも思はれる〕な邁進反應に伴ふ非常な発熱作理並に中性子発生作用を特徴として有る。前者はこの爆弾特有の現象を呈する源となるものである。

上目の如くこの原子移弾より放出される中性子は中心より五百メートルの距化まで比較的少の如く薄二、三方に対し約十個といふ多数の中性子が落ちくるため、人もこれに興へることはくべきものと思はれる。

二、時間に依つて呈はれる現象は主として呼吸機的反應にて呈はれるものと思はれる、それ

理想的反應やへは熱線、光線、爆風、爆風などの影響が生として呈はれるものと思はれる

〔イ〕熱線の影響によるものと思はれる

〔ロ〕中性子は組織内原子と綱を成する原子移弾の作用を及ぼし得る

〔ハ〕強いエネルギーの荷子線が生物の毛布に抜けしめ作用を有することは既に實験され

〔ホ〕爆発後数ニキロ半位に於ける人間生物に對する

〔ト〕われわれは爆弾開発開放に得て、これをもつて前記の爆弾の人々と何とに恐怖と戦明の配意を自ら経される思想の如く思はれる。

〔強起〕戦争開始直前着した物理学雑誌にはウラン〔二三八〕

〔ヘ〕とに廣島市の各所に試験観察することも必要なこと思ふ。

(1945年9月17日付朝日新聞〔大阪〕)

資料9　サイクロトロン破壊時の荒勝日誌

（1945 年）
11 月 15 日（土曜日）
第 6 軍　インテリジェンス　オフィス　Lt. W'm. Starbuck 氏ハ 1 名ノ米軍将校ヲ伴ヒ研究室見学ノタメ来学．心安ク談話シ，折柄浄書中ナリシ広島原子爆弾調査報告書ノ英文等[1]正誤訂正ヲ手伝ヒ等ヲシテ帰レリ．

同 18 日（火曜日）
スターバック氏ハ 1 名ノ化学者並ビ通訳ヲ伴ヒ来タリ研究室ヲ見学セリ．右化学者ハオーストラリア州ノ出身ナリト聞ケリ．種々質問ヲ行ヒタルガ全ク原子核物理並ニ化学ニハ理解ナキモノノ如ク見当ハズレノ質問多カリキ．

同 20 日（木曜日）
早朝西川副手[2]ヨリ電話有リ．進駐軍将校数名来タリ急用アルニヨリジープニテ宅迄迎ヒニ行クト云ヘル由ヲ告ケラレタルニヨリ，コレヲ待テリ．ヤガテスターバック氏並ニ通訳 1 名ハ西川氏ニツレラレテ来ル．
「上ッテ御茶を飲ンデイッテハ如何」ト告ゲタルニ「今日ハ急用故上レ無イ」ト答ヘ急ギジープニテ大学研究室ニ来ル．
入口ノ所ニ海軍将校服装ヲナセル立派ナル背高キ紳士ニ会ヒ挨拶ヲナス．同氏ハ Dr. Michaels Prof. of Phys. Bryn Mawr Coll. near Philadelphia ト聞ケリ．然ルニ自室ニ往キクルニ其所ニハ一昨日来リタル者他前記オーストラリア化学者来リ居タリ．
椅子ヲ与ヘ円陣ニテ会話ヲ始メマイケル氏ノ質問ニ 2，3 答ヘ種々戦時中ノ研究文書等ヲ示シ等スル中愈全部室外ニ立出デ前記通訳ノミ残レリ．
其時該通訳ハ「アナタニ取ッテモ亦私ニトッテモ悲シムベキ事ヲ申シ上ゲネバナラ無イノハ誠ニ遺憾デアルガ」ト前置キシ研究室ニオケル全原子核研究装置ノ撤収破壊ヲナス旨ヲ告グルト共ニ管理検討ノ必要アルニヨリ研究ニ関スル一切ノ文書，日誌，成績等ヲ提出セン事ヲ求メ，ウラン並ニ重水研究用重要資料ノ提示ヲ要求セリ．
コレヲ告げ終リタル頃前記諸氏並ニ陸軍中佐写真技師一名新聞班一名再ビ入室シ来

---

1 ）1945 年 11 月 25 日付の英文で書かれた広島原爆調査報告書．タイトルは The Field Observation at Hiroshima on the Radioactivity Induced by Atomic Bomb, Prof. Bunsaku Arakatsu and Members of the Institute of Nuclear Physics, Kyoto Imp. Univ.（Read on Nov. 25, 1945）とあり，荒勝家に保管されていた．この報告は 1945 年 9 月 14 日〜17 日付の大阪朝日新聞に掲載された荒勝文策の署名入りの記事「原子爆弾報告書 1〜4　広島市における原子核学的調査」（359-362 頁）のうち，1，2 の全文と 3 の中段までの内容を記したものである．
2 ）西川喜良のこと．

レリ.

「研究設備ノ破壊撤収ハ必要無キニ非ズヤ. コレ等ハ全ク純学術研究施設ニシテ原子爆弾製造ニハ無関係ノモノナリ」トイヒシニ「余等モ左様ニ思ヘド聯合軍最高司令部ヨリノ厳敷命令故コレニ従フヨリ他ニ道ナシ」ト述ベタリ.

前記マイケル氏ハ眼ニ涙ヲ浮ベ「科学者トシテカカル事柄ヲ科学者ニ申伝ヘル事ノ悲劇ヲ衷心感ジ貴下ニ対シ誠ニ同情ノ極ミナリ」トノ意味ヲ述ベ堅キ握手ヲナセリ. 後ニ前記通訳氏ハヒソカニ「コレハ絶対秘密ナレドマイケル氏東京ニ行キ, 出来ルダケ事件ノ緩和ヲ計ルベキノ意向ナリ」ト云ヘリ.

カクテオーストラリア化学者氏至ツテ事務的ニ実験研究資料ノ提出ヲ次々ニ求ムル一方武装兵士 2 名ヲシテ荒勝教授ヲ衡ラシメ其ノ行ク處ドコニデモ伴ヒ行クベキ事ヲ命令スルト共ニ原子核研究室 (1) サイクロトロン室 (2) 高電圧コツクロフト室 (3) 発電地階室ノ 3 室ニ兵員ヲ配備シ研究者を退出セシメタリ.

然ル後同氏ノ指図ニテ研究者ノ机・抽出シ検査シ一切ノ私有物迄ヲモ管理セリ.

マイケル氏ハ発電室ニ於イテ「コノ室ノ装置ハ全部純学術用装置ナルニヨリ一切破壊スベカラズ」ト命ジ「高圧電気トノ一切ノ連継ダケ絶チ置クベシ」ト云ヒ居タルヲ聴ケリ. 初メハ高圧電源装置・コックロフト全部ヲモ破壊スル計画デ来クルモノノ如クオーストリア (ママ) 化学者ノ態度ナリシガマイケル氏ノ処置ニヨリ, 高圧室ハ破壊ヨリマヌガレタル模様ニ推察セラル. 然シモーター, ベルト等ハトリハズシ一切ノ電気スイッチヲ焼キ切ル事迄ハ実行セリ.

余ハ「カカル事柄ハ大学当局ヲ経テ行ツテ貰ヒ度イ, 高圧電源ハ主トシテ荒勝個人ノ出費ニヨリテ出来タモノナレドコックロフトハ大学経費ヲ以ツテ建設サレタル部分多キモノナレバコレガ除去, 取コハシニ際シテハ大学ヘノ手続ヲ了シテ呉レ」ト申シ出タレド無駄ナリキ.

新聞班員ハ小生ノ欧州ニ於ケル滞在大学並ニ理学博士ヲ得シ大学ヲ聴取セリ. 写真技師ハ Blay ト称ブ. 現場ヲ撮影セリ.

カクテ本日ヨリ約廿名ノ兵員物理学第三講義室ニ駐屯スルコトトナリ取敢ヘズ机ヲ搬出シストーブヲ入レコレニ当ツ.

又其レニ続ク講義準備室ニハ将校二名滞宿セリ.

2nd Lt. WieBusch, Lt Hoffer ト云ヘリ前者ハ全クノ軍人ナルモノノ如ク後者ハ大学ニテハ化学ヲ学ビ, 目下 Fancy food ヲ商売トセル由聴ケリ.

尚, 海軍ヨリ送リ来リタルウラニウム 16 梱ハ爆撃ニタイスル保護上疎開シアリシモノヲ取リヨセ提示ニ供セリ.

右ノ事情ハ木村助教授ヲシテ学部長ニ報告セシムルト共ニ夕方帰宅後電話ニテ荒勝

---

3) 駒井卓. 動物学者で, 当時の京大理学部長.

教授ヨリ駒井[3]部長ニ報告セリ．総長ニハ学部長ヨリ報告セシ旨ヲ聴ケリ．

12月13日（木曜日）
朝7時頃米国（数字空白）氏駒井学部長室ニ来訪．サイクロトロン破壊ノ事實ニ関シ民間情報ヲ集メル目的ヲ述ベ率直ニ右ニ関シ意見ヲ述ベテ呉レトノ事デアッタ．
駒井，湯川両教授ト共ニ面談シタ．
自分ハ日本ノ地カラ原子核研究ノ芽ヲツミ取ラレル事ハ誠ニ残念デアル．率直ニ最モ希望スル所ヲ云フナラバ米国製ノ最上ノサイクロトロンヲ京都ニ建設シ日米両学徒ノ研究ニ便ズルコトガ最モ望マシイト思フ．
元々サイクロトロンハ原子爆弾トモ軍トモ無関係ニ計画サレタモノデコレヲ生物学並ニ医学等ノ研究ニモ利用スル事ヲ希ンデイタモノデアリ原子爆弾以来医者ハ特ニサイクロトロンノ破壊ニ関シ失望ヲ感ジテ居ル状態デアル．ト云フ事ヲ述ベタ．同氏ハ再ビコレヲ口＊（1字不明）シアメリカ学者ノ統制乃至共働作業デ研究ヲ行フコトヲ承ケ入レルカト云ッタニ対シ「宜シ」ト返答シ置イタ．
湯川教授ハコレト同意見ナル事ヲ申述ベラレタ．
殊ニ自分ハ理論ヲヤッテイルガ実験ガ発達シテ記録ガ豊富ニナラネバ理論ハ成立セヌカラ実験研究室ノ完成ハ望マシイト付加サレタ．
又京大ノ卒業生ヲ米国ニ送リソコデ原子核研究ヲ学バシメル制度ノ復活ヲ望ム事ヲモ述ベテ置イタ．
原子核物理学ハ決シテ原子爆弾製造学デハ無イトイウ事ヲ相互ニヨリ理解シ合ッタ．
　会談後実験室ノ現状ヲ視察シタ．
サイクロトロンハ中心ツケラレタポールピース2個トヨークノブロック1個ヲ残シ惨膽タル光景デアッタ．
高圧電源ハ一切ノ電源トキリハナシタダケデ＊（1字不明）耗
研究活動ノ配備体形ハ其儘デアッタ．
新シイ警備兵ガ2名立ッテイタ．
小官化学研究所所員ニ補セラレテ以来今日迄一ニ原子核研究室ヲ建設シサイクロトロンノ施設ヲ完了シ以ッテ各般ノ科学研究ニ便ゼン事ニ努力シ来リ，戦時中種々ノ困難ナル事情ヲ排シ営意コレガ建設ヲ進メ本学当局並ニ文部当局ノ並々ナラザル好意ニヨリ将ニ其の完成モ近カラントスル状態ニ迄進捗セリ．然ルニ終戦ノ［現存する日記はここで途切れている］

資料10　トーマス・スミスの回想記：'Kyoto Cyclotron'

After a year（1942-43）at the Naval Japanese Language School in Boulder Colorado, I was assigned with a dozen or so other graduates of the school to serve as Japanese language officers with the Fourth Marine Division. Those were the dark ages of language instruction before tape recorders and none of us were in that magic time of life when a new language becomes second nature by exposure. Although at the end of the course all of us had a modest competence in reading and speaking Japanese, it is unlikely any of the prisoners we encountered mistook us for native speakers, a problem their own heterogeneous regional dialects compounded. Despite these difficulties we somehow managed to do reasonably well what was expected of us : interview prisoners, translate maps and enemy documents and collect the code books Japanse troops left behind in quanity.

I believe most of us escaped the demonization of the enemy that is the usual effect of war. This was no doubt partly because our job did not require active participation in the fighting, so that during the four island landings we made—Eniwetok, Saipan, Tinian and Iwojima—few of us had occasion to fire weapons and only one of us in the fourth division was seriously wounded. But our generally humane view of the enemy, as compared to most of the rest of the population at the time, was partly because of our year-long study of Japanese. Successful study of a foreign language requires some sympathy for the people and culture the language represents. Our Japanese-American instructors knew this as a matter of personal biography since most of them had grown up speaking English at school and Japanese at home. For the most impressionable part of their lives, therefore, they had experienced the constant interplay of language and culture in situations of immense personal importance. It was natural for them in teaching Japanese to deal with language and culture as different aspects of an ever recurring problem. To most students in the school it would have been a shock had anyone insisted that either the Japanese language or culture was inferior to any Western counterpart. Our daily comparative discussion of language and culture in class, I believe, was instrumental in Boulder graduates' taking up the study of one or another aspect of Japanese society and culture after the war.

I was one of that group, though in my case an additional factor entered into the decision... Before the war I had been a graduate student in European history at the University of California at Berkeley long enough to aspire to a career of studying and teaching

366　第2編　資料

history, but not long enough to be committed to a particular historical subject. Since teaching jobs in history in the depressed economy just before the war were more rumour than genuine possibilities, after some months at Boulder it occured to me I might improve my postwar employment chances, as well as my qualifications as an historian, by taking up comparative historical study of a problem linking Japan and either France or the United States. I had no concrete idea of what I would compare and slight appreciation of the intellectual problems I would encounter. Since I could do nothing to clarify these matters during the war, I put them aside on the assumption that when the war ended I would somehow go to Japan, improve my Japanese and begin comparative study of some aspect of Japanse society and culture.

All that seened distant and unreal when, after six weeks or so of military training after graduating from the Japanese Language School, I and the others assigned to the Fourth Marine Division boarded various troopships bound for Eniwetok. The one thing I felt reasonably certain about was that what I was embarked on was more promising, in the long run than returning to Berkeley and resuming my study of European history, even if that option had been open ...

When the war at last ended in August 15, 1945, I knew immediately that I wanted to take part in the allied military occupation that would surely follow... But an unanticipated problem suddenly loomed. For reasons I have never understood, Marine units were not used in the early occupation forces, and presumably for that reason members of the Fourth Marine Division, which was then on the Island of Maui training for the invasion of Kyushu, were ordered to board transport ships for return to the United States. I knew that I had somehow to detach myself from my division and try to make my way to Japan despite General McArthur's apparent wish to avoid use of Marines. I went to the head intelligence officer in the Fourth Division to whom I had been attached since first assigned to the division. I told him what I wanted to do and why and asked him whether he could help me. He immediately took measures to detach me from the Fourth Division and gave me a written order to fly to Honolulu and report there to a naval intelligence officer whom, he said, he would phone in the meantime. When I arrived at the man's office in Honolulu, he knew my story and had already prepared written orders for me to report for duty at McArthur's headquarters. With this document in hand, I was able to embark from Honolulu for Tokyo on a naval seaplane carrying recreational equipment (mostly baseball bats). Later I wondered how so sensitive a bureaucratic matter

第 2 編　資料　　367

as my transfer to McArthur's headquarters could have been arranged so easily. As I thought about the matter, however, it dawned on me that the intelligence officer in Honolulu who wrote my orders had not consulted anyone in McArthur's headquarters. He had simply given me a piece of paper that would get me to Tokyo on a navy aircraft, knowing that once I was on the general's doorstep someone on his staff would have to find something for me to do. Obviously they could not punish me because I was following the written orders of a superior, and it might raise some kind of sensitive inter-service problem to leave me indefinitely in limbo on the streets of Tokyo.

When the naval seaplane landed many hours after take-off among an armada of American ships in Tokyo Bay, I encountered an awkward problem. Since no one in McArthur's Headquarters knew I was coming, naturally there was no one to meet me and show me where to go. I do not remember how I got to McArthur's headquarter or how long it took me. I received critical help on a nearby ship, where I was given a map showing the location of the Daiichi Building and was told that I could get across the bay by catching rides in the small boats that went back and forth from one ship to another on business. Somehow that day or the next or the next I reported at Headquarters in the Daiichi Building and was given a chit allowing me to stay in a nearby building commandeered to house Headquarter's staff. For two days or so I waited around in the daytime for a work assignment and after hours wandered the streets around the Imperial Palace. Then, I had the incredible good luck to be assigned to the headquarters of the Sixth Army in Kyoto.

In Kyoto, life took on a certain stability. I ate meals and slept at the Kyoto Hotel where I had a small room. At the headquarters of the Sixth Army I was assigned to a small translation and intelligence section of three members, a commanding colonel and two Japanese Americans who had been army combat interpreters and whose Japanese was wonderfully fluent. This small group, of which I was now a member, had no significant duties. During the several months I was in Kyoto. I believe the explanation for this was that the headquarters of the Sixth Army was struggling to set up operations under conditions of semi-chaos. The problems encountered were internal and bureaucratic and had nothing to do with local Japanese authorities until considerably later, when the occupation began enforcing political reforms... In the meantime such translation work as was needed was handled by a small group of Japanese American interpreters attached directly to the commanding general. That left the group I was assigned to with no ostensible function, in part perhaps because the commanding Colonel was a peace-time reserve officer who

368　第 2 編　資料

had spent the war overseas and was more interested in returning home than finding a peace-time mission for his unit. In any case, neither I nor the other two language officers, to the best of my knowledge, were ever assigned a task significant enough to remember until an incident several month after I joined the unit, about which more later...

Although I had no work to speak of, I was happy exploring the city when I was not on duty at my group's office, and soon discovered that the Colonel did not really care when I came to work or left. So I began coming late and leaving early. It was something I felt guilty about and I hated the time when I was in the office doing nothing. I finally asked the Colonel if I could work on a project of my own, and suggested that I would compile a report on the food problems of the city, which I had come to think were more serious than generally supposed by occupation authorities. He agreed that I was wasting my time and gave me permission to come and go as I liked on condition that I report in briefly every morning and afternoon to be sure that he had no need for me. I believe the two Japanese American interpreters could have made the same arrangement for themselves, but for some reason they chose not to—possibly because they had long term plans for Army careers... In any case they did not seem to resent my absences and my relations with them remained cordial throughout my stay in Japan...

I spent the next several months tramping the city, observing craftsmen, going down back alleys, visiting shrines, temples and gardens and talking to people wherever I went... I met a faculty member in law and a couple of students on a visit to Kyoto University and began exchanging English with them individually, meeting with the students in the lobby of my hotel and with the faculty member at his home. I learned enough Kyoto dialect that I used it every morning talking with people who slept the night in store entrances. I wrote an article on the food shortage in Kyoto for which a Fourth Division friend of mine in the United States tried unsuccessfully to find a magazine publisher. I was not greatly disappointed with this failure. I was exploring in one of the great cities of the world and being paid, as I recall, about three hundred dollars a month for it. Every day I found new things in Kyoto and in time discovered that I could borrow a jeep from the motor pool maintained at Sixth Army Headquarters, so long as I did not do it too often, permitting me to make forays from the city into the surrounding countryside. I was wonderfully happy and imagined that I might stay in Kyoto permanently. Then things changed unexpectedly.

I do not know the date, but I think it was a chilly morning in October when I checked in at my group's office, where the Colonel seemed to be waiting for me. He asked if I knew how to get to Kyoto University. Perhaps he had already asked one of the Japanese American intepreters and found that neither of them knew the way, though I rather doubt that. I assured him that I had been to the University campus several times and could get there without difficulty. He then told me that he wanted me to act as a guide and interpreter for two officers from the Navy Department in Washington who had arrived the day before on an important mission. They were to oversee the dismantling of the cyclotron known to be at Kyoto University, which a company of army engineers was standing by to cut up with blow torches preparatory to the Navy dumping them in a deep ocean trench off Japan where they could never be recovered.

I knew the word "cyclotron" from newspaper reports of the bombing of Hiroshima and Nagasaki and associated it exclusively with the construction of atomic weapons, though I was to discover in the next few hours from the Japanese physicist who had build the Kyoto cyclotron that the apparatus had important other functions as well. Before I could think about the mission, however, the two officers from Washington, both Navy Commanders, as I recall, arrived from their hotel. Without any additional discussion of what we were to do, which seemed clear enough, the three of us loaded into a jeep with a driver and set off for Kyoto University. I had no moral compunction about what I found myself doing, since I believed that the cyclotron was an apparatus used solely for making atomic weapons. Had I been asked, I would have argued that no country should have bombs like those dropped on Hiroshima and Nagasaki, and I might also have conceded that, until such bombs were universally banned, it was an elementary caution to take the Kyoto cyclotron out of the hands of our recent enemy.

Keep in mind that I had no time to think about such things since the destruction of the cyclotron was to be carried out that very day and its sea burial shortly after, I have often wondered since why the destruction had to be completed the very day we heard about it, though I did not question that judgement at the time. Now I suspect it was to get the deed done before news of the action was known in the United States, where American physicists might well have opposed its destruction. I also wonder why one or both of the Japanese-American interpreters in my section were not used instead of me, since their Japanese was considerably better than mine. I doubt the Colonel himself made the decision to exclude them because, as I recall, he had been with the two men for a consider-

370　第 2 編　資料

able time and seemed genuinely fond of them. A more likely possibility is that the few men in Washington who made the decision to destroy the cyclotron specified that the interpreter be a Caucasian, thinking that such a person was less likely to breach security about what had happened than a Japanese American. In this regard it is worth mentioning that the Navy went to the immense expense of sending hundreds of people like me through the Naval Japanse Language School at Boulder Colorado rather than recruiting Japanese Americans for the job, as the Army did, and I can think of no reason for that other than the Navy's deep-seated distrust of Japanese Americans.

The Cyclotron Room

On the Kyoto University campus I asked the first student I saw for direction to the cyclotron building, where we found the door standing open. The two commanders stayed behind in the jeep while I went to the door and peered into a high ceilinged room, which had a recessed area in the middle where the cyclotron rested. The upper half of the cyclotron rose several feet higher than the surrounding unrecessed cement floor, where several young men in white smocks were busy with what seemed individual chores.

While I stood at the door looking into the room, one of the young men approached and asked me inside. As I recall events fifty years later, it seems likely that he and the others who worked with the cyclotron must have anticipated a visit from the Sixth Army soon after its occupation of Kyoto. It must have occurred to them that, since the United States had made use of atomic weapons during the war, the Occupation authorities were bound to take a keen interest in the Kyoto Cyclotron. At the time, though, I thought the young men's hospitable reception was nothing more than the tendency of Japanese to accept without question anything the Occupation ordered. I asked the young man who had invited me into the building if I could speak to the person in charge, who turned out to be Arakatsu Bunsaku, one of Japan's leading physicists, as I learned later. He was at home a short distance away and would gladly come to talk with us if we wished.

By this time the two Navy commanders had joined us and been introduced, though with no hint of the nature of their mission... At the commanders' suggestion it was agreed that it would save time and energy (again the sense of working against a deadline) if we were to pick Arakatsu up in the jeep rather than wait for him to come from home. One of the young men called to tell him we were coming. Meanwhile we set off for his house with one of the young men as guide. About fifteen minutes later we were outside

第 2 編 資料 371

his modest neat house on a residential street I had walked on several times... Arakatsu, a short man with wispy white hair and a head almost too big for his body, quickly emerged from the interior carrying a briefcase and wearing a black suit that, like almost all Japanese dress at the time, had seen better days. He was fifty five but looked ten or fifteen years older, though he showed no sign of fatigue during the taxing events which followed... I was struck immediately by his open friendly manner and, although we could not hear over the wind in the open jeep, he was clearly proud of the cyclotron and wanted to show it off.

At the University he showed us around the cyclotron, offering technical comments that went well beyond my vocabulary. I was pleased and relieved that, save for technical subjects, in which it was clear no one in our party cared about anyway, we had no trouble understanding one another and seemed to develop some measure of mutual trust and liking. Arakatsu's manner was much like that of a lifetime farmer showing city relatives around his farm. His purpose was to show his land, crops and tools to advantage and to point out things visitors from the city might otherwise miss. If he was worried about the fate of his cyclotron, he gave no indication of that, and he certainly did not behave like a man worried about the legality or morality of what he had been doing for the greater part of his life.

One could argue that, as a distinguished physicist, he must have known his cyclotron was in danger. But he was also a physicist, as we saw shortly, who had never himself found military uses for his work with the cyclotron. He could easily have imagined that the Occupation would nevertheless put his cyclotron under surveillance. But that high-ranking American naval officers would come unannounced and the same day cut his cyclotron into pieces for ocean burial was, I believe, not something he woke up in the morning worrying about. This was a conclusion I came to when we had seen enough of the cyclotron and Arakatsu took us to his study, which opened off a rather dark hallway—electric power being in short supply...

The main piece of furniture in his office was a large table with chairs arranged on both sides, presumably for meetings with the young men in smocks. There were book cases along the wall on one side of the room and on the other were deep, widely separated shelves covered with glass doors behind which one could see large folios. When I asked what the folios contained, Arakatsu told me that they held his laboratory notes, which given their bulk must have represented his life's work. While he and I were talking, the commanders, who were anxious to get on with the dismantling of the cyclotron, moved around the room impatiently. Finally one of them ordered me to tell Arakatsu that they had orders to destroy the cyclotron and that the work of destruction would start shortly.

I had known all along that sooner or later I would have to tell Arakatsu that the cyclotron was to be destroyed—a measure that I had no objection to on the mistaken view, as I noted earlier, that the cyclotron was an apparatus solely for the the production of atomic weapons. Yet I was sympathetic with Arakatsu and wanted to give him the message as gently as possible. In particular I did not want the Navy commanders at my side as I told him... So I asked them to leave us alone for a while and, a bit to my suprise, they agreed and left the room to wait in the hallway, reminding me that I must not to take too much time—dismantling was scheduled to begin soon.

As soon as the office door closed behind them and Arakatsu and I were seated opposite one another at the table, I told him. He listened quietly showing no signs of surprise. When I had finished, he told me firmly that the cyclotron was not exclusively for the production of atomic bombs as I seemed to think. He had worked for many years with the cyclotron, but had never found a military application for his research despite encouragement from the Japanese army to find one. He also said that the army had sent him to Hiroshima when the bomb was dropped to assess the nature of the weapon that had been used, but that he had been unable to tell them how its immense power was generated.

His statement was the first I had heard about the alternative research uses of the cyclotron, a factor that in a rational world would favor leaving the cyclotron intact... But I also knew that the men in Washington who had made the decision to destroy the Kyoto Cyclotron did so in full knowledge of these peaceful research uses and that now, after sending two Naval commanders halfway around the world to destroy the Kyoto Cyclotron this very day, there was not the slightest chance they would spare it because Arakatsu had never used it to produce weapons. He summarized what I had said quite accurately and added that he agreed that nothing could be done to save the cyclotron, then pressed another question : would he be allowed to keep his laboratory notes? If so, he promised, he would translate the notes for American use, explaining that the notes would otherwise be useless to the United States since it would be impossible to find anyone in the country with the necessary knowledge of physics, English, Japanese and calligraphy to translate them.

At this point Arakatsu and I together made a huge mistake. The two commanders had shown no interest in the laboratory notes when they were in the room with us ; neither of them opened a glass door on the shelves to examine the folios, to see what Japanese laboratory notes looked like, to find out whether there were drawings as well as text, to estimate their total bulk. I believe now that if we had said nothing about the notes, they would have cut up the cyclotron and gone off without the notes... But we mistakenly thought that the offer to translate the notes would pursuade them to leave them with Arakatsu. In fact it alterted them to the potential value of the notes and prompted them to confiscate them to make it as certain as possible that Arakatsu and his team would not in the future produce any unpleasant surprise for the United States. I also imagine they wanted to protect themselves against charges when they returned to Washington that they confiscated the bath water in Kyoto and left the baby with the Japanese.

When I told Arakatsu he could not keep his research notes, he protested the unfairness of their confiscation in a voice choked with emotion. I do not remember his words, but I know their substance : he and his young physicists had never viewed their research as having military applications, and it was unthinkable they would drop everything to take up search for military applications now, when the war over, Japan occupied by American military forces and his own research facilities subject to inspection on demand by the oc-cupation. Destruction of the cyclotron had already made new research impossible for him ; now the confiscation of his laboratory notes made it impossible for him and his students to use their past research in any significant way... He did not say so but he must have been thinking that, at age 55, he might never be able to resume his career in physics, though his students, who looked fifteen of twenty years younger, could be more hopeful.

The commanders' decision to confiscate Arakatsu's notes left the two of us with nothing more to talk about. I told him that I would see him again before long and left his office to join the two commanders at the entrance to the cyclotron room, where I had prom-ised to meet them. The company of engineers who were to do the dismantling were as-sembled and about to begin work. I did not want to be present when the work began and, since there was no need for an interpreter, I asked the commanders if I might leave. They agreed and I returned on foot to my section, where I reported to the Colonel that the dismantling was underway or soon would be.

My life in Kyoto afterward went on in much the same pattern as before. I reported to my section every morning, continued exploring Kyoto, and several times a week exchanged English for Japanese conversation with different friends... I tried not to think about the cyclotron and laboratory notes. But one day a few weeks later I walked to the University and got a look into the cyclotron room from a person on duty there. I don't know what I expected to see... But the bareness of that great room, the emptiness of the recessed area where the cyclotron had once been and the absence of human activity, except for the person who had opened the door for me, left me with an eerie feeling difficult to describe.

But altogether life went on pleasantly enough, it was not the fun that it had been. I was also beginning to sense, that the scrambled information about Kyoto and Japan that I was accumulating did not add up to useful knowledge and I was thinking of returning to graduate school in the United States. Then suddenly the decision was made for me. I received written orders to report for duty with a Marine division in Sasebo, a port city badly damaged by bombing during the war. After living for some months in Kyoto, I had no wish to transfer to Sasebo and knew that I would not have to. At the end of the war, every person in the military wanting to return to the United States, the various services had established a unified point system for determining the relative priority of individual claims to "repatriation"—I think it was called. I was able by that system to board an army troopship in Wakayama and within a week or so was in San Francisco and a month later entered the Harvard history department as a graduate student in Japanese social and economic history.

Before I left Japan, I said goodbye to the people I had been exchanging conversation with and to Arakatsu. He was much calmer than when I had seen him last, but understandably bitter at the mindless destruction of the cyclotron and confiscation of his notes. I said something about things improving for him in the future. But he did not respond sympathetically to that suggestion and we soon ran out of conversation.

Four years later I was briefly in Kyoto travelling with friends on a schedule that I could not control. I left them long enough to call at his house and find him in. He rightly rebuked me for not giving him notice so that he could ask me in. As it was we were obliged to stand and talk outside, since those inside were not prepared for a guest. We talked about many things rather freely and might have gotten to the cyclotron and his notes in some depth had I not had to leave when my friends came to pick me up. I did have time, though, to ask what I most wanted to know : how after this lapse of time did he feel about the way he had been treated. He was quite emphatic in his answer : his student Yukawa had won the Nobel Prize in physics and that made up for everything. I hoped that was true, but left wondering whether it really was.

第3編　補論

1　「キツネの足跡」を追いかける

久保田明子

2　木村毅一に関する証言と回想

木村磐根

3　京大サイクロトロンの歴史を辿って

中尾麻伊香

1

「キツネの足跡」を追いかける
――京都大学所蔵荒勝文策関連資料について

久保田明子

1　荒勝資料を追うことの意味――アーカイブズ学的問題点

　「おやじはよく，科学はキツネの足跡だ，と言っていた．キツネ（科学者）は大きなしっぽを振って足跡を消しながら歩くのだと．」

　これは荒勝文策の三男である荒勝豊氏の言葉である．さらに続く．「業績を偉ぶる人は一流ではない，という意味だけではない．発見された真理は教科書に残るが，発見者の名前は消えてもいい，というのが親父の信念だった[1]．」

　しかしながら，荒勝文策の研究時代から時が多く過ぎ，原爆被災，福島原発事故等を経験した現在において，キツネの足跡――つまり，科学研究の証左を消し去るという考え方は，大部分は支持されないであろう．「科学と社会」の検討は，現在，より一層重要な課題であるが，その検討のときにはそれまでの経緯・歴史を客観的に正しく振り返るための資料が必要である．科学の「真理」は教科書の記述にのみ残ってはならないし，「発見者」の名前は業績としてだけでなくその責任という意味でも消してはならない．そしてまた，荒勝文策という科学者を正しく客観視し，彼の研究を正しく検討する場合にも，彼の「足跡」をアーカイブズ化することは重要であると考える．

　本章では，わずかに残るキツネの足跡を追いかけた1つの経緯として，現在京都大学に所蔵されている荒勝文策に関する資料について述べる．筆者は，本資料の整理に関わらせていただいている．その経験を踏まえて，同資料につい

1）久保田（2008）の連載第4回（2008年2月18日掲載）より．

補論 ●久保田明子

て，京都大学への寄贈に至るまでの経緯と調査について概観し，アーカイブズ学的な問題点を指摘する．尚，本資料は現在整備中であるため，目録も含め，公開はされていない．

2 京都大学への寄贈

本節では，荒勝文策旧蔵資料について，寄贈の経緯を概述し，その特徴を指摘する．

2-1 寄贈経緯

荒勝文策旧蔵資料のもとの所有者は荒勝文策（荒勝家）である．荒勝文策の死後はご遺族によって保管されていたが，2007 年，日本経済新聞の記者である久保田啓介氏は，取材に訪れた荒勝家より資料の一部を手に入れた．久保田啓介氏は「湯川秀樹の遺伝子」[2]を日本経済新聞で連載した．2009 年 3 月，久保田氏の転勤に伴い，当初から久保田氏と荒勝家に同行し資料について心を砕いていた京都大学名誉教授の政池明氏が，資料を久保田氏から託された．また，2009 年 4 月，荒勝家より全資料を受け取った久保田氏は政池氏に保管と分析を依頼した．そして，政池氏は資料を活用して自身の研究を進めた[3]．また，資料の整理も行い，独自に資料目録を作成した．その後 2013 年，これらの資料が京都大学総合博物館に届けられた．

1997 年に発足した京都大学総合博物館[4]は，大正年間（1914 年）設立の歴史学・地理学・考古学資料を主体とした「陳列館」を由来に持つが，現在は豊富な自然史資料（学術標本類）や歴史的価値のある技術史資料コレクションも収蔵する「総合博物館」である[5]．荒勝資料が届けられた時点で，同館にはすで

---

2 ）久保田（2008）．

3 ）政池（2010，2011，2012，2013）．特に政池（2011）では，同資料内にある荒勝文策の日誌を紹介し，翻刻を試みている．

4 ）http : //www.museum.kyoto-u.ac.jp/（2017 年 2 月 5 日閲覧）．

380

「キツネの足跡」を追いかける | 補論

に荒勝研究室で運用していた円形加速器サイクロトロンの主要部品の一部であるポール・チップが展示されていた[6]．サイクロトロン自体は1945年11月にGHQの指令により破壊され琵琶湖（あるいは他の場所）に投棄されたとされるが，このポール・チップはその投棄を免れて同館に奇跡的に残っていたものである[7]．こうして，戦前〜戦中の高度な実験機器の科学史の現物資料（ポール・チップ）が，いわばここで，その存在や由来と関係の深い紙資料（荒勝資料）と「再会」し「同居」を果たすこととなった．

荒勝資料は後年に本人の自宅（家族）によって保管されたもの，いわば最終的には「個人文書（personal paper）」として残ったものだが，自身が京都大学に在職していた期間（1936〜1950年）の研究に関する資料も含まれている．そのため，本資料が京都大学で所蔵されることは，今後の資料の利活用を思っても望ましい一つの形であると考える．

また，博物館はアーカイブズ（文書館）ではないが，博物館資料（科学技術史資料）であるポール・チップのすぐ近くに深く関連する文書資料があるという包括的な在り方は，双方の存在を説明することが強調でき，そのため，受益者（観覧者，閲覧者，あるいは研究者）にも有益な環境をもたらすと考える．

このように本件の荒勝資料は，博物館に文書資料があることの意義，モノ資料と文書資料をつなぐことの意味，科学研究資料（科学史資料）の在り方など，科学史資料についての様々なアーカイブズ学的検討の素材を提供している．

具体的な寄贈手続きは2013年前半に始まった．この頃，筆者は研究会でお会いした政池氏からなるべく早めに寄贈の手続きを進める希望があることを聞き，すぐに，京都大学にそれを取り継いだ．その後，手続きは所蔵先である京都大学総合博物館の規程（「京都大学総合博物館学術標本受入規程（平成13年2月27日協議員会決定）」）によって，資料は技術史に関連する「学術標本」として，規定の書類の手続きを行い，博物館の了承を得て京都大学に寄贈がなされること

5）以上，京都大学総合博物館については，同館webページ内「沿革」http : //www.museum.kyoto-u. ac.jp/modules/about/about_history.htm を参照した（2017年2月5日閲覧）．

6）このポール・チップに関する最も重要な調査研究の1つに中尾麻伊香氏によるドキュメンタリー映画，中尾（2008）（2008年3月，京都大学附属図書館にて初上映）がある（本書第3編補論3参照）．

7）久保田（2008）の連載第2回「ポールチップ現存までの経緯」（2008年1月28日掲載）より．

381

補論　　　　　　　　　　　　　　　　　　　　　　●久保田明子

となった.

　また，政池氏，久保田啓介氏と京都大学関係者が調整して寄贈日（運搬日）
を 2013 年 6 月 25 日とした．それとほぼ同時並行で，政池氏，久保田啓介氏を
中心に荒勝家（荒勝豊氏）と寄贈に関する打ち合わせをした[8)]．そしてその日の
午後，政池氏自身による運転で資料は車で京都大学に運び込まれたのであった.

2-2　その特徴

　以上の経緯のなかで特徴的と考える 4 点を以下に述べる（図 1 参照）.

（1）権利

　所有権の動きだけ追った場合，単に「旧蔵者（荒勝文策→荒勝家）」と京都大
学」とのやり取りのみであり，これは特異なことではない．しかし，その実際
の手続きの過程，資料の運搬や書類手続き，大学関係者との打ち合わせ等の動
きについては，旧蔵者了承のうえ（旧蔵者の依頼によって）資料を一時的に保管
した人物による多大な協力があった．つまり，今回の場合は旧蔵者の荒勝家と
博物館の 2 者のみで手続きがなされることはなく，その過程の多くの場面で，
久保田啓介氏，政池明氏の重要な協力があった.

　通常，こうした手続きのなかに関係者が増えると，状況が複雑になり，場合
によっては停滞することもあるが，本件はそう言ったことはなかった．これは，
2013 年 5 月に具体的に話が動き始め，翌 6 月には寄贈が完了しているという
速さからも明らかである．もちろん，2013 年 5 月以前よりこの話は京都大学
にも伝わっていたこと，また段ボール箱 3 箱程度という物量も順調にことが進
んだ背景ではあった.

（2）物的状況

　京都大学への寄贈はちょうど荒勝文策の死去から 40 年目にしてなされた.
旧蔵者である荒勝家内においても，生前の本人による整理の後，本人の没後は

　8）以上，2013 年 5 月 29 日付政池明氏等宛久保田明子同報久保田啓介氏電子メールより.

382

「キツネの足跡」を追いかける　　　　　　　　　　　　　　　　　　　　　補論

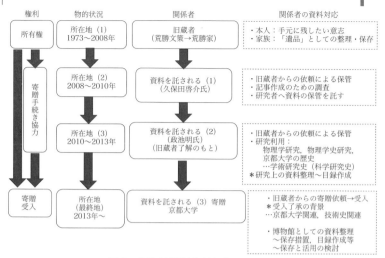

図1　荒勝文策関連資料寄贈までの経緯

「遺品」としての整理がなされるなど，その物的状況に変化がもたらされたことは当然予測される．そして本人死去から30年以上を経た段階で，荒勝文策とその研究について新聞記者の立場で詳細な調査を行った久保田啓介氏に資料が託された．これは荒勝家遺族が久保田啓介氏に対して資料を託すに十分な人物であるという信頼がなければなされないことであった．その後，自身も荒勝文策研究室に由来を持ち，その職も京都大学にあった物理学研究者の政池明氏に託された．政池氏は，この資料をもとに荒勝文策研究や荒勝研究室研究を発展させるとともに，本資料についての概観を可能とする独自の目録も作成し，資料の整理に努めた．こういった資料の所在の移動や扱いはもちろん旧蔵者の了解を得ているものであり，それは久保田啓介氏に対する関係性と同じものがなければ，成立しえないことであろう．

　ただ，このように，死後から時間を経て寄贈される資料は，その各段階で最初の資料の秩序（原秩序（original order）：この場合は荒勝文策自身による資料の整理状況）が保持されているとは言い難い．もっとも，これは否定的な意見ではなく，一般的にもよく見られる資料の現象であり，ことに科学研究の資料においては，経験上から見ても特に多い状況であると考える[9]．

383

補論 ●久保田明子

（3）関係者

既に述べたように，資料の所在の変化に伴って関係した人物を整理すると，時系列順には，

「本人」

「荒勝家（旧蔵者）」

「新聞記者（久保田啓介氏）」

「研究者（政池明氏）」

「京都大学」

となる．ここに2つの特徴があると考える．

1つは，本資料は時間の経過とともに関係者が交代していくのではなく，順次，増加（追加）されている点である．つまり，旧蔵者である「荒勝家」は資料を「久保田啓介氏」に託したが，その所有権までは渡していない．その後，「久保田啓介氏」から「政池明氏」に資料の所在が動くが，そこで久保田啓介氏はこの資料との関係を断絶する（没交渉となる）ことは無く，政池氏とともにその次の所在地で最終地である「京都大学」への寄贈まで積極的に協力をした．

2つ目は，「荒勝家」といった個人の家に大学等研究機関での科学研究資料が残っていたことである．つまり，研究に関する資料（研究機関で／研究のなかで生成された資料）がその研究機関，また後継・関連の研究室や研究者に単純に伝来していない点である．

当時の研究者の意識などから言えば職場での研究の資料を自宅に持ち帰ることは不思議なことではないし，このことは荒勝文策に限ったことではないが，それでも多くの研究資料は，その当事者の研究に関連したところ（研究機関の研究室，または担当部局等）に残されることが多い．そしてこの場合，機関の組織改編や研究の方向性の変更などの事情等で，資料は場合によっては全廃棄，または部分的な廃棄がなされることもある．資料がその研究機関の歴史（業績

9）例えば，筆者が調査した例では，寄生虫学者であった大鶴正満資料（目黒寄生虫館蔵），山口左仲資料（同館蔵），あるいは宇宙線研究者であった関戸弥太郎資料（名古屋大学蔵）などがそうであった．これらはいずれも，所蔵者の状況，管理者の都合，機関・組織の改編などによって移動・分散と集約を繰り返していた．

／功績）を示す素材となると考えられた場合は，そういった状況は逆に起きにくくなるが，そういうことは必ずしも多く見られることではない．その点，個人宅蔵であったことが幸いして研究資料が残った，と言えなくもないであろう．

　しかしながら，個人での所蔵・管理である場合，「資料を残さなければならない」というミッションを果たす義務は厳密ではないため（基本的にそういった自覚がなくても問題視されないため），資料の紛失や廃棄は当然起こりうる．しかし本件はそういうことにはならず，京都大学に至るまでは，その点では立場の違う「個人」がその資料管理を引き継いだ．もっとも旧蔵者から資料を預かった久保田啓介氏と政池氏にはそれなりのミッション性を自覚されたと推察する（旧蔵者側としても資料をきちんと措置してくれる，信頼を置ける人を選択しているとも思う）．これは，荒勝文策の資料の重要性を捉えてそれを残そうとする意識が共通していた荒勝家，久保田啓介氏，政池氏のそれぞれが旧知であり，京都大学までの流れを持ちえたということが大きく関連しているはずである．こういった，少し特殊な連携で資料は保存されていった．

（4）関係者の資料対応
■関係者（1）作成者…荒勝文策

　荒勝文策は，冒頭で述べた通り自身の研究についての「足跡」を特別に残そうとしない意識があったようであり，そのこともあってか現在確認できる彼に関する資料は少ない．しかし，それを考慮すると，本件資料は，そのような考えの彼が逆に手元に最後まで残していたという点で重要であると考える．いわば，本件の資料全体が，荒勝文策自身が最後まで廃棄しないと考えて特別に残した，本人の原秩序（original order）そのものでもあると言えるし，評価選別の結果であるとも言えると考える．

　そしてまた，本件が，自身が取捨選択の結果，重要と判断した／廃棄することができなかった（アーカイブズ学的に言えば，本人による「評価選別」がなされた）要素の強い資料である（存在を忘れたという可能性もあるが）ということは，荒勝文策および荒勝研究室の研究，つまり彼（彼ら）の物理学研究を研究・検証する上でも，荒勝文策個人の思考・思想の研究や戦前から戦後にかけての科学者の在り方（科学研究の在り方）を考察する上でも有用であろう．このように，資

料の存在そのもの，存在の仕方そのものが，既に意味を持っていると考える．

■関係者（2）遺族…荒勝家

　本人没後，最初に資料に対応したのは，遺品の整理としての家族（荒勝家）である．原子核物理研究で大きな功績を遺した父親の「遺品」は，単に大切な父親の想い出のものとして考えただけでなく，荒勝文策研究や科学研究の歴史的素材としての「資料」として捉えたことと推察する．そういった考えが無ければ，この後，久保田啓介氏，政池明氏，京都大学とつながっていくことはなかったであろう．

■関係者（3）継承者…久保田啓介氏および（4）継承者…政池明氏

　本人から数えて資料の3番目の担い手となった久保田啓介氏は，新聞記者としての関心から本資料に出会い，旧蔵者である荒勝家から最初に資料を託されたが，荒勝家は決して誰でも良かった訳ではなかったことは既に述べたとおりである．そしてこのことがまた次の政池氏につながることとなったと言えるだろう．

　寄贈直前の時期に資料を守った政池明氏は，旧蔵者の了承のもと久保田啓介氏より引き継いだ．そして政池氏は，単に保全するだけでなく，資料を活用して研究を実践した．またそのなかで，資料を整理し，概要的な目録も作成した．これは，政池氏の時点で初めて研究に資するための資料としての整備が試みられた，つまり，アーカイブズ学的な整理が研究者自身の手で実践されたと言うことだ．そしてまた，そういったことが京都大学への寄贈をスムーズに行える背景となったと考える．それについては2点ある．つまり，

　　1）政池氏による資料を使った研究成果の発表は，京都大学側の所蔵の判断要素となる資料の学術的価値を見出すきっかけになったはずであった．

　　2）資料をそれぞれ確認して作成された目録が寄贈前にあったことは，京都大学側の資料確認や把握を迅速にし，より受け入れやすい環境となったはずであった．

という点である．そして，こういった点が，本資料の寄贈の妥当性を京都大学が検討するときに有益に働いたと考える．

■関係者（5）収蔵機関…京都大学

資料の所蔵先となった京都大学総合博物館は，上記のような由来・来歴を把握して寄贈を受け入れた．そして，多様な業務を抱えて多忙を極める博物館ながら，比較的早い段階で本資料の整理が着手された．本稿に取り組んでいる現在もそれは進行中であるが，京都大学では，荒勝家，久保田啓介氏，政池明氏と連携しながらそれがなされている．旧蔵者との連携はある意味当然ではあるが，いわば「中間貯蔵」の役割でもあった久保田啓介氏，政池氏とも密に連絡を取りながら整備事業が進められていることは特徴的と言えるであろう．

3　京都大学での調査

本節では，荒勝文策旧蔵資料について，現在も進行中である調査の経緯を概述し，その特徴を指摘する．

3-1　調査経緯

資料が寄贈された2013年6月，筆者はこれに立ち会うことができた．このとき資料をつぶさに見ることはかなわなかったが，それでも，その外観は拝見した．物量は段ボール箱3箱と紙袋1袋であった．

その後，しばらくは筆者が本資料に関与することはなかった．但し時折資料の状況を多少聞くことはあった．それによれば，着々と諸々の手続等が進められており，資料に関する整理や目録作成についても順調に検討されている印象であった．

寄贈からほぼ1年の2014年5月，筆者は京都大学総合博物館の五島敏芳氏より連絡を拝受した．要点は2点あり，1点目は「京都大学研究資源アーカイブ」の「研究資源化プロジェクト」として荒勝文策関係資料の整理・資料目録

補論　　　　　　　　　　　　　　　　　　　　　　　　　　　　●久保田明子

作成が採択された連絡であり，2点目は筆者に対する上記のプロジェクトへの
参加の誘いであった．

「京都大学研究資源アーカイブ」[10]の活動については，当該ウェブページでの
説明によれば，

> 京都大学研究資源アーカイブは，京都大学における教育研究の過程におい
> て収集・作成されたさまざまな資料類を体系的に収集・保存し，新たな教
> 育研究の資源（研究資源）として運用することを目的としてつくられまし
> た．対象とする資料は図書や標本類とは異なって，写真・映像・録音，
> フィールドノート，研究会の記録，講義ノート，論文原稿などの一次資料
> であるところが特色です．

とある[11]．総合博物館はその活動の「運営責任部局」となっている[12]．そして，
そのなかの重要な柱の活動の一つに「研究資源化プロジェクト」がある．その
内容については，当該ウェブページでの説明では，

> 京都大学研究資源アーカイブ（以下「研究資源アーカイブ」）では，京都大学
> の教育研究の過程で作成・収集された一次資料を研究資源として保存・活
> 用するため，その対象となる資料ごとに「研究資源化プロジェクト」を実
> 施しています．研究資源化プロジェクトは，対象となる資料を調査・整理
> し，資料に関わる情報（メタデータ，デジタルデータ）の作成・編集，資料
> の実物（実体）の保存を通して，学内外の多くの人たちが資料を活用でき
> るようにする事業です．

とある[13]．また，プロジェクトの採択については，同ページには，

10）「京都大学研究資源アーカイブ」http : //www.rra.museum.kyoto-u.ac.jp/（2017 年 2 月 25 日確認）

11）「研究資源アーカイブについて」http : //www.rra.museum.kyoto-u.ac.jp/about/（2017 年 2 月 25 日
確認）

12）同上

13）「京都大学研究資源アーカイブ研究資源化プロジェクトについて」http : //www.rra.museum.kyoto
-u.ac.jp/resources-pro/（2017 年 2 月 25 日確認）

「キツネの足跡」を追いかける　　補論

> 　研究資源アーカイブは，学内各部局の協力のもとで運営されています．学
> 内各部局が重要だと考える資料の提案を受け，理事を委員長とする全学的
> に組織された「研究資源アーカイブ運営委員会」での審議を経て，研究資
> 源として受け入れられます．この学内各部局からの提案が「研究資源化申
> 請」であり，その申請が受け入れられた後「研究資源化プロジェクト」が
> 実施されます．

との説明がなされている[14]．

　この段階で，寄贈された荒勝資料についてまず2点の指摘ができる．1つは，
当該資料が京都大学全学で認識される重要な研究資源である，という位置づけ
をされ，そのうえで資料の整理と調査が行われることになった，という点であ
る．もう1つは，これにより，資料の整理および調査に関しての経費もまた獲
得できた点である．つまり，所蔵機関で，まず機関にとっての「研究資源」で
あるとの価値を与えられ，そのうえでこれらに対して経費をかけて保全し，調
査し，活用を目指す価値があると判断されたと言えよう．そしてこのことは，
資料が正しい環境に置かれやすくなることも意味すると考える．

　連絡の2点目のプロジェクトに筆者が参加することについては，いくつかの
固有の事情や背景によるものであった．

　京都大学側としては，まずこの当時の重要な事情として，専従的に対応する
新たなスタッフが確保できないということがあった．また，本資料の基本整理
に関してはアーカイブズ整理の業者に外注するとともに，その際に，資料の概
要や資料のこれまでの経緯を多少知っている者，関係者（今回の場合は，久保田
啓介氏，政池明氏，また京都大学関係者）と連絡が取れる者，アーカイブズ調査の
経験がある者が関与したほうが合理的にプロジェクトを進められるのではない
か，という考えがあったことと推測する．

　筆者のほうもまた，この当時は社会人学生として学習院大学のアーカイブズ
学専攻博士後期課程に在籍しており，科学研究における研究資料のアーカイブ
ズ学的な問題に取り組んでいたため，この経験は自身の研究にとっても大変に

14）同上

補論　　　　　　　　　　　　　　　　　　　　　　　　　　　　●久保田明子

有益であることであり，五島氏はそこへの配慮にも力点があったと考える．五
島氏のこうした深いご厚意により，筆者はこのプロジェクトに参加することが
可能となった．具体的には，まず筆者は荒勝資料に関する「研究資源化プロジェ
クト」の正式な協力者となり，旅費などの必要な経費も認めていただいて京都
大学を訪問し，ときには業者とともに作業を行い，データの作成・確認をし，
多少の簡易な保存措置等も行った．そしてそれは，現在も継続している．

3-2　その特徴

　以上の経緯のなかで筆者は，科学研究の資料について，所蔵機関でその資料
をどのように位置づけるか，という問題と，それが，アーカイビングに大きい
影響を与えている点に気がついた．そしてまた，その部分こそが，いわゆるアー
カイブズ学研究で主たる対象となっている行政文書のアーカイビングと大きい
差異がある点であると考える．

　その留意点を以下3点述べる．

(1) 所蔵機関での資料の「価値」づけ

　もし文書の受け入れや整備を主たる業務としているアーカイブズ（公文書館，
文書館)であれば，寄贈資料を受けた場合，機関内の規則やスケジュールに従っ
て粛々とその整備に着手するであろう．資料についても，多少の差異はあった
としても，また例外的なものはあるにせよ，その資料のために特別な価値があ
るか審査をし，そのためにプロジェクトを組み，また個別に経費を獲得するこ
とは多い例ではないと考える．しかしながら，荒勝資料の受け入れ先である京
都大学は，その数少ない好例となった．このように，科学研究（研究活動）の
資料に対するアーカイビングを大学等研究機関で進める際にはやはり，一般的
な行政文書とは違う道筋をたどることとなると考える．

　例えば，一般論として，博物館にとってある特定の専門性の高い文書資料は
館の主要な博物館資料となりにくいことがある．そしてその場合は，事情によっ
ては資料に対する整備作業がスムーズに進まないこともあり得ることである．
これは博物館が怠惰なのではなく，博物館の使命に沿って事業を行った場合，

多様な博物館の活動を考えたとき，そういった資料に対する優先順位は普通に考えれば上位に来ることはあまりないであろう，という意味である．

　しかしながら今回の場合は，そういった道をたどらず，経費もつき，調査が動き始めた．これは，スケジュールや手順を予め整えられていることが前提で入ってくる文書に対する公文書館，文書館での作業とは全く違う考え方による動きであり，ここに，科学研究における研究資料に関する特徴，また，学術研究機関等で受入れが行われる際の特徴があると考える．率直に言えば，科学研究の資料を所有する研究機関では，行政文書などにおけるアーカイビングのシステムや理解が当然ながらほぼ無い現状において，それらと同じような考え方や手順で正しくアーカイブできない，ということである．そのため，資料を守り，資料の研究活用を実現に導くためには別の手立てを考えることが現状では必須であると考える．

（2）経費確保の問題

　アカデミックな文脈で経費のことを論じることはそぐわないと考える向きもあろうが，それは間違いである．そこを考慮しない科学研究の資料の保全は今後あり得ない．以下に述べる．

　科学研究の資料は多くの場合，歴史的価値を持つ研究資料の整備を主たる業務としない機関の1セクションで担当することが多い．つまり，それは資料を調査し整備することに対して人員や経費を多く割かれることが難しいということを意味する．そしてそれは，科学研究資料が正しい環境に置かれにくく，科学研究者および科学史研究者がそれらを活用することを阻害しているとも言える．しかしそれらを簡単に批判し，他に重要なミッションを持っている収蔵機関にその責任を全面的に負わすこともまた難しい．例えば，昔ほどの大きい権威は既に無い大学や研究機関において，現在潤沢な資金があるところは恐らくほとんどないであろう．大切な経費はやはり「主たる業務（研究活動）」から充当するのが常識的である．そのため，「主たる業務」とは言えないことへの経費充当はより一層困難となる．

　ただ，そんななか，その研究機関にとって資料に「ポジティブな価値」が認められた場合は，資料に正しく対応する姿勢，つまり調査し，整理し，保存し，

補論　　　　　　　　　　　　　　　　　　　　　　　　　●久保田明子

活用に向けての援助としての経費充当が正当になりやすく，そのコンセンサス
もまた得やすい．つまり，研究機関で収蔵される資料の場合，その状況を改善
するには，こういう手続きもまた重要であるのである．逆にこういった手続き
をとれない場合は，資料がそのまま埋没する可能性もまた否定できない．大体
において研究機関の科学研究資料は現在そういう状況に置かれていると考える．

　では，「ポジティブな価値」とは何か．これはまた色々な側面があり，ここ
で紙幅を割くことは控えるが，一例を挙げる．例えば，荒勝資料は，既述の通
り大学から「研究資源」～京都大学を研究する資源～大学史研究，大学研究の
素材としての価値が与えられた．さらに言えば大学教育での活用も検討できる
可能性もある．すでに博物館に所蔵されている科学技術史資料（ポール・チッ
プ）の関連資料という点では科学技術史研究の素材の一部となるであろう．し
かし，主眼はやはり，原子核物理研究の検証やその歴史研究の重要な素材であ
るということであろう．そしてその文脈でいえば，戦前～戦後の学術研究，科
学研究の，現在まだ研究が及んでいない部分に関する新素材の１つとなるかも
しれない．つまり，まさに「研究のための資源」としての価値である．そして，
資源として活用してもらうためには，経費をかけて整備事業や研究を実施し，
レファレンス対応も可能な環境をつくる必要がある，となるのである．

　以上のように，研究機関に所蔵される研究資料のアーカイビングにおいては，
資料をクリーニングし，中性紙封筒に入れるなどの措置をしたり，整理をして
目録を取っていくというような実際的なアーカイブズの作業や，資料の編成や
構造分析というようなアーカイブズ学の議論を行う以前，だいぶ手前の段階に
大きな問題が存在している．大げさに言えばそれは，廃棄するかどうか，また
は埋没しないようにするにはどうしたらよいか，というような「生殺与奪」の
問題と言えよう．評価選別を行って残すことが決定された資料だとしても，こ
の問題は簡単に消えない．

　そういった事態を回避する意味で，上に述べた，機関内での「価値」づけは，
資料整備および調査の推進の原動力ともなり，人員や経費を獲得する状況を促
すと言える．荒勝資料はそういう点でも，資料を取り巻く方々の尽力もあって
順当にいった例であると考える．

392

「キツネの足跡」を追いかける　　補論

（3）科学資料の調査におけるアーキビストの役割

　最後に自身のかかわり方についても述べる．

　筆者は，本件については外部の人間であるが，その役割はアーキビストとしての活動の範疇であると考える．

　筆者は，この調査において，「収蔵機関（京都大学）」の担当者との綿密な相談を行い，この資料調査における計画を共に検討し，基礎作業を行う「業者」の作業を監修し，また目録データの作成や整備を行った．そのなかで必要があれば，内容については物理学などの「研究者」への問い合わせを行い，その資料の伝来状況などについては「関係者」に教示を得て資料整理と調査に生かした．つまり，荒勝資料調査において，「収蔵機関」，「アーカイブズ作業の業者」，「研究者」，「関係者」と密に連絡を取り合いながら作業を行った．これは，当該分野の専門家のいない資料を研究機関で受け入れた場合に必要な，アーキビストに期待される結節点的な動きであると考える．もっとも，京都在住でも京都大学所属でもない筆者の場合は，本件に専従していないため，その働きはごく一部に限られ，十分ではない．日常的にはやはり，京都大学内における研究者，担当者による運営が重要であるのは当然のことである．

　また，こと科学研究の資料においては，特にその専門分野の研究者の協力を得ることは非常に重要である．先に述べた通り，こういった資料はその収蔵機関においての「価値」づけが大切であるが，その価値の証左やそれを提示するための専門的知見を得るには，専門知識が乏しいアーキビストがそれらを行うよりもやはりその専門分野の研究者の協力が大変に有効で合理的である．そして，将来，研究資源として提供することを考えても，そういった知見の背景を持って資料情報を形成していく必要があると考える．

　荒勝資料のなかに，1945年8月の日付の計測のグラフがある．それは，「西練兵場」という場所で，当時，京都大学の荒勝研究室にいた大学院生で将来を嘱望されていた花谷暉一が作成したものであった．しかし，広島の原爆投下後に調査に入っていた花谷は，1945年9月の枕崎台風による山津波の災害で京都帝国大学医学部や理学部による原爆学術調査班の多くの人々とともに広島で亡くなってしまう（本書通史編第7章）．筆者は当時から現所属の広島大学原爆放射線医科学研究所にある上記の医学部の調査班の資料（京大資料）を調査し

393

補論　　　　　　　　　　　　　　　　　　　　　　　●久保田明子

ていたが[15]，そこで「西練兵場」が爆心地に近い，広島城地域をさすことを偶
然知った．1945 年 8 月の原爆投下からまだあまり時間がたっていない時期に，
花谷が爆心地に近い西練兵場の放射能を計測し，そしてその 1 か月後には山津
波で亡くなったということ，そしてその若い研究者「花谷君」の書いた直筆の
グラフを死ぬまで手元に持っていた「荒勝先生」のことが大変に感慨深く，そ
れをある日，政池明氏に話した．筆者の話の主要はセンチメンタルであって，
決して学術的ではなく，アーキビストとしてはまさに不適格な態度である．

　しかしながら，これを受けた政池氏は適格な「科学研究者」であった．氏は
手元の資料を見直し，この資料が，荒勝文策が「新型爆弾」が原爆だと初めて
科学的に断定した分析の資料であることを突き止めたのであった（本書通史編
に詳しい）[16]．筆者は，このグラフの目録情報にこのことを追記した．

　この経験から得たことは反省を含めいろいろあるが，本題に即せば，以下，
繰り返しとなる 2 件を強調することになる．1 つ目は，研究機関で資料を適正
に保存する環境を作るためには「研究資源」としての価値を検討することが多
く必要とされ，その判断材料となる情報には専門家の知見が非常に重要である，
ということである．2 点目としては，シンプルに資料についての基本的なアー
カイブズ事業（資料整理，目録作成など）を行うことを考えた時も，科学研究の
資料については，専門家の協力を得られれば，より良い作業と成果が得られる
ということである．

4　おわりにかえて：調査の現状・研究者とアーキビストの連携

　以上，寄贈の経緯と調査について，アーカイブズ学的な観点をもって述べた．
以下では，おわりにかえて，現在進行中の調査についてと，研究者とアーキビ
ストに関する点に留意して，荒勝資料を取り巻く環境について述べる．

---

15) その研究として，久保田・佐藤・杉原・嶋本・瀧原（2016）がある．また，京大資料を活用し
　て，その再評価や研究発展を検討したものに，杉原・久保田・佐藤・嶋本・大瀧・瀧原（2016）
　がある．

16) 本件は 2015 年 6 月 26 日の『毎日新聞』に「広島原爆　断定の原本」として掲載された．

394

「キツネの足跡」を追いかける　　　　　　　　　　　　　　　　　補論

4-1　調査の現状

プロジェクトが開始されて以降，京都大学内では，資料の整理は担当者を中心に調査が進められた．筆者は，不定期に適宜京都大学を訪れ作業に当たった．

まずは，全体把握のため，概要調査を行った．この際，政池明氏作成の目録が大変に有効であった．これをもとに調査を進め，所属機関に適応した目録作成の準備を行った．この概要調査の際に，寄贈を受けた際の並びを保持しながら中性紙封筒や中性紙箱への入れ替えを行った．そして，概要調査の記録を作成した．

その後，1点ごとの資料についての内容調査を実施し，情報を記録した．その項目・書式はアーカイブズ学での基本的な考え方の1つである「国際標準記録史料記述一般原則 ISAD（G））(General International Standard Archival Description)」[17]を考慮したものであった．それにのっとって状態を確認しながらデータを作成した．データ作成は紙の調査票に直筆で書き入れる形で行った．

2017年現在，その調査票の記載データをデジタルのテキストデータに直したところまで完了し，現在はその再確認や詳細な調査を行っている．そのため，現在は資料や目録情報は未公開である．こういった調査がすべて終了し，公開する環境が整えられた段階で，本資料についての目録は公開され，資料は研究に寄与されることになるだろう．ただ，それまでにはまだいくらかの時間がかかる状況である．

4-2　研究者とアーキビストの連携

荒勝文策の研究，あるいは荒勝文策の研究の研究は，例えば本件の資料情報が公開され，研究資源として活用された場合に大きく発展する可能性があるだろう．

京都大学所蔵の荒勝資料は前述のとおり現在は未公開であるが，荒勝に関連する資料はこの世にここだけにある訳ではない．例えば，荒勝文策は台北帝国

---

17) http : //www.icacds.org.uk/eng/ISAD（G）. pdf

補論 ●久保田明子

大学に一時所属していたが，それに関連する資料や情報は現在，台湾にも多く残されている．関連する研究も豊富にあり，資料を探索するには，まずはその研究論文のレファレンス情報が参考となるであろう[18]．なお，現在の台湾大学には，これに関連する博物館（物理文物庁）もある[19]．これは，荒勝文策の，コッククロフト・ウォルトン型加速器によるアジア初の原子核の実験の成功という重要な業績が台北帝国大学に所属していた 1933 年のできごとであったことと，その後の台湾大学での物理学研究の発展の起源をこの荒勝文策とその研究室の研究としている現在の台湾での認識によるところが大きいと考える．また，未調査ではあるが，台湾大学および関連部局，またゆかりのある個人のところにまだ資料が保存されている可能性もある．

荒勝文策の時代の物理学研究は個人一人で，机で行うことはなく，規模の大小はあれ，研究者は集団化し，大型や精密な機器類を使っての実験を行った．筆者はこれを近代以降の科学研究の特徴の 1 つ（科学研究の規模の拡大と分業）と考えており，それ故に研究記録は飛躍的に増加したと考える．つまり，研究者同士の情報共有や連絡，データの把握などの必要が増えたため，結果的に同一のものが複数作られて複数の人間に配布されていたと考える．そのため，場合によっては，たとえば荒勝文策または荒勝家にそれらがなくても，他の研究者のところや研究機関などにそういう関連資料が残っている可能性があると考える（研究者集団の資料）．さらに，世界的競争が激しくなるにつれて研究のスピードも上がった当時，それに対応するための研究情報（調査情報）のやり取りが書簡等で多くなされたと推測する．ゆえに，荒勝の研究交流の相手側に関連資料が残っている可能性があると考える（研究交流の資料）．

前者，荒勝文策をめぐる研究者集団の資料の例としては，例えば，同教室に所属していた清水栄[20]，木村毅一[21]の資料がもしあれば，それに相当すると考

18）例えば，代表的なものに張（2003）などがある．

19）http://www.museums.ntu.edu.tw/museums_physics.jsp

20）清水栄については，例えば，原爆調査時の記述があることでも有名な「清水栄日記」がある．原爆調査時の部分の日記については現在，その原本の所在が不明となっているが，その複製が広島県立文書館に保存されている．2016 年に資料の状況を改善し，より閲覧がしやすい状況になっている．

21）木村毅一には，1982 年刊行の著書『アトムのひとりごと』（丸善）があるほか，彼の研究ノートが京都大学内の関連部署に残されていると聞く（未見）．

396

える．後者の研究交流の資料としては，例えば，北川徹三資料がある[22]．北川は京都大学物理学の出身であり（荒勝研究室ではない），大学院終了後，海軍軍人となり，海軍技術研究所に所属した（海軍中佐）．また，広島の原爆投下の際は海軍調査団の一人として広島に入り，調査を行った．その際，北川は荒勝文策と密に連絡を取っている．それを示す資料（荒勝文策が北川に宛てた書簡など）が，現在，広島県呉市の大和ミュージアム（呉市海事歴史科学館）に「北川資料」として収蔵されている．（本書第6章156ページ参照）

このように，科学の研究資料の多くは，特に近代以降の研究母体の拡大によって，単発／単独かつ唯一無二の資料という形で残るということは少なくなってきていると考える．そのため，研究資料のアーカイビングを考えるときにも，また研究者が研究の資料を調査する際も，そういった資料の広がり，連携をより考慮することが必要になってくると考える．アーカイビングの実際的な作業においては，このことは必須ではないかもしれない．しかし，情報としてこういうことを把握して作業をするほうが，より効率的に進められるとは考える．

そして，さらにまた繰り返しになるが，そういった場合にもまた，資料調査整理の担当者（アーキビスト）は，研究者との連携を得ているほうが作業は効率的で，調査研究もまた発展すると考える．筆者は，上記についてはほぼ政池明氏からの教示と共同の調査によって得たことである．また，研究者側も，資料を所蔵・整理する側と協力することは研究上のデメリットにはなりにくいであろう．

また，主題に戻って言えば，京都大学の荒勝資料を調査整理するときも上記のような情報を踏まえて行うことは大変に有効であった．そのため，こういった関連する資料の情報を共有／提供できる場が，何らかの形で——例えば科学研究資料のアーカイブズの役割の一つとして形成することが可能かどうかを検討することを，今後の課題としたい．

---

22) 以下，北川徹三に関しては，西本雅実記者の取材による中国新聞（2014年5月12日）（中国新聞ヒロシマ平和メディアセンター）http://www.hiroshimapeacemedia.jp/?bombing=%E5%A3%8A%E6%BB%85%E7%9B%B4%E5%BE%8C%E3%81%AE%E6%9B%B8%E7%B0%A1%E3%83%BB%E6%97%A5%E8%AA%8C%E3%80%80%E5%8C%97%E5%B7%9D%E5%BE%B9%E4%B8%89%E3%83%BB%E6%B5%B7%E8%BB%8D%E8%AA%BF%E6%9F%BB%E5%9B%A3%E5%93%A1 を参照．

397

文　献

張幸真（2003）「台灣知識社群的轉變——以台北帝國大學物理講座到台灣大學物理系為例」国立台湾大学博士論文

中国新聞（2014 年 5 月 12 日）「（連載　被爆 70 年　伝えるヒロシマ）壊滅直後の書簡・日誌　北川徹三・海軍調査団員」

久保田明子, 佐藤裕哉, 杉原清香, 嶋本浩子, 瀧原義宏（2016）「原爆関連資料を利用した研究の可能性とアーカイビングにおける諸問題：広島大学原爆放射線医科学研究所所蔵京都帝国大学原爆調査班資料の事例」『広島医学』69（4）：362-365

久保田啓介（2008）「湯川秀樹の遺伝子」『日本経済新聞』「＠関西」欄（2008 年 1 月 21 日〜3 月 31 日，全 10 回）

政池明（2010）「第 2 次大戦下の京都帝大における原子核研究とその占領軍による捜索（1）原子核の実験的研究の軌跡」『原子核研究』55（1）：76-89

政池明（2011）「第 2 次大戦下の京都帝大における原子核研究とその占領軍による捜索（2）サイクロトロンの破壊」『原子核研究』55（2）：89-102

政池明（2012）「第 2 次大戦下の京都帝大における原子核研究とその占領軍による捜索（3）原爆研究の記録　その 1」『原子核研究』57（1）：85-97

政池明（2013）「第 2 次大戦下の京都帝大における原子核研究とその占領軍による捜索（4）原爆研究の記録　その 2」『原子核研究』57（2）：76-89

杉原清香・久保田明子・佐藤裕哉・嶋本浩子・大瀧慈・瀧原義宏（2016）「原爆被ばくに関連する医学記録の再評価：京都帝国大学原爆調査班資料を例に」『広島医学』69（4）：366-368

映像

中尾麻伊香（2008）ドキュメンタリー映画『よみがえる京大サイクロトロン』

Web

京都大学総合博物館　http : //www.museum.kyoto-u.ac.jp/

2

木村毅一に関する証言と回想

木村磐根

京都大学の原子核実験グループ関連の活動をまとめられる一部として,「木村毅一に関する証言と回想」の執筆の依頼を受けた．父木村毅一に関しては，大阪府立放射線中央研究所退任時に，所員の方がたがまとめて出版して下さった「アトムのひとりごと」がある．これには同研究所月報に父が在任中執筆した記事を整理して掲載して頂いているが，父の一生を通して時系列として整理するのも意味があると思いその方針でまとめてみた．したがって父の書いた「アトムのひとりごと」の内容をそのまま採録している部分も多く，それはあくまで父の記憶によるものであり，歴史家の検証に耐えるには，細部において問題があるかもしれない．しかし，父の思いをお伝えするには父の言葉の方が良いと思い，そのようにさせて頂いた．

京大退官時の木村毅一

1 毅一の生い立ちから第三高等学校入学まで

父毅一は明治37年4月7日に当時の京都府相楽郡稲田村（その後合併で河西村，現在の関西研究学園都市精華町となる）で木村猶次郎の長男として生まれた．

補論　　　　　　　　　　　　　　　　　　　　　　　　　　　●木村磐根

　小学校 6 年修了後，高等小学校に 1 年在学し，郡山中学校に入学した．祖父の
猶次郎は稲田村の村長をしていたが，家業が農家であり，高等教育は不要とて，
小学校卒業後は高等小学校に入った．しかし向学心に燃えた父毅一は，家業を
手伝いながらも休憩時間には本を読んでいたほどで，高等教育を受けることを
望み，まず中学校に入学したかったようである．

　そこで高等小学校を 1 年で終え，当時の最も近い中学校である奈良県立郡山
中学校を志願し合格した．しかし，この中学への通学には自分も苦労し，母親
には更に大変迷惑をかけたと言っていた．当時の鉄道は今のように JR 片町線
や近鉄電車もなく，奈良線ただ一つで，現在と同様京都から木津川の東側を通っ
て上狛の南で木津川の鉄橋を渡り木津に達し，奈良，郡山方面に通じていた．
川西村はその名の通り木津川の西側にあり，上記の鉄道への最短距離は上狛駅
である．しかし残念ながら木津川を渡り上狛に達する橋は無く，徒歩で行ける
鉄道の駅は木津駅しか無かった．そこで毎日自宅から 6km 程の道のりを木津
駅まで歩き，そこから大和郡山まで汽車を利用し，こうして毎日往復したこと
になる．「夏季 7 月と 9 月は夏時間で始業が 7 時のため，毎日 3 時半に起こさ
れ，4 時に家を出る．9 月になると真っ暗な道を歩かねばならないので家を出
るとき数学の問題を頭にいれて，歩きながら考え，暗い怖さをそらせた」と父
は書いている．当然母親は朝食や弁当の準備もあり，父の郡山中学への通学に
は，その母親の更なる苦労に依存していたようである．

　中学 4 年で第三高等学校を受験したが合格できず，5 年目で再受験して無事
合格した．「両親たちは高等学校に進学することにも賛成ではなかったので，
三高の受験の前に，旅館の予約もしてくれず，前日 15 円くれただけである．
入試日の前日（まず木津から鉄道で）ぶらりと京都まで行き，吉田界隈の旅館を
一軒一軒訪ねてまわったが，どこも「満員どす」と断られるだけで，途方にく
れた．一流旅館に泊まるには手元いささか心細い．仕方なく京都駅から，（ま
た鉄道（奈良線）で）1 時間かけて玉水駅まで戻り，そこから歩いて 30 分の距
離にある親戚に舞い戻った」と書いている．この親戚は，川西村の自宅から，6
km ほど北東に位置する木津川西岸の小高い飯岡山（京田辺市）にある．この家
は毅一の母親ハルの里であり，また毅一の父猶次郎の弟である竹次郎叔父が養
子に行った家で，当時はみかんと宇治茶の栽培農家であった．戦後はもっぱら

400

玉露の製造をし，現在も玉露では日本一を競う家でもある．父によると，この叔父は父の向学心を最も理解し応援してくれた由で，三高に合格した後は，汽車通学が郡山中学時代より少しは便利なので，三高時代3年間はこの母親の里であり且つ叔父の家から三高に通った由である．

2 第三高等学校を経て京都大学物理学科に

　三高で勉学した後，父は京大物理学科に入学した．このときには小川（後の湯川）秀樹，朝永振一郎，小島公平，多田政忠の各氏4名と机を並べることになり，これらのすばらしい同輩の方々が，その後父の一生の友であったことが父の幸運の始まりではなかったかと思われる．先に述べたように，郡山中学から三高へ4年修了での入学ができなかったことを本人は悔しく思っていたようであるが，結果的には京大物理学科で上記のすばらしい方々と同窓となったことは大変な僥倖であったという他はない．その後の父の一生はその他多数の幸運に恵まれている．

3 台北帝国大学への赴任

　3年で京大物理学科を卒業した昭和4年3月からは，物理教室の木村正路教授の下で無給副手を拝命した．この研究室の専門分野は"実験分光学"であったようである．この頃は大変な不況で，「大学は出たけれど」という言葉が流行していたほどで，卒業しても大部分無給副手に甘んじなければならなかった由である．翌5年，設立間もない台北帝国大学物理教室の荒勝研究室から助手の求人があった．勤務先が台湾というので誰も希望をしなかったので，父は一大決心をしてこの求人に応募した．その年の9月に宇田静（改名して永子）と結婚して台北に渡り，荒勝文策教授の助手となった．先生のお宅へ挨拶に伺ったときが始めての対面で，アインシュタインに似た風貌を拝見して驚いたと書き残している．しかし先生は病気療養中で，この状態が1年ほど続いた．父は

補論　　　　　　　　　　　　　　　●木村磐根

張り切って台湾まで来たのに，頼みとする先生の病気で，今後どうなるかと心配したが，1年後には元気に回復され，研究室に戻られ，旧に倍するファイトで研究指導に当たられた．

荒勝先生が研究室に戻られて最初に手をつけられた研究は，分光学に関するもので，水素原子のバルマー系列とそれに付随する連続スペクトルとの関係を調べることであった．「その実験には無電極の水素放電管にコイルを巻き，コンデンサーにためた電気を一挙に放電する方法をとった．放電するとコイルの中心部は目もくらむばかりの光彩を放ち，中心部の両側に約10センチのプラズマが延び，その先端付近は綺麗なピンク色を呈し，その光を分光器で撮影すると，シャープなバルマースペクトルが見え，高次項まで現れて最後の項には連続スペクトルの尾が見えた．中心部の温度を測定しておけば，今日行われるプラズマの研究に何らかの資料が提供できたのではないか」と書いている．

昭和7年の初めネイチャー誌に，英国キャベンディシュラボのコッククロフトとワルトンがプロトンでリシウムを人工破壊して，ヘリウムを放出させる実験に成功したことが発表され，世界の学会に衝撃を巻き起こした．

荒勝先生は台北帝国大学に赴任される前，欧米に2年間留学しておられ，英国キャベンディシュ研究所にも滞在しておられたこともあり，上述の実験の背景も良くご存知であったのであろう．先生は，これはまさに科学の大革命だ，木村君はどう思うかといわれ，父も同感であったので荒勝研究室でも再現実験をして見ようということになった．

この現象は，単にリシウムだけで終わるのか，もっと重い元素にも及び，原子核物理の新しい分野が限りなく発展するのかがまだ不明だった．しかし先生は，これは新しい時代を開くものだと確信され，研究方針の一大転換を決意され，父

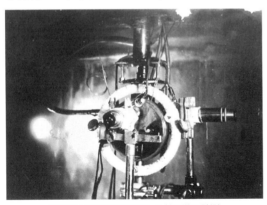

リシウムの核分裂で出る α 粒子数の計測

402

木村毅一に関する証言と回想　　　　　　　　　　　　　補論

も同意した．そこで，既存の設備を総動員し，加速電源はX線の変圧器を使い，加速管の電極は台北工業学校の工場に依頼して作り，他の部品は内地から購入することにした．幸い当時学術振興会が設置され資金の援助を受けたので準備は予定通り進捗し，2年目の昭和9年7月25日夜，日本で初めて，陽子・リシウムの核反応の実験を成しとげた．これが父の第2の幸運であった．

そのときの研究室のメンバーは，荒勝教授以下，太田頼常助教授，父木村毅一助手，並びに植村吉明技官の計4名のチームであった由である．このときの技

植村氏（右）と父

官の植村氏は，台北市の旧台北工業学校（現国立台北科技大）で電気工作を学び，父と同時期に荒勝研究室の技官となられたが，その後の父の長い研究活動では，なくてはならないすばらしい研究協力者であった．

前記のリシウムの人工破壊の実験の成功までの2カ年間には，荒勝研究室では北投石（台北市郊外にある北投温泉の沈積物）からのポロニウム抽出や，カウンター，ウイルソンの霧箱の製作，水の電気分解による重水素の濃縮作業などが効率よく行われた．またこの重水素を用いて重水素核同士の衝撃による中性子の放出，重水素核とリシウムの核反応，陽子とホウ素との反応等の実験などにも成功している．この重水の濃縮は太田頼常助教授が主として担当された．したがって前述の重水素を用いた核反応の成果には太田助教授の貢献が特に大きかったと思われる．

4　京都大学への荒勝研究室の移動

荒勝研究室での上記の業績の評価により，昭和11年8月京都大学で石野又

403

補論　　　　　　　　　　　　　　　　　　　　●木村磐根

1938年8月3日京都大学で荒勝先生を囲んで
(後列左から村尾誠，植村吉明，木村毅一，園田正明，原時男，佐藤信，山形安二)

吉教授退官の後任として，荒勝先生が教授に招聘され就任された．父毅一はその機会にその研究室に講師として赴任することができ，また同時に植村吉明氏も同研究室の助手となられたので，台北大の荒勝研究室がほとんど京都に移動したことになる．これらの経緯は父にとって3番目の幸運であった．

　引き続き荒勝先生のご指導により，京都大学でも原子核研究の基礎が固められ，大きな発展を遂げた．昭和13年，物理教室の一部が増築され，先生の理想とされる実験室が完成した．ちょうどその時期に，台湾の塩水港精糖会社から新加速器を作るに十分な寄付金が得られた．その理由は，在台中X線照射によりサトウキビの品種改良に協力し，大きい成果をあげたことによる．

　上記の企業からの寄付により50万ボルトの加速器が完成し，リシウム・陽子反応による17MeVのガンマ線や，フッ素・陽子反応による6.3Mevのガンマ線を用いての光核反応の研究に絞り，新しい原子核反応が調べられた．特にウランやトリウムの核分裂の研究成果は内外の注目を浴びた．ウランの中性子による核分裂は，昭和13年にドイツのハーンによって発見されていたが，ガンマ線によるウランの分裂は，中性子による分裂より少し遅れて行われたものである．したがって当時は理研の仁科，阪大の菊池，京大の荒勝研究室が日本の核物理実験研究の3大拠点となった．

　その後米国でローレンスによりサイクロトロンが発明され，日本国内でも理化学研究所では昭和12年(1937)に建設され，引き続き大阪大学でも建設された．京都大学の荒勝研でも同様に，文部省の予算により昭和16年，サイクロトロンの設計・製作が始まった．父の日記によると，最重要な部材であるマグネットは，住友金属製鋼所で作成され，昭和19年11月10日には同所第一

機械工場にて仮組み立てが行われた由で，この日から父のサイクロトロン工事日記が始まっている．12月2日にはマグネットのヨーク部分2本が組み上がり，ポールを除くと全部作業が終了したと記録されている．しかし部品材料調達が時節柄予定通り進まなかったようで，マグネット用コイルの手配が翌昭和20年の6月〜7月にかけて行われ，「銅線の巻きつけは教室でやった」との記述がある．

一方，昭和18年，海軍省より原子爆弾の研究についての要請があったが，当時わが国は瀕死の状態にあり，資材の不足や工業技術の水準では到底実現しないと荒勝先生は断られた．しかし「今の戦争に間に合わなくても次の時代に備えてやって欲しい」との重ねての要請があったので，遠心分離法でウラニウム235の抽出計画を立てた．父の「アトムのひとりごと」によれば，これは「原子炉だけでも作ってみよう」という目的からだったというが，兵器としては到底実現しなく

京大で完成した50万ボルトの加速器

荒勝研究室のメンバー
（撮影時期は昭和25年3月の荒勝退官の頃か）

とも，ウランを臨界させてそのエネルギーが利用できるかどうか，ともかく調べてみたいと思ったのだろうか．今となってはその真偽は確かめようがない．いずれにしても，遠心分離機は設計段階で終戦となり，万事休したとのことである．

補論　　　　　　　　　　　　　　　　　　　　　　●木村磐根

昭和19年から建設が始まったサイクロトロン

なお，海軍と京都大学，大阪大学，名古屋大学などの関係者で「F計画」（Fは核分裂（fission）の意味）と呼ばれるグループが作られ，会議をもたれた記録は残っている．また京大でのサイクロトロンの建設には必要物資の不足もあり，建設に携わった企業からの資材の援助に加えて，海軍からの支援も受けたようである．それらの経過が前記の日記（現在京都大学化学研究所に保管）に記されている．このサイクロトロンは翌20年秋には完成が予定されていたが，その年の8月15日に終戦を迎え，完成前に進駐軍に撤去破棄された．それについては後に述べる．

5　広島への原爆投下と京大原爆被害調査隊の遭難

さて本書通史編で詳しく紹介されているように，昭和20年8月6日，広島市が大きな爆撃を受けたという知らせを受けて，京都大学では荒勝教授をリーダーとする調査隊を広島に派遣した．父を含む理学部物理の調査班は，爆撃3日後の9日夜遅く広島市へ向かい，翌10日午前10時頃広島駅に着いた．父によれば，

途中すれ違った無蓋貨車で死傷者が運ばれてゆくのを見て，一行はただ顔を見合わすばかりであった．広島駅前に立ってみると，灰燼に帰した市街の残がいが目の前に横たわっていて，そこには生命の一かけらもなく，人影もなかった．廃墟と言う言葉はこれをさすのかとつくづく思うのであった．一行は陸軍のトラックに乗せられて市内の各所を見て周り，数々の資料を採集した．その夜は被害を免れた郊外の陸軍の糧廠で陸軍関係者，理

研の仁科博士，京大の荒勝教授等を始め学界関係者が集まって，原爆か否か，次の爆撃を予想しての対策などが議論されたが，放射能の測定結果がまだ出ていなかったので，原爆との結論は得られず，一般国民には『なるべく白い衣服を着るように』と言うような発表をするといった程度のことで会議は終わった．

という．

　その後の経緯は，本書第5章に詳しいが，京都大学からはこの第一次調査隊に続いて，第2次，第3次と調査隊が派遣された．

　父の記録によると

9月16日に，物理教室の若い研究者5名を引率して，すでに先着していた京都大学医学部の調査隊十数名の滞在する大野浦陸軍病院（広島市中心から20kmほど南西に位置する）に到着した．ここはもと赤十字病院の結核療養所であって，海を隔てて対岸には宮島が手にとるように見え，背後には急峻な山がせまり，その山肌には巨大な花崗岩が露呈し，山すそ一帯はそれの風化した白い砂地で松の緑が一層鮮やかにみえた．

　このような環境の中で，父達は今回の調査のために大変すばらしい場所が提供されたことを感謝した．ところがそれからほどなくして，調査団が大惨事に巻きこまれる．以下，父の生々しい記録を紹介しよう．

翌17日広島地方は所謂枕崎台風による豪雨に見舞われ，ために大野浦の裏山が突如山津波をおこし，滞在していた陸軍病院の大半は倒壊流失の憂き目に遭った．当夜将校クラブの二階にある食堂で夕食を済ませたが，思いもかけず暴風雨の襲来で雨がつよく窓を打ってきたが医学部の先生方との話に夢中となり，時のたつのも台風のことも忘れていた．突如列車の轟音にも似た響きとともに地震のような振動が来て食堂の西北の隅から崩壊が始まった．電灯も消えて急に真っ暗となり，12人はそれきり言葉を交わすいとまも無く，激変する運命にすべてを任せ，奈落の底に落ちていっ

補論 ●木村磐根

た．私はとっさに食卓の下にもぐったが，生きる望みはすでに無く，ひた
すら安楽死を願うのみであった．訳のわからぬ叫び声をあげて逃げ出す他
の人々の足音を聞きながら，私は大揺れに揺れる体を感じた．それからど
のようになっていったのか，どれほど時間が立ったのかわからないが，ふ
と気がついたときは海中にいるような気がした．幸いなるかな，そばに大
きな岩があるのに気がついたので，無意識にそれにすがりついた．しかし，
それがどの地点なのかは闇の中なので，全くわからない．遠いとおい海の
かなたに一人いるように思われて心細いことであった．人を呼んでも応答
が無い．そのときふとポケットに昼間食べ残したチョコレートがあるのに
気づき，泥まみれのを口に入れると不思議に気分が落ち着き，目もようや
く闇になれると，濁流が引いて，私は岸の砂浜にいることがわかったので，
手探りで人声のする方向に近づいていった．幸い別棟にいて遭難しなかっ
た医学部の人たちに助けられ，安全な小山に難を避け，他の人々の安否を
気遣いながら夜を明かした．この間西川喜良，高井宗三の二人が九死に一
生を得て私のところに帰りついて，お互いに生存を喜び合ったが，物理教
室から来た後の3人（堀重太郎助手，村尾助手，大学院生花谷氏）はついに帰
らなかった．翌18日は澄み切った秋空で対岸の宮島がくっきりと見え，
昨夜のことはただ夢の中の出来事のように思われた．三人は着る物も一切
びりびりに裂け破れ，再び着ることもできないので，やむを得ず宿舎にあっ
た敷布を腰に巻いての裸生活を続けた．（中略）一週間後，京大から来た
救援隊に助けられて帰路に着いた．あっけない生死の別れのはかなさを，
胸の中で味わいながら．

　われわれ家族は9月17日の数日後，父達が台風で遭難したこと，物理教室
から出かけた3名は九死に一生を得たという情報を受けた．一週間後，頭に包
帯を巻いた父を自宅で迎え，生きていてくれたことを心から有難いと思った．
しかし，京大からの調査隊については，荒勝研究室からの3名を含む11名も
亡くなったことを父は大変悔やんでいた．この大災害のなかで，九死に一生を
得たことは父の人生にとって4番目の幸運であった．長男であった私磐根に
とってもその後の一生を大きく変えてしまった可能性のある大きな出来事で

あった.

　この京大からの調査隊の遭難の翌年から，京都大学医学部菊池教授が主となり，理学部及び化学研究所の父が副となり，遭難で亡くなった11名の方がたを含め，病院の関係者で亡くなった方々を毎年9月に大野浦の遭難の地で追悼する

枕崎台風による大野浦療養所の大水害写真

行事が始められた．これには京都大学医学部芝蘭会広島支部をはじめ広島県，広島市，その他多数の団体の方々の多大なご尽力，ご支援によっている．25年後の昭和45年9月20日，現地に記念碑が建てられた．その後も毎年京都大学芝蘭会広島支部の主催で追悼会が行われてきたが，平成元年度から，『平和を希求する学問を目指す者の象徴として大学全体で継承する』として正式に京都大学主催事業（財団法人京都大学後援会）となった．集い自体の運営はその後も芝蘭会広島支部に委託され，引き続き大野町をはじめとして関係者の手厚いご支援を得てこの行事が継続されている．父はこの行事の発起人の一人として80歳頃までは毎年この追悼会に出席していたが，その後は私磐根が代わって出席している．

6　日本における原子核研究の再開，京大サイクロトロンの再建

　1945年11月，完成間近のサイクロトロンが進駐軍により破壊撤去という事態となったことは，本書9章に詳しい．このサイクロトロンの組み立てが始まった昭和19年11月10日以降の経過は，父が日記として記録を残している．それによれば，破壊されるちょうど1週間前，11月17日までは作業が行われていたことがわかる．父は11月24日の破壊撤去の現場にも立ち会っていたと思われるが，父の日記には17日以降何の記録も残されていない．多分あまりに

409

補論 ●木村磐根

も残酷なことであり，父も放心して記録を残すこともできなかったものと思われる．本書9章に詳しく紹介され，資料編には全文が掲載されているが，このとき通訳として同行したスミス（Thomas C. Smith）氏が 'Kyoto Cyclotron' という表題で思い出を記している．この回想によると，荒勝先生は，サイクロトロンそのものが破壊されたことの悔しさよりも，それまでのサイクロトロンの建設の進捗過程の記録や，関連研究資料がすべて持ち去られることに無念の悔しさを訴えられていたとのことであるが，私がその手記に触れたのは父の死（1992年7月8日）以降のことでもあり，当時，父がどのような思いでそれに立ち会ったのかを，父の生存中に聞く機会をもてなかったことは残念である．

その後昭和25年までは，マッカーサーの指令により，わが国での原子核の実験は一切禁止されていた．昭和25年3月，荒勝先生は定年により退官されたが，これまでの全精力を核物理の研究に注いでこられたので，むなしい思いを抱かれてお辞めになったことであろうと父は述べている．

その翌年の昭和26年，日本と米国その他の国々との間で，サンフランシスコ講和条約が締結されることになった．米国のサイクロトロン発明者のローレンス博士は，昭和25年に日本を訪れた際，日本でも原子核の研究を始めてはどうか，サイクロトロンを再建するなら十分な協力を惜しまないと述べたとのことである．この言葉に呼応して，終戦直後にサイクロトロンを破壊撤去された理化学研究所，大阪大学，京都大学では，それぞれサイクロトロンの再建の計画が作成された．

京大は荒勝教授が退官された後でもあり，父が京都大学のサイクロトロン復旧計画の陣頭指揮をすることとなった．この再建計画についても父は昭和26年8月からの記録を残している（現在京都大学化学研究所に保管）．当時の日本の原子核研究委員会での議論では，まず理研と阪大でのサイクロトロンの再建の支持者が多く，京大は経験不足であり，予算も他より高いので後回しにしてはどうかとの意見であった．しかし父達は，京都大学は経費はわずかでも良いから再建する事の支持だけでもして欲しいと強く希望したので，文部省は昭和27年5月，"放射性同位元素の製造装置" という名目で特別に予算を認めた由である．この間の京都大学と文部省，大蔵省，ならびにこの事業にご賛同頂いた多数の企業を度々訪問して支援をお願いし，正式に予算の承認を得るまでの苦

410

労は大変なものであったことが記録から窺える.

　上記の予算交渉に先んじて,京都大学としての大きな問題は,サイクロトロンをどこに設置するかであった.再建案では先に撤去されたサイクロトロン(直径100cm)よりサイズが大きいもの(105cm)であったため,元の場所より広い場所を必要としており,学内および学外で候補地を検討したようである.しかし計画の流れを明確に記載した文書は見つかっていない.父の日記に拠れば昭和26年8月10日に蹴上発電所(後述の第二期蹴上発電所の建物で,京都市の施設となっていた)をサイクロトロン設置場所とすることについて,「京都市長にお願いすることを烏養利三郎学長にご相談し,学長は快諾されたので,次週に内野化研所長と共に高山義三市長を訪問する」という記録がある.その後「8月15日には市長に会ってお願いしたところ,市の電気事業委員会と相談せよとのこと.8月18日には関西電力京都支店に行って支店長と会い,午後に自動車で発電所を見学した.京都支店長のアドバイスは,京都市と共同戦線を張ることは共倒れのおそれがあるので,まず市側から建物の借用を受ける方向で努力し,また別に関西電力に電力の点で協力を求めるのが良い.受電設備関係の援助は惜しまない」とのことなどの記載がある.

　蹴上の発電所については,田辺朔郎氏による蹴上疎水が完成した明治23年の翌年,第一期蹴上発電所が竣工したが,明治44年頃第一期発電設備の老朽のために,第一期発電所建物の北側に新たに発電能力も増加した発電設備を内蔵した第二期発電所が建設された.その後大正14年頃には上記の第二期発電所も取水壁面からの漏水や,水車翼の腐食による水車の振動等が激しくなり,昭和6年には第三期の発電所の計画が始まった.そこで第二期の発電所の更に西側に第三期の発電所建物が建設されることになり,昭和11年に竣工した.その年を以って,前記の第二期発電所の建物は不要となり,その後昭和26年までは建物だけがそのまま残されていたのである.第二期の発電所建物の地下には発電機を駆動する水車をまわすための水路が通っていた.一方サイクロトロンにはマグネットの冷却水を必要としていたことから,この水路の存在は大きな利点であり,上記の第二期発電所建物が候補地となった大きな理由であった.父の記録にも,昭和26年9月12日の京都市との話し合いの結果,電力200KW 24時間,水50～60石／時供給,との記述がある.以上の情報などから判

補論　　　　　　　　　　　　　　　　　　　　　●木村磐根

断すると，京大サイクロトロンの再建計画を始めるに当たり，父が資金のご援助を関西電力の上層部の方にお願いに行った際に，上記の蹴上第二期発電所の建物が使えるのではないかというアドバイスを頂いたものと推察される．

　昭和26年当時の第二期発電所の建物は，現在も仁王門通りと三条通りに挟まれた蹴上の発電所敷地に唯一赤レンガ造りで残っており，その建物の西面の入り口の上に「亮天功」の文字の彫刻が今も残されている．この言葉は4000年前の中国の帝舜の言葉で，彼の政治理念を「天の功（わざ）をたすける」ことと述べた．天によってつくられた「物」を保持し，よりよい姿に育てることが政治の大本であり，政治家の責務であるという意味で，これは科学者の追及してやまないものと通ずるとして，父はこの言葉をこよなく愛した．上記の第二期発電所の建物の文字は久邇宮殿下の筆で記されたものとのことである．

蹴上の新サイクロトロン

蹴上の元発電所跡の建物（久邇宮殿下の亮天功）

　昭和26年8月に設置場所としてこの建物を利用することが京都市から認められたことも幸いして，文部省の予算1500万円が昭和27年6月に正式に決定し，サイクロトロンの総合組立作業は昭和28年4月に始まり，昭和29年12月に完了した．この装置から加速ビームを出すことができたのは昭和30年11月16日であった由である．

なおサイクロトロンの再建には当初7000万円（消費者物価指数換算で比較すると，現在の金額で約4億6000万円）の予算を文科省に提出したが，当時は一笑に付された．その後前記のようなサイクロトロンの建設場所の目途がたったことや，産業界からの強いバックアップもあり，昭和27年6月に文部省で正式に1500万円の予算が認可された．この予算決定後，八幡製鉄所からマグネット用鉄材を調達するという願いが叶い，その他多数の温かい産業界の有力者からのご支援で4500万円の浄財をご寄付頂き，サイクロトロンの建設に

蹴上のサイクロトロンを見学するローレンス博士

は結局合計7000万円の経費を使うことができたとのことである．なお，蹴上第二期発電所の建物がサイクロトロン再建に使用することができたこと，サイクロトロンの建設に，京都大学鳥養利三郎総長，高山市長はじめ，関西電力を含み，多数の産業界の方々のご協力がえられたことも父の幸運であったと思われる．

　サイクロトロンを発明したローレンス博士が昭和30年5月，完成直前の蹴上の京大のサイクロトロンを訪問された．京大のサイクロトロンの設計時には種々アドバイスを受けたようである．

7 関西研究用原子炉実験所の建設と，大阪府立放射線研究所

　サイクロトロンの再建が終わる頃から，国内でそろそろ原子炉を作っても良いのではないかという話が始まり，昭和31年11月30日，湯川秀樹教授を委員長として関西研究用原子炉設置準備委員会が発足し，ここで大学の共同利用

補論　　　　　　　　　　　　　　　　　　　　　　　　　　●木村磐根

研究所とすること，原子炉の型は水泳プール型とすること，設置場所は宇治の火薬庫跡とすることが決まり新聞に報道された．準備委員会の下に各種の専門委員会も設置され，いよいよ軌道に乗ったと思われたが，大阪市・京都市から反対の火の手が上がり，また地元の宇治でもお茶が売れなくなるなど反対が加わり，淀川の沿岸の人々からの反対運動へと広がって行った．この反対は，万一原子炉が事故を起こすと放射性物質が淀川に流れ込み，流域の上水道を汚染するというのが大きな理由であった．そういうことにならないように放射性排水は十分処理して宇治川に流すとの考え方であったが，大学の研究者には一般の人々の細やかな心理状態が十分わからなかったことや，日本が原子爆弾を受けているので，反対運動は理解できたと父は記している．学者同士の議論もあり，反対運動は激しくなり，説明会が何度も行われたが，背後に控える大阪府・市，あるいは神戸市といった大きな力には対抗できなくて，宇治案は考え直すことになった．この難航に苦しまれて湯川教授も準備委員長と原子力委員会委員を辞職されることとなった．その後京大工学部長の岡田辰三教授が，退官まで1年間準備委員長を務められたが，その後は委員長空席のままの実行委員会が続き，候補地も宇治から，舞鶴の案も検討されたが，京阪神から遠いということで実現しなかった．そのあとは高槻の阿武山案が浮上して反対され，昭和34年3月に交野町（現在の交野市）が候補となったがここでも反対勢力による，暴力事件にまで発展した由である．

　昭和34年の夏，それまで空席の準備委員会の実行委員長に父が突然指名され，不本意ながらこの原子炉問題の終了するまで準備委員長を務めざるを得ない状況になったと書き残している．その後は阪大の伏見康治先生が積極的に父のバックアップをして下さり，何とか続けることができた由である．交野町の後は四条畷も候補地となり伏見先生とご一緒に説明会に出かけたが，会場は初めから殺気立っていて耳を傾けてもらえず，警官からこれ以上は暴力沙汰になることを心配して会場から脱出させてもらったという事態もあったと書き残している．

　更にその後は当時の大阪府の左藤知事をはじめ，田中副知事に御苦労を頂き，また大阪府の多数の方々のご協力で大阪府内での原子炉の設置の方向で動き出した．大阪府にはすでに原子力平和利用協議会があったが，上述の方々などの

414

ご協力で，昭和35年4月11日に大学研究用原子炉設置協議会が新しく発足した．この場で熊取の案が進み出したようである．「熊取の案が進み始めたとき，京都から車で行くと，夜の9時か10時頃から説明会を行うので，それが済んでから食事をして午前1時に車で帰ると帰宅は早くて3時，ある時は途中で深夜営業のおでん屋か何かに寄り，伏見先生と一緒に一杯飲んで，おでんを食べて伏見先生の家までお送りして京都に帰ったこともあった」と書き残している．

この頃私磐根は京大の大学院博士課程学生であり，説明会の苦労の一端を聞いてはいたので父が随分過酷な苦労をしていることは認識していたが，途中で辞めるわけにはいかないと必死で頑張っていたと感じていた．

昭和36年12月泉佐野市との間での話も解決し，昭和37年4月から大々的に建設が始まった．37年に入ってからはこの実験所の所員の柴田俊一教授はじめ多くの方々が全力を挙げて原子炉の建設，付属実験設備等の設置に対して細心の配慮を払いついに完成し，昭和38年4月京都大学原子炉実験所が正式に発足して，所員の推薦により，父が初代の所長の重責を拝命した．昭和39年6月25日午後5時55分，待望の原子炉が臨界に達し，ついで8月の末には1000キロワットの全出力運転にこぎつけたことなどが「アトムのひとりごと」に書き残されている．この発足時に研究所の構内に「凡てのことはいまここにこめられてあり，いまここはおのずからある」という父の言葉を刻んだ記念碑が設置された．この言葉は昭和31年から始まった計画が大変な苦労と紆余曲折を経て熊取の地に設置された関係者の思いを込めたのである．

その後この研究所は順調に発展し，父は昭和43年3月31日定年により退職した．京都大学原子炉実験所の建設に関わる詳細は第3代目所長となられ，定年退職後に執筆された柴田名誉教授著の『原子炉お節介

京大熊取原子炉実験所の記念碑（「凡てのことはいまここにこめられてあり，今ここはおのずからある」）

補論 ●木村磐根

学入門（上・下）』に詳細に記述されている.

　これに逆上ること 10 年父は，大阪府立放射線研究所（大放研）の設立にも尽力して，その後初代研究所長を委嘱された．大放研の計画の始まりは，『大放研便り』1971 年 2 月（Vol. 11 No. 11）に記載された記事を読むと，熊取原子炉実験所の建設よりかなり早い昭和 33 年（1958）から始まっている．父が関西研究用原子炉設置準備委員会の一委員であった頃で，大阪府の赤間知事が原子力平和利用協議会の答申を受けて大阪府に放射線に関する研究所の設立を計画し，当時の平沢興京大総長，岡田辰三工学部長と相談の結果，同年 4 月に父は正式に委託を受け，計画に取りかかった.

　最初の問題は加速器をどれにするかということで，種々の理由で電子ライナックを設置することとした．当時はこの加速器は東海村の原子力研究所にあるだけで，詳細な信頼性については不明であったので，6Mev のものを目標としてさらに調査し，自ら米国に赴き使用実績を調べた結果米国のアルコ社製とすることに決めた由である.

　建物については京大工学部建築学科の増田友也教授（当時助教授）に設計をお願いして尽力頂いたと父は書き残している．後に建設された関西原子炉実験設備（京大熊取原子炉実験所）の建物，また，前述した広島原爆災害調査隊員の追悼碑の設計も，同じ増田教授にお願いしたとのことである．この研究所は昭和 34 年 11 月に完成した．熊取に京大原子炉実験所を開設することが出来たのも，父がこの大放研の設置に尽力したからではないか，と私自身は考えている.

　その後，父は，福井工業高等専門学校の 2 代目の校長を引き受けるなどした後，平成 4 年（1992）7 月 8 日享年 88 才で他界した．現在，母永子と共に法然院のお墓に眠っている.

　このように，父の生涯は，昭和 20 年以降は大変厳しい過重負担を背負った人生であった．しかし生涯を通して多々幸運にも恵まれ，あまり丈夫な体の持ち主ではなかったが，米寿まで生き，満足な人生であったと思われる.

　「山津波　三途の川に流されて　彼岸に着かず　浮世で迷う」
　「地図もたぬ　旅人われは　ふみまどう　さりとてここで　とどまれもせず」

（毅一が喜寿の会で色紙に書いて参会者に差し上げた和歌 2 首）

3

京大サイクロトロンの歴史を辿って

中尾麻伊香

1　京大サイクロトロンとの出会い

　京都帝国大学で建設されていたサイクロトロンとその破壊をめぐって，戦時中の原爆研究とその中心人物であった荒勝文策について，これまで少なくない方が関心を持ち，それぞれに調査をされてきた．私もまたその一人である．その歴史は，輝かしく，また哀しくもあり，人の心を捉えて離さないものがある．そして京大サイクロトロンは，私が歴史研究の世界に入るきっかけとなり，多くの出会いを与えてくれた唯一無二の存在である．ここでは，私がどのようにして京大サイクロトロンと出会い，京大サイクロトロンが私にどのような出会いを与えてくれたかを綴ってみたい．

　博物館における核の展示というテーマで修士論文を執筆していた私は，2005年度後期に京都大学で開催されていたサイエンスライティング講座を受講していた[1]．その際，京都大学総合博物館教授の大野照文氏から博物館地下に戦時中に京都大学で建設されていたサイクロトロンの一部があるということを知らされたのであった．その時まで私は，不勉強ながら日本で原爆開発の試みがあったことを知らなかった．だから，まさかこんな身近なところに「戦時中の核研究の遺品」が眠っていたという事実に衝撃を受け，展示されていない，すなわち表立って語られていなかった核の歴史に強く興味をひかれた．この日のサイクロトロンとの出会いによって，私が歴史の魅力に引き込まれるきっかけをく

1）富山大学の林衛氏と京都大学の塩瀬隆之氏によって 2006 年度後期に主催されていた「知識社会基盤構築のためのサイエンスライティング講座」．

417

補論 ●中尾麻伊香

れた．それは私の人生を変えたといって過言ではない．

　それから私は，日本の原爆研究やサイクロトロン破壊の経緯について調べはじめた．サイエンスライティング講座を主催されていた工学部助教（当時）の塩瀬隆之氏が京大関係者に紹介してくれた．春休みの間，文献調査を行い，荒勝研究室出身の竹腰秀邦氏に話をうかがい，竹腰氏とともにイオン線形加速器実験棟のある京都大学化学研究所を訪問，そしてサイエンスライティング講座の修了課題として，「京大サイクロトロンの物語」を執筆した．次節では，その文章をお読みいただきたい．

2 「京大サイクロトロンの物語—— 博物館地下に眠るポール・チップは何を語るか」

　京都大学総合博物館の地下収蔵庫の一角に，直径 1m，厚さ 15cm ほどの円盤が置かれている．ポール・チップと呼ばれるこの円盤は，サイクロトロンという装置の一部である．サイクロトロンの本体は，1945 年 11 月，戦後占領軍によって琵琶湖に廃棄された．廃棄を免れたポール・チップだけが，誰が，いつ運んできたのかは分からないが，博物館の収蔵庫に眠っているのである．一体どうして，サイクロトロンは廃棄され，ポール・チップは日の目を見ることも無く地下でひっそりと眠り続けているのだろうか．

■サイクロトロン

　サイクロトロンは，加速器の一種である．物理学が大きな発展を遂げた 20世紀，その発展を支えた実験装置が加速器である．加速器は，電子や陽子などの荷電粒子を加速するというものだ．この装置によって，人工的に新しい粒子をつくることが可能となり，科学者たちは原子よりも小さな世界を調べることができるようになった．

　加速器の誕生は 1930 年代初頭に遡る．イギリスのキャベンディッシュ研究所では，コッククロフトとウォルトンが高電圧加速器を完成させ，アメリカのカリフォルニア大学では，ローレンスとリヴィングストンがサイクロトロンを完成させた．サイクロトロンは，円運動をしている荷電粒子に磁場をかけるこ

418

とで，高エネルギーの粒子をつくりだすもので，直線型加速器と比べて，少な
いスペースで加速することができた．サイクロトロンはその後，素粒子，原子
核，医療，工業など物理学だけでない多様な分野における研究に，用いられる
ことになる．

■戦時中の核物理学研究とサイクロトロン

　加速器を，アジアでいち早く完成させたのが，台北帝国大学の荒勝文策らの
研究グループである．1890 年生まれの荒勝文策は，京都大学を 1918 年に卒業
し，その後，ベルリン大学，ケンブリッジ大学，キャベンディッシュ研究所で
学んだ．日本を代表する核物理学者である．台北帝国大学で 1934 年，加速器
を用いた原子核壊変実験に成功した荒勝らは，1939 年に京都帝国大学に移り，
そこでサイクロトロンの建設に取り掛かった．

　その頃，理化学研究所の仁科研究室，大阪帝国大学の菊池研究室でもそれぞ
れ，サイクロトロンの建設が進められていた．1937 年にサイクロトロンを完
成させた理化学研究所の仁科芳雄は，サイクロトロンの開発者ローレンスに助
言を受けながら，さらに大きなサイクロトロンの建設に取り掛かっていた．

　しかし 1941 年，研究者同士の交流とはうらはらに，日本とアメリカの間に
は太平洋戦争が勃発する．日本には，アメリカなどから核物理の研究論文が入っ
てこなくなった．核物理分野の研究論文は，核エネルギーを用いた爆弾の製造
に手がかりを与える可能性があった．そんな中，ローレンスはアメリカの原爆
研究に，仁科と荒勝は日本の原爆研究に，それぞれ協力することになるのであ
る．国のためにならない研究を続けることが困難になっていたその頃，多くの
者が戦争の前線に徴兵されたように，科学者もまた，兵器開発に動員されたの
だ．

　原爆を作る可能性が理論的に示された直後に，第二次世界大戦が重なったこ
とは，不幸であった．ナチスドイツによる原爆製造を危惧した一部の科学者の
働きかけにより，アメリカではマンハッタン計画がはじまった．ナチスと連合
国のどちらが先に原爆を製造するかは，戦局を左右する死活問題であった．日
本も例外ではなかった．日本における原子核研究の第一人者であった仁科，荒
勝はそれぞれ陸軍，海軍より原爆開発を依頼されたが，資材不足などから結局

補論　　　　　　　　　　　　　　　　　　　　●中尾麻伊香

完成に至ることはなかった．一方アメリカは，莫大な資金力と組織力をもって
1945年，ニューメキシコの砂漠で爆発実験に成功した．そして原爆は，兵器
として使用されたのだ．仁科と荒勝の調査チームは，広島への原爆投下の数日
後に現地入りし，調査を行った．そのデータはそれが間違いなく原爆であるこ
とを証明することとなった．

　日本の核物理学研究は，戦争が終わってからも，自由にできたわけではなかっ
た．GHQは，日本国内で原爆製造ができないよう，監視の目を光らせていた．
荒勝研究室では，サイクロトロンのメイン部分である電磁石（マグネット）を
完成させていたが，1945年11月24日，日本を占領していたGHQによって
撤去されてしまったのだ．理研，阪大のサイクロトロンも同様の運命を辿った．
理研サイクロトロンは東京湾へ，阪大サイクロトロンは大阪湾へ，京大サイク
ロトロンは琵琶湖へ，それぞれ解体され沈められたのである[2]．サイクロトロ
ンの破壊は，核物理学研究の埋葬に等しいものであった．

■サイクロトロンの破壊の後

　GHQによるサイクロトロンの破壊は，世界中の科学者からの手厳しい非難
を浴びた．科学を知らない軍部が，純粋な科学を戦争の道具と混同した，人類
の知的財産を奪ったのだと．仁科はアメリカの学会誌に痛恨の想いを投稿し，
科学者たちの同情をかった．

　サイクロトロンにとって不幸だったのは，サイクロトロンが，素人には判断
つけ難い科学技術であったということだ．科学，とくに物理学は目に見えない
世界を探求するものである．しかしその探求は，時に思わぬ方向に進んでしま
うこともある．研究結果が，何かしらの形で社会に反映されるのだとしたら，
純粋科学だからといって説明責任を逃れることは難しい．しかし，それがあま
りにも複雑で，わかりにくいものだったとしたら…．そんな時，予防原則だと
して探求を阻止してしまうのは正しいことなのか否か．答えは簡単には見出せ
そうにない．

　いずれにせよ，原爆の製造に繋がる危険性があると判断されたサイクロトロ

────────────
　2）京大サイクロトロンが捨てられた場所は判明しておらず，その後の取材によると琵琶湖ではな
　　く大阪湾に捨てられた可能性が高い．

420

京大サイクロトロンの歴史を辿って | 補論

ンは破壊された．その後軍部は，サイクロトロンの破壊が誤りであったという
声明を出すが，サイクロトロンは原子核研究に必要不可欠な装置であり，原爆
開発に繋がるかもしれないという潜在的な脅威があったことは，事実だろう．
危険な芽は摘み取っておくにこしたことはないのである．

　サイクロトロンの破壊は，戦後の原子核研究に対する，占領軍の意向を象徴
する出来事であった．以後数年間，日本における原子核研究は禁止されたのだっ
た．この原子核物理学の暗黒時代，一方では，かつての敵国であったアメリカ
などから最新の研究論文が大量に流入してきた．情報が手に入れられても実験
ができないという歯痒い状況に光明が差したのは 1951 年のことである．サイ
クロトロンの開発者であるローレンスが来日し，占領軍からサイクロトロン再
建の許可を取り付けたのだ．

　京都大学では，荒勝研究室を引き継いでいた木村毅一を中心に京都市から借
り受けた旧蹴上発電所のレンガ造りの建物でサイクロトロンの再建がはじめら
れた．すぐ横には琵琶湖疏水が流れていた．

　琵琶湖からの水を引くことは京都にとっての悲願であり，琵琶湖疎水は大正
期に行われた京都三大事業の一つとされていた．1954 年 10 月 19 日の朝日新
聞は「斜陽都市に金色の光——原子時代に脈打つ水力発電の魂」という見出し
をつけ，サイクロトロンの建設をかつての大事業になぞらえて紹介している．
琵琶湖疎水は，湖の底に眠る初代サイクロトロンの遺志を運んできたかのよう
である．

　そしてついに 1955 年 12 月 24 日，サイクロトロンの完成が発表された．初
代サイクロトロンが破壊されてからちょうど 10 年と 1 ヶ月後のことであった．

　今日，新しい装置の開発・導入に伴い，サイクロトロンはもはや科学技術の
先端ではなくなった．しかしその功績が称えられ，京都大学化学研究所の入り
口前には，サイクロトロンの電磁石部分が「原子核科学の魁」と刻まれた石碑
とともに展示されている．

■行き場のないポール・チップ
　一方，初代サイクロトロンは忘れ去られてしまったようである．サイクロト
ロンが廃棄された時に，本体と離れたところに置かれていたポール・チップは

421

補論 ●中尾麻伊香

天涯孤独の身となった．惨禍を免れたポール・チップは京都大学付属博物館に
安住の床を得たが，その詳しい経緯は謎に包まれている．博物館ではポール・
チップの処遇に困り，地下収蔵室で眠らせている．京大博物館の大野照文教授
は，展示する文脈と背景が見つからないと語る．京大博物館では戦後60年以
上経過した今日も，ポール・チップ，そしてサイクロトロン，ひいては大学に
おける原子核研究の意味づけをできないでいる．ポール・チップはどう展示さ
れることができるのだろうか．

　戦後とくに，科学技術の持つ負の面が明らかになり，科学者の社会的責任や
技術者の倫理といったものが問われてきた．そして今や，生物の「核」まで，
議論は尽きることはない[3]．科学者・技術者だけに，その責任を問うことがで
きるだろうか．核兵器が戦争に必要とされたように，社会の要請に伴って科学
技術は生まれるものである．

　歴史は，どの方向から光りをあてるかによって，まったく異なった様相を見
せる．過去を語るという行為は，語る人の立場を表明するものでもある．私た
ちは，サイクロトロンをどう語ることができるのか．葬られたままのサイクロ
トロンは，ただの"遺物"ではない．

3　ドキュメンタリー映画の制作

　「京大サイクロトロンの物語」を執筆した後，私は東京で就職し，後ろ髪を
ひかれながらも研究の世界からしばし遠ざかることとなった．しかしそれから
幾度もサイクロトロンへと引き戻されるきっかけに恵まれた．

・鉄尾さんからの連絡

　大きなきっかけとなったのは，2007年1月，京都大学人間・環境学研究科
相関環境学専攻技術専門員の鉄尾実興資氏から，連絡をいただいたことである．
鉄尾さんはサイエンスライティング講座の修了作品としてウェブサイトに掲載

3）生物の「核」を操作することで現代社会に大きな影響を及ぼそうとしているバイオテクノロジー
　の問題．

422

されていた「京大サイクロトロンの物語」を見て，塩瀬氏に連絡をとり，ポール・チップが博物館に託された経緯について教えてくれたのであった．翌月私は，理学部名誉教授の加藤利三氏が主催する科学史の研究会に参加して，詳細をうかがうことになった．また，同じくサイエンスライティング講座に参加されていた読売新聞社記者の高田史朗氏は，その後に独自取材を行い，占領軍に破壊されたサイクロトロンの部品が現存していることと，それが博物館に保存されることになった経緯についての記事を執筆した[4]．

　鉄尾氏の紹介で話をうかがうことになった電磁波環境研究所所長（元京都大学工学部助手）の荻野晃也氏の話から明らかになったのは，次のようなことだった．GHQによってサイクロトロンが破壊された時，京大のサイクロトロンはまだ完成していなかったため，ポール・チップは取り付けられていなかった．だから接収を免れ，理学部5号館の片隅にひっそりと残されていたのであった．荻野氏は1979年にスリーマイル島の原発事故がおこった際，微量の放射能を測定するために，自然放射線を遮断するための純度の高い鉄を探していた．その荻野氏に，恩師であった柳父琢治氏が託したのがポール・チップであった[5]．柳父氏は一つは切り刻んで遮蔽として用いてよいが，もう一つは保管してほしいと荻野氏に2つのポール・チップを託したという．退官を控えた荻野氏がポール・チップの処遇に明け暮れていた際，加藤利三氏の紹介で博物館に収めることとなった．

■科学コミュニケーション映像セミナー
　学部時代に映像制作を専攻していた私は，この数奇な運命を辿った京大サイクロトロンをテーマに，映像作品を残せないかと考えるようになった．折しも2007年夏，サイエンスライティング講座を塩瀬氏と共に主催していた富山大学人間発達科学部准教授の林衛氏が，科学コミュニケーションのための映像制作の編集技術の習得を目的とした科学コミュニケーターサマーセミナーを開催

4）『読売新聞』2007年6月13日，夕刊14頁．『読売新聞』2007年7月2日，
5）当時加工されていた鉄には，コバルト60が混入しており，微量の放射能測定には不向きであった．柳父氏からポール・チップを預かった経緯について，荻野氏は柳父氏の追悼集で触れている．「思い出の柳父琢治さん」編集委員会編『思い出の柳父琢治さん』柳父幸子，1993年．

補論　　　　　　　　　　　　　　　　　　　　　　　　　　　　　　●中尾麻伊香

することとなり，京大サイクロトロンのことで映像作品を作らないかと声をかけてくれた．私はそれまでの取材についても，映像撮影をしていたためそれらが作品に活かされることとなる．その夏，林氏らとともに，竹腰氏，荻野氏，大野氏，化学研究所所長の江崎信芳氏，文書館教授の西山伸氏ら京都大学関係者にインタビュー取材を行った．また，科学史研究者の日野川静枝氏，キム・ドンウォン氏にもインタビューを行った．彼らのサイクロトロンに対する見方はそれぞれ異なるものであった．「京大サイクロトロンの物語」で書いた，「歴史は，どの方向から光りをあてるかによって，まったく異なった様相を見せる」ということをあらためて実感した．

　撮影の後，膨大に撮影した映像から一つの作品にまとめる編集作業が待っていた．私はこのときまでに博士課程に進学することを決めており，進学準備をしながら，秋から冬にかけて編集作業を行った．大学時代の友人で映像関連の仕事をしていた鈴木恵生氏が編集作業を手伝ってくれることとなり，編集作業が劇的に進み，その質もより高いものとなった．林氏，鈴木氏との多くの議論と作業を経て，ようやく1時間強のドキュメンタリー映画『よみがえる京大サイクロトロン』にまとまった．

■上映会での出会い

　2008年3月26日，塩瀬氏やサイエンスライティング講座を受講していた京都大学大学院農学研究科博士課程院生（当時）の水町衣里氏らの企画でドキュメンタリー映画の試写上映会が京都大学図書館で開催された．試写会には，100人近い方に参加いただいたが，その中には荒勝研究室出身で堀場製作所創始者の堀場雅夫氏もいらした．その後，堀場氏を手伝い荒勝研の歴史の調査をされていた泉昭太郎氏の紹介で，戦時中に荒勝研にいた加藤隆平氏（京都大学名誉教授）にも話をうかがうことができた．加藤氏のインタビューは，ドキュメンタリー映画の完成版に反映された．この映画は2009年に完成版として，科学技術映像祭でポピュラー・サイエンス部門を受賞した．また，コロンビア大学院生（当時）のアダム・ブロンソン氏らの協力により英語字幕ができ，海外での上映もできることとなった．

　試写上映以来，国内外のさまざまな大学や研究グループ，NGOに声をかけ

424

ていただき，上映会を開催してきた[6]．制作者が映画上映と同じくらいに重要だと考えているのが，上映後の議論である[7]．そこでは多様な参加者の関心を反映した議論がなされ，学ぶことが多かった．例えば，年配の人，若い人，物理学者，歴史学者……といった異なる立場の人々で，映画の受け取り方は異なる．多様な受け取り方を知ることは，私自身を含め参加者各々の視野もまた広めてくれる．興味深いことは，映画を見る人々の関心が，年々変わってきているように感じられることである．とくに2011年の東電福島原発事故以降には，戦後の原発開発への関心から，サイクロトロン開発を日本の核開発の端緒としてみる視点が強くなり，その連続性などへの質問が多く寄せられるようになった．そして現在，防衛省の軍事研究費が増額され，学術界が軍事研究にどう向き合うかが焦点となっている．その意味でもこの映画はアクチュアリティーを帯びることとなった．

　時代の変化とともに映画が人々に訴えることは少しずつ変化している．その時代ごと，見る人ごとに，異なるものが前景化されていく．それでも，京大サイクロトロンの物語はいつになっても色あせない――現代社会に訴えるものがある――と信じている．

6）京都大学，札幌ビズカフェ，山梨県立科学館，NPOネットワークとやま，科学史学校（日本科学史学会），KEK一般公開，京都大学化学研究所一般公開，市民科学研究室，サイエンスアゴラ，東大科哲の会，東京大学0to1，東工大火曜ゼミ，東京理科大学講義，九州大学講義，科学におけるコミュニケーション研究会（総研大），科学技術映像祭，カルチュラル・タイフーン，日本科学史学会，エントロピー学会，京都大学白眉プロジェクト，歴史コミュニケーション研究会，広島大学講義，大阪大学核物理研究センター，京都大学基礎物理学研究所，京都大学講義，関西大学講義，ボーフム大学，ハワイ大学，コロンビア大学，ウラニウムフィルムフェスティバルなどで上映．ドキュメンタリー上映の取り組みは，日経新聞（関西版），京都新聞，朝日新聞，産経新聞，東京大学新聞，毎日新聞，NHKニュース（関西版）などのメディアで紹介された．また，『日本加速器学会誌』，『日本物理学会誌』，『科哲』，『市民科学』といった学術雑誌などに『よみがえる京大サイクロトロン』に関する寄稿をしている．

7）議論の一部は『よみがえる京大サイクロトロン』のブログでも紹介している．http://kyotocyc.blogspot.co.at/

補論　　　　　　　　　　　　　　　　　　　　　　　●中尾麻伊香

4　京大サイクロトロンと「出会い直す」──おわりに

■二人の久保田氏と荒勝資料

『よみがえる京大サイクロトロン』試写上映会の少し前から，日経新聞記者の久保田啓介氏が取材を開始し，「湯川秀樹の遺伝子」という連載を執筆された．久保田氏の記事は，私たちが取材できていなかった数々の方の話を踏まえ，その歴史を多角的に掘り下げるものであった．久保田氏とはその後も東京で幾度かお会いし，情報交換をする機会があった．その際，荒勝家から預かった資料のこともうかがった．2013 年秋，学習院大学のアーカイブズ専攻を訪問した際に，当時院生であった久保田明子氏と出会い，荒勝資料が京都大学博物館に移管され，整理が進められていることを聞いた．かつて私があれほど惹かれ，調べていた歴史に関する資料が，いつの間にか京都大学に戻っていたことを知るのは不思議な感覚であった．私はこのとき，京大サイクロトロンと「出会い直した」のだと思う．資料の整理にあたられた久保田氏はもちろん，長年荒勝関連資料の調査をされてきた政池明氏のご尽力には頭が下がる．

その後も縁があり，2014 年 11 月には，東京工業大学大学院教授の池上雅子氏のご紹介で，政池氏や久保田氏らとともに，荒勝研究室出身の池上栄胤氏（大阪大学名誉教授）に話をうかがう機会にも恵まれた．

■歴史を伝えるリレーを継ぐ

様々な方が関心を持ち，協力していくことで，失われかけていた歴史が残されようとしている．一方これらの資料は，関心を持つ人からのアクセスがなければ，あるいは的確に保存・公開されなければ，その価値が忘れられて，誰からも知られない存在になっていってしまうのかもしれない．そうならないためにできることは何か．歴史を伝えていく細く長いリレーに，少しでも貢献できたらと願っている[8]．

2016 年 2 月 2 日，京大サイクロトロンと出会ってちょうど 10 年を迎えた．

8）『よみがえるサイクロトロン』については，普及版 DVD の制作やウェブサイトでの公開などを検討している．

その日私は京都の自宅にいて，この数奇な出会いを反芻し，京大サイクロトロンがいかに私に多くのものを与えてくれたかを思っていた．今また京大サイクロトロンのことを調べはじめれば，10年前とはまた違った風景が見えてくるのだろう．私に歴史の深淵を教えてくれ，多くの魅力的な方々と出会わせてくれた京大サイクロトロンに，これまでの活動を支えてくれたすべての方にお礼を申し上げたい．

年　表

	荒勝グループをめぐる動き	日本と世界の原子核物理をめぐる動き	社会の動き
1890	荒勝文策生まれる	仁科芳雄生まれる	最初の衆議院議員総選挙, 帝国憲法施行
1896		ベクレルによる放射能の発見	
1897		トムソンによる電子の発見	
1898		キューリー夫妻 ラジウムを発見	
1900		プランク エネルギー量子仮説を提唱	治安警察法公布
1903		長岡半太郎 原子模型を提唱	
1905		アインシュタイン 光量子仮説を提唱. 特殊相対性理論発表	日本海海戦／日露戦争終結
1909		ミリカン 電気素量を測定	
1911		ラザフォード α線の散乱によって原子核を発見	中国で辛亥革命始まる
1913		ボーアの原子模型	
1914			第1次世界大戦始まる
1915	荒勝　京都帝大理学部入学	アインシュタイン 一般相対性理論を完成	日本が中華民国に対華21ヶ条を要求
1918	荒勝　京都帝大理学部卒業, 講師となる		第1次世界大戦が終結
1921	荒勝　京都帝大理学部助教授		ワシントン会議開催／日英同盟の廃棄
1924		ド・ブロイ 物質波の理論を提唱	
1925		ハイゼンベルグ マトリックス力学を発表	普通選挙法が公布／治安維持法が制定される
1926	荒勝　ヨーロッパに留学, ドイツに滞在	シュレディンガー 波動方程式を発表	
1927	荒勝　スイス, イギリスに滞在	ハイゼンベルグ 不確定性原理を提唱	
1928	荒勝　ヨーロッパより帰国／台北帝大着任	クライン・仁科の公式	張作霖爆殺事件／日本最初の普通選挙実施
1929	太田　台北帝大着任		
1930	木村　台北帝大着任		
1932		コッククロフト, ウォルトン高電圧加速器を用いて最初の人工核変換に成功 チャドウイックによる中性子の発見 ローレンスがサイクロトロンを発明	ドイツ総選挙でナチスが圧勝
1934	荒勝, 木村, 植村が台北大学でコッククロフト・ウォルトン型加速器を用いて東洋で最初の人工核変換に成功		日本が米国にワシントン海軍軍縮条約の単独破棄を通告
1935	荒勝ら「重水素原子核の変転現象」について発表	湯川秀樹, 中間子論を発表	
1936	荒勝, 木村, 植村, 京大へ		二・二六事件
1937	京大高電圧加速器完成	理研小サイクロトロン完成	盧溝橋事件・日中戦争始まる／日独伊防共協定

429

1938		ハーンとマイトナーが中性子によるウラン核分裂を発見	
1939	6月　荒勝　核分裂について講演 10月　萩原　核分裂の際の放出中性子数の精密測定発表	8月　アインシュタインとシラードルーズベルト米大統領にドイツの原子爆弾開発を警告 仁科ら対称核分裂発見／ウラン237発見	9月　ヨーロッパで第2次世界大戦始まる
1940	木村　γ線を重水素に照射して中性子の質量を決定	安田陸軍中将ウラン新型爆弾開発を理研に依頼	日独伊三国同盟
1941	5月　萩原　海軍火薬廠にて「超爆裂性原子"U235"に就いて」と題して講演 荒勝らウランおよびトリウムのγ線による核分裂		12月　太平洋戦争始まる
1942	京大高電圧加速器でガンマ線による原子核からの荷電粒子放出を発見	ルーズベルト米大統領　原子爆弾開発を承認（マンハッタン計画の開始） フェルミらウランの核分裂連鎖反応に成功 坂田昌一ら2中間子論発表	6月ミッドウェイ海戦
1943	荒勝・花谷ら中性子によるウラン核分裂断面積，放出中性子数の精密測定	理研ウラン235を濃縮分離するための分離塔が完成	
1944	1月　大阪水交社でウラニウム問題について関西の大学関係者と海軍の会議 10月　京大でウランの遠心分離器設計開始 12月　サイクロトロン電磁石完成		7月　サイパン島陥落 11月　日本本土空襲開始
1945	5月　F研究　戦時研究37-2として承認される 7月　琵琶湖ホテルで京大と海軍の合同会議開催 8月　荒勝ら広島投下爆弾を原爆と確定 9月　米国原爆調査団による京大捜索 9月　大野浦における京大グループの遭難 11月　京大サイクロトロンの破壊	4月　空襲により理研のウラン分離塔などが焼失 7月　アメリカ　人類初の核実験（トリニティ実験） 8月　広島・長崎に原爆投下 9月　米国原爆調査団，科学情報調査団来日 11月　連合軍によるサイクロトロン破壊	5月　ドイツ降伏，ヨーロッパで第2次世界大戦終結 7月　ポツダム宣言発表 8月　日本降伏，アジアで第2次世界大戦終結 8月　連合国軍の進駐開始 9月　GHQ日本の新聞に対しプレスコード発令
1946	2月　フィッシャーら京大を査察 11月　荒勝グループ　長崎原爆の残留放射能調査	1月　フッシャー来日	1月　公職追放の開始 5月　東京裁判の開始 11月　日本国憲法公布
1947		1月　極東委員会が日本の原子核研究の禁止を決議 朝永振一郎　くりこみ理論発表	5月　日本国憲法施行
1948	京大グループ　高電圧加速器による原子核研究再開		12月　GHQ／SCAP，対日自立復興の9原則を発表（対日政策転換）
1949		湯川秀樹　ノーベル物理学賞受賞	
1950	荒勝　京大を定年退官		6月　朝鮮戦争勃発
1951			9月　サンフランシスコ講和条約締結（翌年1952. 4.発効）

索　引

■事項索引

■荒勝文策および荒勝グループの活動

γ線による原子核反応の研究　63, 95, 112, 305
　　17.6MeVと6.3MeVのγ線による原子核反応の研究　37, 57, 61-62
　　γ線によるウランとトリウムの核分裂断面積の測定　59
　　γ線によるウランの核分裂生成物の飛跡　60
　　γ線の諸物質による吸収係数の研究　284
　　γ線を用いたウランとトリウムの核分裂断面積測定装置　59
　　γ線照射によって重水素から放出される中性子エネルギーの測定　40
Ra-Be中性子源による研究　45, 58, 70, 71, 74, 215
アジア初の加速器による核反応実験　19, 29
荒勝文策の生い立ちと学生時代　6-8
荒勝文策のヨーロッパ留学　9-14
荒勝研究室の実験ノートとその押収　244, 271, 273
　　　　→米国による日本の原子核研究の調査と管理
ウラン同位体の分離濃縮の試み　106
　　ウラン同位体の遠心分離法による分離濃縮の試み　109-108, 111-113, 305
　　ウラン分離のための遠心分離器の設計　305
重い原子核及び中重核の分裂現象観測の試み　61
塩素の同位体の発見　9
科学至上主義，学問優先主義　139, 303
経験主義　303, 306-307
原子核の巨大共鳴　57, 62, 304
研究装置の開発と製作
　　ウランによる中性子の捕獲断面積測定装置の開発　70
　　核分裂検出チェンバーと比例増幅器の考案と開発　215
高電圧加速器　27, 29, 66, 214, 281, 284, 285, 304
　　中性子計数箱の開発　67-68
　　電離箱と比例増幅器を用いた粒子検出器

　　　　22, 26, 37, 40, 58, 66, 70, 216, 281
　　　──計測システムの特性　39, 66
　　　──の構成　38-40
　　　──の自然放射能によるバックグラウンド　38
　　中性子によるウランの分裂断面積測定装置　74
重水の濃縮　17, 20　→重水
重陽子・重陽子衝突で発生する中性子を用いた研究　58
水素原子のバルマー系列と連続スペクトルの研究　15
戦時研究37-2（F研究）への参加　96　→日本の戦時研究と科学者および関連組織
台北帝大への赴任と台北帝大での研究・教育　14-20, 31-32
台湾の湿地開発と製糖産業への貢献　24　→台湾製糖
電子・陽電子対創生効果の研究　112, 284
中性子による核分裂の研究　66
　　ウランによる熱中性子の捕獲断面積の測定　67-69, 278
　　ウラン核分裂の断面積測定　215, 305
　　ウラン核分裂の発見についての荒勝講演「中性子よる重元素の分裂」　42-44
　　ウラン核分裂の連鎖反応臨界値の計算　72, 99, 117, 118, 121, 213, 305
　　ウラン核分裂時に発生する中性子数の測定　45-47, 70-71, 73, 83, 215, 304
　　ウラン核分裂についての萩原の海軍講演　47-51
長崎原爆の調査　183-185
鉛の爆発スペクトルに於ける線の反転の測定　14
日本学術協会台北大会の開催　25
広島原爆調査　307
　　原子核爆弾との判定　155-160
　　広島原爆のウラニウム量の推定　158
　　広島原爆の生物学的作用の推測　160, 164
　　広島原爆の爆発過程の理論計算・爆発中心の推定　158-159

431

広島原爆の放射能の測定　137-139, 140, 147
西練兵場の土から放出した放射線の測定　138, 140-143, 147, 157, 162, 394
第 1 次広島原爆調査　129, 131
第 2 次広島原爆調査　138, 155
第 3 次広島原爆調査　171　→京都大学原子爆弾災害綜合研究調査班の遭難
琵琶湖ホテルにおける会合　305
放射性同位元素による原子核反応の研究　37
北投石の放射能(ポロニウム)の研究　17, 25-27
リチウム原子の荷電分布の決定　12

■日本の戦時研究と科学者および関連組織

「F 研究」　→戦時研究 37-2
ウランの核分裂連鎖反応研究(核分裂エネルギーの利用研究)　87, 89-90, 201, 206, 211 →戦時研究 37-1, 戦時研究 37-2, 日本における原子エネルギー／爆弾研究
海軍艦政本部　94-95, 105
海軍技術研究所　89, 94, 105, 109, 161, 227, 271-273, 277, 307
海軍特殊補給部隊希土類物質部門　277
科学研究動員委員会　91
クラジュウス(Clusius)管　206-207
戦時科学研究体制　223
戦時研究 37-1 (ニ号研究)　51, 91-92, 96, 102 →陸軍航空本部
戦時研究 37-2 (F 研究／海軍 F 研究)　67, 92, 95-97, 101, 115, 117, 151, 272
　課題と参加した主要研究者　96, 97
　「ウラニウム問題」第 1 回会合（大阪水交社会議）　97, 116, 213, 217-218

F 研究者・海軍合同会議（琵琶湖ホテル会議）　109, 116, 213
戦時研究への科学者の動員　215
戦時日本のウラン保有　105, 291　→ウラン
「ニ号研究」　→戦時研究 37-1
日本における原子エネルギー／爆弾の研究　193, 194, 201, 213　→戦時研究 37-1, 戦時研究 37-2
　理研　207
　物理懇談会　89, 93-94, 304
　陸軍航空本部　109　→戦時研究 37-1
　ウラン分離塔の建設（理研）　90, 93, 193, 208
日本の物資調達状況　222
ラジオゾンデ　203
陸海軍技術運用委員会　96
陸軍航空技術研究所　89, 92
陸軍航空本部　51, 109
レーダー（電探）の開発　89

■米国による日本の科学技術研究の調査と管理に関わる事柄

GHQ／SCAP　→連合国軍最高司令官総司令部
研究室の実験ノートの押収　244, 271, 273
大阪帝国大学の査察　275
太田頼常の取り調べ　292
基礎研究(basic research)とその教育の許可　295-297
菊池正士の取り調べ　218
木村一治の取り調べ　203-204
京大地球物理学研究の査察　292
検閲　167　→プレスコード
原子核物理学研究に関わる機密事項　287
嵯峨根遼吉の取り調べ　200, 286
サイクロトロン破壊　58, 233, 234-236, 243, 249, 258, 271, 297, 308, 420
　大阪大学　236, 237
　京都大学　237, 254, 417
　理研　236, 237
サイクロトロン破壊に対する抗議　249
　MIT　249
　オークリッジ科学者連合　249-250, 310

クリントン研究所　250
　スミス（通訳）の抵抗　243
　堀田進　250
サイクロトロン破壊についての米政府・米軍の弁明・謝罪　255
　パターソン陸軍長官　250, 257-258, 310
　マッカーサー連合国軍最高司令官　255-256
米国太平洋軍参謀長　196
田久保実太郎の取調べ　217
仁科芳雄の取り調べ　204-205
日本の科学技術に関する事前情報の収集　195
日本の原子核物理学大学院教育に関する考察　219
速水頌一郎の取調べ　291
プレスコード　167　→検閲
米国海軍日本技術調査団　196
米国科学研究開発局　195, 220, 250
米国科学情報調査団（コンプトン調査団）　194-195, 224, 233, 256

米国参謀本部軍事情報部門　195
米国原爆調査団（ファーマン調査団）　193, 200,
　　202, 224, 233, 263, 309
湯浅年子の取り調べ　294
湯川秀樹の取り調べ　210
連合国軍最高司令官総司令部（GHQ）　224,
　　235, 279, 285

経済科学局　235, 259, 298
　　経済科学局科学技術課特別計画班
　　259, 267, 270, 274-275, 286, 299
　　経済科学局産業課　264
　　原子核問題特別計画班　268, 270, 274, 280,
　　284, 295, 299

■その他の重要な事柄

basic research　268, 295, 297-298, 312
β線　43
β線のスペクトル　138, 148, 179, 294
β崩壊　43
d-d 管　203, 204
Dee　80, 206, 318
E1 励起　62
Fundamental Research　268, 298, 313
NARA　230
Particle Physics Booklet　42
アーカイブズ学　379, 381
　　科学技術史資料のアーカイブ　392
圧縮空気　108
アトランタ・コンスティテューション　288
「荒勝先生のメモ」　118, 305, 356
アルソス部隊　194
委託研究費　89-90, 99, 114, 227
ウエスチングハウス　59
牛田国民学校　175　→京都大学原子爆弾災害
　　綜合研究調査班
宇宙線の研究　90
ウラン
　　ウラン234　43
　　ウラン235　32, 43-44, 69, 73, 89, 92, 107,
　　　120, 147, 221
　　ウラン238　43, 73, 92, 107
　　フッ化ウラン　87, 90, 93, 101, 122, 227
　　ウラン・カーバイト　90
　　ウラン同位体／ウラン235の分離濃縮　94
　　　-95, 99, 107, 113, 202, 208
　　　遠心分離法　92, 96, 99, 101, 106-114,
　　　　116, 123, 202, 226, 271, 277
　　　気体拡散法　92
　　　クラジュウス管によるウラン同位体の
　　　　分離　207-208
　　　質量分析法　202
　　　電磁分離法　92
　　　熱拡散法　49, 90, 92
　　金属ウラン　88, 90, 122
　　硝酸ウラン　122, 241
　　天然ウランによる臨界実験　102

日本のウラン資源・ウラン蓄積　105, 199,
　　202, 206, 263, 267, 274
　　上海のブラック・マーケットでのウラ
　　ン購入　291
ウランによる中性子吸収反応　42, 206, 219
「起爆剤（initiating matter）としてのウラ
　　ン」　53, 54　→水爆のアイデイアに
　　ついての誤解
酸化ウラン　46, 48, 56, 59, 70, 121, 227,
　　274, 277
液体パラフィン　39
塩化フッ素　58
塩化ホウ素　67, 69, 75
遠心分離器の研究・開発　106-107, 202　→ウ
　　ラン同位体の分離濃縮
遠心分離器の設計ノート　103
円筒型電離箱　40　→中性子エネルギー測定装
　　置
欧州素粒子研究機構（CERN）　30
大阪大学の広島原爆調査　142
大阪大学での加速器建設　25
大阪府立放射線研究所　413, 416
大野浦陸軍病院　172, 174, 178, 407　→京都
　　大学原子爆弾災害綜合研究調査班
大野西国民学校　174　→京都大学原子爆弾災
　　害綜合研究調査班
海事歴史科学館　148, 397
ガイガー・カウンター　66, 138, 142, 150, 184,
　　284, 300
外務省終戦連絡事務局　235-236, 274
科学技術史資料のアーカイブ　392　→アーカ
　　イブズ学
科学研究会議　279
拡散方程式　98-100, 102, 120, 213
核分裂機構　35
核分裂現象の発見　42-43
核分裂生成物　44, 60, 74, 141, 186, 205, 218
核分裂生成物の飛跡　60
核分裂測定用電離箱　207
核分裂の際放出される中性子数　83　→荒勝文
　　策および荒勝グループの活動：中性子によ

る核分裂の研究
「学問優先主義」 303
ガス拡散法 107 →ウラン同位体の分離濃縮
加速器の進歩 29 →高電圧加速器, サイクロトロン, シンクロトロン, ハドロン衝突型シンクロトロン
カドミウム 46
過冷却 17
関西研究用原子炉設置準備委員会 413
関西電力 411-412
技術院 114, 191, 198, 220
「起爆剤 (initiating matter) としてのウラン」 53, 54 →ウラン
「起爆裂性物質」 51
キャベンディッシュ 13
京都師管区司令部 131
京都大学医学部病理学教室 139
京都大学化学研究所 42, 63, 77, 172, 260
京都大学原子爆弾災害綜合研究調査班 171, 188, 406
　京都大学原子爆弾災害綜合研究調査班の遭難 171, 176-182, 188, 408-409
　京都大学原爆災害綜合研究調査班遭難記念碑 18
　牛田国民学校 175
　大野浦陸軍病院 172, 174, 178, 407
　大野西国民学校 174
京都大学原子炉実験所 415
京都大学工学部冶金学教室 282
京都大学放射性同位元素総合センター 106
京都大学理学部化学教室物理化学研究室 45, 282
京都大学理学部化学教室分析化学研究室 282
京都大学理学部化学教室有機化学研究室 282
京都大学理学部地質学鉱物学教室 217, 283
京都帝国大学理科大学 7
共鳴吸収 41, 72-73, 98, 121, 165
共鳴現象 21 →原子核の巨大共鳴
共鳴帯通過度 73
玉音放送 145, 153-154
極東委員会 268, 284-285, 297-298, 313
霧箱 17, 61, 66, 272, 276, 281, 284
金属中の原子の拡散 206
勤務録 97, 101-102, 109, 116, 124, 221, 228, 274, 290
クラジウス管 206-207, 209
呉海軍病院 136, 142
呉工廠 94, 136
呉鎮守府 97, 132
　呉鎮守府衛生部 132
軍事情報部門 195

経験学派 8, 13, 306
ケノトロン 18, 24, 66
原子核分裂の軍事的利用 304 →原子爆弾
原子核反応研究の黎明期における用語類
　「原子核の変転」(原子核反応) 22
　「実現率」(反応断面積) 21-22
　「衝極」(標的) 21-22
　「到程」(飛程) 21-22
　「飛散粒子」(散乱粒子) 21-22
原子核物理学の驚異の年 16
原子核物理学の定義 287
原子核変換 29
原子爆弾
　原子爆弾以外の可能性の検討 (広島原爆調査) 136
　原子爆弾開発に必要なプラント技術／プラント施設 270, 286
　原子爆弾災害調査報告集 166, 184, 187
　原子爆弾実験 (ニューメキシコ州) 131
　原子爆弾との判定 (広島原爆調査) 135
　原子爆弾の残留放射能 136, 166, 171, 185, 187
　原子爆弾による放射能のサンプル (長崎) 186
　原子爆弾の基礎研究 →日本の戦時研究と科学者および関連組織
　原子爆弾の爆発原理に関する一般向け解説 287 →米国による日本の科学技術研究の調査と管理
原子爆弾報告書 161, 359
　広島原子爆弾災害報告 142
　ドイツにおける原爆開発 193
「原子爆弾の誕生」 53
原子炉
　関西原子炉実験所 347
　原子炉 (世界初の) 88
　原子炉 (ドイツ) 102
　原子炉の初等臨界理論 121
減速材 207
高速中性子による核分裂の連鎖反応 101
高電圧加速器 18, 20-21, 29, 36, 57, 76 →コッククロフト型高電圧加速器
　高電圧加速器の建設 16
　高電圧加速器の原理 16
　高電圧装置 (大阪大学) 219, 275
興南 288
　「興南沖における原爆実験」報道 288
国会図書館憲政資料室 231
国立公文書館 ii, ix, x, xii, 201, 230, 234, 237, 239, 241, 250, 258-259, 271, 275, 279-280, 283, 292, 295, 311, 391

コッククロフト型加速器　16, 18-19, 21, 29, 36, 58, 240, 271, 279, 293
護国神社　143, 150, 152, 158, 164
児玉機関　275　→日本のウラン調達
コンプトン電子の観測　112
サイクロトロン　29, 43, 62, 201, 310, 419　→サイクロトロン破壊
　　大阪大学での建設　219
　　京都大学での建設（戦後）　260, 409, 412-413
　　京都大学での建設（戦前）　30, 58, 76, 104, 284
　　　　京都大学サイクロトロン電磁石設計図　78
　　サイクロトロンの発明・開発　16, 30
　　ドイツでの建設　298
　　理研での建設　204-206, 208-209, 256, 309
残留放射能　136, 166, 171, 185, 187　→原子爆弾
シェラーの式　12
シカゴ大学　88
磁気浮揚　113
実験日誌　63, 66, 77, 248
実験派　8, 306
自然科学研究所（上海）　264, 274, 291
自然放射能　38, 140, 184
「実現率」（反応断面積）　21-22　→原子核反応研究の黎明期における用語
質量分析器　9, 207, 219, 275
質量分析法によるウランの同位元素分離　202→ウラン
重水　17, 20, 24, 40, 96, 102, 206, 216, 270, 293, 318, 403
死の灰　141
修正派歴史家（revisionist historian）　290
集団振動状態の研究　62　→原子核の巨大共鳴現象
重陽子・重陽子反応　21
重陽子ビーム　23
シュレディンガーの波動方程式　12
「衝極」（標的）　21-22　→原子核反応研究の黎明期における用語
「新型爆弾」の広島投下　130-131　→原子爆弾
シンクロトロン　30
人工核反応実験（人工核変換）　19
水爆のアイデイアについての誤解　53　→「起爆剤（initiating matter）としてのウラン」
スペクトロメーター　49
住友金属　103
　　住友金属工業名古屋軽合金製造所　111
住友通信工業　104

住友通信生田研究所　80
セリウム　209
零戦の主翼　111
前期量子論　5, 10
船舶司令部　136, 145
素粒子物理学小冊子　42
対称核分裂　88
第二海軍火薬廠　54, 93
大日本言論報国会　213
台北帝国大学　14, 31, 304, 419
大本営調査団（広島原爆調査）　130, 137
大本営発表　131
台湾製糖　25
台湾大学　31
台湾大学原子核陳列館　31
台湾電力　31-32, 36
谷口財団　77
短波放送　131, 135
治安維持法　92
チェルノブイリ原発事故　186
遅発中性子　205
中間子研究　211-212
中国軍需監理局　151
中国放送協会　32
中性子散乱　144, 203, 275
中性子の拡散理論　211
チューリッヒ工科大学　11-12
超ウラン元素　43, 48, 165, 321, 323
　　「超ウラン元素」（Trans-uranium）概念の登場　43
超遠心分離器　277　→ウラン同位体／ウラン235 の分離濃縮
「超遠心分離装置製作資材大要」　109
朝鮮日本窒素　290
超超ジュラルミン　111-112
「超爆裂性原子"U235"に就いて」（萩原篤太郎講演）　47, 53-54, 89, 93
「超爆裂性物質」と「起爆裂性物質」　48, 51
津田電線　81
「敵性情報」　130
「鉄道義勇戦闘隊の特攻隊」　153
テニアン島　197
デバイ・シェラー・リング　12
デフレクター　80
電解プラント　216
電子対創生　112
電子対の飛跡　299
電離箱　37　→研究装置の開発と製作
電離箱　20, 26, 37, 40, 46, 59, 67, 70, 83
ドイツによる原子炉の開発　102
ドイツ・メルク社　219

索引　435

東京計器　96, 105, 109
東京高等師範学校　7
東京大学原子核研究所　313
東京帝国大学図書館　199
東京陸軍第二造兵廠　50-51, 54
「到程」(飛程)　21-22　→原子核反応研究の黎明期における用語
同盟通信社　130-131
特別高等警察　92
トリウム　37, 43, 59, 197, 199, 269, 284
トリチウム　21
トルーマン大統領の声明　130, 135
トレーサー　204-206, 215
南京中央研究所　293
二火廠雑報　49, 93
西田哲学　214
西山地区(長崎原爆調査)　185
西練兵場(広島)　140, 142-143, 147, 162　→陸軍第5師団
　　西練兵場の土壌　140-141, 157, 307　→原子爆弾の残留放射能
ニトロセルロース　47, 50, 89, 93
日本学術協会　25
日本学術振興会　17, 24
日本原子力研究所　313
日本鉱物工業　36
日本数学会　61
日本数物学会　61
日本のウラン資源・ウラン蓄積　105, 199, 202, 206, 226-227, 263, 267, 274　→ウラン
日本物理学会　61
熱核融合　53
ノーベル物理学賞　11, 247
ハイデルベルグ　298
バージニア大学　106
ハートリー・フォック近似　12
ハートリー近似　12
箔検出器　142, 144
爆心地付近　153, 185
爆発地点　158, 160
ハドロン衝突型シンクロトロン(LHC)　30
花谷会館　189
ハーバー法　217
バリウム　42
バルマー・シリーズの各線に付随する水素の連続スペクトル　292
ハワイ放送　131
汎色写真乾板　142
反跳粒子　70
バン・デ・グラーフ型高電圧発生装置　265, 276, 293

東練兵場(広島)　132, 142, 145, 162　→陸軍第5師団
　　東練兵場の土壌　140, 157　→原子爆弾の残留放射能
「飛散粒子」(散乱粒子)　21-22　→原子核反応研究の黎明期における用語
被爆地の計測サンプル(広島)　140-143, 145, 150, 153, 158　→原子爆弾の残留放射能
福島第一原発事故　187
プルトニウムの核分裂　48, 73, 165-166, 207
文書の押収　iii, 197
分離塔　87, 90, 93, 114, 193, 208
米国の組織
　　太平洋軍参謀長　196
　　太平洋軍総司令部　198
　　科学研究開発局　195, 220, 250
　　合同情報センター(Joint Intelligence Center)　197
　　国務・陸軍・海軍調整委員会(SWNCC)　195, 269, 313
　　参謀本部参謀第2部　195
　　太平洋軍　196
　　　　太平洋軍総司令部(CINCPAC)　197-198
　　地区連絡所(District Liaison Office)　198
　　統合参謀本部　194, 233, 235-236, 265, 270, 283, 295, 309
　　ボールダー海軍日本語学校　243
　　陸軍第6部隊　236
　　陸軍第8部隊第1機甲部隊　236
　　陸軍第98師団　236
　　陸軍第136連隊　236
ベルリン大学　10
　　ベルリン大学第一研究所　294
崩壊生成物　26
崩壊比　23
ホウ酸粉末塗布型電離箱　70
放射性降下物　141
放射性物質の試掘　296
放射性物質の貯蔵　296, 299
放射能の経年変化　130, 184, 187
放射能分布　長崎調査　186, 307(広島)
放射能の分布曲線　205
北辰電気　109
北投渓　25
北投石　26
ポツダム宣言　154, 196
ポテンシャル障壁　24
ポール・チップ　77, 381, 392, 421-423
ポール・ピース　254, 365
枕崎台風　175-176　→京都大学原子爆弾災害

綜合研究調査班の遭難

満州興発　98

マンハッタン・プロジェクト　88, 107, 195, 197, 237, 268

御影師範学校　7

無限大体系　72, 118, 122

無電極環状放電　15

メディア

　　朝日グラフ　258

　　朝日新聞　242, 308

　　アトランタ・コンスティテューション　288-289

　　星条旗　242, 249, 298, 310

　　ニューヨーク・タイムズ　242, 310

　　毎日新聞　242

　　読売新聞　242

モナズ石　209　→日本のウラン資源

山津波　x, 80, 85, 130, 169, 177, 179, 188, 308, 393, 407, 416

ヤマト博物館　148

誘導放射能　141, 149, 153, 169, 203, 212, 300

ラジウム　26, 35, 42, 169, 206

ラジウムB　27

ラジウムC　39

ラジウムD　27

ラジウムE　27

ラジウム同位体　42

ランタン　43, 209

「陸，海軍合同特殊爆弾研究会」　132

陸軍第5師団　140

理研　90, 93, 193, 203, 207-208, 220, 237

　理研の広島原爆調査　144, 202

硫化亜鉛　（ZnS）　19-21, 318

流体力学　45, 108

励起エネルギー　62

連鎖反応　36, 48, 51, 53, 70, 73, 88, 90, 98, 102, 108, 117, 120, 159, 165, 179, 206, 211, 270, 294, 305, 356

ルーヴァン図書館　249, 258, 310

ローリッツェン　144

ロゴヴスキー（Rogowski）型電磁石　77

■本文中に文面を引用した主な資料および資料所蔵組織

作成者不明「荒勝先生のメモ　U核分裂の連鎖反応（July, 1945）」　118-121, 305, 356

作成者不明「メモ　235U核分裂のChain Reactionの可能性に対する推定」　117

GHQ特別計画班「Status Report : Japanese Research in Nuclear Physics and Related Fields and Stockpiles of Radioactive Materials in Japan」　299

『Journal of Physical Society of Japan』第1号　61

浅田常三郎「手記」　145

朝日新聞記事「日本の原子研究終焉」（1945年11月25日）　242, 310

荒勝文策「原子爆弾報告書　1～4」（朝日新聞1945年9月14日～17日）　161-164, 166

荒勝文策「サイクロトロン破壊時の日誌」　237, 238-241, 254

荒勝文策「北川徹三宛　書簡」　155-156, 161

荒勝文策「北川徹三宛　電報」　155

荒勝文策「サイクロトロン建設関係者宛　書簡」　257

荒勝文策「ニウトロンの吸収による重元素原子の分裂」『物理化学の進歩』（13巻3号）　42

荒勝文策・木村毅一・花谷暉一「花谷暉一学位申請参考論文」　67

荒勝文策・花谷暉一「熱中性子のウランによる分裂・吸収断面積」『技術文化論叢』（5巻）　73

荒勝文策・林竹男・西川喜良「長崎市における残存放射能」　184

糸井重幸「日記」　173, 174

植村吉明「研究日誌」　63-65, 77, 248

エントウィッスル，R. R.「Inspection of Kyoto Imperial University」　281

エントウィッスル，R. R.「Memo for Record : Interview with Dr. Sagane, Physics Dept., Tokyo Imperial University（原子核物理学研究とその発表に関する勧告）」　286-287

『応用物理』（第1巻6号）　17

岡田辰三「メモ　金属ウラン製造法」　122-123

海事歴史科学館（ヤマト博物館）　148

『科学』（第5巻4号）　21

北川徹三「勤務録」　97, 101-102, 109, 116, 221

木村一治『核と共に50年』　145, 204

木村一治「日記」　144

木村毅一『アトムのひとりごと』　399

木村毅一「サイクロトロン建設日誌」　79

木村毅一「日記」　409

木村毅一「Determination of the Energy of Photo-Neutrons」Memoir of Collage of Science, Kyoto Imp. Univ. A22（1940）　39

木村毅一、植村吉明「A Counting Instrument with Linear Amplifier」Memoir of Collage of Science, Kyoto Imp. Univ. A23（1940）　37

京都大学総合博物館　78, 380-381

グローブス，L. R.「Memorandum to the Secretary of War : Cable to MacArthur—Atomic Energy in Japan」　269

甲南大学校友会機関紙「甲友」　6, 11, 13

国立国会図書館憲政資料室　231

坂田昌一「メモ（関西の大学関係者と海軍との最初の合同会議）」　98

清水栄「ノート　Ultracentrifuges I, II, III」　103, 106

清水栄「実験室覚書　2」　63, 66, 248

清水栄「超遠心分離装置製作資材大要」　109, 111

清水栄「超遠心分離器設計図下書」　110

清水栄「日記」　80, 143, 145, 154, 181, 237, 241

State Department to SCAP（研究規制に関する極東委員会決議）　298

杉山繁輝「原子爆弾報告書　5」（朝日新聞 1945年 9月 18日）　168-169

スミス，T.「回想記」　238, 243, 366

台湾大学物理系原子核陳列館　31

竹腰秀邦「台北帝大の初期の加速器」『加速器』（3巻）（2006）　24

中尾麻伊香「京大サイクロトロンの物語」　418

名古屋大学坂田記念史料室　97-99

新妻精一「特殊爆弾調査資料」　135

仁科芳雄「菊池正士宛　書簡（1945年の研究費の配分について）」　279

仁科芳雄「GHQ宛　書簡（原子核研究再開の要請）」　234

『ニトロセルロース』（Nov. 1940）　47, 50, 89, 93

『二火廠雑報』（第 33号）　49, 93

日本学術振興会「原子爆弾災害調査報告集」　142, 166

花谷暉一「学位申請主論文」　70

広島県立文書館　132, 135

ファーマン，R. R.「Field Report: Lt. Commander Hiroshi Ishiwatari, Bureau of Naval Affairs, Imperial Japanese Navy」　226

ファーマン，R. R.「Summary Report: Atomic Bomb Mission, Investigation into Japanese Activity to Develop Atomic Power」　222-224

フィッシャー，R. A.「Letter to Major R. R. Entwhistle（日本の原子核研究管理の基本原則について）」　295-296

フィッシャー，R. A.「Field Report : Inspection of Activities in Physics at Osaka Imperial University」　275

フィッシャー，R. A.「Field Report : Inspection of Nuclear Physics Activity at the Tokyo Imperial University」　276

フィッシャー，R. A.「Field Report : Inspection of Activities at Kyoto Imperial University」　248, 271-272

米国議会図書館　ix, 58, 63, 248

米国国立公文書館（National Archives and Records Administration NARA）　ix, 201, 230, 258, 265, 295

米国統合参謀本部「連合国軍最高指令官宛　電報 WX79907（原子の研究に従事した全研究者の拘束，関連研究施設の差し押さえ，原子核研究の全面禁止）」　235, 269

米国統合参謀本部「連合国軍最高指令官宛　電報 WX88780（日本の原子核研究活動の禁止の継続，原子エネルギー研に精進した全ての科学者，教員，学生の登録，彼等の活動の定期的な捜索，トリウムの押収）」　269, 284

堀田進「マッカーサー元帥宛　書簡」　250-253

マッカーサー，D.『マッカーサー回想記』　255

モリソン，P.「Control of Atomic Bomb Development in Japan : Recommendation」　225-226

モリソン，P.「Report of Interviews（湯川、荒勝取り調べ）」　210

安田武雄「日本における原子爆弾製造に関する研究の回顧」　109

ヤマシロ，G.「Investigation on the Final Deposition of the Cyclotron that was removed from Dr. Arakatsu's Laboratory at Kyoto Imperial University」　259

湯川秀樹「研究室日記」　116-117, 141, 212-213, 255

陸，海軍合同特殊爆弾研究会「陸，海軍合同特殊爆弾研究会決定事項」　132

陸軍航空本部技術部「広島爆撃調査報告」　135

連合国軍最高司令官（外務省終戦連絡事務局宛文書）「仁科のサイクロトロンの運転の許可」　235

ワシントン資料センター　248

■人名索引

会川晴之　112
アインシュタイン，アルベルト（Einstein, Albert）
　　10-11
青木宏一　150-152, 166
浅田常三郎　134, 142-143, 150, 219, 275, 280
アストン，フランシス・ウィリアム（Aston, Francis
　　W.）　9, 13, 99
アドラー，F.（Adler, F.）　99
荒木源太郎　281
荒木寅三郎　7
荒勝豊　379, 382
有末精三　130
アルバレス，ルイス・ウォルター（Alvarez, Luis
　　W.）　209
アンダーソン，ハーバート・ローレンス（Ander-
　　son, Lawrence H.）　46, 73-75, 85, 99
アンリオ，エミール（Henriot, Émile）　106
池上栄胤　78, 260, 426
池上雅子　426
池野与一　131
石黒武雄　96, 116
石崎可秀　150-151, 153, 166
石田（技師）　131
石野又吉　9, 31
石渡（海軍中佐）　226
石割隆太郎　81, 150, 152, 182
五十棲泰人　106
糸井重幸　173
伊藤庸二　89, 93-94
井上健　214, 281
井上信　77
井街譲　173
今中哲二　184
ウィアート，スペンサー（Weart, Spencer R.）
　　120
ウィルコックス，R. K.（Wilcox, R. K.）　289
ウイルソン，チャールズ（Wilson, Charles. T.
　　R.）　13
ウェイナー，チャールズ（Weiner, Charles）　121,
　　265
上田隆三　116, 131, 148, 150-151, 153
上野静夫　282
植村吉明　14, 25, 31, 45, 63-64, 77, 282
ウォルトン，アーネスト（Walton, Ernest T. S.）
　　16, 19, 29, 31
内田洋一　212
エントウィッスル，リチャード（Entwhistle, Rich-
　　ard R.）　259, 273, 276, 280-281, 283, 285

　　-286, 295, 297
大久保忠継　175-176, 179-180
大河内正敏　89, 220
大島眞夫　243
太田頼常　14, 20, 24-25, 31-32, 36, 292-294
大塚直彦　84
大野照文　422
岡田辰三　96-97, 103, 105, 116, 414
荻野晃也　423
オキーフ，ベルナルド（O'Keefe, Bernald）　199
奥田毅　96-97
長田重　6
オッペンハイマー，ロバート（Oppenheimer, Robert
　　J.）　i, iii, vii, 131, 196, 210-211
オハーン，J. A.（O'Hearn, J. A.）　234-237, 242,
　　256, 264, 270, 309
小山（技術中佐）　92
オリファント，M. L.（Oliphant, L. E. Marcus）
　　260
カーター，ジミー（Carter, Jimmy）　114
片瀬彬　113
加藤利三　39, 425
加藤隆平　111, 424
金井英三　281
河田末吉　36
川村宕牟　97
神田英蔵　96
菊池武彦　171-173, 180
菊池正士　iv, 172, 194, 198, 218, 224, 226, 236,
　　275, 279-280
木越邦彦　90, 101
北川徹三　97, 105, 116, 134, 137-139, 141, 155-
　　156, 161, 227, 271-274, 277, 308
北川不二夫　125, 146, 229, 302
北原（住友金属）　111
木下正雄　220
木原均　282
木村一治　144-145, 193, 203-204, 208
木村磐根　25, 178, 399
木村毅一　14-16, 19, 25, 31, 35-36, 39, 45-46,
　　68, 70-72, 75, 79-80, 94-97, 103, 108,
　　116, 125, 129, 131-132, 137-138, 141,
　　155, 171, 177-179, 182, 239, 260, 282,
　　305-306, 317, 399, 421
木村廉　182
木村正路　8, 14, 292
キム・ドンウォン　424
キュリー，ピエール（Curie, Pierre）　25, 37

索引　439

キュリー，マリー（Curie, Marie） 25, 37
許雲基 33
許玉釧 32
国木田独歩 20
久保田明子 ii, 379, 398, 426
久保田啓介 111, 380, 382-387, 426
久保天髄 14
熊谷寛夫 25
グラインナッハー，ハインリッヒ（Greinacher, Heinrich） 38
グローブス，レズリー（Groves, Richard L.） 88, 195-196, 268-269, 279, 296-297, 310
黒瀬清 97
黒田和夫 50
黒田秀博 25, 36
河野俊彦 84
ゴールドハーバー，モーリス（Goldhaber, Maurice） 62
小亀淳 113
小島公平 401
小島昌二 279
コッククロフト，ジョン（Cockcroft, John D.） 16, 19, 29, 31
小沼通二 31, 234, 236, 250, 257-258, 297-298
小林正次 96
小林稔 96-97, 103, 116-117, 213, 282
駒井卓 254
駒田正雄 172
五島敏芳 387、390
コルニッツ，ヘンリー・フォン（Kolnitz, Henry） 271, 279-280, 284-286
近藤宗平 149, 151-152, 166
コンプトン，カール（Compton, Karl） iii, 194-196, 220-221, 224, 235, 256, 309-310
サーバー，ロバート（Serber, Robert） 205, 209
三枝彦雄 279
サウザー，T.（Sauser, T） 238-239
酒井（軍医少佐） 150
坂田昌一 96-102, 116, 217
坂田民雄 101
坂田通徳 139, 141
嵯峨根遼吉 89, 184, 198, 200-202, 208-209, 214, 218, 221, 224, 226, 276, 280
笹川（海軍少将） 264, 277
佐々木貞二 175
佐々木申二 96, 97, 103, 116
佐治淑夫 76, 155
シェイファー，ルイス（Schaffer, Louis） 199
シェラー，パウル（Scherrer, Paul） 11-12
塩瀬隆之 417
四手井綱彦 76, 79, 97

篠原健一 184
渋谷隆太郎 123
島谷きよ 180
島本光顕 173, 179-180, 182
清水栄 x, 10, 47, 60, 62, 66, 72, 77, 79-80, 83, 88, 96, 103, 106, 108-113, 115-117, 124, 129, 131-132, 134, 136-137, 140, 149-154, 160, 179, 181-182, 237, 240-241, 247, 263, 282, 290, 305-306, 311
清水多喜代 155, 179, 181
清水勝 72, 88, 110, 237, 305
周木春 32
シュレディンガー，エルヴィン（Schrödinger, Erwin） 5, 10-11
シュテットバッハー，A.（Stettbacher, A.） 47, 50
蒋介石 32
ジョリオ・キュリー，フレデリック（Joliot-Curie, J. Frédéric） 49, 73-74, 84
シラード，レオ（Szilard, Leo） 75, 99, 106
杉山繁輝 131-132, 139, 167, 169, 172, 176-177, 179-180, 282
鈴木辰三郎 89, 120
スターバック，W.（Starbuch, W.） 238-239
ステーン，トモコ（Steen, Tomoko） 63, 248
スニビー（上級将校）（Scnibee） 259
スネル，ディヴィド（Snell, David） 288-289
スミス，トーマス（Smith, Thomas） ix, 63, 234, 238-239, 241, 243, 247-248, 311, 366
セグレ，エミリオ（Segrè, Emilio G.） 41
千藤三千造 94
園田正明 60, 282
ターナー，L.（Turner, L.） 98
戴運軌 32
高井宗三 171, 177, 179
高尾徹也 97
高木一郎 149, 152, 166
高瀬治男 150, 152, 166
高田史朗 425
高田容士夫 234, 236, 250, 257-258, 297-298
高嶺俊夫 220
高橋勲 96
高橋誠 277
高村与三松 282
高山岩男 213
田久保実太郎 98, 217
武田栄一 280
竹腰秀邦 24, 28, 33, 418
武谷三男 92, 282
多田政忠 401
多田礼吉 198, 220, 224

谷川安孝　281-282
谷村豊太郎　94
ダニング，ジョン・レイ（Dunning, John）49
玉木英彦　92, 206
千谷利三　96-97
チャドウィック，ジェームズ（Chadwick, James）13, 16
ツィッペ，ゲルノット（Zippe, G.）113
鄭伯昆　293
ディラック，ポール（Dirac, Paul A. M.）11
鉄尾実興資　424
デバイ，ピーター（Debye, Peter J. W.）11
テラー，エドワード（Teller, Edward）62
ド・ブロイ，ルイ（de Broglie, Louis）11
徳永専三　81
トムソン，ジョゼフ・ジョン（Thomson, Joseph J.）9, 13
朝永振一郎　vii, 209, 401
トルーマン，ハリー・S（Truman, Harry S.）130, 249
ナイニンガー，ハーヴィー（Nininger, H）199
中井武　180
永井泰樹　147
長岡半太郎　25, 36, 90, 198, 224
中尾麻伊香　78, 254, 379, 381, 417
ナガノ，チャールズ（Nagano, Charles）271, 273-275, 278
中村誠太郎　282
中山茂　247
鳴海元　213
新妻精一　131, 134
新村猛　214
ニール，アルフレッド（Niel, A）49
西川喜良　139, 141, 166, 171-172, 176, 179, 184, 201, 216, 238-239, 241, 263
西島安則　188
西田幾太郎　214
西谷啓治　213
仁科芳雄　iii, iv, 25, 51, 88-91, 93, 101-102, 120, 129-130, 132, 135-137, 141, 144, 155, 165, 193, 198, 201-209, 214-216, 220-226, 234-235, 237, 242, 258, 279-280, 289-290, 295, 297, 299, 307, 311, 404, 407, 419-420
西村秀雄　282
西山伸　424
西山眞正　180
新田重治　96, 109, 116, 123
丹羽保次郎　96
二村一夫　243
ニューマン，J. B.（Newman, J. B.）220

ネルンスト，ヴァルター（Nernst, Walther. H.）10
野中到　279
野副鉄男　14
バーシェイ，アンドリュー（Barshay, Andrew E.）248
ハートリー，ダグラス（Hartree, Douglas R.）12
ハーン，オットー（Hahn, Otto）42, 294
ハイゼンベルグ，ヴェルナー・カール（Heisenberg, Werner K.）102
ハイン（中佐）（Hein）259
ハウターマンズ，フリッツ（Houtermans, Fritz.）121
萩原篤太郎　44-53, 58, 83, 96-97, 103, 116, 281-282
パターソン，P. ロバート（Patterson, Robert P.）256-257, 310
パッシュ，ボリス（Pash, Boris）195
初田甚一郎　283
花谷暉一　58, 67-76, 84-85, 116-117, 131, 140, 147, 166, 171, 177, 179-180, 188, 282, 305
花谷正明　182, 189
林竹男　139, 166, 182, 184
林衛　417
速水頌一郎　291
原祝之　179-180
原康夫　243
ビーセル，クレイオン（Biessel, Clayion）194-195
日野川静枝　424
ビームス，ジェシー（Beams, Jesse W.）106-108, 114
平田耕造　179-180
ファーマン，ロバート（Furman, Robert R.）104, 193, 197, 209-210, 212, 221-222, 224, 227, 268, 296
ファーレル，トーマス（Farrell, Thomas F.）197, 268
フィッシャー，ラッセル（Fisher, Russell A.）248, 264, 267-268, 270-271, 273-276, 278-280, 284, 292, 295-296, 312
フェルミ，エンリコ（Fermi, Enrico）43, 49, 69, 72, 88, 99, 102
フォックス，ジェラルド（Fox, Gerald W.）274
深井祐造　121
福井信立　150
福田光治　8
藤井栄一　282
藤田（教授）283
伏見康治　414

索引　441

二村一夫　243

ブッシュ，ヴァネヴァー（Bush, Vannevar）　195, 250

船岡省五　172

プランク，マックス（Plank, Max K. E. L.）　10

フリューゲ，ジークフリート（Flügge, Siegfried）　98–99, 121

ペラン，フランシス（Perrin, Francis）　73, 98, 121

ボイヤー，K.（Boyer, K.）　84

ボーア，ニールス（Bohr, Niels H. D.）　44, 63

ボーテ，ヴァルター（Bothe, Walther W. G.）　298

堀田進　234, 250–254, 311

堀重太郎　155, 171, 177, 179–182

堀場信吉　96, 103, 116, 282

堀場雅夫　246

本道栄一　150, 152

マーカット，ウイリアム・F（Marquat, William F.）　270, 298

マイトナー，リーゼ（Meitner, Lise）　42–43

牧野伸顕　130

マクスウェル，ジェームズ・クラーク（Maxwell, James C.）　13

真下俊一　176, 180

松居弘　139, 166, 241

マッカーサー，ダグラス（MacArthur, Douglas）　193, 242, 255, 269, 296

松田卓也　113

松本繁子　180

マリケン，ロバート（Mulliken, Robert S.）　99

マンソン（大佐）（Munson）　104, 227

三井再男　93–94, 97, 116, 136, 141, 150, 263

ミッチェル，W. C.（Michel, W.C.）　239

宮崎清俊　96

ムンヒ，I.（Munch, I）　209–210, 212

務台理作　14

武藤俊之助　280

武藤二郎　241

村尾誠　177, 179, 182

村岡敬造　282

村尾誠　131, 172, 179–180

モーランド，エドワード（Moreland, Edward L.）　195–196, 220–221, 235, 256, 309–310

森彰子　180

森耕一　182

森茂樹　180

モリソン，フィリップ（Morrison, Philip）　iii, 39, 167, 193, 196, 199–200, 204, 208–214, 216, 218, 221, 225, 263, 278, 296, 309

八木秀次　198, 224

柳父琢治　76, 151, 295, 423

矢崎為一　90, 91

安田武雄　109

柳田謙十郎　14

山崎正勝　72, 89–90, 93–94, 97, 113, 116–117, 120, 236, 250, 257–258, 290

山崎文男　203

ヤマシロ，ジョージ（Yamashiro, George）　258–259, 274, 280–281, 294

山本洋一　95

ヤムコチャン，K.（Jamkochian, K）　259

湯浅亀一　106

湯浅年子　294

ユーリー，ハロルド（Urey, Harold C.）　20, 99, 293

湯川秀樹　iii–vi, xiii, 96–98, 102, 114–117, 123, 141, 166–167, 183, 194, 198, 209–214, 224, 226, 238, 246, 254–255, 273, 281–282, 365, 380, 401, 413–414, 429

吉井勇　214

吉田卯三郎　212

ライプンスキー，アレクサンドル（Leipunskii, Aleksandr）　121

ラウエ，マックス・フォン（Laue, Max T. F.）　10–11

ラザフォード，アーネスト（Rutherford, Ernest）　6, 13, 306

リート，L.（Leet, L. Don）　195

林松雲　32

リンデマン，フレデリック・A.（Lindeman, Frederick A.）　99

ローズ，リチャード（Rhodes, Rechard）　53

ローレンス，アーネスト（Lawrence, Ernest O.）　30, 201, 235, 242, 413

若林（大佐）　288

渡辺慧　274

【著者紹介】

政池　明（まさいけ あきら）

京都大学名誉教授，国際高等研究所フェロー

1934年生まれ．京都大学理学部物理学科卒業，京都大学大学院理学研究科博士課程修了，理学博士．高エネルギー物理学研究所教授，京都大学理学部教授，福井工業大学教授，奈良産業大学教授，日本学術振興会ワシントンセンター長などを歴任．専門は，素粒子物理学およびその関連分野．著書に，『素粒子を探る粒子検出器』（岩波書店），『宇宙の謎を素粒子で探る』（高等研選書），『科学者の原罪』（キリスト教図書出版）など多数．

【寄稿者紹介】

佐藤文隆（さとう ふみたか）　京都大学名誉教授，専門は宇宙論・相対性理論

木村磐根（きむら いわね）　京都大学名誉教授，専門は超高層物理学，通信・ネットワーク工学

久保田明子（くぼた あきこ）　広島大学原爆放射線医科学研究所附属被ばく資料調査解析部助教，専門はアーカイブズ学

中尾麻伊香（なかお まいか）　立命館大学衣笠総合研究機構専門研究員，専門は科学社会学・科学技術史

荒勝文策と原子・核物理学の黎明

2018年3月31日　初版第一刷発行

著　者	政　池　　　明
発行人	末　原　達　郎
発行所	京都大学学術出版会

京都市左京区吉田近衛町69
京都大学吉田南構内（〒606-8315）
電話 075(761)6182
FAX 075(761)6190
URL http://www.kyoto-up.or.jp/
振替 01000-8-64677

印刷・製本	亜細亜印刷株式会社
装　幀	谷　なつ子

ⒸAkira MASAIKE 2018　　　　　　　　　Printed in Japan
ISBN978-4-8140-0155-2　　　　　定価はカバーに表示してあります

本書のコピー，スキャン，デジタル化等の無断複製は著作権法上での例外を除き禁じられています．本書を代行業者等の第三者に依頼してスキャンやデジタル化することは，たとえ個人や家庭内での利用でも著作権法違反です．